天文学 物理学

天体物理概论

INTRODUCTION TO ASTROPHYSICS

第2版

向守平　刘桂琳　编著

中国科学技术大学出版社

内 容 简 介

本书介绍天体物理学的基本概念和基本研究方法,主要内容包括:天体物理的研究对象和观测方法简介;基本天体物理量及其测量;恒星的形成与演化;致密星;星际物质;星系和宇宙学简介。

本书可作为高校天体物理专业及相关专业本科生的教学用书,也可作为高校通识类选修课的参考书,亦可供有关科研工作者以及对天体物理感兴趣的读者阅读参考。

图书在版编目(CIP)数据

天体物理概论 / 向守平,刘桂琳编著. -- 2 版. -- 合肥：中国科学技术大学出版社,2025.4. --（中国科学技术大学一流规划教材）. -- ISBN 978-7-312-06105-9

Ⅰ.P14

中国国家版本馆 CIP 数据核字第 2024LV2543 号

天体物理概论

TIANTI WULI GAILUN

出版	中国科学技术大学出版社
	安徽省合肥市金寨路96号,230026
	http://press.ustc.edu.cn
	https://zgkxjsdxcbs.tmall.com
印刷	合肥市宏基印刷有限公司
发行	中国科学技术大学出版社
开本	787 mm×1092 mm 1/16
印张	19.5
字数	499 千
版次	2008年11月第1版 2025年4月第2版
印次	2025年4月第8次印刷
定价	79.00元

前　言

自本书第 1 版 2008 年出版以来,已过了 17 年。17 年的时间在人类历史上不过一瞬,但在人类探索宇宙的征程中,这段时间却取得了许多令人瞩目、激动人心的成就。国际上,2009 年发射升空的开普勒空间望远镜及其继任者 TESS 望远镜(2018 年发射),总共发现了 5 000 多颗系外行星,其中有百余颗位于生命"宜居带"内,这给我们寻找地外生命和文明带来了美好的期望。2013 年投入使用的大型毫米波射电望远镜阵列 ALMA,观测到一大批年轻恒星周围的原行星尘埃盘,揭示了浩瀚的恒星世界中存在大量像我们太阳系这样的行星系统。2019 年,哈勃空间望远镜(HST)团队公布了被称为宇宙图谱的哈勃遗产场(HLF),展现了一部完整的宇宙星系成长史。2021 年底,历经坎坷的韦伯空间望远镜(JWST)终于成功发射,并很快发布了首批彩色照片,其精美程度大大超过了 HST。在星际探索方面,"好奇号"(2011 年)、"洞察号"(2019 年)和"毅力号"(2021 年)3 台火星车相继登陆火星,其中"毅力号"火星车还携带了一架无人直升机,实现了人类飞行器首次在地外行星大气中翱翔。在宇宙暗物质和暗能量探测方面,由多国科学家参与的暗能量光谱巡天项目(DESI),以及 2023 年 7 月发射的欧几里得空间望远镜,正在精密测绘宇宙空间星系和暗物质三维大尺度分布图,以使我们能深入探究宇宙暗物质和暗能量的本质特征。2015 年,激光干涉引力波天文台(LIGO)成功观测到了首例引力波事件(GW150914),这是人类历史上第一次在地球家园接收到来自宇宙深处的引力波信号,开启了人类洞察宇宙奥秘的新窗口,在科学史上掀开了新的一页。2019 年,经过多年不懈努力,由分布在全球 8 个不同地点的射电望远镜组网而成的"事件视界望远镜(EHT)",终于"拍摄"到人类有史以来的第一张黑洞照片,随后又在 2022 年"拍摄"到银河系中心黑洞的照片。这些成就极其振奋人心,有的足以彪炳史册。

值得我们自豪的是,这 15 年间,我国在宇宙探索领域也取得了多项重要进展。2012 年郭守敬望远镜(LAMOST)正式投入运行后,很快就成为世界上首个发布高质量天体光谱数据突破 2000 万条的巡天观测设备。特别是 2019 年,中国研究团队利用郭守敬望远镜,发现了银河系内恒星级黑洞系统中的"黑洞之王"LB-1,给传统的恒星形成理论提出了新的课题。此外,众所周知的"天眼"FAST,截至 2023 年 7 月已发现 800 余颗新脉冲星,其中毫秒脉冲星的数目超过 60 颗,取得了傲人的成绩。最近,FAST 团队发现纳赫兹引力波存在的关键性证据,被认为是人类在探寻纳赫兹引力波的道路上取得的突破性进展。2017 年 6 月,中国首颗 X 射线天文卫星"慧眼"成功发射,不久就参与了双中子星并合产生的引力波事件(GW170817)的全球联合观测,为全面揭示该引力波事件的物理机制做出了中国贡献。2015年,我国发射暗物质粒子探测卫星"悟空",从而进入全球探寻宇宙暗物质科学队伍的前列。

在航天工程方面,我国取得的成就更是令世人瞩目。截至2023年10月,"神舟"飞船系列已接连发射到"神舟十七号",中国宇航员共有32人次搭乘"神舟"飞船遨游太空,其间还进行了4次"天宫课堂"授课活动。在空间站建设方面,至2022年底,"天和"核心舱与"问天""梦天"两个实验舱的"T"字形基本构型在轨组装完成,当年除夕,习近平主席在新年贺词中宣布"中国空间站全面建成",从此中国人自己的"太空之家"进入了应用与发展的新阶段。探月工程也亮点多多。继2013年"嫦娥三号"携"玉兔号"月球车成功在月面实现软着陆后,"嫦娥四号"携"玉兔二号"月球车于2019年在月球背面顺利着陆并立即开始科学考察。"嫦娥五号"于2020年在月球正面着陆,并于16天后携带所采集的1731 g月球土壤样品安全返回地球。中国成为世界上继美、苏之后第三个采集到月球样本的国家,至此"绕、落、回"三步走的探月工程总体规划任务圆满收官。但中国人的深空探测目标并没有止步于"月宫揽胜"。2020年7月,"天问一号"火星探测器顺利升空,并于次年5月实现软着陆,随后"祝融号"火星车成功驶上火星表面并开始巡视探测,在火星上首次留下中国印迹。我们相信,中国的行星际探测将一步步走向宇宙深空,不久的将来,中国人将登上火星甚至更远的天体,自豪地遨游广阔的宇宙世界。

诺贝尔科学奖通常被认为是科学发展史中的重要里程碑和风向标。回顾近17年来诺贝尔物理学奖的获奖情况,不难发现,天体物理领域获奖的频次明显增加,17年获奖5次,即发现宇宙加速膨胀(2011年)、发现中微子振荡(2015年)、LIGO直接探测到引力波(2017年)、物理宇宙学以及系外行星的发现(2019年)、黑洞理论以及银河系中心发现超大质量黑洞(2020年),这大大高于近60年来的平均频次(12次/60年)。这表明,人类对宇宙的探索取得了越来越多的成功,我们为此而倍感振奋。但在取得这些巨大成就的同时,我们还要清醒地看到,天体物理学仍然面临着诸多的难题甚至挑战,例如著名的"一黑(黑洞)、两暗(暗物质、暗能量)、三起源(宇宙起源、天体起源和宇宙生命起源)、四统一(极早期宇宙中4种基本作用力的统一)"的疑难。这意味着,我们已经了解的和还没有了解的相比,也许仍然是树木和森林、江河与大海的关系。因而,为了达到爱因斯坦所说的"宇宙中最不可以理解的是——宇宙是可以被理解的"这一目标,广大科研工作者和莘莘学子仍然任重而道远,还需继续努力。

本版在基本内容和章节安排方面没有做大的变动,主要是对近17年来人类在宇宙探索领域所取得的主要成就做了补充,同时对一些重要的观测数据进行了更新。本书为了叙述简洁,采用了天文学文献中常见的符号"?~",用于表示数值一个大致的范围或量级;根据插图相关程度的远近,有些插图采用了图×.×a、图×.×b等图序方式。由于作者学识所限,可能对许多前沿课题的介绍并不全面,一些看法不免有谬误之处,敬请读者批评指正!

作 者

2025年2月

第 1 版 序

天体物理学是天文学与物理学学科交叉而结的硕果。学科的交叉也推动了这两大古典学科的发展。首先,天体物理学加速了传统天文学向现代天文学的转化,它自身也逐渐成为天文学的主流。正是天体物理学的诞生与发展,推动当代天文学进入了全电磁波段(连续谱和谱线)观测和研究的时代,促成人类对宇宙的研究进入了精确宇宙学阶段。第二方面,它也推动了物理学的发展。天体物理学在更广、更深的层面对物理学规律进行检验,获得更精确的物理规律。因而这一交叉学科也成为物理学的重要组成部分。它开拓了物理学的研究范围,将地面实验室中发现的规律应用到遥远的宇宙天体之上,使浩瀚的宇宙变成物理学的实验室。它拓展了极端条件下的物理研究,探索和建立了超强引力场、超强磁场、超高温、超高密度、极低密度等条件下的物理学。第三方面,天文学与物理学之间的交融与互动,使我们能够更深入地探索大自然的奥秘。例如,目前困扰科学界的宇宙暗能量问题,很可能预示我们对于自然规律的理解又要经历一次根本性的变革。

"天体物理概论"课程在中国科学技术大学开设已有二十多年的历史。在多年的教学实践中,该课程已经建设成为一门特色鲜明的课程,深受天文专业和非天文专业学生的欢迎。该课程在对天文知识的介绍中突出了物理,但不深奥,只要学过普通物理的都能听懂。对于天文专业的同学,学完这门课后,为进一步学习其他专业课打下了良好的基础;对于非天文专业但有兴趣选修的同学,也可以使他们了解现代天文学和当代宇宙学的基本概况,这对于他们拓展视野、培养科学探索精神、提高自身科学素质是大有帮助的。

本书是作者在多年授课讲义的基础上形成的。书中讲述深入浅出,并采用了大量的彩色图片,尽可能地做到了图文并茂,使读者增加了阅读的兴趣。我希望能有更多的读者通过这本书和相关课程的学习,对宇宙现象有更深入的了解和进一步求知的渴望。

周又元

2008 年 6 月于中国科学技术大学

第1版前言

自从伽利略和牛顿两位经典物理学大师先后把自制的望远镜指向天空,天文学与物理学的发展就日益密切地走到一起。但真正意义上的天体物理学开始于19世纪中叶,分光学、光度学和照相术广泛应用于天体的观测研究,使人们对天体结构、化学成分、物理状态的了解越来越深入,天体物理学也逐渐形成完整的科学体系。特别是20世纪60年代,类星体、宇宙微波背景辐射、脉冲星和星际有机分子的相继发现,极大地促进了天体物理学的发展,并从根本上改变了人类的传统宇宙观。自20世纪60年代开始的一系列空间观测和行星际探测活动,大大地延伸了人类的视野,也进一步增强了社会公众对宇宙科学的兴趣。现在,大爆炸宇宙、奇妙的中子星、遥远的类星体和神秘的黑洞等,不仅是科学工作者深入研究的课题,也成为公众热切关注的对象。在我国每年举办的科技活动周中,天文知识都是各地公众(特别是广大青少年)追求的热点,不久以前"嫦娥一号"绕月卫星发射成功并顺利开展探月工作,标志着我国已经成为具备深空探测能力的世界航天强国之一,也使得我国公众探索宇宙奥秘的热情更加高涨。21世纪将是我国天文学和天体物理学发展的黄金时期,国家需求和国际竞争需要培养和造就大批专业人才,也需要更多的公众了解和支持这一领域的发展。

本书是在作者多年授课的讲义基础上形成的。20世纪80年代,"天体物理概论"课程刚开始在中国科学技术大学开设时,授课对象全部是研究生,课程内容是按照研究生的教学要求来设计的,理论性、专业性都很强。到了90年代中期以后,授课对象扩大为包括新设立的天文专业的本科生,课程内容也按本科与硕士课程贯通的思路进行了重新设计。从90年代末开始,全国高校普遍开展文化素质教育,拓宽学生的知识面,更多地提倡学科之间的交叉与交流,我校也规定所有本科生必须选修一定学分的跨学科课程。本课程作为首批面向全校开设的公共选修课列入教学计划,每年都有许多来自全校各院系的本科生选修。虽然上述几方面的同学专业和学历背景各有不同,但共同之处是已具备大学物理的基础,但缺乏天文学的基础。这是由于我国中小学没有系统地讲授过天文知识,高校中也只有极少数学校设立了天文专业,公众了解宇宙知识的主要渠道还是通过报刊和电视等媒体。即使是天体物理专业的研究生,如果大学本科学的是其他专业,研究生入学时也普遍欠缺天体物理甚至天文学的专业基础。因此,对这门课来讲,可以说所有的同学都差不多处在同一起跑线上。

针对上述情况,本书的内容定位为介绍天文学和天体物理的基本概念和基本研究方法。对本专业的同学来说,这些基本概念、方法是进一步学习其他专业课程(如恒星物理、星系天文学、相对论天体物理及宇宙学等)的基础,并有助于他们在今后学习时有一个全局的视野。对于非专业的同学,也可以达到扩展跨学科的视野、提高自身科学素质的目的,有助于建立科学正确的宇宙观,了解人类认识宇宙的历史和探索精神,并从人类研究遥远宇宙天体的科学方法中得到启发和借鉴,对自己在其他专业的学习和研究有所帮助。

本书所用到的物理知识主要是大学普通物理,极少数必须涉及理论物理(四大力学)和广义相对论的地方也只简单地引用结论,不做详细推导,故具有普通物理基础的读者学习起来不会感到困难。本书注意把天文学和天体物理学发展史上的主要事件结合到课程内容之中介绍,使读者能够比较生动、具体地了解人类对宇宙奥秘的艰苦探索过程。在侧重基础的同时,对一些前沿热门问题也进行了适当的介绍和讨论,读者可以根据自己感兴趣的程度对这些内容进行取舍。

天体物理是一门既古老又生机勃勃的学科,新的观测发现不断涌现,新的理论也层出不穷,前沿进展可以说是日新月异,甚至一些基本宇宙学参数的观测值也仍在不断地有所修正。囿于作者的学识,要在本书中全面概括各方面的最新进展是不可能办到的。因此作者希望有兴趣的读者能及时进行知识的自我更新,并对本书内容的不妥之处给予指正,作者将不胜感激!

周又元院士审阅了全部书稿,并在百忙中为本书写了序言。张家铝院士、程福臻教授、王挺贵教授、袁业飞教授和王俊贤教授都对书稿提出过宝贵的修改意见,作者对他们表示衷心的感谢。此外,本书的编写和出版得到了中国科学技术大学教务处和中国科学技术大学出版社的大力支持和资助,作者在此深表谢意。

由于讲义经过了二十多年的积累,其中部分插图的出处难以查找,未加注明。在此,对插图作者表示感谢,敬请联系,以便在重印再版时补充注明并酌付稿酬。

向守平

2008 年 5 月于中国科学技术大学

目 录

前言 ·· (i)

第1版序 ·· (iii)

第1版前言 ··· (v)

第1章 绪论 ··· (1)
  1.1 天体物理学的研究对象 ·· (1)
    1.1.1 太阳系 ··· (2)
    1.1.2 恒星世界 ·· (11)
    1.1.3 星系和星系团 ·· (13)
  1.2 天体物理学的观测方法简介 ··· (13)
    1.2.1 地面观测 ·· (15)
    1.2.2 空间望远镜 ··· (27)
    1.2.3 空间飞船考察 ·· (39)

第2章 基本天体物理量及其测量 ··· (50)
  2.1 星等 ··· (50)
    2.1.1 视星等 ··· (50)
    2.1.2 绝对星等 ·· (51)
    2.1.3 光度 ·· (52)
  2.2 温度 ··· (52)
    2.2.1 色指数与色温度 ··· (52)
    2.2.2 有效温度 ·· (54)
  2.3 光谱型 ·· (55)
    2.3.1 天体光谱研究的开始与发展 ·· (55)
    2.3.2 恒星光谱的分类 ··· (58)
    2.3.3 不同光谱型谱线特征的成因 ·· (60)
  2.4 赫罗图 ·· (62)
  2.5 变星 ··· (64)
    2.5.1 脉动变星 ·· (65)
    2.5.2 爆发变星 ·· (67)
  2.6 天体距离的测定 ·· (71)
  2.7 恒星质量的测定 ·· (79)

2.7.1　双星系统 ……………………………………………………（79）
　　2.7.2　质光关系 ……………………………………………………（80）
　　2.7.3　位力定理 ……………………………………………………（81）
2.8　恒星的年龄 …………………………………………………………（82）

第3章　恒星的形成与演化 …………………………………………（84）
3.1　恒星的形成阶段 ……………………………………………………（85）
　　3.1.1　星云坍缩的条件与金斯判据 …………………………………（85）
　　3.1.2　星云的快速收缩过程 …………………………………………（87）
　　3.1.3　星云的慢收缩过程——原恒星阶段 …………………………（89）
3.2　主序星阶段 …………………………………………………………（90）
3.3　恒星结构的基本方程 ………………………………………………（93）
3.4　积分定理(位力定理) ………………………………………………（100）
3.5　主序后的演化 ………………………………………………………（101）
　　3.5.1　小质量恒星的演化 ……………………………………………（102）
　　3.5.2　中等质量恒星的演化 …………………………………………（105）
　　3.5.3　大质量恒星的演化 ……………………………………………（106）
3.6　超新星 ………………………………………………………………（109）
　　3.6.1　Ia型超新星 ……………………………………………………（109）
　　3.6.2　II型超新星 ……………………………………………………（110）
　　3.6.3　中微子及其探测 ………………………………………………（112）
　　3.6.4　太阳中微子之谜与中微子振荡 ………………………………（115）
　　3.6.5　超新星遗迹 ……………………………………………………（117）
3.7　密近双星的演化 ……………………………………………………（118）
　　3.7.1　洛希等势面 ……………………………………………………（119）
　　3.7.2　密近双星的演化 ………………………………………………（121）
　　3.7.3　几种典型的最终演化结果 ……………………………………（122）
3.8　引力波辐射 …………………………………………………………（125）

第4章　致密星 ………………………………………………………（134）
4.1　白矮星 ………………………………………………………………（134）
　　4.1.1　白矮星的质量上限——钱德拉塞卡极限 ……………………（135）
　　4.1.2　白矮星的结构与冷却 …………………………………………（137）
4.2　中子星 ………………………………………………………………（137）
　　4.2.1　中子星的结构 …………………………………………………（138）
　　4.2.2　中子星的自转与磁场 …………………………………………（140）
4.3　脉冲星 ………………………………………………………………（141）
　　4.3.1　脉冲星的发现——一个期待了30多年的结果 ………………（141）
　　4.3.2　脉冲星的观测特征与理论模型 ………………………………（144）
　　4.3.3　脉冲星的距离测量 ……………………………………………（146）
　　4.3.4　有待进一步研究的问题 ………………………………………（146）

4.4 黑洞 ………………………………………………………………………… (149)
  4.4.1 引力半径与视界 ……………………………………………… (149)
  4.4.2 引力红移与时钟变慢 ………………………………………… (151)
  4.4.3 宇宙飞船向黑洞下落的过程 ………………………………… (152)
  4.4.4 克尔黑洞、彭罗斯过程和宇宙监察猜想 …………………… (154)
  4.4.5 黑洞热力学简介 ……………………………………………… (156)
  4.4.6 黑洞量子力学简介 …………………………………………… (158)
  4.4.7 搜寻黑洞 ……………………………………………………… (161)
4.5 宇宙 γ 射线暴 …………………………………………………………… (167)

第5章 星际物质 ………………………………………………………………… (171)
5.1 星际物质概况 ……………………………………………………………… (171)
5.2 中性氢区（H I 区）与射电 21 cm 谱线 ………………………………… (174)
5.3 电离氢区（H II 区）与斯特龙根球 ……………………………………… (176)
5.4 星际分子 …………………………………………………………………… (178)
  5.4.1 星际分子的发现 ……………………………………………… (178)
  5.4.2 星际分子的天体物理学意义 ………………………………… (179)
  5.4.3 天体分子脉泽 ………………………………………………… (183)

第6章 星系 ……………………………………………………………………… (184)
6.1 星系的主要特征 …………………………………………………………… (185)
  6.1.1 形态与分类 …………………………………………………… (185)
  6.1.2 星系质量的测定 ……………………………………………… (190)
  6.1.3 漩涡星系和椭圆星系的"标准烛光" ………………………… (193)
  6.1.4 银河系的主要特征 …………………………………………… (194)
  6.1.5 旋臂生成——密度波理论 …………………………………… (197)
6.2 活动星系与活动星系核 …………………………………………………… (198)
  6.2.1 活动星系的主要观测特点 …………………………………… (198)
  6.2.2 活动星系核（AGN）的统一模型 …………………………… (207)
6.3 星系团和超星系团 ………………………………………………………… (211)
  6.3.1 星系的大尺度成团结构 ……………………………………… (211)
  6.3.2 星系的大尺度本动速度 ……………………………………… (213)
  6.3.3 星系团的 X 射线辐射 ………………………………………… (215)
6.4 星系的形成与演化 ………………………………………………………… (215)
  6.4.1 单个星系的形成与演化概况 ………………………………… (215)
  6.4.2 星系的相互作用与并合 ……………………………………… (217)

第7章 宇宙学简介 ……………………………………………………………… (220)
7.1 人类宇宙观的进化 ………………………………………………………… (220)
7.2 宇宙的有限与无限 ………………………………………………………… (223)
  7.2.1 空间弯曲的观测效应 ………………………………………… (225)
  7.2.2 空间膨胀的观测效应——哈勃关系 ………………………… (226)

- 7.2.3 时间有限的观测效应——视界 …… (228)
- 7.3 宇宙学的基本观测事实 …… (228)
  - 7.3.1 大尺度上星系的分布 …… (228)
  - 7.3.2 星系距离与红移之间的哈勃关系 …… (230)
  - 7.3.3 宇宙微波背景辐射 …… (232)
  - 7.3.4 元素丰度 …… (236)
  - 7.3.5 宇宙的年龄 …… (237)
  - 7.3.6 正反物质粒子数之比 …… (239)
  - 7.3.7 光子数与重子数之比 …… (240)
- 7.4 几何宇宙学 …… (241)
  - 7.4.1 宇宙学原理 …… (241)
  - 7.4.2 三维常曲率空间与罗伯森-沃克度规 …… (241)
  - 7.4.3 宇宙学红移 …… (243)
  - 7.4.4 宇宙学视界 …… (244)
  - 7.4.5 牛顿宇宙学 …… (247)
  - 7.4.6 宇宙减速因子 q_0 …… (248)
- 7.5 标准宇宙学模型 …… (250)
  - 7.5.1 弗里德曼方程 …… (250)
  - 7.5.2 宇宙的年龄 …… (253)
- 7.6 物理宇宙学——具有物质和辐射的宇宙 …… (255)
- 7.7 宇宙演化简史 …… (258)
  - 7.7.1 时空创生 …… (258)
  - 7.7.2 宇宙热历史概述 …… (259)
  - 7.7.3 轻元素核合成 …… (262)
  - 7.7.4 宇宙背景辐射 …… (265)
  - 7.7.5 星系和宇宙大尺度结构的形成 …… (268)
- 7.8 几个重要的前沿课题 …… (277)
  - 7.8.1 宇宙的暴胀 …… (277)
  - 7.8.2 宇宙中的暗物质 …… (282)
  - 7.8.3 引力透镜 …… (284)
  - 7.8.4 宇宙暗能量 …… (289)
  - 7.8.5 宇宙学与物理世界的统一 …… (294)

参考文献 …… (300)

第1章 绪 论

1.1 天体物理学的研究对象

每当我们仰望群星璀璨、银汉低垂的夜空,总会由衷地发出"感天地之辽阔、觉宇宙之无穷"的赞叹,心中也会同时涌起对宇宙奥秘求知的渴望。伟大诗人屈原在他的不朽名篇《天问》中,就曾对天问道:

> 遂古之初,谁传道之?上下未形,何由考之?……斡维焉系?天极焉加?……九天之际,安放安属?隅隈多有,谁知其数?天何所沓?十二焉分?日月安属?列星安陈?……

这一连串的发问,集中反映了亘古以来我们祖先对宇宙之谜不倦的求索。我国古代寓言中"杞人忧天"的故事("杞国有人,忧天地崩坠、身亡所寄,废寝食者"),如果撇去其"庸人自扰"的贬义,从积极方面来说,也可以说是古代有识之士对宇宙演化结果的一种思考。当然,因为"杞人"只考虑了重力的垂直下落作用并认为宇宙以地球为中心,所以得出了我们今天看来十分荒谬可笑的结论。此外,众所周知,无论在我国还是在西方,众多神话(以及宗教)的产生,都来源于古代先民对壮丽的、既有规律也变幻多端的天象的赞美、恐惧、信服和崇拜。而人类自远古时期就积累起来的对日月运行、昼夜交替、寒来暑往等现象的观察和经验,促使了自然科学中**天文学**的首先诞生。庄子在《知北游》中写道:

> 天地有大美而不言,四时有明法而不议,万物有成理而不说。圣人者,原天地之美而达万物之理。

在天文学的进化过程中,凝聚了一代代"圣人"的智慧与心血,这里的"圣人"在古代指的是"智者"(即有识之士),而在近现代指的就是科学工作者。正是由于千百年来坚持不懈的探索,人类才通过观察、分析和推理,一步步地从现象到本质,做到"原天地之美而达万物之理",使天文学从神话发展成为坚实的基础科学,并取得了举世瞩目的辉煌成就。

按照我国目前的学科分类,天文学是一级学科,**天体物理学**是天文学下属的一个二级学科,此外的二级学科还有**天体测量学**和**天体力学**。天体测量学是天文学最古老的分支,它的主要任务是精确测定天体的位置和运动,建立基本坐标参考系,确定地面点的坐标以及提供精确的标准时间服务。天体力学主要研究天体运动的动力学问题,其理论基础是牛顿力学(在高精度情况下需要应用广义相对论给出修正)。天体物理学的任务是应用物理学的理论、方法和技术,研究天体的形态、结构、化学组成、物理状态和演化规律。实质上,天体物理学是天文学和物理学交叉融合的产物,因而既可以说是天文学的一个分支,也可以说是物理学的一个分支。

与早期的天文学不同,天体物理学不仅仅限于测量和记录天体在天空的位置、运动、距离和大小,描述天体的外表形态,而且还深入到天体的内部,探求它的结构、化学成分和演化规律,由几何描述到物理描述,由现在的状态推知它的过去和将来。

与我们熟悉的实验室中的物理学不同,天体物理学一般研究的是时间和空间尺度都非常大的宇宙空间中的物理现象,在这样大尺度的时空中存在着千差万别的物理条件,有些物理条件是在地球上永远达不到而且也很难想象的。例如,恒星内部高达 10^6-10^{11} K 的高温,中子星内部达 $10^{13}-10^{16}$ g/cm³ 的高密度和表面 $10^{12}-10^{14}$ Gs 的强磁场,高能宇宙射线的能量达 $10^{21}-10^{22}$ eV,超新星爆发时能量达 $10^{47}-10^{53}$ erg(1 erg = 6.241 5×10^2 GeV)(其光度可达太阳的 10^7-10^{10} 倍),等等。在这些特殊的物理条件下,天体会呈现出特殊的性质,有些是我们"地球上的物理学"所不了解的。

天体物理学的内容十分丰富。按所研究的宇宙的不同层次,可分为**行星物理、太阳物理、恒星物理、星系物理**和**宇宙学**等不同领域;按所接收到的辐射的能量,可以分为射电、红外、光学、紫外、高能(X 射线、γ 射线)等不同波段;在引力场很强的情况下,要应用**相对论天体物理**;此外还有**宇宙化学、宇宙生物学、等离子体天体物理、核天体物理、中微子天体物理、粒子天体物理**等专门分支。在开始学习课程内容之前,让我们先来对不同层次的天体系统(参见图 1.1)做一个快速的巡礼。

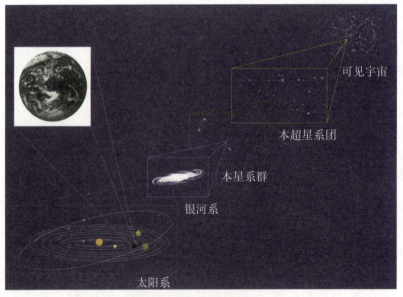

图 1.1 宇宙阶梯

1.1.1 太阳系

太阳系是我们最熟悉的天体系统,太阳位于这个系统的中心,水星、金星、地球、火星、木星、土星、天王星和海王星这八大行星(截至 2019 年的观测结果,它们共拥有 205 颗卫星),以及其他一些小天体(如矮行星、小行星、彗星等),围绕太阳不停地运转。太阳与八大行星的位置关系及大小比较见图 1.2a 和图 1.2b,但图中的距离不代表真实距离。

太阳到地球的距离被定为一个**天文单位**(1 AU),它的数值大小是
$$1\ \text{AU} = 149\ 597\ 870\ \text{km} \tag{1.1}$$
常近似取为 1.5 亿 km。这段距离光要走 8 分 19 秒,而从太阳到原属于九大行星之一的冥王星,光要走 5 小时 24 分,相应的距离约为 39 AU 或 59 亿 km。引人注目的是,八大行星的轨道几乎都位于同一平面上。形象地说,如果把太阳系的大小设为 1 m,则这八大行星的轨道平面相互之间的最大偏离不超过 2 cm。而冥王星的轨道平面有较大的倾斜,大约为 17°。

图 1.2a 太阳系家族

图 1.2b 八大行星大小的比较

1. 太阳

太阳是太阳系中唯一的一颗恒星,即依靠自身热核反应产生能量的天体。它的直径约为 140 万 km,质量为 2×10^{33} g,占整个太阳系总质量的 99.86%。太阳的化学成分主要是氢,占总质量的 71%,其次是氦,占总质量的 27%。其他元素总共只有 2%,主要为碳、氧、氮和各种金属。太阳的平均质量密度约为 1.4 g/cm³,比水的密度略大一些。通常我们直接观测到的是太阳的大气层,它从里向外分为光球、色球、日冕三层。虽然就总体而言,太阳是一

个稳定、平衡、发光的气体球,但它的大气层却处于局部的激烈运动之中。最明显的例子是标志太阳活动区生长和衰变的黑子群的出没、日珥(见图1.3a)的变化、耀斑的爆发等。此外,我们还看到不断运动和变化着的米粒组织、谱斑、色球网络、针状物、喷焰、冲浪等。太阳周围的空间也充满了从太阳中喷射出来的剧烈运动着的气体和磁场,其影响范围一直延伸到太阳系边缘。我们所观测到的上述所有太阳活动现象,都是太阳磁场同这些区域内的等离子体相互作用的结果。特别重要的是,太阳向行星际空间不断抛射高速粒子流,粒子流离太阳最远距离可达100 AU,这就是太阳风。地球轨道附近太阳风的风速约为450 km/s,所含粒子数密度为$1-10 \text{ cm}^{-3}$。当这些粒子中的少数穿过地球的磁层屏障而到达两极上空时,与电离层中的原子发生碰撞,就形成壮丽的极光。太阳活动和太阳风对地球上的通信、无线电导航、气象预报以及空间飞行安全等都有重要影响,因此对太阳活动和太阳风的研究越来越受到各国的高度重视。

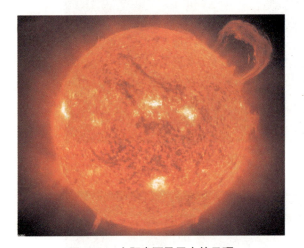

图1.3a 太阳表面及巨大的日珥

图1.3b 1980年发生在我国云南地区的日全食

2. 水星

水星是最靠近太阳的行星,公转周期约88天。它与太阳的线距离大约为0.4 AU,角距离最大不超过28°,所以很难观测到。它的体积在太阳系大行星中是最小的,赤道半径仅为2 440 km,只比月球大40%,甚至比木星的卫星木卫三(Ganymede,盖尼米得)和土星的卫星土卫六(Titan,泰坦)还要小。从"水手10号"探测飞船发回的图片上(见图1.4a和图1.4b)可以看到,水星表面是一个类似月球表面的世界,尘埃覆盖着起伏的山峦,几千米高的断层悬崖绵延数百千米,到处是大大小小的环形山。由于没有足够的大气来散射阳光,水星的天空通常都漆黑一片。水星表面白天气温非常高,平均地表温度为179 ℃,最高为427 ℃,夜间最低为-173 ℃,因此看来不可能有水存在。2011年3月,美国宇航局(National Aeronautics and Space Administration,简称NASA)发射的"信使号"水星探测器成为第一个围绕水星飞行的航天器。"信使号"水星探测器发回的照片表明,水星北极附近有范围巨大的火山沉积,形成的火山平原面积达400万km^2,几乎是美国大陆面积的一半。这表明,在水星历史上,火山活动曾经非常剧烈,可能正是火山活动在很大程度上造就了水星表面的地貌特征。此外,"信使号"水星探测器还发现,位于水星极地附近的环形山底部几乎从未接收过任何太阳光。因此人们猜测,大量的冰可能永久潜藏在水星极地环形山深深的底部。

图 1.4a 水星表面　　　　　　　　　图 1.4b 水星向阳面照片

3. 金星

金星(见图 1.5a)在中国古代被称为"启明"(晨星)和"长庚"(昏星),西方则称之为"爱神星"(Venus,维纳斯)。它与太阳的平均距离约为 0.7 AU,绕日公转周期约为 225 天。金星的直径、密度都与地球相近,又有浓密的大气层,因此有"地球的姐妹星"之称。但人们对金星的真正了解却始于 20 世纪 60 年代有了雷达探测技术之后。金星的大气十分浓密,几乎是地球的 100 倍,表面的气压高达 88 个大气压。大气主要成分是二氧化碳(96%以上)、氮(3.5%),此外还有二氧化硫、一氧化碳、氯化氢、氟化氢、硫酸等。金星大气也有明显的分层,近表面 32 km 内是一层透明洁净的大气,往上 32-48 km 是一层浓雾区,再往上 48-70 km 则是一层终年不散的厚云区,它使人无法看到金星的表面,70 km 以上则是薄雾区。1974 年,"水手 10 号"探测飞船拍到了很有特征的"Y"形云,那里的云层平均 4 天绕金星一圈,而近表面的大气几乎是宁静的,雾层中主要成分是浓度很高的硫酸雾滴。金星大气中有频繁的放电现象,平均 20 次/min。因为有浓密大气的保护,金星表面少有陨星撞击的痕迹,它的地形与地球类似。1972 年,"金星 8 号"飞船成功地降落在金星表面,首次发回金星地面的照片(见图 1.5b)。金星表面起伏不大,60%的地区比较平坦,北半球有个长为 3 200 km、宽 1 为 600 km 的大高原。最高的麦克斯韦山高为 11 000 m,著名的金星大峡谷宽为 280 km,深为 3 km,全长达为 2 250 km。赤道区域有些大而浅的圆形圈,可能是火山口。金星没有磁场和磁层以及辐射带,因此形成了一个离金星表面很近的薄薄的电离层。还有一个奇特之处是,金星自转方向是自东向西逆转,这是太阳系大天体运转"同向性"的唯一例外,其原因可能是在金星演化的过程中受到过一个大星体的猛烈撞击。

图 1.5a "水手号"行星际探测器拍摄的金星

图 1.5b "金星快车"及其描绘的金星地貌

4. 地球

地球是太阳系中唯一一颗表面大部分被水覆盖的行星,也是目前所知的唯一一颗有生命存在的星球。蔚蓝色的海洋,红黄棕绿黑的五色陆地,葱郁的森林,天空中漂浮的朵朵白云,这就是我们人类世代繁衍生息的美丽家园。地球的半径约 6 400 km,由地壳、地幔和地核构成。地壳厚度不一,平均厚度约 17 km,上层为花岗岩,下层为玄武岩。地球内部的温度和压力随着深度加深而增加。地幔厚度约 2 900 km,上地幔主要是橄榄石,下地幔是具有一定塑性的固体物质。地核的平均厚度约 3 400 km;外核是液态的,可流动;内核是固态的,主要由铁、镍等金属元素构成;中心密度为 13 g/cm^3,温度高可达 5 000 ℃ 左右,压力最大可达 370 万个大气压。在地球强大的引力作用下,大量气体聚集在地球周围,形成数千千米的大气层。大气中氮占 78%,氧占 21%,氩占 0.93%,二氧化碳占 0.03%,氖占 0.001 8%,此外还有水汽和尘埃。由于太阳不停地发出带电粒子(即太阳风),这些粒子被地球磁场俘获,就在地球上空形成一个带电粒子带,称为地球辐射带。辐射带把地球包围了起来,而在两极处留下了空隙,也就是说,地球的南极和北极上空不存在辐射带。当太阳风到达地球附近空间时,太阳风与地球的偶极磁场发生作用,把地球磁场压缩在一个固定的区域里,这个区域就叫磁层。地球的磁层好像一道防护林,保护着地球上的生物免受太阳风的袭击。

作为地球最近的伴侣(见图 1.6a),**月球**距离地球大约 384 000 km,它的半径为 1 738 km,质量约为地球的 1/81。月球表面的重力仅有地球表面重力的 1/6,这使得气体很容易逃逸到太空,所以月球没有大气。此外,月球表面(见图 1.6b)上没有水,也没有任何生命存在。

图 1.6a 地球与月球

图 1.6b 月球表面

5. 火星

火星是一颗引人注目的火红色星球(见图 1.7a),在古罗马神话中,它被比喻为身披盔甲浑身是血的战神 Mars(玛尔斯)。它绕太阳公转的轨道半长径为 1.5 AU,周期为 687 天,接近地球上的两年。火星表面的土壤中含有大量氧化铁,由于长期受紫外线的照射,铁就生成了一层红色和黄色的氧化物(见图 1.7b 和图 1.7c)。由于火星距离太阳比较远,所接收到的太阳辐射能只有地球的 43%,因而地面平均温度大约比地球低 30 多摄氏度,昼夜温差可达上百摄氏度。在火星赤道附近,温度高可达 20 ℃ 左右。火星上也存在大气,其主要成分是二氧化碳,约占 95%,还有极少量的一氧化碳和水汽。火星比地球小,赤道半径为 3 395 km,是地球的一半,体积不到

图 1.7a 哈勃空间望远镜拍摄的火星

地球的 1/6，质量仅为地球的 1/10。火星的内部和地球一样，也有核、幔、壳的结构。火星的自转周期和地球十分相近，自转一周的时间为 24 小时 37 分 22.6 秒。火星只有两个卫星，即火卫一和火卫二。

 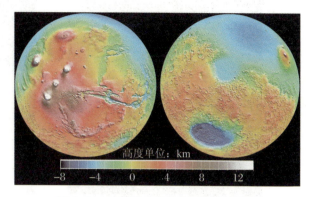

图 1.7b "海盗 2 号"火星车拍摄的火星表面　　图 1.7c 计算机合成的火星表面地形图

6. 小行星带

在火星和木星轨道之间，约有 50 万颗沿椭圆形轨道绕太阳运行的小行星。它们一般无法被肉眼看到。1801 年 1 月，意大利天文学家在这些小行星中发现了谷神星（见图 1.8a），其外形几乎为球体，直径 1 025 km，在小行星中排名第一。接下来是智神星（588 km）、灶神星（576 km）、健神星（430 km）等，直径超过 100 km 的约有 200 颗，超过 30 km 的约有 1 000 颗。但所有的小行星质量加在一起，还不到地球质量的 1/1000。小行星带分布在距太阳 2.2—3.4 AU 处，宽度约 2 亿 km。大多数小行星形状很不规则（例如，图 1.8b 所示的爱神星，长度为 34 km），表面粗糙，结构松散，以硅酸盐石块为主，少数含有较多的金属成分。

图 1.8a 谷神星　　图 1.8b 第 433 号小行星爱神星

7. 木星

木星（见图 1.9a）的英文名 Jupiter（朱庇特）亦源于古罗马神话，代表统领神界与凡间的众神之王。木星轨道半长径为 5.2 AU，公转周期是 11.9 年。它在八大行星中是体积最大的一个，赤道半径为 71 400 km，为地球的 11.2 倍，体积是地球的 1 316 倍，质量为地球的 318 倍，是其余八大行星质量之和的 2.47 倍。但这一质量在其中心所产生的温度和压力还不足以点燃热核反应，所以木星本身不能够发光而成为恒星。木星的表面被深度达 5 万多千米的液态氢的海洋所覆盖，海洋上空有浓密的大气层。木星表面标志性的大红斑（见

图1.9b)就是大气层中的一个巨大旋涡,它的宽度达数万千米,自发现至今已300多年,未见消减。根据最新的数据,木星共拥有79颗卫星。

图1.9a 哈勃空间望远镜拍摄的木星

图1.9b "旅行者1号"拍摄的木星"大红斑"

8. 土星

土星轨道半长径为9.6 AU,绕日公转周期为29.5年。最显著的特征是它美丽壮观的光环(参见图1.10a)。在大望远镜中观看,光环就分解为无数大大小小的石块。土星表面呈淡黄色,有平行于赤道的永久性云带,但不如木星上的显著。土星上盛行强风,在赤道附近风速约为500 m/s。在高纬度,风速逐渐递减。土星的平均密度只有 $0.7\,\text{g/cm}^3$,是八大行星中密度最小的,也是太阳系中唯一比水轻的行星。在八大行星中,土星的大小和质量仅次于木星,占第二位,其大气主要由氢、氦、甲烷和氨组成。到目前为止,发现的土星卫星数目共有82颗(参见图1.10b)。

图1.10a "旅行者2号"拍摄的土星

图1.10b "旅行者1号"拍摄的土星及其卫星的照片组合

9. 天王星

天王星(见图1.11a和图1.11b)距太阳19.3 AU,约29亿km,肉眼已无法看到,是英国天文学家威廉·赫歇尔(W. Herschel)于1781年用他自己制造的望远镜发现的。公转周期为84年。天王星的赤道半径约25 900 km,体积约为地球的65倍,在八大行星中仅次于木星和土星。天王星的大气层中83%是氢,15%为氦,2%为甲烷,此外还有少量的乙炔和碳氢化合物。上层大气层的甲烷吸收红光,使天王星呈现蓝绿色。大气在固定纬度集结成云层,类似于木星和土星在纬线上的鲜艳的条状色带。天王星密度较小，只有 1.24 g/cm³，在太阳系八大行星中，它的质量仅次于木星、土星和海王星，占第四位。天王星有 27 颗卫星，还有很薄的一层光环。

图 1.11a　"旅行者 2 号"拍摄的天王星　　　图 1.11b　从天卫五看天王星

10. 海王星

海王星（见图 1.12a）是通过它对天王星轨道的摄动作用而于 1846 年被发现的，这一发现被看成牛顿万有引力理论伟大成功的一个范例。海王星绕太阳运转的轨道半径为 30 AU，约合 45 亿 km，公转一周要 165 年。但由于距离遥远，即使用大型望远镜也难看清其表面细节。海王星的直径为 49 400 km，是地球的 3.88 倍；体积约为地球体积的 57 倍，质量为地球质量的 17 倍，平均密度为 1.7 g/cm³。它的大气中含有丰富的氢和氦，云层（见图 1.12b）的平均温度为 -193——-153 ℃。海王星有 14 颗卫星，5 条光环。由于海王星是一颗淡蓝色的行星，人们根据传统的行星命名法，称其为 Neptune。Neptune（尼普顿）是罗马神话中统治大海的海神，掌握着 1/3 的宇宙。

图 1.12a　海王星全貌　　　图 1.12b　"海王云"

11. 冥王星

2006 年 8 月 24 日之前，冥王星也曾经是太阳系的九大行星之一。冥王星是在 1930 年被发现的，它在远离太阳 59 亿 km 的寒冷阴暗的太空中姗姗而行，这情形和罗马神话中住在阴森森的地下宫殿里的冥王 Pluto（普鲁托）非常相似，因此，人们称其为 Pluto。冥王星的直径约为2 300 km,质量是地球质量的0.002 4倍,不仅比水星质量小,甚至比月球质量还小。由于冥王星个头太小,轨道偏心率太大,而且轨道平面相对于地球轨道平面有很大倾斜,不像其他行星轨道基本上与地球轨道位于同一平面中,这些特征长期以来使其行星地位相当不稳定,总有人认为应该把它开除出行星家族。近几十年来陆续发现的许多**柯伊伯带天体**(参见图1.13b),使这个问题进一步激化。

图1.13a "新视野号"拍摄的冥王星及其卫星(2015年)　　图1.13b "新视野号"飞掠柯伊伯带天体"天涯海角"(2019年1月)

柯伊伯带(Kuiper belt)是比冥王星绕太阳轨道更远的一个带状区域。专家们认为彗星等小天体就是从这里起源的。早先的天文观测表明,柯伊伯带中存在着大量由冰和岩石组成的天体,可能是太阳系早期物质形成行星之后的剩余材料。第一个柯伊伯带天体于1992年被发现,现在其家族成员已经增加到几百个。从2000年起,柯伊伯带天体直径最大记录不断被刷新。2004年,当一个叫"塞德娜"的天体以直径1 700 km的大小直逼冥王星时,情况已经变得十分严峻。于是,国际天文学联合会成立了一个专门委员会来重新讨论行星的概念,看看是把这些新发现的大天体接纳进行星家族,还是索性剥夺冥王星的行星地位。

2003年,美国加州理工学院的天文学家布朗(M. E. Brown)在太阳系边缘发现了一颗天体,暂时将其编号为"2003UB313"。2005年7月,布朗正式宣布了这一发现,并称该天体为"齐娜(Xena)"(神话中的一个好战女神)。这颗天体位于冥王星轨道以外的柯伊伯带中,距离太阳约160亿km,表面温度达-248 ℃。哈勃空间望远镜的观测显示,"齐娜"的直径可能达2 400 km,比冥王星大100 km左右,而且有人认为,它可能还有一颗卫星(见图1.13a)。这是推动行星概念被重新定义的决定性发现:事情已经到了非解决不可的程度。

根据国际天文学联合会大会2006年8月24日通过的新定义,"行星"指的是

　　围绕太阳运转、自身引力足以克服其刚体力而使天体呈圆球状,并且能够清除其轨道附近其他物体的天体。

按照这一新的定义,太阳系行星现只包括水星、金星、地球、火星、木星、土星、天王星和海王星,它们都是在1900年以前被发现的。根据新定义,具有足够质量、呈圆球形,但不能清除其轨道附近其他物体的天体被称为"矮行星"。因此,冥王星现在是一颗矮行星。冥王星的卫星卡戎(Charon)、小行星带中的谷神星和柯伊伯带中的"齐娜"也是矮行星。所有其他围绕太阳运转但不符合上述条件的物体被统称为"太阳系小天体"。

太阳及其行星是约50亿年前,由星际物质云在自引力作用下逐渐收缩形成的(参见

图1.14)。有人认为,由于太阳比许多其他恒星包含更多的重元素(例如铁),由此可以推知太阳是第二代恒星,即形成太阳的气体云中包含着上一代恒星演化终结后抛散到宇宙空间的遗迹。目前的太阳已经维持了大约50亿年。在它的氢燃料耗尽之后,将由氦的核反应继续维持其能源。在此过程中,它将从目前的黄矮星逐渐转变为红巨星,然后再转变为红超巨星,届时它的燃烧气壳将吞没整个火星轨道。在所有的核能源都用完之后,太阳内部将没有新能源来抵御引力坍缩,这就会使它的半径大大缩小,密度大大增加,从而变成白矮星,并进一步缓慢变为一颗不发光的冷"黑矮星"。它的生命就终止了,这也就意味着太阳系的生命终止了。从诞生起到最后,太阳的寿命估计总共可达100亿年。

图1.14 艺术家描绘的太阳系的形成图

1.1.2 恒星世界

晴朗无月的夜空,繁星点点的天幕上,除了水、金、火、木、土五大行星,以及偶尔出现的彗星、快速移动的人造天体和划空而过的流星之外,我们肉眼可见的发光天体都是恒星。每晚可以看到大约3 000颗恒星。随着地球绕日运动引起的斗转星移,我们一年之中肉眼总共可以看到大约6 000颗恒星。而从望远镜中看去,疏朗的星空就立即展现为千千万万颗恒星构成的色彩斑斓、广袤深邃的恒星世界(见图1.15)。

恒星在天空上的位置以及颜色亮度千百年来变化很小,所以才称为"恒"星。人们熟悉的"星座"(见图1.16a),就是古希腊人为描述恒星位置而划分的天空区域,共有88个。它们以希腊神话中的人物或动物命名,其中南天的一些星座是17世纪环球航海以后才取名的。中国古代的恒星命名方法是将星空分为若干星官。北极附近的一些星官分属三垣:紫微、太微和天市。沿黄道的28个星官称为二十八宿(xiù),并把它们按东西南北4个方向分别划归为苍龙、白虎、朱雀、玄武四象。明显可见的是,无论是西方的星座还是中国古代的星官,代表王族(如仙王座、仙后座)或皇帝(如紫薇帝星)的星都位于北极附近,意味着天下的臣民永远都要围绕他们运转。古希腊人把沿黄道的12个星座命名为黄道十二宫,他们认为太阳神在天上巡游,每个月需要驻跸一个星座,因而每个星座即是太阳神的一座行宫。在东方,中国人的祖先很早就根据一年中节气的变化来安排农事,对节气的推演最早可追溯到上古帝尧时代，中间经过春秋战国时期得到不断改进和完善，至秦汉年间，二十四节气就已正式纳入历法，并明确了二十四节气对应的天文位置，其与黄道十二宫完全契合(见图1.16b)。有意义的是，我们中国人的历法即农历(古称汉历)中，既包含有随太阳位置变化的二十四节气，也包含有随月相变化的"阴历"。前者与农耕生产密切联系，关乎民生之本；而后者更多地融入了人们的情感生活，例如春节、上元节、中秋节、重阳节等传统节日都是以阴历计算的。并且，人们在寄托乡情和亲情时，往往也是通过月亮，如家喻户晓的诗句："举头望明月，低头思故乡"(李白)，"人有悲欢离合，月有阴晴圆缺"(苏轼)，等等。因而，中国古人创造的农历(汉历)实际是一种"阴阳合历"，其中既反映了自然规律("天时")，又蕴含了浓浓的人文情怀("人和")，这充分体现了我们祖先"天人合一"的自然观，是灿烂悠久的中华文化的一个具体例证。特别值得我们自豪的是，二十四节气被国际气象学界誉为"中国的第五大发明"，并在2016年被正式列入联合国教科文组织人类非物质文化遗产代表作目录。

图 1.15　恒星世界

图 1.16a　星座图

图 1.16b　黄道十二宫与二十四节气

恒星之间的距离要以光年来计，

$$1 \text{光年} \simeq 9.460 \times 10^{12} \text{ km} \simeq 6.3 \times 10^4 \text{ AU} \tag{1.2}$$

由于相距遥远，甚至在大型望远镜中，恒星也呈现不出行星那样的圆面，更不用说表面的细节了。但是，如我们在第 2 章中将要讲述的，现在已有许多办法可以定出恒星的大小、质量、化学成分等内禀特征，甚至定出恒星的年龄。在这些恒星中，有体积比太阳大数亿倍乃至百亿倍的**超巨星**，也有直径仅约 10 km 的**中子星**；有光焰四射、辐射总能量相当于一个星系的**超新星**，也有暗淡无光、垂垂迟暮的**黑矮星**。我们将会看到，恒星半径可以相差 10^6 倍、固有亮度（光度）可以相差 10^{10} 倍、密度可以相差 10^{25} 倍，但恒星的质量大小相差只在 10^3 倍以内。质量大小的差异造成恒星自身引力大小的差异，而正是引力主导了恒星一生的演化，这就使得不同质量的恒星走过完全不同的演化途径，并到达有着天壤之别的最后归宿。

1.1.3 星系和星系团

尽管恒星是构成宇宙结构的最基本组元，但恒星通常总是集结成团，最普遍的恒星集团就是星系（参见图 1.17a 和图 1.17b）。我们肉眼可见的恒星都属于银河系，这是一个拥有千亿颗恒星、大小为 10 万光年的**漩涡星系**，太阳只是其中一颗普通的恒星，距离银河系中心约 3 万光年。星系的世界更是一个姿态万千的世界，除了漩涡星系之外，还有**椭圆星系**和形态各异的**不规则星系**。与恒星的情况类似，星系之间也相互集结，形成由小到大的逐级成团结构。例如，我们的银河系以及其他几十个星系组成**本星系群**，尺度约为 300 万光年；本星系群再和室女星系团、大熊星系团等其他几十个**星系团**一起构成**本超星系团**，尺度为数亿光年；等等。我们至今所看到的全部宇宙称为**总星系**，它的典型尺度为 100 亿光年，年龄为 100 亿年数量级。

图 1.17a 哈勃空间望远镜的"生日礼物"——发射 14 周年（2004 年）纪念日当天拍摄到的"珍珠项链"星系，它距离地球 3 亿光年，"项链"由无数蓝色恒星组成

图 1.17b 哈勃空间望远镜拍到的宇宙深空照片，其中每个天体都是一个星系

1.2 天体物理学的观测方法简介

天文学包括天体物理学都是基于观测的科学。我们对宇宙的认识，首先是通过对各种

宇宙天体的观测而得到的。观测所接收到的宇宙信息,主要是来自天体发出的电磁波辐射,虽然许多天体还有高能粒子发射甚至引力波辐射,但前者不仅数量稀少且极难捕捉,而后者的信号极为微弱,只能借助于特殊的大型观测设备才能接收到它们。因此,天体的电磁波辐射仍然是我们获取宇宙信息的主要来源。

电磁波按波长从长到短(光子能量从小到大)分为射电、红外、可见光、紫外、X射线和γ射线等不同波段(见图1.18a)。射电波段的波长在1 mm以上,其中10 cm—1 mm的一段通常被称为微波;其他波段的波长范围是:红外1 mm—0.76 μm,可见光0.76—0.4 μm,紫外0.4 μm—10 nm,X射线10—0.001 nm,γ射线的波长≤0.001 nm。

自遥远天体发出的电磁波辐射,必须穿过大气层才能到达地面。大气层对电磁波的许多波段都会强烈吸收,使得大气层对这些波段变为不透明的。例如,大气中的臭氧层和氧原子分子以及氮原子分子会强烈吸收紫外、X射线和γ射线的辐射,大气中水分子和二氧化碳分子会强烈吸收一部分红外辐射,因而地面观测就接收不到这些波段的天体辐射信息。所幸的是,大气层对可见光和波长30 m—1 mm的射电波是透明的,这就是所谓**大气窗口**(见图1.18b),

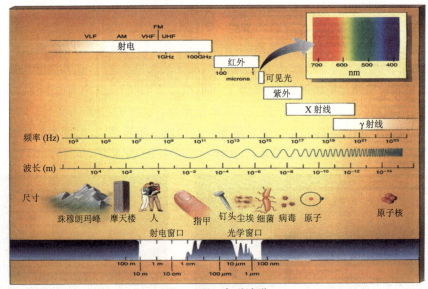

图 1.18a 电磁波谱

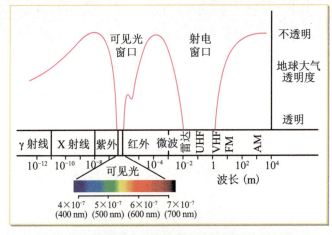

图 1.18b 不同波段电磁波的大气透明度与大气窗口

其中可见光窗口不仅使我们可以进行天文观测,而且阳光可以透过这个窗口普照大地,地球上的万物才得以生生不息。实际上,还有部分红外线(波长 22—1 μm)可以透过大气层,尽管这个红外窗口的一部分是半透明的,还有一部分是断续性透明的。习惯上,常常把可见光窗口和红外窗口统称为**光学窗口**。

1.2.1 地面观测

1. 光学望远镜

望远镜是人眼的视野延伸和功能扩展。第一架用于天文观测的望远镜,是伽利略(Galileo)于 1609 年亲手制造的折射式望远镜(见图 1.19)。他用它发现了月亮上的环形山和"海"(月面上平坦的陆地)、木星的 4 颗卫星,以及太阳黑子和金星的盈亏。他还看到了许多肉眼看不到的恒星,并发现银河是由点点繁星组成的。1668 年,牛顿(I. Newton)也制造出了第一架反射式望远镜(见图 1.20)。我们看到,在人类探索自然奥秘的过程中,这两位近代物理学的先驱始终一先一后,不仅都为创立经典力学做出了杰出贡献,而且都通过亲手制作的望远镜,把智慧的目光投向了浩瀚的宇宙。

图 1.19 伽利略和他制造的望远镜

图 1.20 牛顿和他制造的望远镜

1781年,英国天文学家威廉·赫歇尔用自制的口径为15 cm的反射式望远镜发现了天王星。1845年,英国罗斯伯爵(T. Ross)制造的金属面反射式望远镜,口径达1.54 m,长为17 m。他用这架望远镜发现了河外星系M 31的漩涡结构,还发现了著名的蟹状星云。第一架现代概念的折射式望远镜是由美国克拉克(A. Clark)父子于1862年建造的,口径为47 cm,拍到了天狼伴星的照片。他们于1888年和1897年相继建造完成的口径为91 cm和1.02 m的折射式望远镜,由于大块光学玻璃制造和加工的难度极大,至今仍列世界折射式望远镜口径的前两位。第一架现代概念的反射式望远镜是1908年美国天文学家海尔(G. Hale)建造的,口径1.53 m,它首次拍到了天狼伴星的光谱,并由此判断其为一颗白矮星。10年以后,仍然在海尔的主持下,完成了威尔逊山天文台(Mount Wilson Observatory)口径2.54 m的望远镜的建造。1924年,哈勃(E. Hubble)就是用它测定了仙女座大星云的距离,确认它是河外星系,进而发现了著名的星系退行的哈勃定律。在海尔多方奔走努力下,帕洛玛山(Mt. Palomar)天文台在1948年又建成了口径为5.08 m的望远镜(它被命名为海尔望远镜,以纪念1938年去世的海尔)。主镜用整块玻璃制造的如此大口径光学望远镜,因其镜片自身的重量,镜片加工以及望远镜的机械和控制系统的制造水平在当时已经达到极限,故在这架望远镜建成后的近半个世纪的时间里,它一直是世界上最大最好的望远镜,取得了许多意义重大的天文发现。

为了建造地面上口径更大的望远镜,人们采用薄镜镶拼技术并利用计算机辅助控制的主动光学系统,终于在1993年建成了口径为10 m的光学望远镜凯克Ⅰ(Keck Ⅰ)。这台望远镜安装在海拔4 200 m的美国夏威夷莫纳凯亚(Mauna Kea)天文台,它由36块直径为1.8 m的六边形镜片拼嵌而成,每块镜片的厚度仅10 cm。而要用整块玻璃制造的话,镜片的厚度将达1.5 m以上,重量将超过150 t。这一组合镜面望远镜的制造技术解决了在地面上制造甚大型望远镜的难题,并由此引发了一轮甚大型望远镜的建造热潮。1996年,第二台10 m望远镜凯克Ⅱ(Keck Ⅱ)也建造完成,它与凯克Ⅰ的结构完全一样,并同样安装在夏威夷莫纳凯亚天文台,两者相距85 m(见图1.21a和图1.21b)。到目前为止,全世界口径大于8 m的光学望远镜已有14台。除了上面两台凯克望远镜外,其余的是:位于美国得克萨斯州麦克唐纳(McDonald)天文台的9.2 m霍比-埃伯利望远镜(Hobby-Eberly Telescope,简称HET,1999年);分别安装于美国夏威夷和南美洲智利的两台8.1 m双子座(Gemini N & S)

图1.21a　美国夏威夷莫纳凯亚天文台(图的左边可见凯克Ⅰ和凯克Ⅱ)

图 1.21b　凯克望远镜及其内部

望远镜(1999 年/2002 年); 位于夏威夷的 8.2 m 昴星团(Subaru)望远镜(日本, 1999 年); 位于智利的 4 台口径均为 8.2 m, 既可以单独使用, 也可以组合成等效口径为 16 m 的甚大型光学干涉望远镜(Very Large Telesope, 简称 VLT)[欧洲南方天文台(European Souther Observatory, 简称 ESO, 见图 1.22b), 2000 年]; 由美国和意大利共同建造、安装于美国亚利桑那州的 2×8.4 m 大双筒望远镜(Larg Binocular Telescope, 简称 LBT, 2005 年); 位于西班牙卡纳里岛的 10.4 m 加那利大型望远镜(西班牙文 Gran Telescopio Ganarias, 简称 GTC, 2005 年); 建于南非的 11 m 南非大望远镜(Southen African Large Telescope, 简称 SALT, 2005 年)。这些大型观测设备自投入使用以来,已取得了许多重大的科研成果。例如,2020 年诺贝尔物理学奖中关于发现银河系中央超大质量天体的奖项,直接来自两台口径为 10 m 的凯克望远镜和欧洲 4 台甚大型望远镜 VLT 对银河系中心黑洞的长期观测。目前,国际上还有 3 台口径为 30 m 及以上的超大型望远镜正在建造或筹建之中,其中一台位于夏威夷莫纳凯亚山顶,这是由美国、加拿大、日本、中国、印度等国共同建造、口径为 30 m 的大型光学/红外望远镜 TMT(Thirty Meter Telescope, 30 m 望远镜,见图 1.23a),现即将建成。其主镜由 492 块六边形镜片拼接而成,配备有自适应光学系统,它的图像清晰度将比哈勃空间望远镜高 10 倍,可以看到离地球 130 亿光年远的天体。此外,欧洲还有建造口径为 100 m 望远镜的计划,它由 3 048 块直径为 1.6 m 的镜片拼嵌而成,建成后将成为世界上光学望远镜的"巨无霸"。

图 1.22a　位于南美洲智利的欧洲南方天文台

图 1.22b　美国亚利桑那州的基特峰国家天文台

图 1.23a　30 m 望远镜

我国云南丽江 2005 年建成的 2.4 m 望远镜,是目前东亚口径最大的通用型光学望远镜。另一台郭守敬望远镜(LAMOST)的口径虽然达到了 4 m,但它是光谱巡天望远镜,难以进行成像观测。为了在通用型光学望远镜领域赶上世界先进水平,我国一方面积极参与了夏威夷 TMT 望远镜的建造,同时早在 2016 年就把 12 m 光学/红外望远镜(Large Optical-infrared Telescope,简称 LOT)列为"十三五"时期优先布局的 10 个重大科技基础设施建设项目之一。经过科研人员多年的艰苦努力,终于在世界屋脊青藏高原上找到了这台望远镜的理想台址,它位于青海省海西蒙古族藏族自治州冷湖镇附近海拔 4 200 m 的赛什腾山上(见图 1.23b),不远处就是辽阔的柴达木盆地。这里自然环境所提供的观测条件十分优越,一些关键参数甚至优于美国夏威夷莫纳凯亚天文台和智利的大型光学天文台。此外,由于目前世界上大型光学望远镜都位于西半球,青海冷湖 12 m 望远镜建成后,将填补大型光学望远镜在东半球的空白,成为全世界天文学家在东半球的重要合作研究基地。2023 年 9 月,由中国科学技术大学和中国科学院紫金山天文台共建的"墨子"巡天望远镜,率先在冷湖赛什腾山建成并投入使用。这台望远镜的口径为 2.5 m,是一台大视场巡天望远镜(Wide Field Survey Telescope,简称 WFST),是目前北半球巡天能力最强的光学观测设备,能够在 3 个夜晚把整个北天球巡测一遍。它正式启用后两个月,就新发现了两颗近地小行星——2023 WX1 和 2023 WB2,并很快得到了国际小行星中心的确认。今后,"墨子号"巡天望远镜有望在高能时域天文、外太阳系天体搜寻、银河系结构和近场宇宙学等领域取得有重要意义的成果。同时,巡天数据还可用于开展空间碎片监测,以满足国家航天安全的战略需求。

图 1.23b　建设中的青海冷湖赛什腾山天文台(左图:冬景,远处可见辽阔的柴达木盆地;右图:夏景,头顶上是灿烂的银河)

光学望远镜不仅用于天体的成像和亮度(光度)测量,还可以拍摄天体的光谱,为我们了解天体的化学成分及物理状态(如温度、压力、气体湍动速度等)提供重要的信息。随着光学、微电子和信息科学技术的发展,一架望远镜可以同时拍摄的天体光谱数目,从几条、几十条已经达到千条以上。例如美国的 SDSS(Sloan Digital Sky Survey,斯隆数字巡天)望远镜(见图 1.24),利用光纤传导、CCD 成像和计算机控制技术,可以同时拍摄 600 条光谱,至今已完成了约百万个天体的光谱拍摄工作。我国的郭守敬望远镜(即大天区面积多目标光纤光谱天文望远镜,Large Sky Area Multi-Object Fiber Spectroscopy Telescope,简称 LAMOST)是一台地平式反射施密特望远镜(见图 1.25a),主镜由 37 块对角径为 1.1 m 的六边形球面镜片组成(见图 1.25b),有效通光口径为 4 m,内设 4 000 根直径为 0.3 mm 的光导纤维,可同时拍摄 4 000 个天体的光谱,并即时将光谱信息送入大型计算机处理。特别要提到的是,美国 SDSS 望远镜采用的是钻孔铝板方法,即需要把待观测的 600 个目标位置事先在

图 1.24　美国的 SDSS 望远镜

铝板上打好孔,然后再把光纤引导头插入铝板并安装到望远镜上,这样每次观测就需要更换不同的光纤铝板。而郭守敬望远镜采用的是 4 000 个双回转光纤定位器(见图 1.25c),每个定位器可以驱动光纤在直径 33 mm 的范围内变动位置。只要把 4 000 个待观测目标的坐标输入到这一系统,在计算机控制下,4 000 根光纤就可以在数分钟内分别精准定位到相应目标,这样就不再需要每次更换光纤铝板,从而大大缩短了定位时间。这充分体现了中国科技工作者的高度智慧和创新能力。受此启发,美国基特峰国家天文台(Kitt Peak National Observatory,简称 KPNO,见图 1.22b)也采用了类似的光纤定位机构,在其口径为 4 m 的马约尔望远镜上安装了 DESI 光谱仪,并把光纤数目增加到 5 000 根。2011 年 10 月至 2022 年 6 月,郭守敬望远镜已获取了 2 229 万条高质量的天体光谱数据,帮助天文学家在银河系结构与形成演化、恒星物理的探究、特殊天体和致密天体的搜寻等方面取得了一批重大突破性成果。例如:精确绘制了银河系的时空"画像";发现恒星的"初始质量函数"随银河系演化历史和环境发生显著变化,刷新了学术界对这一基本概念的认知;推动"黑洞猎手计划"的实施,继 2019 年证认了一颗迄今为止质量最大($70M_\odot$)的宁静态恒星级黑洞之后,2022 年,在距离地球约 1 037 光年处发现了一颗宁静态中子星,从而突破了仅依赖 X 射线搜寻致密天体的观测限制;2022 年,一次性发现了 9 颗罕见的超富锂矮星;目前已证认遥远宇宙中的类星体总数达到 56 176 个,其中 24 127 个是郭守敬望远镜首次发现的。

图 1.25a 郭守敬望远镜,建于河北省兴隆

图 1.25b 建造中的郭守敬望远镜:37 块镜片拼接

图 1.25c　建造中的郭守敬望远镜:4 000 个光纤定位器安装

2. 射电望远镜

早在"二战"以前的 1932—1935 年,美国贝尔实验室的无线电工程师央斯基(K. Jansky)就报告发现了来自银河系中心的射电辐射,这是人类透过大气层射电窗口对宇宙的首次观测。"二战"期间的一次偶然机会,雷达科技人员发现了太阳射电。战后,还是雷达科技人员把雷达技术应用于天文观测,揭开了射电天文学发展的序幕。与光学望远镜相比,射电望远镜可以透过云层,不受气象条件的影响,白天夜晚都可以观测,具有全天候工作的能力;且由于射电电波的波长长,不受星际和星系际尘埃云的阻挡,因而大大扩展了人类对宇宙空间的观测范围。20 世纪 60 年代著名的天文学四大发现,都是利用射电望远镜或射电接收装置观测而得到的。

与光学望远镜类似,射电望远镜的基本技术指标有两项,即灵敏度和分辨率。前者主要取决于接收天线的有效面积及信号处理系统的信噪比;后者与光学望远镜一样,主要受到电磁波衍射的限制。分辨率 θ、电磁波长 λ 和望远镜天线口径 D 之间的关系为

$$\theta = 1.22 \frac{\lambda}{D} \text{(弧度)} \tag{1.3}$$

因为射电波的波长比可见光的波长长许多,所以要提高射电望远镜的分辨率,这就必须使接收天线的口径非常大。

1963 年,人类建造的第一座"天眼"——阿雷西博(Arecibo)射电望远镜(见图 1.26a),在加勒比海岛国波多黎各(美国属地)建成。这是当时世界上最大的单面射电望远镜,隶属于康奈尔大学和美国国家天文学和电离层中心(National Astronomy and Lonosphere Center,简称 NAIC)。这台望远镜建于群山之中的一个天然碗形谷底,接收天线是一面直径为 305 m 的巨大金属网碟,由钢索网锚定在山岩之中。天线保持固定不动,依靠地球的自转扫描不同的天区。后经几次改建,1986 年天线直径扩展到 366 m,1997 年又把观测频率范围扩展为波长 6 m—3 cm,从而可以观测到更多的分子谱线。阿雷西博射电望远镜主要的研究对象是类星体、脉冲星以及处在宇宙边缘的其他射电源。1974 年,泰勒(J. Taylor)和赫尔斯(R. Hulse)利用这台望远镜,发现了第一个射电脉冲双星系统 PSR 1913 + 16(见 3.7.3 小节)。这是一个双中子星系统,很强的引力波辐射导致双星轨道周期发生变化,其观测结果与广义相对论的计算完全一致,证实了爱因斯坦(A. Einstein)预言的引力波的存在。这是

一个激动人心的观测成果,泰勒和赫尔斯也因此获得了1993年诺贝尔物理学奖。之后,毫秒脉冲星的发现,以及发射功率强大的射电信号与"外星人"联系的尝试,也都成为阿雷西博射电望远镜的骄傲。但英雄也有迟暮之时。50多年过去,一些关键部件因年久失修而逐渐损坏,至2020年12月,3座吊塔上的钢缆已无法支撑重约900 t的仪器平台,导致平台坠落到下方反射面板上,整个望远镜一夜之间坍塌,走到了生命的尽头。其实在此之前曾有过多次维修乃至重建的提案,却都被政府主管部门搁置或否决了。一部分原因当然是经费问题,但更重要的是,此时一座更大的"天眼"已在东方建成了,这就是中国的FAST。

FAST的全称是Five-hundred-meter Aperture Spherical Radio Telescope,即500 m口径球面射电望远镜(见图1.26b),位于贵州省黔南布依族苗族自治州平塘县克度镇金科村大窝凼洼地。FAST是我国"十一五"期间规划的重大科技基础设施之一,于2011年3月动工兴建,2016年9月竣工并开始调试和试运行,最终于2020年1月通过国家验收并正式开放运行。FAST的反射面面积相当于30个足球场,其综合性能比阿雷西博射电望远镜提高了10倍,特别是500 m口径反射面的主动变位式索网结构和馈源舱毫米级的高精度定位,是射电望远镜建造技术的重大突破,开创了巨型望远镜建造的新模式。

图1.26a　位于波多黎各的阿雷西博射电天文台

图1.26b　中国"天眼"(FAST)

FAST聚光面积巨大,电波收集能力超强,是全世界最灵敏的单面射电望远镜,建成后短短几年就获得了一系列令人瞩目的重大成果。2017年8月,还处在试运行阶段的FAST就发现了一颗新脉冲星(见图1.26c),之后于2018年4月又首次发现毫秒脉冲星J 0318+0253,其自转周期为5.19 ms,距离地球约4 000光年,属于射电流量最弱的一类高能毫秒脉冲星。这一发现很快就获得国际同行的确认。截至2023年7月,FAST已发现800余颗新脉冲星,其中毫秒脉冲星的数目超过60颗。此外,借助于FAST,中国科学家在快速射电暴的研究领域也不断取得优异成绩,很快就走在了国际同行的前列。快速射电暴(Fast Radio Bursts,简称FRB)是宇宙中最明亮的射电爆发现象,能在1 ms的时间内释放出太阳大约一整年才能辐射出的能量。自2007年FRB被首次发现以来,迄今已发现了几百例,并迅速成为天文学的新研究热点之一,但其物理起源、辐射机制、生成环境等至今仍然是谜。至2022年上半年,FAST已发现6例新的快速射电暴,并在2020年观测到银河系中有一颗磁星发出快速射电爆发。这是人类首次在银河系内观测到FRB,并首次找到FRB暴源的对应天体。该成果得到国际同行的高度评价,被《自然》和《科学》期刊评为2020年度世界十大科学发现之一。FAST还发现了迄今唯一一例持续活跃的重复快速射电暴FRB 20190520B,并将其定位于一个距离我们30亿光年的贫金属矮星系,这一发现对深入了解FRB的物理本质有极大帮助。2021年,FAST观测到FRB 121102在约50天内发生1 652次爆发,这是迄今为止全球最大的重复快速射电暴爆发事件样本,且获得了完整能谱及双峰结构。还要特别提到,2022年10月,FAST在致密星系群"斯蒂芬五重星系"及周围天区,发现了一个尺度大约为200万光年的巨大中性氢原子气体系统,这是目前在宇宙中探测到的最大的中性氢原子气体结构(见图1.26d),对于研究宇宙早期星系形成过程有重要的意义。

图1.26c FAST观测到的第一颗脉冲星示意图

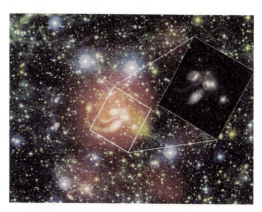

图1.26d FAST发现的宇宙中最大的中性氢原子气体结构

20世纪全球最大的可转动射电望远镜(见图1.26c)位于德国艾菲斯堡,属于马克斯·普朗克射电天文研究所,它的天线直径为100 m,内部80 m的表面由金属板片制成,可以用于厘米波段的观测,外部20 m是网眼结构,用于衍射影响较大的长波观测。2000年建成的单面大型射电望远镜名为伯德望远镜,也称GBT(Green Bank Telescope,绿岸望远镜,见图1.26f),位于美国西弗吉尼亚州格林班克的美国国家射电天文台(National Radio Astronomy Observator,简称NRAO)。这是一台全动式口径为100 m的望远镜,由于采用了侧臂支撑接收机,不会阻挡天线,因而比德国的望远镜有更多的实际积光面积,从而优化了灵敏度和成像质量,可以观测波长短至7 mm的射电辐射。附带补充一点,这里原有一台口径为91 m、居世界第二位的可跟踪式射电望远镜,1962年建成,但不幸于1988年突然意外坍塌,成为大型望远镜历史上唯一的一次严重事故。

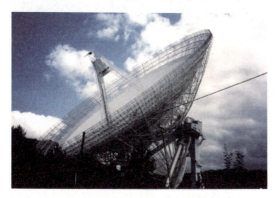

图1.26e 德国100 m射电望远镜

图1.26f 位于美国西弗吉尼亚州格林班克的GBT

继1986年上海佘山的25 m射电望远镜建成后,1993年我国又在新疆建成一台26 m射电望远镜。它位于乌鲁木齐市南山70 km处,海拔2 080 m,建成后成功开展了一系列脉冲星测时、分子谱线巡天、活动星系核光变等观测研究,取得了丰富的成果。此外,作为中国VLBI网的核心成员之一,还先后多次圆满完成了中国探月工程"嫦娥"系列卫星测轨、"天问号"火星探测器测轨等国家重大科技任务。目前我国最大的全向可动射电望远镜是位于上海佘山的65 m"天马"射电望远镜(见图1.26g),它于2012年建成,是目前亚洲最大、总体性能在国际上名列前四的全动型射电天文望远镜。"天马"射电望远镜大幅提高了我国VLBI系统的测量能力,在我国嫦娥探月、火星探测以及星际分子、脉冲星等领域的研究中发挥了强大作用,特别是在2019年参与了全球第一张黑洞照片的联网观测,并做出了重要贡献。不久之前即2023年9月和10月,两台分别位于西藏日喀则和吉林长白山、口径都是40 m的射电望远镜先后动工建造,建成后将把我国原有的VLBI网基线从3 200 km加长到3 800 km,最大角分辨率提高18%。新的VLBI网建成后,将在我国今后的探月工程以及小行星、火星、木星等深空探测任务中发挥更重要的作用。更加令人欣喜的是,2022年9月,位于新疆奇台县的110 m口径全向可动射电望远镜项目正式奠基开工(参见图1.26h)。这是我国天文领域可以媲美"天眼"FAST的又一大国重器,建成后有望成为全球最大、精度最高的全向可动射电望远镜,可以在纳赫兹引力波、快速射电暴、黑洞、暗物质、天体及生命起源等前沿领域开展科学研究,并为未来我国空间活动提供强大技术支撑。该望远镜位于我国西部、欧亚大陆腹地,向西可以和欧洲的望远镜联网、向东可以连接东亚的望远镜,地理位置优越独特,届时必将成为世界级的射电天文观测平台。除此之外,另一座口径为120 m的全向可动景东射电望远镜(建于云南普洱市景东)的研制工作也已启动。建成之后,它将与奇台射电望远镜以及FAST一起,发挥各自的性能特点及设备优势,为我国宇宙探测前沿科学研究带来新的突破。

图1.26g 上海65 m"天马"射电望远镜

图1.26h 新疆奇台110 m射电望远镜示意图

由于射电波波长比光波波长可以大几个数量级,而单面射电镜的天线口径最多只比光学望远镜大两个量级,故单面射电镜的分辨率一般低于光学望远镜。综合口径技术的发明使这一问题得以解决。这一技术的关键是运用电磁波的干涉原理,用多面天线组成射电望远镜阵同时观测一个目标,观测结果为多面镜的干涉结果,相当于扩大了望远镜的总口径,可以得到很高的分辨率。例如,两台分开很远距离的射电望远镜进行干涉测量,相当于使分辨率公式中的望远镜口径加大到两台望远镜之间的距离(即所谓基线长度)。目前使用的**甚长基线干涉测量**(Very Long Baseline Interferometry,简称VLBI)技术,可以允许进行干涉测量的望远镜放置在地球上的任何地方,甚至空间轨道和月球上。用VLBI观测得到的分辨率,现已高达 10^{-4} 角秒,大大超过了光学望远镜。图 1.27a 和图 1.27b 为位于美国新墨西哥州索科罗附近的综合口径射电望远镜阵[亦称甚大阵型望远镜,即 VLA(Very Large Array)],它于 1981 年建成,由 27 台口径为 25 m 的单面镜按"Y"字形排列,总长度达 27 km。望远镜旁有铁轨,以便于望远镜之间的距离根据分辨率的需要而改变。美国的甚长基线阵(Very Long Baseline Array,简称 VLBA),跨距 8 000 km,西起夏威夷,东至西印度群岛中的美属维尔京群岛圣克罗伊,由 10 台口径为 25 m 的射电望远镜组成,每台的天线重达 240 t。位于美国新墨西哥州的毫米波阵列望远镜(Millimeter Array,简称 MMA),由 40 台 8 m 射电望远镜组成环行阵列,可沿一个圆形轨道移动,轨道直径为 30 km,工作波段主要在毫米波段,最短至 0.8 mm,其观测结果可与哈勃空间望远镜媲美。其他国家的射电镜阵列主要还有:英国的微波联线干涉网(MERLIN),由英国本土的 7 台射电望远镜组成,基线跨度 220 km,中心是焦德雷尔班克天文台(Jodrell Bank Observatory,亦称卓瑞尔河岸天文台,位于曼彻斯特)口径为 76 m 的旋转抛物面射电望远镜;欧洲甚长基线干涉网(European VLBI network,简称 EVN),总部设在荷兰德文格路天文台,共有欧洲及全球 40 多个天文台参加,其中包括我国上海天文台和乌鲁木齐天文站;印度巨型米波射电望远镜阵(Giant Metrewave Radio Telescope,简称 GMRT),1994 年建成,由 30 台口径 45 m 的旋转抛物面天线组成,位于海拔 650 m 的德干高原上普纳市的北面,18 台天线沿"Y"字形的 3 条臂排列,每条臂长为 25 km,另 12 台集中在中心区 5 km 的范围内,目前是亚洲最大的射电望远镜阵列。

图 1.27a 位于美国新墨西哥州的综合口径射电望远镜阵

图 1.27b VLA 的射电望远镜近景

迄今世界上已建成使用的最复杂大型地基望远镜阵列是 ALMA 望远镜,它的全称是"阿塔卡马大型毫米波/亚毫米波天线阵(Atacama Large Millimetre/Submillimeter Array,简称 ALMA)",是由欧洲、日本、北美与智利等多方共同参与的国际合作项目,位于智利北部海拔 5 000 m 的阿塔卡马沙漠。整个天线阵共有 66 座直径为 12 m 及 7 m 的抛物面天线,组成一个方圆 16 km 的庞大阵列(见图 1.27c),作为一架巨大的射电望远镜工作。ALMA 拥有 0.01 弧秒的分辨率,相当于能看清 500 多千米外的一分钱硬币,其视力超过哈勃空间望远镜 10 倍。毫米波可以用来观测宇宙分子以及宇宙深处一些星系中恒星形成的情况。自 2013 年 3 月 ALMA 望远镜全部建成并投入使用以来,已取得一系列重大的科学成果。ALMA 得到的首个观测图像(见图 1.27d),显示了**天线星系**(亦称触须星系)中一个密集气体尘埃云的细部结构,该气体尘埃云是一个密集的年轻恒星形成区。天线星系是一对相互碰撞而扭曲的漩涡星系[参见图 6.44(d)],距离地球大约 7 000 万光年。令天文学家感到特别兴奋的是,ALMA 望远镜观测到一批年轻恒星周围原行星尘埃盘的细节图像(见图 1.27e 和图 1.27f),这表明在广袤的恒星世界中,像我们太阳系这样的行星系统是大量存在的,这对于解开行星形成及多样性乃至宇宙生命起源之谜有极大的帮助。此外，ALMA还观测到引力透镜所产生的爱因斯坦环（见图1.27g），其中ALMA拍摄到的是星系SDP.81（橙色），由于引力透镜的作用它看上去变成一个圆环（爱因斯坦环，参见7.8.3小节），而哈勃空间望远镜拍摄到的是前方起到引力透镜作用的星系（蓝色）。最近，ALMA又观测到多个130亿年以前的星系，并发现这些星系中有大量氧和尘埃存在。这表明，即使在这样早的宇宙演化阶段，许多恒星也已经历了世代更替。随着第二代空间望远镜即韦伯空间望远镜（James Webb Space Telescope，简称JWST）的投入使用，ALMA与JWST的强强联合，将使我们有能力把人类观察宇宙的视野推向宇宙的黎明阶段。

图1.27c　部分ALMA望远镜阵列

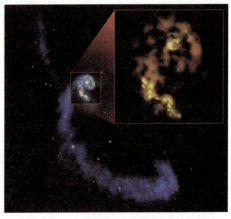

图1.27d　ALMA望远镜获得的首个观测成果（图中蓝色部分是VLA望远镜观测到的天线星系，黄色与橙色部分为ALMA望远镜观测到的细部结构）

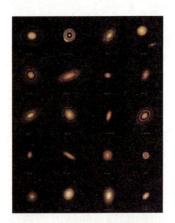

图1.27e　ALMA望远镜观测到的20个原行星尘埃盘

图1.27f　ALMA望远镜观测到的年轻恒星金牛座HL周围的原行星尘埃盘

图1.27g　ALMA望远镜（橙色）和哈勃空间望远镜（蓝色）所拍摄的星系SDP.81

2022年12月，世界上最大的综合孔径射电望远镜——平方千米阵列（Square Kilometre Array，简称SKA，见图1.27h）射电阵正式开工建设。SKA由多国筹资并参与建造，中国是项目创始成员国之一。SKA将建在澳大利亚、南非及南部非洲8个国家的无线电宁静区域，包括2 500面口径为15 m的反射面天线、250个直径为60 m的天线组成的致密孔径阵列,以及130万个偶极子组成的稀疏孔径阵列,总聚光面积达1 km²,集大视场、高灵敏度、高分辨率、宽频率范围等卓越性能于一身,其灵敏度将比现在世界上最好的射电接收设备高出50倍,分辨率高出100倍。让我们感到骄傲的是,由中国技术专家提出的"中国方案",已被确认为SKA反射面天线唯一设计方案(见图1.27i),它具有重量轻、反射面精度高、在重力及温度和风载荷影响下变形小的特点,综合性价比超过目前国际所有同类天线。SKA将在2028年完成一期工程建设并开启初始运行。一旦建成,它将把人类的目光延伸至可见宇宙的边缘,极大地帮助到科学家们研究宇宙诞生后第一代恒星及最早的星系形成的过程,并在宇宙暗物质和暗能量、引力波、快速射电暴乃至寻找地外文明等探测研究领域发挥重大作用。总之,SKA当之无愧是人类天文学研究领域的又一座里程碑,将引领未来至少50年射电天文学的发展。

图1.27h "平方千米阵列"设想图

图1.27i "平方千米阵列"的碟形天线

1.2.2 空间望远镜

地球大气的影响使我们在地面只能利用射电、可见光及近红外窗口进行观测,这大大限制了我们对宇宙奥秘的探索研究。即使在可见光波段,由于天气变化和大气的透明度、视宁度以及周围人类活动(例如城市灯光)的影响,使得光学望远镜理论上的分辨率和灵敏度通常都要大打折扣。而如果在高度 100 km 以上的大气层外空间,则完全摆脱了地球大气的影响,可以全天候、全波段地进行观测,因而成为天文观测最理想的场所。随着人类探空技术的飞速发展,越来越多的空间观测设备被送入太空轨道,激动人心的发现接连不断。人类多年梦想的全波段深空探测的崭新时代已经到来。

1. 可见光波段

在大气层外轨道运行的空间望远镜中,最著名的就是**哈勃空间望远镜**(Hubble Space Telescope,简称 HST)了。它于 1990 年 4 月 24 日由"发现者号"航天飞机送上太空(见图 1.28a),至今已发回大量高清晰度的宇宙图片,使我们能够窥探到宇宙深处的壮观景象。HST 由 NASA 研制,其主镜的口径为 2.4 m,长为 13.6 m,地面重量为 12.5 t。它的轨道距离地面的高度约为 575 km,主要工作于可见光波段,同时也可用于部分红外波段和紫外波段的观测,比地面光学望远镜的工作波长范围宽 3 倍。它的角分辨率高达 0.05″—0.014″,大约是同样口径的地面光学望远镜的 10 倍。为了保证 HST 的正常工作,NASA 曾先后 5 次派出宇航员对望远镜进行维护,其间修复、更换并增添了一批仪器设备。

图 1.28a 哈勃空间望远镜

自服役以来,HST 观测了成千上万个星系和数百万颗恒星,发现了大量奇异天体,让人类首次看到百亿光年以外的神秘宇宙,极大地增进了我们对恒星、星系和宇宙演化过程的认识。同时,HST 还针对太阳系大行星进行了多次观测,其中最著名的是 1994 年 7 月拍摄到了千载难逢的彗木相撞全过程。此外,2020 年 1 月,HST 发现了至今已知的最遥远、最古老的星系群 EGS77,这个星系群大约诞生于宇宙大爆炸后 6.8 亿年。2022 年 3 月,HST 借助"引力透镜"效应发现了人类目前观测到的最遥远的单颗恒星。这颗恒星诞生于宇宙大爆炸后不到 10 亿年的时间,距离地球约 280 亿光年,其质量至少是太阳的 50 倍,亮度是太阳的数百万倍。更加令人震撼的是,2019 年 5 月,HST 团队公布了迄今最完整的宇宙图谱——哈勃遗产场(Hubble Legacy Field,简称 HLF),它由 HST 在 1995—2012 年这 16 年间拍摄的 7 500 张深空照片拼接而成,包含约 265 000 个星系,其中有的星系远在 133 亿年前就诞生了。HLF 所覆盖的天区面积与从地球上看到的月面大小相当(见图 1.28b),在 NASA 的网站上可以看到这张照片的电子版原图,像素达 25 500×25 500,容量达到 672 MB。在这张高清图片中,哪怕再暗弱的小点都是一个星系,最暗的星系比人类视力极限要暗 100 亿倍。实际上,这张照片中包含了几个不同层次的宇宙深空场照片,其中有哈勃深空场(Hubble Deep Field,简称 HDF)、哈勃超深场(Hubble Ultra Deep Field,简称 HUDF)、哈勃极深场(Hubble Extreme Deep Field,简称 XDF),它们一个比一个层次更深、距离更远、相应的宇宙年龄更早。HDF 是在 1995 年 12 月中的连续 10 天内,对着大熊星座方向拍摄的一张深空图(参见图 1.17b)。HUDF 是 HDF 在 2003 年的升级版,人们看到了更多更遥远的星系。XDF 是在 2012 年的 50 天里拍摄的 2 000 余张照片之合成,虽然所拍摄的天区面积只占满月的约 1%,里面却包含有 10 000 个星系,是一张极深层次的星空照片。HLF 就是在上述 HDF、HUDF 和 XDF 的基础上集其大成的结果,它展现了星系从宇宙诞生后不久的"婴儿期"到后来"成熟期"的演化过程,是一部完整的宇宙中星系成长史,对我们了解星系诞生、成长和消亡等不同阶段的形态和特征,起到一种"标本库"的作用,故称之为宇宙图谱,是 HST 留给人类的一份宝贵科学遗产。目前,天文学家正在研究整理第二组 HLF 图像,这些图像将包括来自宇宙不同地点的 5 200 张照片。至今 HST 已经为人类太空探索工作了 30 年,早已过了退休年龄。不久,它将逐渐降低轨道,在 2028 年后的某一天,坠入大气层,以绚丽的火焰作为留给人类的最后记忆。

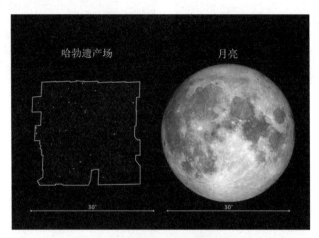

图 1.28b　哈勃遗产场与月面大小的比较

另一架著名的空间望远镜是开普勒空间望远镜(Kepler Space Telescope,见图 1.28c),这是世界上首个专门用于搜寻太阳系外类地行星的太空探测器。类地行星是指各方面性质类似于地球的行星,其上可能有生命存在,或适宜人类将来移民居住,故而引起天文学家和社会公众的广泛兴趣。1995 年 10 月,瑞士天体物理学家马约尔(M. Mayor)和他的学生奎洛兹(D. Queloz)利用法国南部上普罗旺斯天文台的望远镜,发现了第一颗太阳系外的行星,这颗行星围绕银河系中的一颗类似太阳的恒星旋转。马约尔和奎洛兹因此获得了 2019 年的诺贝尔物理学奖。为了更高效地搜寻太阳系外类地行星,开普勒空间望远镜于 2009 年 3 月发射升空。它携带的光度计装备有直径为 95 cm 的透镜,还装备有 95 兆像素的 CCD 感光设备。与哈勃空间望远镜不同的是,开普勒空间望远镜不在环绕地球的轨道上运行,而是尾随地球在环绕太阳的轨道上运行,因此不会被地球遮蔽而能持续观测,光度计也不会受到来自地球的漫射光线影响。由于它极其灵敏的探测能力,在太空中可以发现地球上晚间一盏普通灯开、关的亮度变化。当太阳系外行星发生"凌日",即当行星运行到所属恒星与望远镜之间的位置时,由于行星的遮挡,恒星的亮度会略微变弱,观测者就可以根据恒星亮度的这种周期性微弱变化,推算出行星的大小和轨道周期等数据。开普勒空间望远镜的使命是对银河系内 100 000 余颗恒星进行探测,希望搜寻到适合生命存在的类地行星。开始工作后仅 6 周时间,它便发现了 5 颗太阳系外行星(见图 1.28d)。在全部工作期间,它发现的太阳系外行星数目达 2 662 颗,其中约百颗位于"宜居带"内。所谓宜居带是指行星与其中央恒星距离适当,恒星传递给行星的热量适中,既不太热也不太冷,故可维持液态水及类地生命存在。以太阳系为例,宜居带大致位于金星轨道外侧至火星轨道内侧之间,只有地球恰好落在此带内。2018 年 10 月底,NASA 宣布,由于燃料耗尽,开普勒空间望远镜最终结束了它的使命。它原定服役3年半,但实际在太空工作了9年多,是一位超期服役的功勋"老兵"。

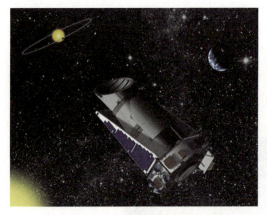

图1.28c 开普勒空间望远镜在观测太阳系外行星

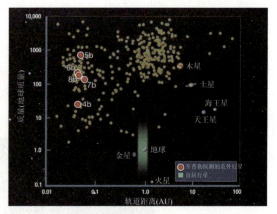

图1.28d 开普勒空间望远镜开始工作仅43天,就发现了5颗太阳系外行星(图中红色圆点)[黄色点表示此前十余年间地面大型望远镜发现的部分系外行星。绿色带状区域表示生命宜居带。图中纵轴单位是地球质量,横轴单位是天文单位(AU)]

图1.28e TESS空间望远镜

作为开普勒空间望远镜的继任者,2018年4月,凌星系外行星巡天卫星(Transiting Exoplanet Survey Satellite,简称TESS,见图1.28e)搭乘Space X公司的"猎鹰9号"火箭成功发射升空。TESS的昵称是"行星猎手",它的直径大约为1.3 m,地面重为363 kg,配备4个先进的广角镜头,视野比开普勒望远镜大350倍,其任务是在为期2年的时间内,对至少200 000颗恒星进行"凌星"观测,期望能发现数千颗新的系外行星。在最初的3个月里,TESS就确认了3颗系外行星,之后新的发现源源不断。到目前为止,它已经发现了6 100多颗候选系外行星(TESS感兴趣天体,简称TOI),其中约3 000颗已被确认,图1.28f所展示的就是这样一颗位于宜居带的类地行星TOI 700d。

目前在光学波段工作的还有一台盖亚(Gaia)空间望远镜,它是欧洲航天局(European Space Agency,简称ESA)于2013年12月发射的,其科学目标是获取银河系和本星系群中约10亿颗恒星的高精度空间位置和动力学信息,绘制出银河系及其近邻的精确三维地图,为探索银河系的组成、形成和演化以及搜寻系外行星提供丰富的数据支持。它运行在距地球 1 500 000 km 的日-地 L2 点,工作波长为 320—10 000 nm,覆盖并略超出整个可见光波段。它装配了两架口径 1.45 m×0.5 m 的望远镜,彼此间指向夹角保持 106.5°,定位精度最高可达约 6.7 微角秒。

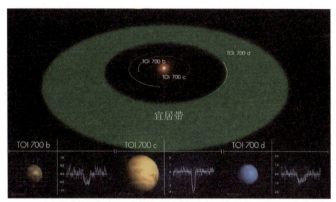

图 1.28f TESS 发现的一颗类地行星 TOI 700d
(图中绿色区域表示宜居带)

不久,我国将发射中国巡天空间望远镜(China Space Station Telescope,简称 CSST,见图 1.28g),它将是我国首台大型空间天文观测设备,具有大视场、高像质、宽波段的特点。它的口径为 2 m,略小于 HST 的 2.4 m,但其视场大小约为 HST 的 300 倍,可以较快地完成大范围巡天观测,得到全景式宇宙高清图。CSST 的巡天模块安置了 30 块探测器,总像素达到 25 亿。其中 18 块探测器上设置有不同的滤光片,这使它可以获得宇宙天体在不同波段的图像,记录下彩色的宇宙样貌。另外的 12 块探测器则用于无缝光谱观测,每次曝光可以获得至少 1 000 个天体的光谱信息。在整个巡天周期里,巡天模块将会覆盖整个天空面积的 40%,积累获得近 20 亿个星系的高质量数据。此外,该望远镜配备的太赫兹模块、多通道成像仪、积分视场光谱仪和系外行星成像星冕仪都是精测模块,它们将依托各自特点开展系外行星探测、星系核心区域可分辨光谱观测以及宇宙超级深场观测等众多特色科学观测。CSST 的科学目标涉及星系形态与演化、活动星系与超大质量黑洞、恒星科学与系外行星、宇宙暗物质和暗能量等诸多方面,这些都是当代科学的最前沿课题。在运行上,CSST 将以我国"天宫"空间站为太空母港,平常观测时远离空间站并与其共轨独立飞行,在需要补给或者维修升级时可以与"天宫"交会对接,停靠太空母港。这不仅能保障其在 10 年寿命期内正常

图 1.28g 中国巡天空间望远镜

运行,避免出现类似 HST 升空 3 年而无法修复故障的情况,且能有效延长在轨寿命,实现超期服役。我们相信 CSST 将打开更为广阔的科学视野,在人类探索宇宙的征程中做出卓越的中国贡献。

2. 红外波段

最早执行空间红外观测的是红外天文卫星(Infrared Astronomical Satellite,简称 IRAS,见图 1.29a),于 1983 年 1 月发射,轨道为高度约 900 km 的极轨道,主要任务是系统的巡天观测以及部分特定天体的观测。直径为 0.6 m 的望远镜被冷却至极低温度,以减弱仪器本身的热噪声。IRAS 通过大规模的巡天发现了 100 000 个以上的红外点源,并建立了全球共用的红外数据库。1995 年,ESA 发射的红外空间天文台(Infrared Space Observatory,简称 ISO)也投入了使用。ISO 提供了扩展到远红外的宽广波段,装备了较大的望远镜和灵敏度高的探测器阵列(比 IRAS 的分辨率提高了 1 000 倍),具备了获得高质量红外光谱的能力。2003 年 8 月,斯必泽红外空间望远镜(Spitzer Space Telescope,亦称为 SIRTF 或 SST,见图 1.29b),几经推迟终于由 NASA 发射升空。它在太阳同步轨道运行,望远镜口径为 0.85 m,完全由液氦致冷,主要任务是对恒星和星系早期演化进行研究,并探测大红移的红外星系,以及"褐矮星"、暗伴星等低温天体,发射后取得了许多重要观测成果。

图 1.29a 红外天文卫星

图 1.29b 斯必泽红外空间望远镜

2009 年 5 月,ESA 用"亚利安五号"火箭,把赫歇尔空间天文台(见图 1.29c)与 Planck(普朗克)卫星一起,成功送入距离地球约 1 500 000 km 的第二拉格朗日点(即外拉格朗日点或简称 L_2 点,参见 3.7.1 小节)轨道。赫歇尔空间天文台的命名是为纪念发现红外线的英国天文学家威廉·赫歇尔,其单片镜面直径达 3.5 m,工作波段覆盖了从远红外到亚毫米波的整个范围。它能穿透浓厚的尘埃,探索宇宙中的超低温空间和物体——从正在诞生新恒星的星云到遥远的冰状彗星。它的使命是普查数十亿光年远的年轻星系,使天文学家得以更详尽地了解宇宙早期星系中恒星的形成历史;同时,它又是目前能够搜寻银河系中水分子的最强有力的探测器。

2021 年 12 月 25 日,历经 25 年坎坷的 JWST(见图 1.29d,其命名是为纪念 NASA 的第二任局长 James Webb)终于成功发射,一个月后进入日地系统第二拉格朗日点(L_2 点)运行轨道(见图 1.29e)。JWST 的质量为 6.2 t,约为 HST 的一半。主反射镜由 18 块六边形金属镜片拼接而成,口径达 6.5 m,为 HST 的 2.7 倍,是人类迄今为止制造的最大的空间望远镜。它配备了多种仪器,包括红外相机、近红外与中红外光谱仪等,主要工作在红外波段,能在接

图 1.29c 赫歇尔空间天文台

图 1.29d 韦伯空间望远镜

近绝对零度的环境中运行。JWST 的外观上还有一个显著特征,即装备了一副可折叠的 5 层巨型遮阳板,面积接近一个网球场的大小,可有效遮挡来自太阳的热辐射。加上位于更遥远的 L2 点高空从而极大降低了各种干扰,JWST 的分辨率有望比 HST 高 100 倍。经过大约 6 个月的调试和校准,2022 年 7 月,NASA 发布了 JWST 拍摄的首批彩色照片,其中包括首张宇宙深场照片(见图 1.29f)、正在碰撞中的"斯蒂芬五重奏"星系团(见图 1.29g)、典型的星云及系外行星等。这些照片的精美程度大大超过了 HST,使人们倍感振奋和鼓舞。可以预见,随着 JWST 新发现的不断推出,人类对宇宙起源和演化的认识必将步入一个新的阶段。

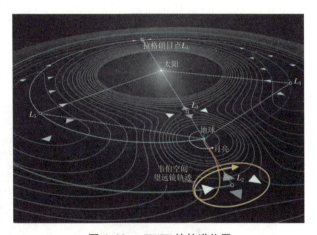

图 1.29e JWST 的轨道位置

图 1.29f JWST 拍摄的首张宇宙深场照片

图 1.29g JWST 拍摄的"斯蒂芬五重奏"星系团

3. 微波波段

微波波段最重要的观测目标是宇宙微波背景辐射(见第7章)。1989年11月，COBE(Cosmic Background Explorer，即宇宙背景辐射探测器)卫星(见图1.30a)由NASA发射，并很快取得了许多重要的观测结果，其中最重要的是发现了宇宙背景辐射严格的黑体谱形式，从而确认了宇宙早期是一个热宇宙，为大爆炸宇宙理论提供了最关键的支持。此后，耗资1.45亿美元的WMAP(Wilkinson Microwave Anisotropy Probe，即威尔金森微波各向异性探测器，见图1.30b)卫星也于2001年6月升入太空，继续对宇宙微波背景辐射进行更精确的观测。这两颗探测卫星获得的大量数据，使宇宙学研究进入了精确宇宙学阶段。2009年5月，欧洲的Planck卫星(见图1.30c)也发射升空，它的口径达1.5 m，灵敏度是COBE卫星的10多倍，其探测结果为科学家确定宇宙学基本参数及研究宇宙起源提供了关键性支持。

图1.30a　COBE卫星

图1.30b　WMAP卫星

图1.30c　Planck卫星

4. 紫外波段

紫外辐射不能穿透地球大气，因此必须利用空间观测设备。早期升空工作的紫外卫星有哥白尼卫星(1972—1981年)和国际紫外探索者卫星(International Ultra-Violet Explorer，简称IUE，1978—1996年，见图1.31a)，其中IUE装备了分辨率为3″的0.45 m反射镜，以及可以拍摄紫外光谱的摄谱仪。如前所述，HST也可用于紫外观测。1998年发射的远紫外光谱探测卫星(Far Ultra-Yiolet Spectroscopic Explorer Satellite，简称FUSE，见图1.31b)，装备有0.64 m的反射镜和高分辨率的摄谱仪，其主要任务是研究宇宙中的元素丰度、星际介质和恒星大气，深入了解星系的化学演化。目前，我国正在与俄罗斯、欧洲合作研制世界空间天文台(World Observatory，简称WSO)，它的镜片口径达1.7 m，工作于紫外波段。WSO投入使用后，可以使我们对宇宙极早期物质的化学组成以及恒星和星系的演化过程有更深入的了解。

 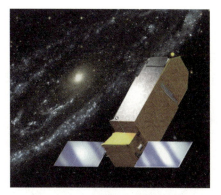

图 1.31a 国际紫外探索者卫星　　图 1.31b 远紫外光谱探测卫星

5. X 射线波段

X 射线天文学(以及下面的 γ 射线天文学)属于高能天文学,是观测天文学中最年轻的领域之一。X 射线天文学的历史伴随着高空探测(气球)和空间天文学的发展。早期的 X 射线观测用探空火箭(它只能进行时间极短的飞行,采集数据的时间只有几分钟)和高空气球,而且气球还无法升到整个大气层之上。第一个从事 X 射线观测的卫星是乌呼鲁(Uhuru)卫星(1970 年发射升空),它首次进行了全天的巡天观测,发现了 339 个发射强 X 射线的天体。Uhuru 是一个比较小的卫星,只运行了两年多时间,就因电源耗尽而停止了工作。在它之后,NASA 发射了许多更大的卫星,它们组成了高能天文台(High Energy Astronomical Observatory,简称 HEAO)计划。HEAO 系列中的第二个卫星是爱因斯坦天文台(HEAO-Einstein),它率先使用了掠射成像技术,构成第一代 X 射线望远镜,并得到了第一张 X 射线天体像,大大增进了我们对各类天体本质的了解。1990 年,伦琴卫星(Röntgensatellit,缩写为 ROSAT,见图 1.32a)发射升空,它在灵敏度和角分辨率上有了一个大的飞跃,在上天之后八年半的时间内共发现约 15 万个 X 射线源。1999 年 7 月和 12 月,NASA 和 ESA 又分别发射了钱德拉 X 射线空间天文台(Chandra X-ray Observatoy,缩写为 CXO,原名 AXAF 为 Advanced X-ray Astrophysics Facility 的缩写,见图 1.32b)和 X 射线空间望远镜 XMM-Newton(见图 1.32c,XMM 为 X-ray Multi-Mirror 的缩写)。由哥伦比亚航天飞机送入太空的钱德拉 X 射线空间天文台,是以已故美籍印度裔著名天体物理学家钱德拉塞卡(S. Chandrasekhar)的名字命名的。它总长超过 13m,镜面直径超过 4 m,其轨道远地点高度 140 000 km,近地点高度 16 000 km。它提供了亚毫角秒的天体像和光栅分光测量,主要任务是以高分辨率证认宇宙中的 X 射线天体,并拍摄其 X 射线光谱。这对研究恒星晚期演化,特别是对于探测黑洞和宇宙暗物质,有重要意义。XMM-Newton 是 ESA 迄今发射的最大的空间望远镜,它由 3 架 X 射线望远镜组成,每架长度为 2.5 m,直径为 90 cm,具有很大的有效采光面积,同时还可以进行光学波段的观测。这两台 X 射线空间望远镜所得到的观测数据已得到广泛采用。

2017 年 6 月,中国首颗 X 射线天文卫星"慧眼"(见图 1.32d)成功发射并很快投入使用。"慧眼"卫星的全称是硬 X 射线调制望远镜(Hard X-ray Modulation Telescope,简称 HXMT),它既可以进行宽波段、大视场 X 射线巡天,又能观测黑洞、中子星等高能天体的短时标光变和宽波段能谱,同时也是具有高灵敏度的 γ 射线暴全天监视仪。"慧眼"这一命名是为了纪念推动中国高能天体物理发展的已故著名女科学家何泽慧。"慧眼"卫星的总质量约为 2 500 kg,装载高能、中能、低能 X 射线望远镜和空间环境监测器等 4 个探测有效载荷,可观测 1-250 keV 能量范围的 X 射线和 200 keV-3 MeV 能量范围的 γ 射线。"慧眼"卫星刚刚发射后不久,就参与了双中子星并合产生的引力波事件(GW170817)的全球联合观测,对其 γ 射线电磁对应体(简称引力波闪)在高能区(百万电子伏特)的辐射进行了精密测量,确定了 γ 射线的流量上限,为全面揭示该引力波事件和引力波闪的物理机制做出了重要贡献。此后,"慧眼"卫星又在黑洞双星爆发、X 射线双星等方面的观测研究中取得了许多国际瞩目的重要成果,使中国在国际竞争激烈的高能天体物理观测领域占有了重要的一席之地。

图 1.32a 伦琴卫星

图 1.32b 钱德拉 X 射线空间天文台

图 1.32c X 射线空间望远镜 XMM-Newton

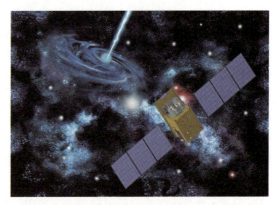

图 1.32d 中国"慧眼"硬 X 射线调制望远镜

目前,作为"慧眼"卫星的继任者,"增强型 X 射线时变与偏振空间天文台"已进入预研阶段。研制成功后,它将成为国际领先的旗舰级空间 X 射线天文台,其综合性能相比国际同类卫星将有大幅提升,从而把中国的空间高能天文研究带入更高水平。

6. γ 射线波段

对宇宙 γ 射线的观测早在 20 世纪 60 年代就开始了,第一颗 γ 射线卫星是 Explorer XI,重量只有 30 磅。其后,一系列 γ 射线探测装置及卫星被陆续送入太空,观测的灵敏度越来越高,仪器的重量也越来越大。例如,1991 年 4 月,由"大西洋号"航天飞机送入轨道的康普顿 γ 射线空间天文台(Compton Gamma Ray-Observatory,简称 CGRO,见图 1.33a),地面重量达到 17 t。它的主要任务是进行 γ 射线巡天观测,搜寻宇宙中的 γ 射线源,对较强的 γ 射线源进行高灵敏度、高分辨率的成像以及光变和光谱的测量。它自发射升空后已观测记录到数千个宇宙 γ 射线暴,为高能天体物理研究提供了重要的参考数据。CGRO 已于 2000 年 6 月完成预定使命陨落于太平洋中。此后有 ESA 于 2002 年发射的 INTEGRAL(International Gamma-Ray Astrophysics Laboratory)以及 NASA 发射的 SWIFT,后者载有 γ 射线、X 射线以及紫外/光学共 3 架望远镜(见图 1.33 b),是一台专用于观测宇宙 γ 射线暴的多波段空间观测设备。它可以在发现 γ 射线暴后的几分钟内,确定暴源的位置,精度在角秒范围;再结合地面大型望远镜对寄主星系的观测,就可以相当准确地测定暴源的距离。SWIFT 于 2004 年 11 月发射后不久,就探测到一次 γ 射线暴(见图 4.18)。紧接着,在 2005 年 3 月又发现了两次高红移的 γ 射线爆发,宇宙学红移分别为 2.7 和 3.24,这在当时引起了很大的轰动。

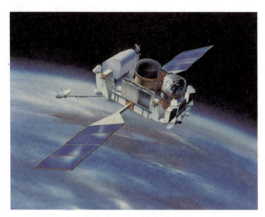

图 1.33a 康普顿 γ 射线空间天文台

图 1.33b 空间 γ 射线望远镜 SWIFT

新一代 γ 射线望远镜[费米 γ 射线空间望远镜,简称 FGST(Fermi Gamma-ray Space Telescope),见图 1.33c,原名 GLAST(Gamma-ray Large Area Space Telescope),即大面积 γ 射线空间望远镜]由 NASA 和 ESA 联合研制,于 2008 年 6 月由 Delta Ⅱ 火箭发射入轨。该望远镜在地球低轨道运行,95 min 即可环绕地球一周,并始终保持背对地球的方向,一天可进行 16 次全天空扫描。它携带两台探测器:一台称为 LAT,即大视场望远镜,观测的能量范围是 30 MeV—300 GeV,最高能量为康普顿 γ 射线空间天文台的 10 倍;另一台称为 GBM,即 γ 射线暴监测器,它的主要任务是探测宇宙 γ 射线暴。"费米"的主要科学任务是:了解活动星系核、脉冲星和超新星遗迹中的粒子加速机制;探究宇宙 γ 射线暴产生巨大能量的机制;通过可能存在的正反暗物质粒子对湮灭时产生的高能光子,来探测暗物质粒子。2008 年 8 月 26 日,在 GLAST 第一批观测成果的新闻发布会上,它被重新命名为费米 γ 射线空间望远镜,以纪念首先提出宇宙线加速机制的著名物理学家费米(E.Fermi)。

上面 1.2.1 和 1.2.2 两小节介绍的都是对宇宙电磁波辐射的观测。实际上,对来自宇宙空间的粒子的接收与测量,也是天体物理观测的重要内容。例如**宇宙射线**(常简称为宇宙线),即宇宙带电粒子的射束,常常具有极高的能量,对它们的地面观测早就开始了。自 1912 年人类发现宇宙线以来,研究宇宙线的努力就从未中断过。由于宇宙线能量越高就越稀少,需要更大规模的探测器才有可能把它"捕获",这让科学家们把目光转向了高山实验。高山实验能够充分利用大气作为探测介质在地面上进行观测,对于超高能量的宇宙线观测,目前这是唯一手段。我国在 1954 年正式开启对宇宙线的研究,1990 年建成了当时北半球最高

（海拔 4 300 m）、位于西藏念青唐古拉山脚下的羊八井宇宙线观测站，其中包括中日合作空气簇射（ASγ）宇宙线实验、中意合作天体物理地基观测研究（Astroparticle Physics Research at Ground-based Observatory，简称 ARGO）实验两个大型国际合作项目，并可同时开展气候、空间天气等方面的研究。目前羊八井宇宙线观测站已建成为一个以宇宙线为探针、研究日地空间环境以及从事多学科交叉研究的实验平台和培养人才的基地。我国第三代高山宇宙线实验室称为"拉索（Large High Altitude Air Shower Observatory，简称 LHAASO）"（见图 1.33d），即高海拔宇宙线观测站，建于海拔 4 410 m 的四川甘孜州稻城县海子山，是目前全球最大、灵敏度最高的宇宙线观测站。观测站探测阵列由三部分构成：5 195 个光子探测器和 1 188 个 μ 子探测器组成的地面簇射粒子阵列；78 000 m^2 水切伦科夫探测器，分为 3 120 个探测单元；18 台广角切伦科夫望远镜。"拉索"主体工程于 2017 年 11 月动工，2021 年 7 月完成全阵列建设并投入运行。2021 年 5 月，科研人员就通过"拉索"发现大量银河系内超高能宇宙加速粒子，并记录到最高 1.4 拍（1 拍 = 10^{15}）电子伏伽玛光子，这是人类观测到的最高能量光子，改变了人类对银河系的传统认知，开启了"超高能伽玛天文学"的时代。"拉索"观测站充分利用世界屋脊的高海拔地理优势，将成为世界上规模最大、灵敏度最高的超高能 γ 射线巡天望远镜和能量覆盖最宽广的国际领先的宇宙线观测站。当然，宇宙线也可以衰变为亚原子粒子，但这些粒子极难探测。宇宙线之外还有**中微子**，它具有恒星起源和宇宙学起源，在恒星演化和宇宙演化中都起着重要作用。但由于中微子只参与弱相互作用和引力作用，故对它们的探测也是十分艰巨的工作，我们将在以后有关章节中介绍中微子的探测方法。此外，作为宇宙学之谜的暗物质粒子，也是全球科学家在全力追踪的重要粒子，例如，空间探测有 2011 年丁肇中教授安置在国际空间站的阿尔法磁谱仪（Alpha Magnetic Spectromete，简称 AMS），以及 2015 年我国发射的暗物质粒子探测卫星"悟空"；地面探测有我国四川锦屏山世界最深的搜寻暗物质实验室。但至今仍没有关于宇宙暗物质粒子的确切结果，可谓"上穷碧落下黄泉，两处茫茫皆不见"。最后，除了粒子之外，天体发送信息的另一个独特的窗口是**引力波**（见 3.8 节），在地球上对其进行直接探测也是多年来人们奋斗追求的目标。随着 2015 年 9 月 14 日位于美国的两座激光干涉引力波观测台（LIGO）第一次记录下宇宙引力波信号，这一窗口终于被人类打开了。

图 1.33c　费米 γ 射线空间望远镜

图 1.33d　甘孜稻城海子山高海拔宇宙线观测站（拉索）

1.2.3 空间飞船考察

随着航天科学技术的不断发展进步,现在人们不但可以在地球上和近地空间接收天体的辐射信息,还可以通过发送各类空间飞船,对天体做近距离观测,甚至在天体上着陆拍摄图像乃至采集标本(目前还只限于太阳系内的天体)。人类首次对月球的系列探测是苏联于1959—1966年进行的,共发射了24个月球探测器,实现了首次拍摄到月球背面照片、探测器月面软着陆、月球车自动行驶月面考察和采集月岩标本等系列任务,获得了大量珍贵的资料。1966—1972年,美国实施了系列"阿波罗登月计划",共发射17艘"阿波罗号"飞船,其中"阿波罗11号"至"阿波罗12号"为载人登月飞船。除"阿波罗13号"飞船因技术故障未实现登月外,其余6次共有12名宇航员成功登月(参见图1.34a、图1.34b和图1.34c),在月面停留的时间共300小时。其中,1969年7月21日,执行"阿波罗11号"飞船飞行使命的美国宇航员阿姆斯特朗(N. Armstrong),在千古荒凉寂寞的月面上留下了人类的第一个足迹(见图1.34b),这成为"阿波罗号"系列登月行动中的最辉煌亮点,在人类探索宇宙的历史上留下了永远的记忆。

图1.34a "阿波罗11号"飞船登月　　图1.34b 人类在月球上的第一个足迹

我国2004年正式启动月球探测工程,工程总共分为4期,其中一至三期的任务可以概括为实现"绕、落、回"三步走。2007年10月24日,"嫦娥一号"月球探测器发射升空,成功进入环月轨道(见图1.35a)并拍摄了全月图。在圆满完成各项使命后,于2009年3月按预定计划受控撞月,胜利完成了探月工程第一期的任务。探月工程二期的任务是实现月面软着陆和自动巡视勘察。为此,作为先导星,"嫦娥二号"月球探测器于2010年10月发射,对月球进行了环月探测,完整获取了7 m分辨率的月球表面三维影像,并对"嫦娥三号"月球探测器落月任务预选着陆区虹湾

图1.34c "阿波罗11号"飞船从月球返回地球

进行了高分辨率成像。在圆满完成探月任务后,经过77天飞行,"嫦娥二号"月球探测器成功进入日-地L_2点轨道,并在之后继续拓展深空探测试验,于2012年12月飞越距地球约700万km的图塔蒂斯小行星并拍摄了高分辨率光学彩色图像。至2014年的年中,"嫦娥二号"月球探测器与地球的距离超过1亿km,之后继续向宇宙更深处遨游。"嫦娥三号"月球探测器的任务是要实现首次在地外天体软着陆,并开展着陆器悬停、避障、降落及月面巡视勘察。2013年12月,"嫦娥三号"月球探测器(见图1.35b)携"玉兔号"月球车(见图1.35c)成功在月面实现软着陆,并陆续开展了"观天、看地、测月"的科学探测任务,取得了许多成果。例如,它首次使用了一台新研制的测月雷达,完成了首幅月球地质剖面图,展现了月球表面以下330 m深度的地质结构特征和演化过程,并发现了一种全新的岩石——月球玄武岩。"嫦娥四号"月球探测器原本是"嫦娥三号"月球探测器的备份,在"嫦娥三号"月球探测器任务圆满成功后,科研人员为"嫦娥四号"月球探测器赋予了新的任务:降落到月球的背面。由于月球永远以同一面朝向地球,这就意味着在月球背面登陆的"嫦娥四号"月球探测器与地球上测控中心的通信联系,必须由中继卫星来帮助实现。为此,"嫦娥四号"月球探测器中继星"鹊桥"(见图1.35d)于2018年4月发射升空,运行在距月球约65 000 km的地-月拉格朗日L_2点,为"嫦娥四号"月球探测器提供地月中继通信支持。2019年1月3日,"嫦娥四号"月球探测器携"玉兔二号"月球车在月球背面预选区成功着陆并立即开始正常工作。至2021年9月,它们在轨工作已突破1 000天,现整体工况良好,载荷工作正常,仍在持续开展科学探测。探月工程三期的任务是实现无人采样返回。2020年12月1日,"嫦娥五号"月球探测器在月球正面着陆,并于16天后携带所采集的1 731 g月球样品安全返回地球,中国成为世界上继美、苏之后第三个采集到月球样本的国家。至此,"绕、落、回"三步走的任务圆满收官。目前,探月工程四期已全面启动,计划中包括"嫦娥六号""嫦娥七号"和"嫦娥八号"月球探测器任务。"嫦娥六号"月球探测器将从月球背面采集更多样品,争取实现采集样品2 000 g的目标。"嫦娥七号"月球探测器准备在月球南极着陆,主要任务是开展飞跃探测,争取找到水源。"嫦娥八号"月球探测器准备在2028年前后发射,且"嫦娥七号"和"嫦娥八号"月球探测器将会组成月球南极科研站的基本型,其中有月球轨道器、着陆器、月球车、飞跃器以及若干科学探测仪器。探月工程四期完成后,我国将实施下一步的载人登月计划,争取在2030年前后实现航天员登月。未来我们还要建造永久性的月球科研站,除了在月球上开采地球上稀缺的资源,并进行科学实验之外,还将以月球作为跳板,陆续进行小行星探测、火星取样返回、木星系探测等星际探测工程,前往更加深邃的太空,飞向星辰大海。

图1.35a "嫦娥一号"月球探测器绕月探测

图1.35b "嫦娥三号"月球探测器着陆器

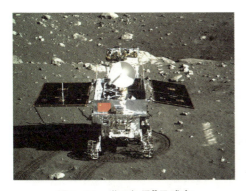
图 1.35c "玉兔号"月球车

图 1.35d "嫦娥四号"月球探测器中继星"鹊桥"

对太阳系行星的探索考察也早在 20 世纪 60 年代就开始了。苏联和美国先后发射了将近 30 个金星(包括水星)探测器和 20 多个火星探测器,其中最著名的是美国发射的 10 次"水手号"系列行星和行星际空间探测器(见图 1.36a)。它们发现了水星表面(见图 1.36b)与月球类似的地貌和物理环境;发现了金星很慢的自转以及大气上空的浓密云团,并测量了金星大气的成分、温度、压力;发现火星上面没有传说中的"运河"而有环形山和巨火山,有河床但没有水和生命存在的迹象,大气层也比预计的稀薄得多。1975 年,美国又相继发射了"海盗 1 号"和"海盗 2 号"火星探测器,它们在火星表面成功实现了软着陆,并在降落的过程中,测量了火星大气温度、气压的分布情况。降落之后,向地球发回了令人惊叹的周景全彩色图,显示火星上有干涸的河床,有流水冲击的特征,这表明火星过去可能有过大量的水。它们还利用机械臂在火星表面取样并现场进行了生物化学实验,但实验结果没有发现任何有机化合物。

图 1.36a "水手 10 号"行星探测器

图 1.36b "水手 10 号"拍摄的水星

美国的另一个行星探测器系列是"先驱者号",1958—1973 年共发射 11 次,前 3 次没有成功,自 1959 年发射"先驱者 4 号"开始取得成功。其中特别要提到的是 1972 年 3 月发射的"先驱者 10 号",于 1973 年 12 月在距木星表面 14 万 km 处飞掠木星,成为第一个木星探测器,并借助木星的引力场加速至超过第三宇宙速度,于 1989 年 4 月越过冥王星轨道,成为第一个冲出太阳系的人造天体。1973 年发射的"先驱者 11 号",先后飞掠木星、土星,发回了大量照片,然后也和"先驱者10号"一样飞出了太阳系。这两艘飞船上都携带着有关太阳系和地球文明的信息(见图1.37a),期望茫茫太空中的智慧生物能够有一天收到并解读它们。

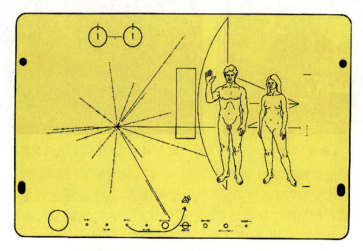

图 1.37a "先驱者号"行星探测器携带的有关地球人的信息之一:
6英寸×9英寸的镀金铝板,上面刻有人类的男女裸像,以及太阳与
九大行星位置的示意图,并指明人类就在太阳系的第三颗行星上

继"先驱者号"行星探测器之后,1977年美国又先后发射了"旅行者1号"和"旅行者2号",它们发现木星有光环,木卫一有活跃的硫火山,还新发现了木星的3颗卫星和土星的7颗卫星。对于天王星和海王星的考察也有许多重要发现:例如发现天王星的磁场轴与它本已偏斜很大的自转轴之间有很大的交角,并新发现了它的10颗卫星及1个光环,还在天卫一上发现了冰海峡。与天王星比较起来,海王星的气候十分活跃,云的形状多种多样,另外又新发现它的6颗卫星、2个光环。在探测完木星、土星、天王星、海王星和冥王星之后,它们也都飞出太阳系。如果没有意外发生,我们将能与它们保持联系,直到2030年。它们各自携带了一套"地球之声"的光盘,上面刻录有115幅照片、60种语言的问候语、35种地球上的各类自然音响和27首音乐等地球文明信息。这些信息中包括中国长城和中国人家宴的照片,以及粤语、厦门话和客家话的问候,还有中国古曲《流水》。这套光盘作为地球的名片,希望有朝一日能被"外星人"收到,并与地球文明建立联系。然而,这两艘飞船分别要在14.7万年和55.5万年之后才能到达太阳系外的另一颗恒星。

20世纪80年代后期开始,人类的空间探测进入了一个空前活跃的时期。1989年5月5日,美国"亚特兰蒂斯号"航天飞机将当时最先进的金星探测器"麦哲伦号"带上太空,并于5月6日把它送上飞向金星的旅途。在经过462天的太空飞行后,"麦哲伦号"金星探测器于1990年8月10日,飞临离地球2.54亿km的地方,运用综合孔径雷达对金星表面进行了探测。欧洲的首个金星探测器"金星快车",于2005年11月9日自哈萨克斯坦境内的拜科努尔发射场,搭乘"联盟号"运载火箭升空。"金星快车"的研发工作耗时4年,造价3亿欧元。2006年4月11日,"金星快车"完成了减速过程,顺利地进入环绕金星的椭圆形轨道。"金星快车"的主要任务是,对神秘的金星大气层进行更精确的探测,分析其化学成分。此外,"金星快车"还对太阳风对金星大气和磁场的影响进行分析,并观测金星气候变化。观测结果表明:金星没有表面水源,大气层中聚集了浓厚的二氧化碳,大气压力是地球海平面的90多倍;金星表面的最高气温达477℃,是太阳系中最热的行星。

对外行星的探测也是高潮迭起。1989年10月18日,"亚特兰蒂斯号"航天飞机把"伽利略号"木星探测器送入飞往木星的轨道。"伽利略号"是NASA研制的第一艘核动力宇宙飞船,造价15亿美元,发射后飞越金星1次、地球2次,借两行星的引力得到加速。它历时6年,驰骋40亿km,于1995年7月飞抵木星,然后向木星投放了一只大气探测器,获得了有关木星大气的结构、化学组成、雷电和云层等观测数据。"伽利略号"本身则进入环绕木星飞行的轨道,对木星及其卫星做进一步考察。1996年,它发现了覆盖木卫三表面的冰层和冰盖下的环形山,以及冰盖下可能存在厚厚的液态氧,随后又发现了木卫二表面也覆盖着冰层,但冰层上面可能存在液态水和浮冰,冰盖下面则是大量的液态水,水下隐藏着海底火山不断提供热量。1999年,它又拍到木卫一上正在喷发的火山照片,并对木星上的大红斑进行了近距离的拍摄。"伽利略号"还在飞往木星途中,拍摄了一部地球在太空中运转的电影,并在1994年拍下苏梅克-列维彗星碎片撞进木星大气层的珍贵照片(见图1.37c)。2003年9月21日,"伽利略号"结束了其长达14年的探测使命。随着探测器逐渐失去功效,NASA决定将它撞入木星,以避免其上的核物质对木星卫星上的潜在生命造成威胁。

图1.37b "旅行者号"拍摄的木星大红斑以及由伽利略首次发现的四大卫星的照片组合

图1.37c "伽利略号"拍摄的1994年彗星和木星相撞(合成效果图)

2011年当地时间8月5日(北京时间8月6日凌晨),NASA的"朱诺号"木星探测器由一枚大力神-5运载火箭从佛罗里达州卡纳维拉尔角发射升空,踏上远征木星之旅。发射之后,"朱诺号"将在太空飞行5年时间,在经过最初的2年飞行之后,"朱诺号"将于2013年10月再次重返地球,以便借助地球引力进行借力加速飞行,从而飞向外太阳系。2016年8月,"朱诺号"将进入木星极轨,在云层以上3100英里(约4989km)的高度飞行,开展为期14个月的探测工作。"朱诺"是罗马神话中天神朱庇特(Jupiter,英语中即木星)的妻子,朱庇特施展法力用云雾遮住自己,但是朱诺却能看透这些云雾,了解朱庇特的真面目。探测器取这个名字也是借用其寓意,希望它能解开这颗云遮雾绕的气态巨行星隐藏的秘密,例如它是否有固态内核,以及大红斑的深度。

图 1.38a "金星快车"进入环绕金星轨道

图 1.38b "伽利略号"考察木星

对土星的探测是由"卡西尼-惠更斯"计划实现的。这个计划由 NASA 和 ESA 以及意大利航天局合作完成,"卡西尼"土星探测飞船由 NASA 负责建造,以意大利出生的法国天文学家卡西尼(J. Cassini)的名字命名;"卡西尼"土星探测飞船携带的"惠更斯"探测器以荷兰物理学家、天文学家和数学家惠更斯的名字命名,由法国阿尔卡特空间公司负责制造。1997 年 10 月 15 日,这一 20 世纪最大的行星探测器从肯尼迪航天中心发射升空,开始了漫长的 32 亿 km 的土星探测之旅。2004 年 7 月 1 日,在太空旅行了 7 年后,"卡西尼号"进入土星轨道(见图 1.39a),正式开始为期 4 年的土星探测使命,对土星及其大气、光环、卫星和磁场进行深入考察。2004 年 12 月 25 日凌晨,"惠更斯"探测器脱离位于环土星轨道的"卡西尼"土星探测飞船,飞向土星最大的一颗卫星土卫六,并于 2005 年 1 月 14 日,抵达土卫六上空 1 270 km 的目标位置,同时开启自身的降落程序,穿越土卫六的大气层,成功登陆土卫六(见图 1.39b)。土卫六是太阳系中的第二大卫星,直径为 5 120 km,仅次于木卫三,有厚厚的大气层,表面的物理条件与原始地球极其类似。

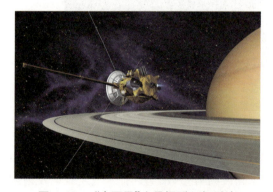

图 1.39a "卡西尼"土星探测飞船到达土星轨道

图 1.39b "惠更斯"探测器从"卡西尼"土星探测飞船上释放,向土卫六降落

以前人们曾猜测,土卫六的表面可能到处是液态烃形成的湖。但在"惠更斯"发回的土卫六彩色照片中,其表面就像海绵一样多孔而富有弹性,处于最上面的,是一层薄薄的岩石外壳。此外,科学家还从照片中物体的底部发现了侵蚀的痕迹,这表明它们此前可能遭到过河流的冲刷。

火星是距地球最近的行星,这个红色星球曾让人类产生过无数幻想,移民火星的希望之火也从来没有熄灭过。50多年来,苏联、美国、欧洲和日本共计划了40多次火星探测,其中2/3以失败告终,但研究一直没有排除火星上有生命存在的可能性。从1996年开始,NASA开始执行新一轮火星探测10年计划。其中最令全球电视观众难忘的是,1996年12月发射的"火星探路者"于1997年7月进入火星大气层并借助降落伞降落在火星表面的壮观过程。它成功地释放了火星车,使其在火星表面行走并采集火星表面的岩石和土壤样品,现场进行化学分析然后把信息发回到地球。火星车发回的分析数据表明,火星的岩石和地球的岩石一样,都是氧化硅化合物。同时,它还发现火星表面明显地存在着许多被洪水冲刷过的河床痕迹,这说明火星历史上曾有过大量的氧气和液态水。

特别值得一提的是2003年,这一年可以说是火星年。6月11日和7月8日,NASA连续发射了"勇气号"火星车(见图1.40a)和"机遇号"火星车,6月3日欧洲发射了"火星快车"(图1.40b),加上仍在火星轨道上工作的美国"火星环球勘测者号"和"奥德赛号"探测器,形成了5个探测器共探火星的壮举。这些探测器的主要任务是,研究火星地质历史、调查水在火星上的作用、判断火星过去的环境是否适合生命生存(参见图1.40c)。

图 1.40a "勇气号"火星车在火星上考察　　　图 1.40b 欧洲发射的"火星快车"

图 1.40c "火星快车"发回的高清晰"火星泪"图像。实际是一个远古时期留下的陨石坑内部,一堆由火山灰形成的深色玄武岩沙丘

经过近7个月的旅行,"勇气号"火星车和"机遇号"火星车于2004年1月先后到达火星。"勇气号"火星车的着陆地点"古谢夫环形山"曾发现过干涸河床存在的迹象。"机遇号"火星车降落在"梅里迪亚尼平面",据探测,此地存在氧化铁,这种矿物通常在有液态水的环

境下生成。这两个着陆区域相距约9 600 km,分别位于火星的相反两侧。着陆以后,"勇气号"火星车在名为"哥伦比亚"的火星山区发现了火星上曾经有水的新证据。它在一块被称为"克洛维斯"的岩石上做了一系列实验,发现该岩石上有曾被大量水深深磨蚀的印记。"机遇号"火星车着陆后,重点对裸露的火星岩床及其上面的岩石进行探测。在它拍到的照片上,发现许多岩石上嵌有小球,而小球并非集中在特定岩层中,这显示它们有可能是被水浸泡过的多孔岩石中所溶解矿物的凝结产物。这表明,该着陆区域表面过去曾被液态水浸透,这个区域看来曾有过适合生命居住的良好环境。这两台火星车还利用携带的显微成像仪、阿尔法粒子X射线分光计以及穆斯堡尔分光计,对一些岩石进行了精密的物理化学分析,分析结果均表明这些区域历史上曾覆盖过大量富含矿物质的液态水。

为了进一步研究火星表面液态水的历史状况,2007年8月4日,NASA又发射了"凤凰号"火星探测器(见图1.40d),它飞行6.8亿km,于2008年5月25日在火星北极附近成功实现软着陆,开始了在北部平原上长达3个月的探测活动。这是在"海盗号"火星探测器探测任务之后时隔30年,机器人首次在火星表面以下取样。不同于"机遇号"火星车及"勇气号"火星车用滚轮移动,"凤凰号"火星探测器用3条腿支撑,机械臂长20英尺(约6.1 m),一铲就能在火星上挖出20英寸(约51 cm)深的沟。它的任务是:采集冻土和冰块进行分析,寻找火星远古时期存在液态水的证据;对火星土壤样本进行化学分析以研究其物质构成。2011年11月26日,NASA的"好奇号"火星车(即"火星科学实验室")发射升空。这是迄今为止人类发射的最大的行星探测器,它与一辆小汽车一样大,重达1 t,于2012年8月6日在火星着陆。它上面安装了多台摄像机和科研设备,能够自动完成土壤挖掘、岩石钻孔、激光束照射岩石等操作(见图1.40e),并在现场对火星的岩石和土壤进行分析,探索火星上是否存在过生命的迹象。2019年10月,"好奇号"火星车在火星盖尔陨石坑内发现了富含矿物盐的沉积物,表明坑内曾有盐水湖,显示出气候波动使火星环境从曾经的温润、潮湿演化为如今冰冻、干燥的气候。继"好奇号"火星车之后,2018年5月,NASA的"洞察号"从地球出发,于11月下旬登陆火星。"洞察号"配备了一个地震仪,可以监听这颗红色行星上的地震活动。此外,一枚热探测仪能够钻入火星地面以下16英尺(约4.9 m),测量火星的温度。接下来在2021年2月,NASA的"毅力号"火星车携"机智号"无人直升机成功登陆火星,以搜寻火星上过去生命存在的证据。4月19日,"机智号"无人直升机从火星表面起飞,实现了人类飞行器首次在地外行星大气中的空气动力学飞翔。

图1.40d "凤凰号"火星探测器在火星上降落后的想象图

图1.40e "好奇号"火星车探测工作设想图

我国研制的首个火星探测器是"萤火一号"。2011年11月,它搭乘俄罗斯"福布斯-土壤号"采样返回探测器发射升空。然而,由于"福布斯-土壤号"出现故障,"萤火一号"未能进入预定轨道,此次任务宣告失败。2016年1月,中国完全独立自主的首次火星探测任务正式立项,命名为"天问一号"火星探测器,由环绕器、着陆器和巡视器(即"祝融号"火星车,见图1.40f)组成,总重量达5 t左右。2020年7月23日,"天问一号"火星探测器由"长征五号"遥四运载火箭发射升空,并于2021年2月成功进入环绕火星轨道。同年3月4日,国家航天局发布3幅由"天问一号"火星探测器拍摄的高清火星影像图,包括2幅黑白图像和1幅彩色图像。在对预选着陆区进行了3个月的详查后,5月15日,携带火星车的着陆器与环绕器分离,利用降落伞和反推火箭在火星表面"乌托邦平原"南部顺利实现软着陆。随后,"祝融号"火星车于5月22日成功驶上火星表面,开始巡视探测,"天问一号"火星探测器在火星上首次留下中国印迹(见图1.40g)。这样,我国首次火星探测就一次性完成了火星环绕、着陆和巡视三大目标,实现了中国在深空探测领域的技术跨越,从而进入世界先进行列。截至2022年9月18日,"天问一号"火星探测器环绕器已在轨运行780多天,"祝融号"火星车累计行驶1 921 m,对火星的表面形貌、土壤特性、物质成分、水冰、大气、电离层、磁场等进行了大量科学探测,已获取1 480 GB科学数据。基于这些观测数据,我国科研人员首次发现"祝融号"火星车着陆区的沙丘表面存在结壳、龟裂、团粒化、多边形脊、带状水痕等特征,并发现沙丘

图1.40f "天问一号"火星探测器着陆器与"祝融号"火星车合影

图1.40g "天问一号"火星探测器的"中国印迹"

表面富含含水硫酸盐、蛋白石、含水铁氧化物等含水矿物。这项研究取得了在火星低纬度地区存在液态水的实测证据,对理解火星气候演化历史、寻找生命宜居环境具有非常重要的意义。在首次火星探测取得圆满成功的基础上,后续的"天问号"系列工程也已陆续启动。预期在2025年发射的"天问二号"火星探测器,将从近地小行星2016 HO3采样返回地球,之后前往主带彗星311P开展伴飞探测。然后"天问三号"火星探测器将于2030年前后实现从火星取样返回,"天问四号"探测器将去木星考察,中国的行星际探测将一步步走向宇宙深空。我们期盼不久的将来,中国人将登上火星甚至更远的天体,自豪地遨游广阔的宇宙世界。

在空间站建设方面,我国早在1992年就制定了载人航天"三步走"的发展战略,即第一步,实现天地往返、航天员上天并返回地面;第二步,实现多人多天飞行、航天员出舱和太空行走、飞船与空间舱的交会对接等多项任务,并发射短期有人照料的空间实验室;第三步,建立载人空间站。1999年,我国第一艘无人试验飞船"神舟一号"成功发射,初步实现了第一步的航天器天地往返。此后,又先后发射"神舟"系列的4艘飞船,并在2003年成功发射"神舟五号"载人飞船,杨利伟成为中国"太空第一人"。至此完成了"三步走"战略的第一步,中国成为世界上仅次于美国和苏联、能独立将人送上太空的第三个国家。此后,又先后发射了"神舟六号"(2005年)、"神舟七号"(2008年)载人飞船,其中"神舟七号"载人飞船圆满完成了中国宇航员首次太空行走的预定任务。2011年9月29日,作为中国首个"载人空间实验平台"或称"空间实验室"的"天宫一号"目标飞行器顺利发射升空,并与稍后发射的"神舟八号"飞船于11月3日成功实现首次空间交会对接。这之后,2012年6月和2013年6月,"神舟九号"和"神舟十号"飞船各载3名航天员(其中1名女航天员),分别与"天宫一号"成功实施载人空间交会对接。特别值得一提的是,在"天宫一号"与"神舟十号"组合体飞行期间,航天员除进行多项空间科学实验和技术试验外,还开展了中国航天员的首次太空授课活动(世界上第二次太空授课)。在这次活动中,航天员王亚平在轨讲解和实验演示,并与地面师生进行了双向互动交流(见图1.41)。之后分别在2021年12月和2022年10月,"神舟十三号"和"神舟十四号"航天员乘组又面向广大青少年进行了两次太空授课。2016年11月,更大推力的"长征五号"运载火箭在海南文昌航天发射场成功发射。"长征五号"系列的研制成

图1.41 "神舟十号"航天员在进行太空授课

功,标志着中国运载火箭实现升级换代,这是由航天大国迈向航天强国的关键一步,使中国运载火箭低轨和高轨的运载能力均跃升至世界第二,为我国建立真正意义上的载人空间站(见图1.42)打下了坚实的基础。2023年10月,"神舟十七号"顺利升空并与"神舟十六号"成功对接,此时恰逢中国首次载人航天飞行20周年纪念,至此共有20名中国航天员实现了太空圆梦。

中国空间站由"天和"核心舱、"梦天"实验舱、"问天"实验舱、载人飞船("神舟号"飞船)和货运飞船("天舟号"飞船)五个模块组成。各飞行器既是独立的飞行器,具备独立的飞行能力,又可以与核心舱组合成多种形态的空间组合体,在核心

图1.42 中国100 t级载人空间站

舱统一调度下协同工作,完成空间站承担的各项任务。"天和"核心舱主要用于空间站统一控制和管理,具备长期自主飞行能力,可支持航天员长期驻留,开展航天医学、空间科学实验和技术试验,起飞质量22.5 t,是中国自主研制的规模最大、系统最复杂的航天器。2021年4月,"天和"核心舱由"长征五号"运载火箭搭载,在文昌航天发射场升空,顺利进入预定轨道。随后,"问天"实验舱和"梦天"实验舱也分别于2022年7月和10月由"长征五号"运载火箭搭载成功发射,空间站三大舱段组合体的"T"字形基本构型在轨组装完成。舱内活动空间超过110 m³,配置2个航天员出舱舱口和1个货物气闸舱,并提供6个睡眠区和2个卫生区,可实现长期3人、短期6人驻留(参见图1.43)。2022年12月31日,中国国家主席习近平在新年贺词中宣布,"中国空间站全面建成",从此我们中国人的"太空之家"遨游苍穹。

图1.43 2023年10月26日"神舟十七号"及"神舟十六号"乘组顺利完成"太空会师"

第 2 章 基本天体物理量及其测量

对宇宙的研究首先需要了解各种天体的基本特征量,例如大小、质量、温度、辐射功率(即光度)、化学成分以及年龄和距离等,我们把这些特征量称为基本天体物理量。因为恒星是构成浩瀚宇宙大漠的沙粒,是形成各种宇宙结构的基本组元,故本章讨论的主要是关于恒星的基本天体物理量,只在距离的讨论中谈到更大尺度天体系统(如星团、星系等)的距离测量方法。

下面我们先从恒星的观测亮度开始,进而讨论恒星的各种重要的内禀物理特征。恒星是指自身能够通过核反应而发光的天体。一个通常的星系中有 $10^{11}-10^{12}$ 颗恒星,它们中许多是单个的,也有不少是双星、三合星,还有一些组合成**疏散星团**(包含几十到几百颗恒星)或**球状星团**(包含大约 10^6 颗恒星)。恒星之间常常有大量的**星际介质**(气体、尘埃)存在。如我们的银河系中,星际介质在银道面和银心方向最为显著,因而夏天的夜晚当我们看到群星灿烂的银河时,很容易发现它的中央有一条暗带,这条暗带就是由银道面上聚集的大量气体和尘埃对光线的吸收而造成的。

2.1 星 等

2.1.1 视星等

视星等是地球上或空间探测器观测到的天体亮度的一种量度。早在公元前 2 世纪,古希腊天文学家喜帕恰斯(Hipparchus,旧译伊巴谷)在编制星表(表上有 1 022 颗恒星)时,就把恒星的亮度分为 6 个等级,最亮的星为 1 等,稍暗的为 2 等,肉眼勉强可见的星为 6 等。星等数越大,恒星看上去就越暗。把一根蜡烛放在 1 km 远处,它的亮度大致跟 1 等星差不多。1850 年,普森(M. Pogson)用光度计测量发现,1 等星刚好比 6 等星亮 100 倍(即照度之比为 100),于是他采用下面的公式表示两颗星的星等和亮度之间的关系:

$$\frac{E_1}{E_2} = 100^{\frac{m_2-m_1}{5}} \tag{2.1}$$

式中,m_1,m_2 分别定义为两颗星的**视星等**,E_1,E_2 表示它们的亮度,即单位面积接收到的辐射流量。注意此处的亮度指的是观测者所观察到的恒星亮度,并不是恒星本身的固有(内禀或真实)亮度,因此相应的星等被称为视星等。由这一关系容易得到

$$m_2 - m_1 = -2.5 \lg \frac{E_2}{E_1} \tag{2.2}$$

可见越亮的星,它的视星等越小。全天肉眼可见的 6 000 多颗恒星中,1 等星有 22 颗,2 等星 71 颗,3 等星 190 颗,4 等星 610 颗,5 等星 1 929 颗,余下都是 6 等星。我们熟悉的北极星的视星等是 2.1^m(其中上标 m 代表星等),织女星是 0.03^m。夜空中最亮的恒星是天狼星,它的视星等是 -1.4^m。金星最亮时的视星等是 -4.4^m,满月的视星等是 -12.7^m。全天空数太阳最亮,它的视星等是 -26.7^m。目前最大的地面望远镜可以观测到的最暗星等约为 25^m,而哈勃空间望远镜可以拍摄到的最暗星等达 30^m。要补充说明的一点是,天体的视亮度与观测者所使用的观测方式以及观测波段有关。例如,人眼能看到的只是可见光波段(400—700 nm),而且对不同波长(颜色)的光,眼睛感觉到的光强度(即眼睛的敏感程度)也有所不同。因此,不同的测量方法或观测波段对同一天体可以给出不同的星等,这就产生了不同的**星等系统**或**光度系统**。人眼对黄绿光(平均波长约为 550 nm)最敏感,所观测到的星等称为**目视星等**,记为 m_v。早期的照相底片对蓝紫光(250—500 nm,平均波长约为 430 nm)最敏感,所测到的星等称为**照相星等**,记为 m_p。此外还有用黄绿色滤光片配合照相底片,得到的与人眼灵敏度大致相同的**仿视星等** m_{pv};由安装在望远镜终端的光电光度计测得的**光电星等**;用对各个波段辐射灵敏度均相同的探测器测得的**辐射星等**;表征恒星在整个电磁波段辐射总量的**热星等**;等等。

2.1.2 绝对星等

视星等仅仅表示观测到的恒星亮度。显然,它不仅与恒星的实际亮度有关,而且与它到观测者的距离有关。为了比较恒星的实际亮度,必须把它们放置在同一个距离上。当然这是无法做到的,但我们可以通过计算得到恒星在同一距离上的亮度。天文学的做法是,想象把一颗视星等为 m 的星移到 10 **秒差距**(即 10 pc,1 pc $\simeq$ 3.26 光年 $\simeq$ 3.1×10^{18} cm;秒差距的定义见 2.6 节)的距离,并把此时的视星等定义为它的**绝对星等** M。由于观测到的亮度与距离的平方成反比,移到 10 pc 后的亮度 E_{10} 与原来的亮度 E 之比为

$$\frac{E_{10}}{E} = \frac{r^2}{10^2} \tag{2.3}$$

式中,r 是以 pc 为单位的实际距离。根据(2.2)式及(2.3)式,立即得到

$$m - M = -2.5 \lg \frac{E}{E_{10}} = 5 \lg r - 5 \tag{2.4}$$

量 $m - M$ 称为**距离模数**,它表示距离使星光变暗的程度(以星等表示)。(2.4)式亦可写为

$$M = m + 5 - 5 \lg r \tag{2.5}$$

这样,只要知道了恒星的距离和视星等,就可以计算出它的绝对星等。绝对星等的数值越小,恒星的实际亮度就越亮。例如,代入太阳的视星等 m 和 r 的值,可以得到太阳的绝对星等 $M_\odot = +4.8^m$(在天体物理量的表示中,下标"$\odot$"代表太阳),这只相当于一颗暗星的亮度。天狼星的绝对星等为 $M = +1.4^m$,故天狼星的实际亮度要比太阳亮许多。我们下面会谈到,在天文学和天体物理的研究中,问题往往是反过来的,即由其他与距离无关的方法求得绝对星等后,再根据(2.5)式,由绝对星等和视星等求出天体的距离。

实际观测中还有一个重要因素要考虑,即地球大气的消光改正。我们注意到,恒星(太阳也是如此)移动到接近地平位置时,星光就发暗发红,这是星光被地球大气吸收和散射的

结果,称为**大气消光**。星光变暗变红使得视星等要变大一些,因此,为了得到准确的视星等值,必须进行大气消光的改正。天文工作者对此已有一套系统的处理方法,这里就不再详述了。

2.1.3 光度

恒星的实际亮度通常用**光度**来表示。光度定义为恒星整个表面发射的所有波段的总辐射功率(或总辐射流量)。它是恒星本身所固有的、表征其辐射本领的量。太阳的光度是 $L_\odot = 3.8 \times 10^{33}$ erg/s。知道了恒星的绝对星等 M 后,就可以利用(2.2)式跟太阳的参数相比,得到有关恒星的光度 L 的公式:

$$\lg \frac{L}{L_\odot} = \frac{1}{2.5}(M_\odot - M) \tag{2.6}$$

观测表明,恒星之间的光度相差悬殊,最大的可达 $10^6 L_\odot$,而最小的仅有 $10^{-4} L_\odot$ 量级。要注意的是,在视星等的讨论中我们知道,视星等有不同的星等系统,故绝对星等也应有相应的星等系统。严格说来,只有绝对热星等才与光度有(2.6)式这样的直接联系。总之,绝对星等是一个非常重要的天体物理量,它不仅直接联系到天体的光度,而且与视星等的观测结合起来,还可以得到有关天体距离的信息。

2.2 温　　度

2.2.1 色指数与色温度

我们不可能像在实验室里那样去直接测量恒星或其他天体的温度,而只能通过间接的办法进行测量。上面已经提到,恒星在不同波长处的亮度是不同的。这其中的原因是,恒星发出的电磁辐射可以被近似地看成黑体辐射,而黑体辐射有一个随波长而变的强度分布,即普朗克分布。同时,根据黑体辐射的维恩(W. Wien)位移定律,黑体辐射能量分布曲线最大值对应的波长 λ_{max} 与黑体温度 T 之间的关系为

$$\lambda_{max} = \frac{b}{T} \tag{2.7}$$

式中,b 是维恩位移常量,$b = 2.898 \times 10^{-3}$ m·K。显然温度越高,λ_{max} 越向短波方向移动(参见图 2.1)。也就是说,表面温度高的恒星,其辐射能量主要位于短波区;表面温度低的恒星,其辐射能量主要位于长波区。因此恒星的颜色能告诉我们恒星表面的温度。

为了测出 λ_{max},可以用一系列波长不同但波长间隔很小的滤光片去逐个测试。但这样做的效率很低也没有必要。天文学家有一个简单快捷的办法,只需通过两三次测量就可以得出温度,这就是利用**色指数**。同一颗星在不同波段的测光星等之差称为色指数。常用的色指数定义为恒星的照相星等和目视星等(或仿视星等)之差,用 C 来表示,$C = m_p - m_v$ 或 $C = m_p - m_{pv}$。由于人眼对黄绿光敏感,而照相底片对蓝紫光敏感,故蓝色星在照相底片上

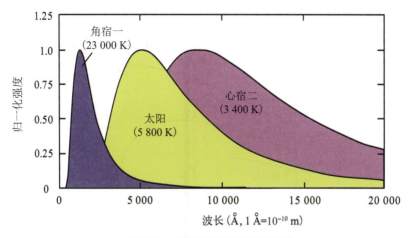

图 2.1 不同温度的黑体辐射谱

比目视要亮一些,而红色星在照相底片上比目视要暗一些。因此,蓝色星的色指数为负值而红色星的色指数为正值。研究表明,恒星的表面温度与色指数 C 之间的近似关系为

$$T = \frac{7\,200}{C + 0.64} \text{ (K)} \tag{2.8}$$

这样定义的恒星表面温度称为**色温度**。由此可见,色指数越负,恒星的表面温度就越高;反之,色指数越正,恒星的表面温度就越低。

除了上述由两色测光定义的色指数外,还常采用在几个不同波段上测量星光强度的多色测光系统。现在已经有一套标准滤光片来测量不同波长处的恒星亮度,以代替照相底片和目视测量。这套滤光片包括 U(紫外)、B(蓝)、V(可见光中心)、R(红)以及 I(红外)等颜色,其相应的波长及滤色宽度见表 2.1。对同一颗恒星,不同的滤光片给出各自的星等,因而可以构成 UBV 三色测光系统以及更多色的测光系统。在 UBV 三色测光系统的情况下,色指数直接写为 B-V 或 U-B。此时色温度的形式与(2.8)式有所不同,例如用 B-V 表示时有

$$T = \frac{7\,090}{(B-V) + 0.71} \text{ (K)} \tag{2.9}$$

表 2.1 多色测光系统的滤光片参数

滤光片	峰值波长(nm)	滤波宽度(nm)
U	350	70
B	435	100
V	555	80
R	680	150
I	800	150

而对于表面温度在 4 000—10 000 K 的恒星,更好的近似关系为

$$T = \frac{8\,540}{(B-V) + 0.865} \text{ (K)} \tag{2.10}$$

图 2.2 表示与不同温度的黑体辐射相应的 B,V 星等的比较。图 2.3 给出色指数与色温度之间的对应关系。

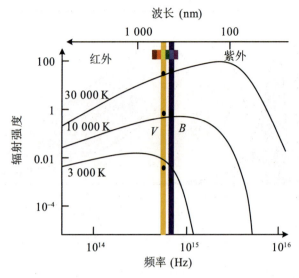

图 2.2 不同温度的黑体辐射相应的 B,V 星等比较

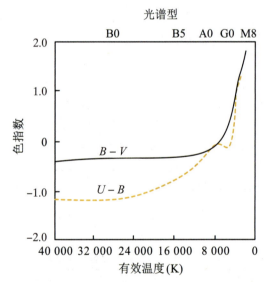

图 2.3 恒星的色指数 $B\text{-}V$ 和 $U\text{-}B$ 与色温度的关系

还需要指出,除了地球大气消光以外,**星际红化**和**星际消光**也可以影响到观测的恒星颜色和星等。星际红化是指,星际空间存在大量的气体和尘埃,它们对短波光线的散射很强烈,因而使恒星的颜色显得偏红;星际消光是指,这些气体和尘埃还会吸收或屏蔽光线,使得星光变暗。故在实际观测中,也要做星际红化和星际消光方面的相应改正。

2.2.2 有效温度

除了用色指数定义的色温度外,通常还把与恒星的光度 L 相同的绝对黑体的温度,定义为恒星的**有效温度** T_e,即

$$L = 4\pi R^2 \sigma T_e^4 \quad \Rightarrow \quad T_e = \left(\frac{L}{4\pi R^2 \sigma}\right)^{1/4} \tag{2.11}$$

式中，R 为恒星的半径，σ 为斯特藩-玻尔兹曼常量。显然，有效温度也就是辐射功率与恒星相同的等效黑体的温度。

2.3 光 谱 型

2.3.1 天体光谱研究的开始与发展

天体物理学的诞生，直接源于自 19 世纪早期开始的分光学、光度学与照相方法对太阳和恒星的研究。回顾天体物理学的发展史就可以发现，直到 19 世纪上半叶，尽管经典物理学已经取得了许多重大成就，但人们仍无法将物理学与遥远的天体联系起来。几个著名的例子是，1825 年法国哲学家孔德(A. Comte)在他的《实证哲学讲义》里说：

> 恒星的化学组成是人类绝不可能得到的知识。

1840 年法国天文学家阿腊果(F. Arago)仍然相信，太阳上面是可以住人的。直到 1860 年，法国天文普及作家弗拉马利翁(C. Flammarion)还在他的《众生世界》一书中写道：

> 要解决行星世界上的热度问题，我们所要知道的数据是我们永远得不到的。

但天体物理学的迅速发展很快就把这些传统观念一扫而空，其中天体分光(光谱)的研究更是起到了至关重要的作用。

天体分光学的创始人当属德国光学家夫琅和费(J. Fraunhofer)。虽然远在 1666 年牛顿就已经使白光透过棱镜分解为彩色光带("光谱")，1802 年英国物理学家沃拉斯顿(W. Wollaston)也曾将光线穿过光缝后再透过棱镜，观察到光谱中有黑线出现，但只有夫琅和费首先对日光和星光中的这些黑线做了系统的研究。他在 1817 年发表文章说：

> 我用许多实验和各种不同的方法，证明这些谱线和谱带实在是日光固有的性质，绝不是从衍射、光幻视觉等原因而来。

他公布的太阳光谱中有黑线几百条之多，至今仍被称为"夫琅和费谱线"。他还把目光投向月亮、金星和火星，在这些天体的光谱中也发现有太阳光谱里的那些黑线，而且也在相同的位置上。后来，他又对恒星进行了光谱观测，发现有些恒星具有和太阳光谱相似的谱线，而有些恒星的谱线与太阳谱线有很大不同。但是，在长达近 40 年的时间里，夫琅和费的研究并没有得到学术界的认可。那时的物理学家们正在忙于争论光的粒子说和波动说，化学家们的注意力也正集中在道尔顿的原子论以及定比定律的争论上。夫琅和费自己又缺少打开太阳谱线神秘图谱的钥匙，他自己也不能明确肯定光谱线在化学分析中所起的作用。

关键性的突破是德国物理学家基尔霍夫(G. Kirchhoff)完成的，并由此奠定了天体物理学的基础。1859 年他与化学家本生(R. Bunsen)合作，研究了火焰的光谱和电弧里金属蒸气

的光谱,发现炽热的固体或液体发射连续光谱,气体则发射不连续的明线光谱,并在此基础上发表了分光学上著名的基尔霍夫定律:

(1) 每一种化学元素在高温下都能产生辐射而发出独特的明线光谱;

(2) 在低温下每一种元素都可以吸收自己能够发出的这些辐射,从而使光谱中的明线变成暗线。

他将太阳的谱线和实验室里各种元素的谱线相比较,立即证认出太阳中有许多地球上常见的元素,如钠、铁、钙、镍等。基尔霍夫的发现打破了天体和地球之间的神秘界限,证明人们熟知的化学元素存在于天体上,就如同存在于地球上那样。如果说牛顿力学实现了天体运行规律和地面物体运动规律的统一,那么基尔霍夫的发现实现了天体和地球物质成分的统一。

自基尔霍夫之后,天体光谱的研究获得了迅速的发展。1863 到 1864 年间,英国天文爱好者哈根斯(W. Huggins)和意大利教士塞西(A. Secchi)分别用分光镜研究恒星。他们的研究在性质上是互补的:塞西用低色散度摄谱仪观测了许多恒星,目的是做光谱的分类;哈根斯用高色散度摄谱仪只观测少数亮星的光谱,目的在分析恒星的物质组成。1865 年哈根斯证认出一些恒星的元素谱线,例如钠、铁、钙、镁、铋等,并根据谱线的多普勒效应测定了一些恒星的视向速度。例如,他于 1868 年发现,天狼星是以大约 29 英里/s(46.67 km/s)的视向速度离开我们。这一开创性的研究具有极其重大的意义:自那以后,天文学家不仅可以测量天体速度在天球上的投影部分(即速度的横向部分,称为**自行**),而且可以测量沿视线的径向部分。后来哈勃正是利用这一方法发现了宇宙的膨胀。1869 年英国天文学家洛基尔(N. Lockyer)在太阳日珥光谱中首次发现氦线,之后到 1895 年才由英国化学家雷姆塞(W. Ramsay)在地球上发现了氦。这可以说是宇宙物质成分统一论的一个巨大成就。

早期恒星的光谱观测主要是利用摄谱仪,每次只能观测一颗星且分辨本领不高。1885 年美国天文学家皮克林(E. Pickering)首创物端棱镜方法,即把一块大玻璃棱镜放在望远镜物镜的前端,就可以同时拍得视场里所有亮星的光谱。但这种方法的分辨本领还不是很高。要得到较高分辨率的光谱,后来采用棱镜光谱仪,即将棱镜放在望远镜焦点后面,使已经成像的星光经过棱镜分光后再获得光谱。然而这样做每次只能得到一颗恒星的光谱。分光能力更强的是光栅摄谱仪,通常使用的是每毫米刻 100 条至 1 000 条线的大面积光栅,拍摄的光谱非常清晰,但一次也只能获得一颗恒星的光谱。现代最新的技术是利用光导纤维把望远镜焦面上的许多星像引导到摄谱仪上,再用 CCD 成像和计算机处理,就可以同时得到许多颗恒星的高分辨率光谱。例如,美国的 SDSS 望远镜可以同时拍摄 600 个天体的光谱,我国正在制造的郭守敬望远镜更把这个数字提高到了 4 000 个。

恒星的光谱为我们提供了有关恒星各方面特征的丰富信息,例如表面温度、光度、化学成分、质量、直径、磁场、自转乃至表面气体压力及运动状况等等,因而人们常把光谱比喻为人的指纹或生物基因的 DNA。通过对恒星光谱的系统研究,我们甚至可以了解恒星一生的演化过程。大多数恒星的光谱特征是连续谱背景上有许多吸收线,少数恒星兼有发射线或只有发射线(见图 2.4 和图 2.5a)。这些谱线代表着各种不同的化学元素。但是,由于恒星内部对光线几乎是不透明的,所以这些谱线所反映的,只是关于恒星表面很薄一层气体(大气)的信息,这一薄层的厚度通常不及恒星半径的 1/1 000。最初天文学家曾简单地把恒星大气再分为两层来解释恒星光谱:底层气体炽热而稠密,产生连续光谱;上层较冷且稀薄,其中的原子吸收了来自底层的辐射,因而产生吸收线。现在我们知道,恒星大气中的各种原子及分子都同时在发射和吸收光子,这是一个非常复杂的过程,需要用专门的**辐射转移理论**来描述。但这已超过本书的讨论范围,有兴趣的读者可以参阅有关恒星大气物理方面的教科书。恒星大气辐射转移的总结果是,在大多数恒星的大气中,原子分子在一些波长处发出的辐射强度弱于相应的吸收强度,所以外部观测者就看到连续谱背景上有一系列吸收线。只有在少数的恒星大气中结果是相反的,此时观测者就看到明亮的发射线。

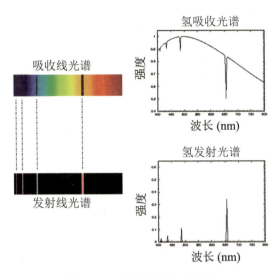

图 2.4　光谱吸收线与发射线

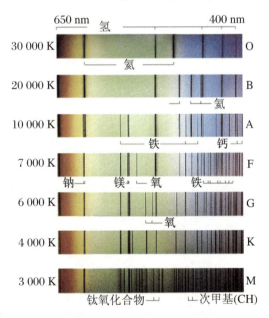

图 2.5a　各光谱型的典型光谱

天文学家将拍摄到的恒星光谱与实验室测得的各种元素谱线进行对比,就可以确定恒星的化学组成,同时,根据谱线的强度还可以确定各元素的丰度。自 19 世纪中期以来,一百多年的天文观测已经积累了极其丰富的恒星光谱资料。这些资料表明,绝大多数恒星的元素含量基本与太阳相似。在这些恒星的外层中,氢的数量占优势,其次是氦。当然也有极少数恒星是例外的,例如一些恒星的碳丰度非常之高,也有些恒星含有丰富的稀土元素。还有的恒星光谱中观测到一些稀有元素,例如金属锝(Tc)。锝是地球上第一种人工合成的化学元素,天然的锝元素在地球上并不存在。下面的讨论中我们将了解到,恒星的光谱特征主要与恒星外层的温度有关。温度差别影响到恒星外层各种元素原子的电离和激发状态,这种影响能明显地反映到恒星的光谱之中。

2.3.2 恒星光谱的分类

在对自然现象(包括社会现象)的本质做出深入了解之前,先对大量观测调查数据进行统计分类,从中发现某些具有启示意义的规律性,这是许多研究工作者常采用的办法。元素周期表的发现就是这样一个成功的例子。恒星光谱的分类也是如此,尽管在开始这项工作时人们并不了解恒星的真实结构和演化,但后来的研究表明,恒星的光谱分类是揭示恒星奥秘的先驱性工作,它也是发现**赫罗图**(见 2.4 节)的基础,而赫罗图在恒星物理的研究中起着举足轻重的作用。

最早对恒星光谱进行分类的是意大利教士塞西。他在 1868 年刊布了一册包含 4 000 颗恒星的表,并按光谱特征把恒星分为 4 类:白色星,例如天狼和织女星,光谱只有 4 条氢的黑线;黄色星,例如五车二(御夫座 α 星)和大角星(牧夫座 α 星),光谱和太阳相同;橙色星和红色星,例如参宿四(猎户座 α 星)和心宿二(天蝎座 α 星),光谱里有明暗相间的光带;其他为一些暗红色的星。塞西猜想这样的分类和恒星的温度有一定的关系,但对于光谱中的谱线和光带,却没有进一步研究它们和构成恒星的化学元素之间的联系。

1885 年,皮克林用物端棱镜方法成功拍摄到昴星团内 40 颗恒星的光谱后,哈佛大学天文台于 1886 年在该台口径为 28 cm 的折射式望远镜的物镜前,安装了一块物端棱镜,利用照相方法大量拍摄恒星光谱,开始了大规模的恒星光谱分类的研究。这项工作是在皮克林的领导下进行的,他组织了以坎农(A. Cannon)为首的十几位女天文学家(见图 2.5b),在长达近 40 年的时间里,对全天 20 多万颗亮于 8 等的(以及部分暗至 11 等的)恒星光谱进行了分类,研究结果于 1918—1924 年陆续刊布在 HD 星表及其续篇上。HD 星表是为纪念 1882

图 2.5b 皮克林和他的哈佛女天文学家团队
(后排左五为坎农)

年去世的美国天文学家德雷伯(Henry Draper)而开始编制的,德雷伯是光谱照相术的开拓者之一,他生前拍摄了多颗恒星的光谱。哈佛天文台的恒星光谱分类是近代天文学史上第一项规模浩大的科学工程,HD 星表也成为天文学史上的鸿篇巨制,为后人对恒星的研究提供了极其丰富的观测资料。到 20 世纪 70 年代初,全世界按哈佛系统做过分类的恒星总数已经达到 90 万颗左右。

哈佛天文台采用的恒星光谱分类方法是基于颜色相同的恒星,其光谱中各元素谱线的特征也基本相同。由于恒星的颜色直接与恒星表面的有效温度相关,因而**哈佛分类法**是按有效温度递降的次序,把恒星光谱分为以下类型:

$$O-B-A-F-G-K{<}{\genfrac{}{}{0pt}{}{S}{R-N}}M$$

有效温度从左到右逐渐下降。其中主序列从 O 型到 M 型,其光谱最显著的区别是,热星的光谱中谱线较少,且多为高电离能的原子或离子谱线;而较冷星的光谱中谱线较多,并出现金属线以至明显的分子吸收带(参见图 2.5a)。每一种光谱型又根据谱线的相对强度分为 10 个次型,例如,温度最高的 B 型星是 B0,接着是 B1,B2,⋯,B9。但实际上并不是每一光谱型都有完整的 10 个次型,有些次型是缺项。例如,最热的 O 型星是 O3,至今没有观测到 O0,O1 和 O2。我们的太阳是 G2 型,织女星是 A0 型,天狼星是 A1 型,北极星是 F8 型。主序列之外,在冷星一端还有两个分支:其中 R,N 与 K,M 型光谱类似,但含有较多的碳元素,故称为碳星(因而 R,N 型也称 C 型);S 型含有很强的低温重金属如 TiO,ZrO 的分子吸收带。

表 2.2 典型光谱型恒星的主要特征

光谱型	颜色	温度	光谱特征
O	蓝白	$T_e \geqslant 30\,000$ K	紫外连续谱强,有弱 He II,He I,H I 线
B	蓝白	$10\,000$ K $\leqslant T_e \leqslant 30\,000$ K	He I 线在 B2 型达到最大,B0 之后 He II 消失,H 线逐渐变强
A	白	$7\,500$ K $\leqslant T_e \leqslant 10\,000$ K	H 线在 A0 达到极大,Ca II 线增强,出现弱的中性金属线
F	黄白	$6\,000$ K $\leqslant T_e \leqslant 7\,500$ K	H 线变弱但仍明显,Ca II 线大大增强,电离和中性金属线的强度增加
G	黄	$5\,000$ K $\leqslant T_e \leqslant 6\,000$ K	属太阳谱型,Ca II 线很强,Fe 及金属线强,H 线弱
K	橙	$3\,500$ K $\leqslant T_e \leqslant 5\,000$ K	金属线主导,连续谱蓝端变弱,分子带(CN,CH)变强
M	红	$T_e \leqslant 3\,500$ K	分子带主导,中性金属线强

20 世纪初人们曾经认为,恒星的光谱型序列反映了恒星的演化顺序,即由 O 型星逐渐冷却而演化为 M 型星。因此通常把 O,B,A 型称为早型星,把 K,M 型称为晚型星。现在我们知道,光谱型序列与恒星演化顺序实际上并无任何联系,但这样的称呼仍然被习惯性地保留了下来,一直沿用至今。

哈佛分类法是基于温度的一元分类法。20 世纪 40 年代，美国天文学家摩根（W. Morgan）和基南（P. Keenan）提出了一种以温度和光度为基础的二元分类法，称为 MK 分类系统。这种分类系统的表示方法是，在哈佛分类标记后面，加上一个罗马数字表示光度，即：Ⅰ.超巨星；Ⅱ.亮巨星；Ⅲ.正常巨星；Ⅳ.亚巨星；Ⅴ.主序星（矮星）；Ⅵ.亚矮星；Ⅶ.白矮星。这里巨星和矮星指的是光度的大小，光度大的为巨星，反之为矮星。主序星的定义下节将会介绍。我们的太阳就是一颗主序星，按照 MK 分类系统，它的光谱型是 G2Ⅴ。

2.3.3　不同光谱型谱线特征的成因

由图 2.5a 及表 2.2 可以看出，从早型到晚型谱线总的特点是：氢线强甚至有氦线出现⇒金属线强⇒分子线强。从本质上说，这是由于不同元素原子的激发、电离程度随温度的高低而不同所致。下面我们对此做一定性分析。

当气体处于热平衡时，不同能级的原子数之比由玻尔兹曼分布给定。令 n_i 和 n_j 分别代表能级 i 和 j 的原子数，E_i 和 E_j 分别为两个能级的能量，则这两个能级上的原子数之比为

$$\frac{n_j}{n_i} = \frac{g_j}{g_i}\exp\left(-\frac{E_j - E_i}{kT}\right) \tag{2.12}$$

式中，T 为气体温度，g_i 和 g_j 分别为两个能级相应的统计权重（反映能级的简并程度）。(2.12)式给出的是所有原子都处于激发态时的情况。此时如果电子在不同能级之间跃迁，就会在光谱中出现发射线或吸收线，相应光子的能量 $E_r = h\nu = E_j - E_i$。以氢原子为例，它的第一激发态与基态能量之差大约为 10 eV，故在 $T \simeq 5\,700$ K（大约等于太阳表面的温度）时，处于第一激发态的氢原子数目与基态氢原子数目之比 $n_1/n_0 \simeq 4\times 10^{-9}$。如果温度升高，则(2.12)式表明 n_1/n_0 也将相应增大，即更多的氢原子将处于激发态。

如果温度足够高，一些原子的动能将大于电离能（从最低能级拉出电子所需的最低能量），原子之间的碰撞就会使原子发生电离。反过来，电离原子也会发生复合并发射光子。如果电离与复合过程达到动态平衡，则各种离子之间的相对丰度由**萨哈（M. Saha）方程**给出

$$\frac{n_e n(X_{r+1})}{n(X_r)} = \frac{2g_{r+1}}{g_r}\frac{(2\pi m_e kT)^{3/2}}{h^3}\exp\left(-\frac{E_r}{kT}\right) \tag{2.13}$$

式中，$n(X_r)$ 和 $n(X_{r+1})$ 分别为元素 X 的 r 次和 $r+1$ 次电离态的数密度（$r=0$ 相当于中性原子），n_e 为自由电子数密度，g_r 和 g_{r+1} 分别为 X_r 和 X_{r+1} 相应的原子基态简并度，h 为普朗克常量。等号右边的第一个因子 2 代表电子的两个自旋态（即 $g_e = 2$），E_r 是从 X_r 到 X_{r+1} 的电离能。表 2.3 列出了一些典型原子的电离能。我们注意到，萨哈方程中关于能量的指数关系与玻耳兹曼分布相同，但前面还有一个附加因子 $T^{3/2}$，这表明在较高的温度下会有更多的原子电离。此外，方程左边还有一个因子 n_e，这是因为当自由电子数密度增加时复合率也会增加，因而对电离过程产生部分抑制的作用。萨哈方程的求解是非常复杂的，原因之一是方程里的 n_e 包括各种来源的自由电子的贡献，例如其他元素电离后产生的自由电子。只有在假设气体全部由氢原子组成的情况下，萨哈方程才变得较为简单，此时 $n(X_0) = n_H$，$n(X_1) = n_{H^+} = n_e$，$g_1 = 2$（相应于氢原子核的两个自旋态），$g_H = g_1 \times g_e = 4$，$E_r = 13.6$ eV，因而(2.13)式变为

$$\frac{n_e^2}{n_H} = \frac{(2\pi m_e kT)^{3/2}}{h^3}\exp\left(-\frac{13.6\,\text{eV}}{kT}\right) \tag{2.14}$$

设气体的质量密度为 $\rho = (n_{H^+} + n_H)m_H$，其中 m_H 为氢原子质量，则氢的电离度 x 定义为

$$x \equiv \frac{n_e}{n_{H^+} + n_H} = \frac{n_e}{\rho/m_H} \tag{2.15}$$

这里给出

$$n_e = \frac{x\rho}{m_H}, \quad n_H = \frac{(1-x)\rho}{m_H} \tag{2.16}$$

将 (2.16) 式代入 (2.14) 式，萨哈方程最后写为

$$\frac{x^2}{1-x} = \frac{(2\pi m_e kT)^{3/2}}{h^3}\frac{m_H}{\rho}\exp\left(-\frac{13.6\,\text{eV}}{kT}\right) \tag{2.17}$$

对于不同的 T（以及 ρ），这一方程的解可以通过数值计算方法得到。但我们可以定性地看出，当温度较低时，$x \to 0$，即绝大部分原子是中性原子；而当温度足够高时，$x \to 1$，此时几乎所有原子都已经电离。

表 2.3 一些典型原子的电离能　　　单位：eV

原子	一次电离	二次电离
H	13.6	—
He	24.6	54.4
C	11.3	24.4
N	14.5	29.6
O	13.6	35.1
Na	5.1	47.3
K	4.3	31.8
Ca	6.1	11.9
Fe	7.9	16.2

再回到对谱线强度的解释。由萨哈方程可以计算出，不同的热平衡温度下各种原子（离子）的相对丰度。初看上去，相对丰度越高，则相应的原子谱线也就应当越强。但我们不应忘记，丰度计算中包括了一切可能的原子态，其中就有基态。只有当足够多的原子处于激发态时谱线才会很强。如果处于激发态的原子极少，绝大部分原子是基态，则谱线就会很弱甚至观测不到。仍然以氢为例，如果按 (2.17) 式估计，当温度为太阳（G 型星）温度时氢的电离度很小，即中性氢的丰度近于 1。如上面已经分析过的那样，在这一温度下只有约 10^{-9} 的氢原子处于第一激发态，处于更高能级的数目更少，因此尽管中性氢的丰度很大，但光谱中的氢线仍然很弱，正如观测所表明的那样。其他元素的原子谱线也是如此，并且大致可以说，元素原子的电离能越大，激发态与基态的能级之差也就越大。因此，具有较高电离能的元素谱线一定出现在较高温度的光谱型中，谱线强度随着温度的增高而增强（因激发态的原子增多）。但当温度超过一定的值时，该元素的电离度明显增加，从而使中性原子数减少，此时尽管激发态原子在中性原子中所占比例很大，但其绝对数量却随着温度的增加而迅速减少，总的效果是使谱线强度在达到一个极大值后迅速下降。图 2.6 表示的，就是几种典型的原子

(离子)的谱线相对强度与有效温度(光谱型)的关系。

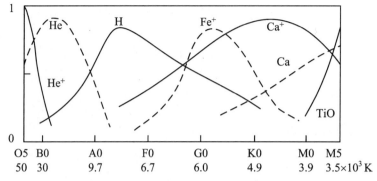

图 2.6　几种典型原子(离子)谱线的相对强度与光谱型的关系

宇宙中最丰富的元素是氢,其次是氦,但氦的电离能远高于氢。因此,在很高的温度下,例如 O 型星相应的温度下,中性氢(记为 H I)电离度较高因而谱线较弱,而中性氦(He I)和一次电离氦(He II)的谱线(其中还有几条谱线在紫外波段)则较强。当温度降到 B 型星的范围时,随着温度的降低,He I 线的强度经历一个峰值的变化,He II 线逐渐消失而 H I 线逐渐变强。到了 A 型星,H I 线最强并出现少许 Ca II 线(注意 Ca II 的电离能与 H I 很接近)。当温度降到 F 型并继续向更低的光谱型下降时,H I 线逐渐减弱并消失,电离能低的金属线,接着是分子线,越来越占据主导地位。这些特征都在表 2.2 中列出。附带说明的是,上面我们采用了一种常用的电离原子表示法,即用罗马数字 I 表示中性原子,II 表示一次电离的离子,III 表示两次电离的离子,依此类推。与另一种以加号表示电离的方式比较,两者的关系是,例如:H I ≡ H,H II ≡ H^+,Ca III ≡ Ca^{++},等等。同时不难看出,任何元素后面的罗马数字的最大值,等于该元素的原子序数加 1。

2.4　赫罗图

1905 年,丹麦天文学家赫茨普龙(E. Hertzsprung)发现,K 和 M 光谱型的恒星中,有一些星的光度很低,比太阳要暗很多;而另一些星的光度非常高,是太阳的几百倍甚至上千倍。于是他把前者称为"矮星",后者称为"巨星"。1911 年,他测定了几个银河星团(如昴星团、毕星团)中的恒星的光度和颜色,并将这两者分别作为纵坐标和横坐标,把这些恒星标在图中。结果表明,这些星大都落在一条连续带上,其余的星(巨星)则形成小群。1913 年,美国天文学家罗素(H. Russell)研究了恒星的光度和光谱,也画出一张表明恒星光度和光谱型之间的关系图。经过对比,发现颜色等价于光谱型或表面温度。实际上,他们两个人得到的图所表示的,都是恒星的光度与光谱型之间存在着相关性。因此,后来将这类光度-光谱型图称为赫茨普龙-罗素图,简称**赫罗图**(Hertzsprung-Russell Diagram)或 HR 图(见图 2.7a 和图 2.7b)。图中横轴表示光谱型(或温度,或色指数),纵轴表示光度(或绝对星等)。

图 2.7a 画出的是一张 4 万多颗近距离恒星的赫罗图。这些恒星由喜帕恰斯天文卫星

精确测量了距离,从而得到了准确的绝对星等。从图中可见,有 3 个明显的恒星聚集区:

(1) **主星序** 从左上到右下的一个狭窄的带称为**主星序**。主星序的意义是,温度相同的恒星,大多数光度(以及大小)也基本相同,它们构成了主星序。我们观测到的 90% 以上的恒星都位于主星序上,称为**主序星**。太阳也是一颗普通的主序星。后面我们将会看到,主序星阶段是恒星一生中最稳定的阶段,恒星在这个阶段停留的时间占到整个寿命的 90% 以上。

(2) **红巨星和红超巨星** 位于赫罗图右上方的是**红巨星**和**红超巨星**。它们的半径比太阳大几十倍到几百倍。肉眼可见的大角星(牧夫座 α 星)、毕宿五(金牛座 α 星)是红巨星,参宿四(猎户座 α 星)和心宿二(天蝎座 α 星)是红超巨星。它们都是银河系中体积巨大的恒星。例如,如果把参宿四放在太阳的位置上,则地球和火星的轨道都将被它所吞没。红巨星和红超巨星都是恒星演化到离开主星序后形成的。

(3) **白矮星** **白矮星**位于赫罗图的左下方,它们的体积很小,半径仅为太阳的 1/40 — 1/100。天狼星伴星就是一颗典型的白矮星,它的体积只有太阳的 $1/(4\times10^7)$,比地球还要小。白矮星是红巨星演化后期的产物,是一部分恒星演化的最终归宿。

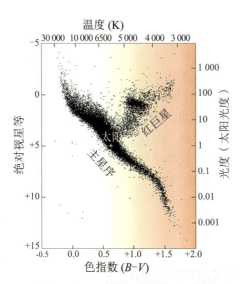

图 2.7a 由喜帕恰斯卫星测定了三角视差的 4 万多颗近距离恒星的赫罗图(纵坐标分别用绝对星等及光度表示,横坐标分别用色指数和温度表示)

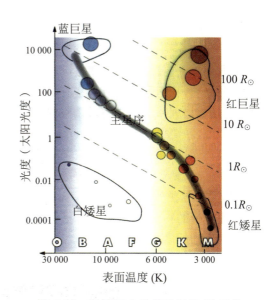

图 2.7b 赫罗图中的等半径线(注意横坐标同时用温度和光谱型表示)

图 2.7b 所示的赫罗图上,一组平行的虚线表示**恒星等半径线**。从物理上很容易对此加以解释。由于恒星的光度 L、表面有效温度 T_e 以及半径 R 之间满足

$$L = 4\pi R^2 \sigma T_e^4 \tag{2.18}$$

式中,σ 为斯特藩-玻尔兹曼常量,对太阳有

$$L_\odot = 4\pi R_\odot^2 \sigma T_{e\odot}^4 \tag{2.19}$$

上面两式相除再取对数,可得

$$\lg \frac{L}{L_\odot} = 2 \lg \frac{R}{R_\odot} + 4 \lg \frac{T_e}{T_{e\odot}} \tag{2.20}$$

利用(2.5)式,并代入太阳的有关数据,最后得到

$$\lg \frac{R}{R_\odot} = 8.49 - 0.2M - 2\lg T_e \tag{2.21}$$

式中,M 为恒星的绝对星等。这样,以绝对星等为纵坐标,以 $\lg T_e$ 为横坐标的赫罗图上,恒星的等半径线是一组平行线。因而,如果知道一颗星在赫罗图上的位置,就知道了它的半径。同时(2.21)式也表明,温度相同的情况下,光度越大亦即绝对星等越小的恒星,其半径也越大。联系到前面关于巨星和矮星的说法,我们也可以说,巨星的光度大、体积大,而矮星的光度小、体积小。

赫罗图的建立是现代天文学发展史上的里程碑之一。恒星的表面温度和光度这两个参量,就可以反映出恒星的基本物理特征。因而,赫罗图为恒星物理的研究提供了深刻启示,对恒星演化理论的形成和发展也具有重大的意义。

2.5 变 星

在我们下面要讨论的恒星的距离测量中,变星将起到非常重要的作用。因此在讨论距离的测量之前,我们先来介绍一些有关变星的基本知识。观测发现,有些恒星的光度、光谱特征、磁场等物理特性随时间做周期性的、半规则的或无规则的变化,这种恒星称为**变星**。更广义地说,一切亮度有变化的恒星,都可以称作变星。例如,一对双星围绕公共质心转动,但由于距离遥远,观测者不能把两颗星区分开,他看到的只是一颗星。如果双星中一颗较亮而另一颗较暗,则双星互相掩食的结果可以使观测者看到,这颗星的亮度发生周期性的变化(见图2.8)。这类变星称为**几何变星**或**食变星**(占变星总数的约20%),它的亮度变化不是由于恒星本身的物理原因,而是双星轨道运动的结果。有的双星亮度变化不明显,但光谱线由于轨道运动的多普勒效应而呈现周期性变化,称为**分光双星**。本章中我们不讨论此类变星,而只关注本身物理状态的变化引起光变的变星,即**物理变星**。

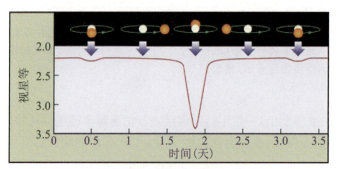

图 2.8 食变星的光变曲线(光变是主星与伴星前后相互掩食的结果)

实际上,物理变星的"变"也是相对的,没有一颗恒星是绝对不变的。就连我们的太阳——它被认为是最稳定的恒星之一,也时时刻刻在发生变化,例如剧烈的太阳活动造成的大规模日珥喷发以及显著的耀斑、光斑、黑子等的出现。随着现代天文观测仪器灵敏度的不

断提高,许多原来认为亮度不变的恒星,现在也发现有亮度变化,只不过变化的幅度很小。通常把物理变星定义为:由于自身的物理原因,在较长的时间(例如几年、几个月、几天或几小时)内,亮度有明显变化的恒星。同时,这里的"亮度"不仅是指可见光,而是包括一切电磁波段的辐射,因而严格地讲,应当是光度。物理变星约占变星总数的80%。根据光变的原因,它们分为**脉动变星**和**爆发变星**两大类。物理变星中大约90%是脉动变星,它们的光变是由星体的脉动引起的,即由于大气层发生周期性或非周期性的膨胀或收缩。按照光变曲线的形状和光变周期的不同,脉动变星又分为若干类型,如造父变星、半规则变星、不规则变星和长周期变星等。爆发变星的光变是变星一次或多次的爆发所引起的,且光变的同时伴随有大量的物质抛射。爆发变星也分为超新星、激变变星(包括新星和再发新星等)、早期演化阶段的变星、有延伸气壳的早型变星等不同类型。本节中我们将主要介绍与恒星的距离测量密切相关的变星,其他类型的一些变星将在恒星演化一章中做适当的介绍。

2.5.1 脉动变星

脉动变星是指星体不断地产生径向脉动,即交替地膨胀与收缩,从而引起半径、光度、温度乃至磁场发生周期性或非周期性的变化。脉动变星在赫罗图上不是随机分布的,而是大部分位于主星序上方的一个区域(见图2.9),其中最典型的有**造父变星**以及**天琴座 RR 型星**。在银河系内已经发现的脉动变星有 10 000 多颗,总数估计有大约 2×10^6 颗,但还是仅占银河系恒星总数的 $10^{-6}—10^{-5}$。脉动变星是恒星演化到某一不稳定阶段的产物,它们在天文学和天体物理学中的地位十分重要。

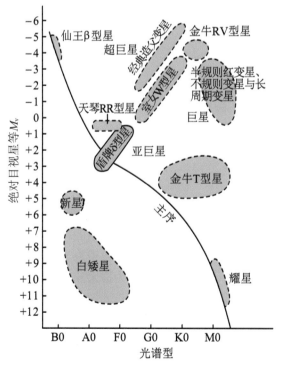

图 2.9 脉动变星以及其他几类变星在赫罗图上的分布

1. 造父变星

经典造父变星典型的例子是仙王座 δ 星,中文名造父一。它的光变周期是 5 天 8 小时 46 分 38 秒,周期非常稳定。最亮时的视星等是 3.6^m,最暗时是 4.3^m,亮度相差 1.9 倍。它的光变首先于 1784 年被发现,1894 年又发现在它的光谱中谱线有周期性的位移。当时一些人认为它可能是一颗食双星,因为谱线的周期性位移可能产生于双星轨道运动的多普勒效应。但很快又发现,它的光谱型也发生周期性的变化,从 F5 型变到 G3 型,相应的温度变化约为 1 500 K,且变化周期与亮度变化周期完全一致。1914 年,美国天文学家沙普利(H. Shapley)最终阐明了,这类变星的亮度、温度以及谱线的周期性变化,是由于星体的径向脉动而不是双星的轨道运动。径向脉动使得星体体积周期性地膨胀和收缩,这就引起光度和温度的周期性变化,而谱线的位移是由于径向脉动时的多普勒效应。经典造父变星的光变周期一般为 1—50 天,故也称长周期造父变星。它们的光度变幅大致为 0.5^m—1.5^m,且光变曲线都很相似,亮度上升时较快,而变暗时较慢(参见图 2.10a)。在亮度极大时光谱型一般为 F 型,亮度极小时为 G 型或 K 型。北极星也是造父变星,只不过光变幅度很小,不足 0.1^m。银河系里已经观测到 500 多颗经典造父变星,它们是黄色的巨星和超巨星,质量为太阳的几倍至 10 倍左右,光度都很大。在其他 30 多个河外星系里也观测到了这一类造父变星。1908—1912 年,美国女天文学家李维特(H. Leavitt)在研究小麦哲伦云中的造父变星时发现,它们的光变周期越长,光度就越大。这就是著名的造父变星的**周光关系**(见图 2.11)。因此,如果知道了一颗造父变星的光变周期(这是容易测量的),就可以得到光度,从而根据光度和视星等求出它的距离。因为造父变星一般相当亮,在河外星系中也容易被发现,因而周光关系就为我们提供了一种简单而有效的测量天体距离的方法,可以用于恒星、星团乃至星系距离的测量。在这个意义上,造父变星可以说是一把"量天尺"。

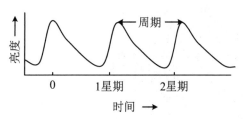 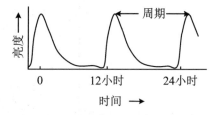

图 2.10a 经典造父变星的光变曲线　　图 2.10b 天琴座 RR 型变星的光变曲线

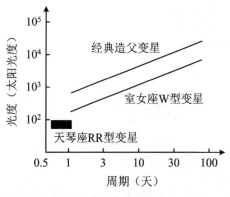

图 2.11 造父变星的周光关系

上面介绍的经典造父变星一般位于漩涡星系的旋臂上,属于**星族Ⅰ**(星族的概念将在第 6 章中介绍)。观测发现,还有少部分造父变星位于漩涡星系的球状星团中(属于**星族Ⅱ**),在一些椭圆星系中也有发现,典型星为室女座 W 星,故统称为**室女座 W 型变星**。室女座 W 型变星也属于长周期造父变星,它们的光变曲线与经典造父变星相似,但在相同的光变周期情况下,它们的光度要比经典造父变星小 1.4^m 左右,两者的周光关系曲线平行(见图 2.11)。有时也把经典造父变星和室女座 W 型变星分别称为Ⅰ型和Ⅱ

型造父变星。

2. 天琴座 RR 型变星

另一类用于测定距离的变星是天琴座 RR 型变星。它们最初是在球状星团里发现的,故常称为星团变星,后来在球状星团以外也发现了许多。它们的光谱型大多属于 A 型,只有一小部分是 F 型。变幅是 $0.5^m-1.5^m$,光变周期很短,为 $0.05-1.5$ 天(参见图 2.10b),因而也被称为短周期造父变星。目前观测到的天琴座 RR 型变星有 6 000 多颗,约占脉动变星总数的 1/3。与经典造父变星不一样的是,尽管它们有不同的光变周期,但绝对星等大致相同,为 $+0.6^m$ 左右。所以,它们的目视亮度(视星等)就可以直接指示距离。因此天琴座 RR 型变星也可以作为第二把量天尺,但精度与适用性不如经典造父变星。

3. 长周期变星

长周期变星的典型代表是鲸鱼座 O 星(中文名蒭藁增二),它是长周期变星中最亮、最有名、最先发现的一颗。长周期变星是变星中最普遍的一类,已列入星表的有 4 000 颗左右。它们的光变周期为 $70-700$ 天,光变幅度较大,一般为 2.5^m-8^m。这类变星都是红巨星或红超巨星,光谱型大都属 M 型,少数属 S,N 和 R 型,而且一般说来,光谱型越晚,周期越长,光度越小,这一点和造父变星恰好相反。大部分长周期变星的亮度变幅和光变周期都有不规则起伏,相对平均值的变化可达 15%。

2.5.2 爆发变星

爆发变星按爆发的规模分为超新星、新星、矮新星、类新星和耀星等,约占变星总数的 10%。下面我们主要介绍与恒星距离测量有密切关系的新星和超新星。

1. 新星

人们注意到,有时在天空中原来没有星的地方,会突然出现一颗很亮的星,亮度在几天之内可以增亮 $9-14$ 个星等以上,达到极大后又逐渐减弱,在几个月或几年内有起伏地下降到爆发前的状态(见图 2.12),这就是**新星**。少数新星最亮时可以成为天空中最亮的星之一,例如,1918 年天鹰座新星,亮度超过了织女星,仅次于天狼星。但大多数新星必须借助望远镜才能发现,有些新星在爆发之前甚至暗到连最大的望远镜都观测不到。世界上最早的新星爆发记录在中国,是公元前 1300 年左右刻在甲骨上的关于"新大星并火"的记录(见图 2.13),这里的"火"是指天蝎座 α(中文名心宿二)。到 17 世纪时,我国已有 68 次新星记

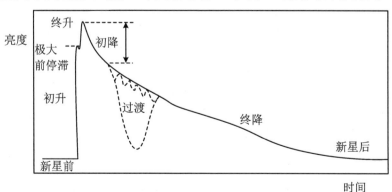

图 2.12 典型新星的光变曲线

录。西方最早的新星记录是公元前 134 年的"喜帕恰斯新星"。而我国文献对这颗新星记载得比西方更为详细,即《汉书·天文志》所载"元光元年六月客星见于房"。房宿就是天蝎座。

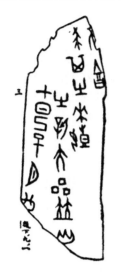

图 2.13 公元前 1300 年左右新星爆发的甲骨文记录"七日己巳夕□有新大星并火"

现代发现的银河系新星有 200 多颗,附近的星系估计每个星系每年出现 10—40 颗。新星爆发非常引人注目,也往往被误认为是新诞生的星。现在知道,新星爆发实际上是恒星演化的晚期,起源于由一颗白矮星和一颗巨星组成的**密近双星**。白矮星的强大引力把巨星的外层物质吸积过来,当这些主要是氢的物质在白矮星表面堆积到一定程度,就会发生氢的核聚变,突然爆发并把大量物质抛射出去。强烈的气体抛射形成膨胀的气壳,使得亮度急剧增加,因而我们就观测到新星的爆发。新星爆发释放的总能量为 10^{45}—10^{46} erg,抛射物质为 $10^{-5} M_\odot$—$10^{-3} M_\odot$,抛射速度为 200—500 km/s。当膨胀的气壳消散后,一切就恢复到原来的状态。迄今观察到的最明亮的新星之一是天鹅座 1975 新星,它以太阳 100 万倍的光度照耀了 3 天。有些新星爆发一次后还可以再爆发,称为**再发新星**,目前已经确认的有 9 颗。再发新星的光变曲线与第一次爆发的新星很相似,后者经过很长时间后也许会再次爆发。由此可见,新星爆发虽然规模巨大,但还不至于把双星的基本结构破坏掉。

2. 超新星

超新星爆发是宇宙中最壮观的天象之一,爆发时光变幅度超过 17 个星等,最大可达 20 个星等,即增亮 10^7—10^8 倍。光度极大时可以相当于整个星系的光度,释放能量可达 10^{47}—10^{53} erg,是恒星世界最激烈的爆发。爆发结果或者是将恒星物质完全抛散,成为星云遗迹,结束恒星的演化史;或是抛射掉大部分质量,遗留下的部分物质坍缩成白矮星、**中子星**或**黑洞**,从而进入恒星演化的晚期和终结阶段。超新星爆发后形成很强的射电源、X 射线源和宇宙射线源。同时,超新星还是宇宙中重元素的主要贡献者。

在银河系内,超新星出现的次数比新星少得多,是十分罕见的天象。根据中外天文史学家对东方、阿拉伯和欧洲大量古文献的分析整理,目前公认的有记载的河内超新星爆发共有 9 颗,时间分别是:185 年(半人马座),386 年(人马座),393 年(天蝎座),1006 年(豺狼座),1054 年(金牛座),1181 年(仙后座),1408 年(天鹅座),1572 年(仙后座),1604 年(蛇夫座)。这 9 颗超新星在我国都有记录。最早的 185 年超新星,记录在《后汉书·天文志》中:

中平二年十月癸亥,客星出南门中,大如半筵,五色喜怒,稍小,至后年六月消。

这是世界上唯一的记录。386 年和 393 年的超新星,出现在东晋年间,也只有我国有记载。最亮的 1006 年的超新星,除我国的文献记载外,也见于日本、朝鲜、阿拉伯和欧洲的史籍。据资料分析,它最亮时比天狼星亮 1 600 多倍,如《宋史·天文志》里说:

"状如半月,有芒角,煌煌然可鉴物。"

现在,在它的位置发现有一个射电源,还发现有细微的丝状云,被确认为是那次超新星爆发的遗迹。1572 年和 1604 年的超新星分别由丹麦天文学家第谷(B. Tycho)和德国天文学家开普勒(J. Kepler)进行了精确的观测,后人根据他们的观测资料并结合其他国家的资料得出了这两颗星的光变曲线,故它们被分别称为第谷超新星和开普勒超新星。

在这 9 颗河内超新星中,最著名的是 1054 年,即我国北宋仁宗至和元年爆发的"天关客星",它在史书中有详细记载,例如:

> 至和元年五月,晨出东方,守天关,昼见如太白,芒角四出,色赤白,凡见二十三日。(《宋会要》)

> 至和元年五月己丑,(客星)出天关东南,可数寸,岁余稍没。(《宋史·天文志》)

这里的"天关"是指天关星,即金牛座ζ星;"凡见二十三日"是指白天见到它的天数。综合其他史料可知,这颗超新星突然爆发的时间是 1054 年 7 月 4 日凌晨 4 时左右,最后消失的日期是 1056 年 4 月 6 日,共见 643 天。它的遗迹就是著名的金牛座蟹状星云。1928 年哈勃测量了蟹状星云的膨胀速度,发现它在 900 年前会聚为一点,恰好与 1054 年超新星的历史记录相一致。由此哈勃第一个提出,蟹状星云正是 1054 年超新星爆发的遗迹(见图 2.14)。1948 年发现,蟹状星云是一个很强的射电源,1963 年发现它还是 X 射线源。1968 年又发现它是 γ 射线源,同年在它的中心处证认出有一颗射电脉冲星。不久后发现,这颗脉冲星在光学波段以及其他波段几乎都发出同样规律的快速脉冲辐射,这在脉冲星中是十分罕见的。我们现在知道,所有的脉冲星都是中子星。

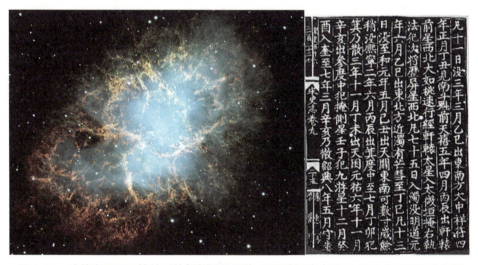

图 2.14　哈勃空间望远镜拍到的蟹状星云照片,以及我国史书关于 1054 年超新星的记载

现代天文观测共发现银河系中的超新星遗迹约 200 多个,这些超新星绝大多数是在人类有史以前爆发的,故没有任何文献记载。人们只能从这些遗迹的特征(如辐射谱、偏振等)推断当年超新星爆发时的情况。例如,著名的天鹅座网状星云是 5 万年前爆发的超新星遗迹,船帆座古姆星云是公元前 9000 年超新星爆发的产物。而天空中最强的射电源仙后座 A,周围有许多暗淡的星云碎片,仔细分析后发现,它应当是 1670 年前后爆发的一颗超新星的遗迹,但这颗超新星无论东方还是西方都没有记录。估计是由于距离太远(11 000 光年)且被浓厚的星际物质所遮蔽,所以当时没有引起人们的注意。

由于超新星爆发时的光度最大时可与整个星系相当,因而用大望远镜不难发现河外星系中出现的超新星。第一颗河外超新星是 1885 年发现的,到 1999 年底共发现了 1 650 多颗。进入 21 世纪以来,这个数目有了大幅度增长,迄今已发现将近 16 万颗。河外超新星最著名的是 1987 年在大麦哲伦云中发现的 SN 1987A。近年来,哈勃空间望远镜发现了许多大红移(遥远距离)的超新星,对它们的观测结果表明,宇宙在加速膨胀。这就是我们在宇宙学部分将要讨论的**宇宙学常数**或**宇宙暗能量**问题的观测基础。

根据光变的特点(实质上反映了不同的爆发机制和前身星,我们将在第 3 章中对此加以介绍),通常把超新星分为Ⅰ型和Ⅱ型,且每一型又分为若干子型,例如Ⅰ型分为Ⅰa,Ⅰb 和Ⅰc 型。这两大类型的主要特点是:Ⅰ型超新星的光谱中缺乏氢谱线,表明这类超新星氢含量很低,主要由重元素组成。它们的亮度上升很快,如Ⅰa 型亮度极大时典型的绝对星等约为 -19.3^m(光度达 $\sim 10^{10} L_\odot$),极大之后 20—30 天内亮度很快下降 2^m-3^m(初降),接着在很长的时间内缓慢下降(见图 2.15);爆发时抛射的气壳以很大的速度膨胀,速度可超过 10 000 km/s。Ⅱ型超新星的光谱中有明显的氢发射线,它们的光变曲线在亮度上升和初降阶段与Ⅰ型类似,亮度极大时的绝对星等约为 -18^m,比Ⅰ型要暗将近 1.5 个星等。大部分Ⅱ型超新星当极大过后亮度下降 1.5^m 左右时,光变曲线上会出现一个缓变的"平台",而在这之后的一段时间内,光度下降比Ⅰ型要陡(见图 2.15);抛射的气壳膨胀速度一般要小于 10 000 km/s。Ⅱ型超新星主要出现在漩涡星系和不规则星系中,而Ⅰ型超新星在各类星系中都有发现。

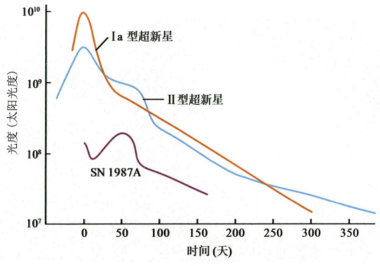

图 2.15 两类超新星的光变曲线

3. 超新星 SN 1987A

1987 年 2 月 23 日,南美洲智利拉斯坎帕纳斯(Las Campanas)天文台最先观测到一颗在大麦哲伦云中的超新星(见图 2.16),最亮时达到 5 等星的亮度,肉眼亦可见。这是自 1604 年以来人类在地球上肉眼看到的唯一一颗超新星,被命名为 SN 1987A(SN 即 Super Nova,1987A 表示 1987 年发现的第一颗超新星,这是国际上统一的超新星命名规则)。因为这是一次极为难得的近距离观测超新星的机遇,许多天文学家赶往南半球,进行光学、射电波段的观测,各种高空及空间仪器(包括气球、飞机、火箭和卫星运载的仪器)也在其他波段进行全面跟踪观测。观测结果表明,它的光谱中有很强的氢线,应属大质量的Ⅱ型超新星,但光度比Ⅱ型超新星要低,最亮时的绝对星等只有 -15^m。它的光变曲线也与其他Ⅰ型及Ⅱ型超新星不同,显得很独特(见图 2.15),亮度初降后又有持续 3 个月的连续上升,然后才逐渐变暗,变暗过程中没有出现Ⅱ型超新星普遍具有的"平台"。同时,根据爆发前后该天区照片的比对,发现它的前身星是一颗蓝超巨星,而不是通常认为的红超巨星。人们猜测,光变曲线的不同可能是因此而引起的,因为蓝超巨星比红超巨星的半径要小,结构紧密,且金属含量低,约为太阳金属含量的 1/3。哈勃空间望远镜在 SN 1987A 周围拍摄到一个很亮的气体环(见图 3.21),该环以 10 km/s 的速度向外膨胀,与超新星的距离为 0.2 pc,这么远的距离表明它不可能是在超新星爆发时抛射出来的。有些人认为,SN 1987A 的前身星曾经历了一个从红超巨星向蓝超巨星的演变,演变过程中抛射大量气体形成气壳,超新星爆发时强烈的辐射加热并电离了壳中的气体,于是就形成了明亮的气体环。此外的一个谜是,如果 SN 1987A 属Ⅱ型超新星,按照现代超新星理论,它在爆发后应当坍缩成一颗中子星,但迄今为止在它爆发的位置附近没有发现任何中子星。当然,如果中子星不发出脉冲辐射(即不能成为脉冲星),或辐射方向没有对着地球,我们也就无法看到它。SN 1987A 另一个重要的观测结果是,它的出现伴随着很强的中微子爆发,日本神冈町、美国俄亥俄州(State of Ohio)、意大利和苏联的中微子探测器都记录到能量很大的中微子流。这些探测器都置于地下深处,从而避免了地球大气和地表附近可能的干扰。数据分析表明,这些中微子来自南极方向,与大麦哲伦云的方向一致,这是人类第一次接收到来自河外星系超新星爆发的中微子。总之,超新星 SN 1987A 已成为检验超新星理论的绝好的太空实验室,至今仍然受到各国天体物理学家的密切关注。它本身及周围的一切细微变化,仍时刻处在各种观测设备的严密监测之中。

图 2.16　超新星 SN 1987A 爆发前后的照片

2.6　天体距离的测定

天体距离的测定是我们认识宇宙的基础。最直观的是,没有准确的距离测量,我们就不能准确了解天体的空间分布,也就无法知道宇宙在各种尺度上的真实结构。此外,在对天体的各种物理性质及演化的研究中,天体距离的测定往往也要先行一步。例如,绝对星等(光度)是建立赫罗图的重要参量,而绝对星等直接与恒星的距离有关。在对整个宇宙演化的研究中,距离的测量更是起着举足轻重的作用。因为我们知道,光速是有限的,因而我们看到的越远的天体,它所展现的图像就相应于宇宙越早的时刻。也就是说,在我们观察宇宙的纵深时,是用距离换取了时间。近年来发现的宇宙加速膨胀,也正是基于遥远星系距离测量的结果。

现代最精确的测距方法当属雷达测距(或激光测距)。但是,恒星之间的距离太远,最近的也要以光年计,更不用说星系之间的距离了。因而除了在太阳系之内应用外,雷达测距方法对于更远的天体来说鞭长莫及。一般说来,太阳附近的恒星距离可以通过几何学的方法(视差法)测量,而银河系内以及较近星系的距离测量则要根据恒星的某些物理特征,这些特征与恒星的真实亮度之间有相关性,因而这些特征可以作为恒星真实亮度的**标准烛光**,例如我们前面讨论过的造父变星的周光关系,以及下面将要谈到的一些其他关系。对于更远的距离,单个的普通恒星太暗了,因此需要更大更亮的标准烛光,例如超新星或者整个星系。对于极遥远的天体如类星体,就只有依靠红移和距离之间的哈勃关系了。这种使用不同标准烛光从近到远、逐级测距的办法称为**宇宙距离阶梯**(见图2.19)。这里要强调的是,大距离上所用的标准烛光,必须与较近距离上的标准烛光校准后定标。

1. 三角视差法

我们从太阳附近的恒星距离测量开始,这一测量依靠的是几何学方法。当地球围绕太阳做轨道运动时,太阳附近的恒星相对于非常遥远的背景恒星,会产生一种"视运动",即它们相对于背景恒星的视位置会发生变化。这就像我们乘车行进时,看到近处的物体相对于远处物体有明显移动一样。如果我们时隔半年对一颗近距离的恒星两次拍照,并把这两次拍得的照片加以比较,就会立即测出这颗星在背景天空上的位移角度(见图2.17a)。显然,两次拍照时隔半年是为了得到最大的角位移;同时我们看到,恒星距离地球越近,这一角位移就越大。通过简单的几何计算,我们就可以把这一角位移换算成如图2.17b所示的角度π,即在图2.17b所示的直角三角形中,太阳到地球的平均距离a(即一个天文单位)所相对的顶角的角度。角度π称为恒星的**周年视差**,或简称**视差**,而这一距离测量方法就称为**三角视差法**。

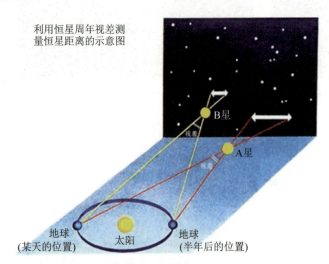

图2.17a 时隔半年对一颗近距离的恒星两次拍照,得到恒星在背景天空上的位移

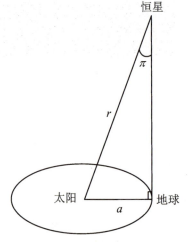

图2.17b 测量恒星距离的三角视差法

如图 2.17b，π 为恒星的周年视差，r 为恒星到太阳的距离，则有

$$r = \frac{a}{\sin \pi} \approx \frac{a}{\pi} = 206\,265 \frac{a}{\pi''} \tag{2.22}$$

式中，π''表示 π 以角秒为单位（1 弧度 = $57.3 \times 60 \times 60'' = 206\,265''$）。定义 $\pi'' = 1''$ 时 $r = 1$ pc（pc 表示 parsec，即秒差距），则有

$$1 \text{ pc} = 206\,265a \simeq 3.09 \times 10^{18} \text{ cm} \simeq 3.26 \text{ 光年} \tag{2.23}$$

显然，以秒差距为单位时，恒星的距离为

$$r = \frac{1}{\pi''} \text{ pc} \tag{2.24}$$

以往三角视差法测距是利用地面望远镜进行的，但地球大气的干扰使得这一方法最远只能测量 ≤ 50 pc 的距离，测得的恒星数目也只有几千颗。1989 年 8 月，ESA 发射了喜帕恰斯天文卫星，专门用于三角视差法测距。从发射到 1993 年 8 月的 4 年观测寿命期间内，它已测出距离的恒星数目达 12 万颗，最远距离可达 100 pc。图 2.7a 所示的赫罗图，就是利用喜帕恰斯天文卫星得到的 4 万多颗近距离恒星的观测资料绘制而成的。

由（2.22）式可见，恒星到太阳的距离，要基于太阳到地球距离的准确测定，故日地距离是一个非常重要的天文学单位，是我们探索宇宙深空的重要基石。然而，"太阳距离我们有多远"这个问题看似简单，但回答起来却绝非易事。由于一系列技术上的原因，直到望远镜出现之后，人们才根据三角视差法测距得到比较可信的结果。而真正精确的结果只有借助雷达测距，先测得地球与某颗大行星的精确距离，再利用开普勒行星运动定律计算日地距离。

根据几何学原理，利用三角视差法测距，必须已知一条基线的准确长度。开普勒当年就曾试图在火星大冲（即火星距地球最近）时，用三角视差法测出地球与火星的距离，然后据此计算出日地距离。当时他利用的测量基线是地球上两点的连线，因为那时已经有了地球大小的测量结果。然而开普勒得到的日地距离只有现代值的大约 1/20，这其中的主要原因是肉眼观测的误差。开普勒所使用的观测仪器是他的老师第谷留给他的（参见图 2.17c 和图 2.17d）。根据第谷所做的观测记录，他利用这些仪器观测的目视精度可达 0.5 角分，相当于月面角直径的 1/60，这已是人类肉眼观测的极限了。读者可自行验证，即使把基线长度取为 1×10^4 km，火星离地球最近时（可近似取为 7.5×10^7 km）的视差也在 0.5 角分以下，因而开普勒的结果也就可以理解了。望远镜的发明使观测精度大为提高。1672 年，法国天文学家卡西尼沿用开普勒的方法，借火星大冲的机会来测量火星的距离，此时的观测已经是利用望远镜来进行。1672 年 8 月的同一天晚上，卡西尼和他的助手分别在巴黎和南美洲法属圭亚那地区的卡宴布测量了火星在天空上的位置。第二年，卡西尼计算出地球与火星的距离，再利用开普勒定律得出，地球与太阳之间的距离为 8.7×10^7 英里，即 1.4×10^8 km，这与实际距离（1.496×10^8 km）的误差仅为约 6%。另一个著名的测量结果是利用金星凌日。1716 年，哈雷发表了一篇论文提出，可以利用不同地点观测金星凌日的方法，来测量日地距离，并呼吁天文学家去观测 1761 年和 1769 年的金星凌日，然而他知道自己这一生是没有机会观测到金星凌日了。1761 年的金星凌日，全球组织了 130 多个远征队到世界各地观测。他们中的一些人进行了成功的观测，但也有一些人因为当地天气状况不佳而没能观测到，因而 1761 年的测量结果并不理想。1769 年的金星凌日，世界各地的天文学家在全球 77 个地点进行了观测，许多天文爱好者也积极参与了这项工作，其中就包括大名鼎鼎的英国库克船长。最终法国天文学家拉朗德综合了 1761 年的 130 组数据和 1769 年的 154 组数据，得到

最后的结论是:日地距离为 1.53×10^8 km,这和现代值 1.496×10^8 km 已十分接近(误差仅为 2%)。值得一提的是,当时英法两国正在交战,但为了完成这项历史性的科学探测任务,法国政府特别下令海军不得攻击库克船长,还必须保护其航行安全。

  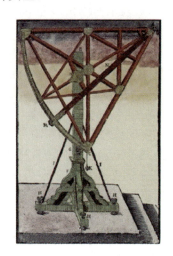

图 2.17c 第谷使用的天文仪器

图 2.17d 第谷在观测(图中刻度圆弧以内是画在墙上的一幅画,而第谷本人则位于画外右侧)

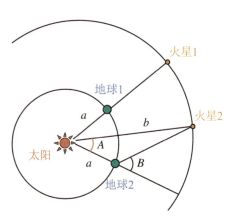

图 2.17e 开普勒第三定律的计算

最后,我们简单介绍一下开普勒是如何得出他的行星运动第三定律的。第三定律中包含了各行星到太阳的距离,因而许多人认为,开普勒当时已经知道了这些距离数据,但实则不然。如前所述,第谷、开普勒时代的观测仪器远达不到测量行星距离所需要的精度,故开普勒第三定律只是表述了这些行星与太阳距离的相对比值。我们来看一下图 2.17e,以火星为例,为简单起见设地球、火星的绕日轨道都是圆轨道,并设两者的轨道半径分别为 a,b。当火星大冲时,地球、火星分别位于 1 的位置,即这两颗行星与太阳处在一条直线上。记下这一时刻。过了一段时间,地球与火星分别运行到 2 的位置,此时火星轨道半径与地球轨道

· 74 ·

半径之间的夹角 A,可以根据两者的绕日周期计算得出;所需观测的只是图示中的夹角 B。由三角形的正弦定理,有

$$\frac{b}{a} = \frac{\sin(\pi - B)}{\sin(B - A)}$$

因而就得到了 b/a。对另外两颗外行星即木星和土星,可用同样办法得到其轨道半径与地球轨道半径之比。对两颗内行星即水星和金星,这一比值可利用它们在"大距"时刻(即与太阳的角距达到最大时)的该角距观测值得出(读者可试作练习)。这样,开普勒就得到了他的行星运动第三定律。显然,如果能通过三角视差法或其他办法测量出火星大冲时的 $b - a$ 值,则因为 b/a 已知,直接就可计算出日地距离 a。这就是开普勒当年想做但没有做成功的事。而现代有了雷达技术之后,测量 $b - a$ 的值就不再是一件难事了。

2. 分光视差法

当恒星距离大于 100 pc 时,三角视差法就不适用了,只有想其他的办法。人们发现,对于光谱类型相同的恒星,其光谱中总可以找到这样几条谱线,例如 Sr II 4078 Å 与 Fe I 4072 Å 等,其强度只随绝对星等(光度)而变。这样,如果较近恒星的绝对星等经过校准,就可以得到以上述典型谱线强度为横坐标、以绝对星等为纵坐标的"归算曲线"。因而,光谱型类似的较远恒星的绝对星等便可由归算曲线来确定。这种方法的适用距离达 30 kpc,大大超过了三角视差法。目前运用这一方法已测定了好几万颗恒星的距离。

3. 威尔逊-巴普法

1957 年,威尔逊(O. Wilson)和巴普(M. Bappu)发现,G 型、K 型、M 型恒星 Ca II 发射线宽度的对数与绝对星等成比例。因而可以利用 Ca II 发射线宽度,由较近的恒星定标,来确定较远的恒星的绝对星等。这种方法适用的距离大体上与分光视差法类似。

4. 主星序重叠法

星团自身的大小总是远远小于星团到地球的距离,故一个星团中的恒星,可以看成在与地球大致相同的距离上。尽管星团中的恒星几乎是在同一时刻形成的,但形成时的质量有大有小,而不同质量的恒星会呈现不同的光谱型。如果以视星等为纵坐标(实际上反映了绝对星等),以光谱型或色指数 B-V 为横坐标,就可以得到星团的赫罗图。把待测星团的赫罗图与太阳附近主序星的赫罗图重叠在一起(或与已知距离的星团的赫罗图重叠),它们的区别就仅仅是纵坐标的标度不同:一个是视星等,另一个是绝对星等。这样,由两图的纵坐标之差就可求出待测星团的距离,即由

$$m - M = 5 \lg r - 5 \tag{2.25}$$

求出 r。显然,这一方法的依据是,光谱型相同的主序星都具有差不多相同的绝对星等。这一方法称为主星序重叠法,它可以用于测量远至 300 kpc 的星团距离。

5. 变星测距

前面谈到,造父变星是非常重要的"标准烛光"或"量天尺"。利用造父变星的周光关系,哈勃第一个测得了仙女座大星云 M31 的距离,他开始测得的距离为 75 万光年,后又改正为 150 万光年(现在准确的数值是 220 万光年),从而确认它是河外星系。目前已经测出周光关系的造父变星在银河系内已有数百颗,在河外星系中数以千计。但长期以来,造父变星周光关系的零点问题一直使天文学家感到困扰。零点即图 2.11 所示的周光关系曲线(图中为直线)与纵轴的交点,零点问题实际上也就是周光关系的定标问题。初看上去,原则上只要准确地知道一颗造父变星的光度(绝对星等),即只要精确地测定一颗造父变星的距离,这个问

题就会迎刃而解。但是,造父变星离太阳都非常遥远,几十年来,地面天文台没有测到过一颗造父变星的三角视差。天文学家只能采用其他一些方法(如统计法、星群视差法等)来求出它们的距离,因而周光关系的精度一直不够理想。直到1997年,喜帕恰斯卫星精密测定了银河系内223颗造父变星的三角视差,人们才有了比较精确的周光关系式:

$$\langle M_V \rangle = -2.81 \lg P - 1.43 \tag{2.26}$$

式中,$\langle M_V \rangle$为一个光变周期的平均绝对视星等,P为以天为单位的光变周期。利用周光关系定出的视差(距离)也称为**造父视差**。实际上,除了零点问题以外,周光关系还有一个更复杂的普适性问题:(2.26)式是根据银河系内的造父变星定出的,它是否适用于其他星系?研究表明,河外星系中的造父变星的某些特征与银河系中的并不完全一致,例如,大、小麦哲伦云中的造父变星各发现有1 000多颗,它们周期最长的可达100-200天,比银河系中的要长;而周期短于3天的也很多,但银河系中却很少见。大、小麦哲伦云的金属丰度比银河系低好几倍,这会影响恒星的光度,从而影响到周光关系的零点。对这一问题现在还在继续研究,但估计这种影响至多只会有十分之几的星等。

天琴座RR型变星也是一把重要的"量天尺"。如前所述,尽管它们的光变周期不同,但平均绝对星等都在0.6^m左右,与周期无关。这样,只要确定了天琴座RR型变星的平均视星等,就可以求出它们的距离。但天琴座RR型星的光度是否也像造父变星那样与金属丰度有关?20世纪90年代初的研究表明,它们的光度的确受到金属丰度的影响,平均绝对星等会产生0.4^m的弥散。此外,由于天琴座RR型星的光度比造父变星低,仅在银河系周围约250 kpc距离之内可见,因而使得它们在测量距离中的作用不如造父变星。

除了脉动变星以外,新星、超新星都可以用以作为测距的"标准烛光",它们光度极大时的平均绝对星等如表2.4所示。

表2.4 新星与超新星光度极大时的平均绝对星等

类型	光度极大时的平均绝对星等 M_V
新星	$\simeq -10^m - 2.3^m \times \lg \dot{m}$ ($\dot{m}$为从亮度极大下降2个星等期间,星等随时间的变化率。时间以天为单位,最后$\dot{m}$只取无量纲数值代入)
超新星 SN I a	-19.3^m
超新星 SN II	-18^m

因此,只要确定了是哪一类爆发变星,即可得知其最亮时的绝对星等,再根据它最亮时的视星等求得距离。特别是Ia型超新星,因为它们爆发时的光度最大,大型望远镜特别是空间望远镜巡天时较容易发现,故对宇宙大距离的测量日益重要。同时,它们的光变曲线已有了很好的归算曲线,因此只要获得少数几个观测亮度数据点,就不难利用归算曲线推断出最亮时的视星等。目前,Ia型超新星能够测量到的宇宙学距离已达宇宙学红移$z \sim 1$,宇宙加速膨胀的观测事实正是由此而发现的。

6. 行星状星云

有些热星抛射出膨胀的气壳,当气壳被热星的光照亮时,就会形成看似行星一样的环状星云。行星状星云相当丰富,每个星系大约有几百个,并且它们发光的形式是尖锐的谱线,因而很容易被观测到。但是,单个的行星状星云并不是一个很好的距离指示,因为它们的光度范围很宽。实际采用的办法是,把一个星系中所有的行星状星云的光度函数(即星云个数与视星等的函数关系)画出来,再与由已知距离的星系所给出的普适光度函数(即星云个数与绝对星等的函数关系)相对照,就可以求得该星系的距离。利用这一方法测出的距离目前达到 15 Mpc。

7. H II 区

大的星际氢云会由于星云中的热星发出紫外辐射而电离并发光,成为 H II 区。在一些星系中,H II 区的大小可达几百个 pc,质量可达 $10^9 M_\odot$。对一些已知距离的星系,已经发现其中 H II 区的几何尺度、光度以及速度弥散与星系的光度是相关的。利用这些相关性,就可以从待测星系中的 H II 区特征推断出该星系的光度,从而得到星系的距离。

8. 球状星团

球状星团大致包含 10^4—10^6 颗恒星,形成一个密集的球形体,一般分布在星系的外围区域。单个球状星团的光度有较大的弥散,通常是利用球状星团的光度函数,即观测一批球状星团,得到其光度分布。标准的球状星团的光度函数是根据银河系内的观测而得到的。把观测到的星系中球状星团的光度函数与标准光度函数相比较,就可以得出该星系的距离。

9. 漩涡星系、椭圆星系以及它们的谱线宽度

1977 年突利(R. Tully)和费舍尔(J. Fisher)发现,漩涡星系中氢云发射的 21 cm 谱线,其谱线宽度随星系的光度而增加,因而可以被用于指示光度。这一关系称为突利-费舍尔关系,也简称为 T-F 关系(见 6.1.3 节)。这样的谱线展宽后来也在谱的光学部分被发现。谱线展宽的原因是气体云环绕星系中心做轨道运动产生多普勒频移,因此这一展宽常被称作速度弥散。最亮的星系具有最大的质量,因而也具有最大的轨道速度和最大的谱线展宽。

对于椭圆星系,法博(S. Faber)和杰克森(R. Jackson)于 1976 年发现了恒星吸收线宽度和光度之间的一个类似相关性(见 6.1.3 节),因而可以用于测定这些星系的距离。这一方法的最新形式是把光度和星系的表面亮度结合到一个参数 D_n 中,它与速度弥散相关,最后得到的关系称为 D_n-σ 关系。

图 2.18 哈勃空间望远镜拍摄的球状星团 NGC 6093

10. 最亮的星系

富星系团中最亮的星系通常是巨椭圆星系,它们具有大致确定的光度。例如在室女星

系团、后发星系团以及半人马星系团中,最亮的巨椭圆星系的绝对星等约为 -23^m,这就可以用来作为其他遥远星系团中最亮星系的标准烛光。

11. 哈勃关系

1929 年,哈勃发现,河外星系等遥远天体,其谱线红移 z 与距离 r 成正比:

$$z \equiv \frac{\Delta\lambda}{\lambda} = \frac{\lambda - \lambda_0}{\lambda_0} = \frac{H_0}{c}r$$

$$\Rightarrow r = \frac{c}{H_0}z \tag{2.27}$$

式中,λ_0,λ 分别为谱线原来的波长和红移后的波长,c 为光速,H_0 称为**哈勃常数**,这就是著名的**哈勃关系**。哈勃常数的一般表示形式是

$$H_0 = 100h \text{ km}/(\text{s} \cdot \text{Mpc}) \tag{2.28}$$

式中,h 是一个无量纲的常数,目前最新的观测值是 $h \simeq 0.68$。实际上,哈勃关系只有当红移 $z \ll 1$ 时才成立。对于红移较大的情况,结果就要复杂了,而且与其他一些宇宙学参数有关。我们将在第 7 章中再讨论这一情况。当红移 $z \ll 1$ 时,设星系的绝对星等相同,则由 (2.4)式和(2.27)式有

$$m \propto \lg r \propto \lg z \tag{2.29}$$

这就是星系的视星等-红移关系(见图 7.11),由此即可以根据观测到的星系红移得到它的距离。

表 2.5 归纳了测量天体距离的主要方法及其最远测量距离。图 2.19 表示宇宙距离阶梯。由上面的讨论可见,当我们应用宇宙距离阶梯时,每一级阶梯标准烛光的精度都需要依赖于前一级阶梯的精度。任何一种距离测定方法中的误差,都将影响到更大距离上的定标。例如,巴德在 1952 年曾指出,到那时为止所用的造父变星的周光关系是错误的,没有把经典造父变星和天琴座 RR 型变星区分开。他重新定标后发现,以前用周光关系测定的距离必须要增加一个 2 倍因子。这意味着,当时所有测定了的河外星系的距离都必须乘以 2 倍。这就是为什么哈勃最初测得的仙女座大星云的距离是 75 万光年,后又改为 150 万光年的原因。直到 20 世纪 80 年代末,系统误差的积累还使得在距离阶梯的最上边,所测距离具有大约 25% 的不确定性。令人欣慰的是,哈勃空间望远镜以及喜帕恰斯卫星的发射,使得距离测量的精度大为提高,现在这一积累误差已减小到大约 10% 以内。

表 2.5 测量天体距离的主要方法

测量方法	最远测量距离	测量方法	最远测量距离
雷达测距	太阳系	造父变星	30 Mpc
三角视差	100 pc	行星状星云	50 Mpc
分光视差	30 kpc	球状星团	50 Mpc
威尔逊-巴普法	30 kpc	HⅡ区(光度)	100 Mpc
主星序重叠	300 kpc	T-F 关系	100 Mpc
天琴座 RR 型星	300 kpc	$D_n - \sigma$ 关系	100 Mpc
行星状星云	15 Mpc	最亮椭圆星系	>1 000 Mpc
红超巨星	20 Mpc	Ⅰa 型超新星	~4 000 Mpc
新星	20 Mpc	哈勃关系	目前已测到 $z \sim 7$

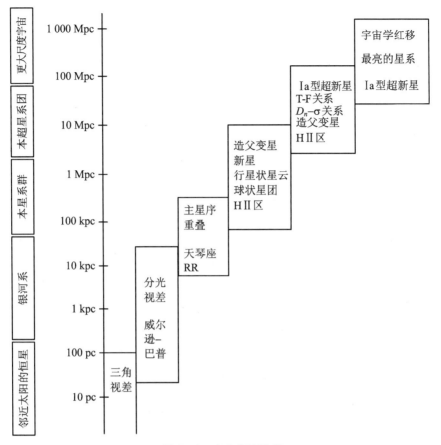

图 2.19 宇宙距离阶梯

2.7 恒星质量的测定

2.7.1 双星系统

单个恒星的质量是无法用动力学方法直接得到的,只有双星系统才有可能根据轨道运动求出质量。从牛顿力学我们知道,如果双星的质量分别是 M_1 和 M_2,两星之间的距离是 r,公转周期是 T,则由开普勒第三定律有

$$\frac{r^3}{T^2} = \frac{G}{4\pi^2}(M_1 + M_2) \tag{2.30}$$

T,r 通过观测得到后,就知道了两星的质量之和;再根据下面要谈到的质光关系,由两颗星的光度比可以得到它们的质量比,这样就最后求出两颗星各自的质量。表 2.6 列出了典型的主序星的质量。

表 2.6 光谱型与典型质量

光谱型	$M(M_\odot)$
O5	40
B5	7.1
A5	2.2
F5	1.4
G5	0.9
K5	0.7
M5	0.2

2.7.2 质光关系

由恒星结构理论(见 3.3 节)得知,一个主序星一旦质量确定,那么它的半径和温度也就确定了,并因此也确定了光度。光度对于质量的倚赖关系称为**质光关系**,从恒星理论得到的质光关系见图 2.20。除物理性质特殊的巨星、白矮星和某些致密天体外,占恒星总数 90% 的主序星都符合这一质光关系。它可以近似地表示为,光度是质量的幂函数:

$$\frac{L}{L_\odot} \propto \left(\frac{M}{M_\odot}\right)^\alpha \tag{2.31}$$

但单一的 α 值并不适用于主星序的整个质量范围。研究表明,α 的近似值为

$$\begin{aligned}
\alpha &= 1.8 \quad 对于\ M < 0.3 M_\odot \quad &(低质量) \\
\alpha &= 4.0 \quad 对于\ 0.3 M_\odot < M < 3 M_\odot \quad &(中等质量) \\
\alpha &= 2.8 \quad 对于\ M > 3 M_\odot \quad &(大质量)
\end{aligned} \tag{2.32}$$

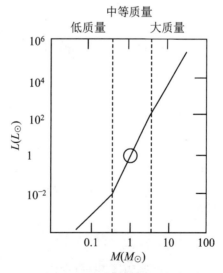

图 2.20 主序星的质光关系

2.7.3 位力定理

对于一个由大量恒星组成的球状星团或椭圆星系,我们可以由该系统动力学平衡时的特征对其整体质量做出估计。这一方法根据的是**位力定理**。图 2.21 所示为 n 个粒子组成一个宏观稳定的动力学体系(例如星团、星系或星系团)。设第 i 个粒子的位置矢量为 r_i,动量为 p_i,则有(为简单起见,我们设所有的粒子质量均为 m)

$$\boldsymbol{p}_i = m\frac{\mathrm{d}\boldsymbol{r}_i}{\mathrm{d}t}, \quad \boldsymbol{F}_i = \frac{\mathrm{d}\boldsymbol{p}_i}{\mathrm{d}t} \tag{2.33}$$

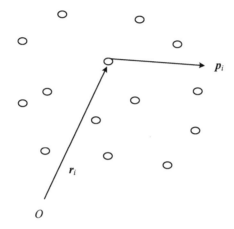

图 2.21 位力定理的证明:n 个粒子组成的束缚系统

式中,$\boldsymbol{F}_i$ 为第 i 个粒子所受到的其他所有粒子的合力。不难看出,下列等式成立:

$$\begin{aligned}\frac{\mathrm{d}}{\mathrm{d}t}\sum_i \boldsymbol{p}_i \cdot \boldsymbol{r}_i &= \sum_i \boldsymbol{p}_i \cdot \frac{\mathrm{d}\boldsymbol{r}_i}{\mathrm{d}t} + \sum_i \frac{\mathrm{d}\boldsymbol{p}_i}{\mathrm{d}t} \cdot \boldsymbol{r}_i \\ &= 2 \times \frac{1}{2}\sum_i \frac{p_i^2}{m} + \sum_i \boldsymbol{F}_i \cdot \boldsymbol{r}_i = 2T + \sum_i \boldsymbol{F}_i \cdot \boldsymbol{r}_i\end{aligned} \tag{2.34}$$

式中,$T \equiv \sum_i p_i^2/2m$ 为整个系统的动能。取上式对时间尺度 τ 的平均,有

$$\frac{1}{\tau}\int_0^\tau \frac{\mathrm{d}}{\mathrm{d}t}\sum_i \boldsymbol{p}_i \cdot \boldsymbol{r}_i \mathrm{d}t = \left\langle 2T + \sum_i \boldsymbol{F}_i \cdot \boldsymbol{r}_i \right\rangle \tag{2.35}$$

对于一个束缚系统,每个成员的 $\boldsymbol{r}_i,\boldsymbol{p}_i$ 的大小都是有限的,故 $\sum_i \boldsymbol{p}_i \cdot \boldsymbol{r}_i$ 对时间求导后再积分也是有限的,因而当 $\tau \to \infty$ 时,(2.35)式的左边趋于 0,这意味着它的右边也必定趋于 0,即对时间平均值有

$$\left\langle 2T + \sum_i \boldsymbol{F}_i \cdot \boldsymbol{r}_i \right\rangle = 0 \tag{2.36}$$

设此系统是一个保守力系统,则由力 $\boldsymbol{F}$ 与势能函数 $V(r)$ 之间的普遍关系可给出

$$\boldsymbol{F}_i = -\boldsymbol{\nabla}V(\boldsymbol{r}_i) \tag{2.37}$$

如果 $V(r) \propto r^n$,就有

$$\sum_i \boldsymbol{\nabla}V(\boldsymbol{r}_i) \cdot \boldsymbol{r}_i = \sum_i \frac{\partial V(\boldsymbol{r}_i)}{\partial \boldsymbol{r}_i} \cdot \boldsymbol{r}_i = n\sum_i V(\boldsymbol{r}_i) = nV \tag{2.38}$$

式中,V 为系统总的势能。因此,(2.36)式变为

$$\langle 2T - nV \rangle = 0 \Rightarrow 2\langle T \rangle - n\langle V \rangle = 0 \tag{2.39}$$

在引力势的情况下 $n = -1$，故最终得到

$$2\langle T \rangle + \langle V \rangle = 0 \tag{2.40}$$

这就是引力束缚系统位力定理的普遍形式。假设在我们所考虑的系统中，每个成员的方均速度都一样，则单个成员的平均动能可以写成 $\langle T_i \rangle = m\langle v^2 \rangle /2$，再设整个系统的几何形状近似于球形，这样位力定理(2.40)式就可以具体写为

$$M\langle v^2 \rangle - \frac{3}{5}\frac{GM^2}{R} = 0 \tag{2.41}$$

式中，M 为体系（星团或星系）的总质量，R 为它的平均几何尺度。显然，这样得出的质量是动力学质量，它的大小为

$$M \sim \frac{5}{3}\frac{R\langle v^2 \rangle}{G} \tag{2.42}$$

位力定理广泛应用于各类自引力束缚系统，甚至包括由大量星系组成的星系团。在实际应用中，$\langle v^2 \rangle$ 可以根据恒星谱线的多普勒频移求出。当然，由多普勒频移求出的只是视线方向的速度，但如果设恒星的速度分布是大体各向同性的，则 $\langle v^2 \rangle$ 可以取为视线方向方均速度的 3 倍。

2.8 恒星的年龄

恒星年龄的确定是进一步估计星系以及宇宙年龄的基础。我们将在第 3 章中看到，恒星的一生主要是在主序星阶段度过的。但不同质量的恒星，在主星序阶段停留的时间长短也不同，质量越大的恒星，其寿命也越短。这一点定性地不难理解，因为恒星的总能量 $E \propto M$（爱因斯坦质能关系），但恒星的光度即能量损失率为 $L \propto M^\alpha$（质光关系），且 $\alpha > 1$，这样恒星的寿命 τ 大致为

$$\tau \sim \frac{E}{L} \propto M^{1-\alpha} = \frac{1}{M^{\alpha-1}} \tag{2.43}$$

故恒星质量越大，演化越快，寿命越短。例如取 $\alpha = 4$，$\tau \propto 1/M^3$，因而当 $M = 10M_\odot$ 时有 $\tau \sim 10^{-3}\tau_\odot \sim 10^7$ 年。

实际上，不是全部的恒星质量都转化为辐射能。主星序阶段主要发生的是，核心区域的氢聚变为氦。一旦核心部分的氢燃烧完，恒星便离开主星序。核心部分可能最后演变为白矮星、中子星或黑洞。我们将在第 3 章中具体介绍这些过程。详细的理论计算给出的恒星寿命大致为

$$\tau = \begin{cases} 10^{10}\left(\dfrac{L_\odot}{L}\right)^{2/3} \text{年} & (L < L_\odot) \\ 10^{10}\left(\dfrac{L_\odot}{L}\right)^{3/4} \text{年} & (L > L_\odot) \end{cases} \tag{2.44}$$

再来讨论一下星团年龄的测定。一个星团中包含成千上万甚至百万颗恒星，可以把它们的光度和光谱型画在一张赫罗图上，称为星团赫罗图。星团中的恒星可以看成同时形成

的,但它们的质量不同,故演化的快慢也不同。此外,这些恒星可以看成具有相同的化学组成(因为由同一星云所形成)。由于质量大的恒星演化得快,故先离开主序,因此在星团赫罗图上就出现主序转向点(如图 2.22 所示)。显然,星团越年轻,主序转向点越靠主序上方。反之,星团越老,主序转向点越下降。这样,星团赫罗图上转向点位置的高低就直接显示出星团年龄的大小。实际研究中,首先是根据恒星演化理论计算出不同年龄、不同化学成分的各种星团的赫罗图,然后,再把观测到的星团赫罗图与理论赫罗图相比较,就可以得出星团的年龄。但应强调,所得的结果是与恒星演化的理论模型有关的。目前,宇宙中最古老的球状星团的年龄一般认为是 $t_{GC} \approx$ 13－17 Gyr(1 Gyr = 10^9 年 = 10 亿年),这就给出宇宙年龄的下限。

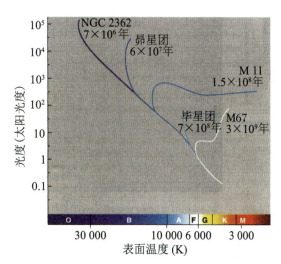

图 2.22 星团赫罗图上的转向点(该星团的年龄标注在曲线上)

小结 至此,我们已经讨论了有关恒星的各种基本物理量的测量方法,其中有些方法(例如用位力定理求质量)不仅适用于恒星,还适用于更大尺度的天体结构(例如星系和星系团)。从以上讨论中我们看到,恒星的基本物理参数可以在一个很大范围内变化,通常跨越许多量级,如表 2.7 所示。但我们注意到,在所有这些物理量中,只有质量的变化范围不是很大,只跨越 3 个量级。如我们将在第 3 章中看到的,恒星的质量决定了恒星演化的进程,也决定了恒星的其他物理特征。同时,只有在表 2.7 所列的质量范围内才能够形成恒星,主要原因是,如质量太小,则核反应无法开始,也就形成不了恒星;而如质量过大,则恒星寿命太短,几乎还没有形成稳定的星体结构,恒星就坍缩了。

表 2.7 恒星主要物理参数的范围

物 理 量	变化范围	跨越数量级
光度($L_\odot$)	10^{-4}—10^6	10
半径($R_\odot$)	10^{-3}—10^3	6
质量($M_\odot$)	10^{-1}—10^2	3
密度(g/cm³)	10^{-9}(红超巨星)—10^{16}(白矮星)	25

第 3 章 恒星的形成与演化

人们很早就已经猜想到,恒星是由星际物质凝聚而形成的。但是对于恒星的能源和演化过程,却长期没有一致的看法。这一问题曾与有关地球年龄的争论紧密联系。300 多年前,社会的主流看法还认为地球的年龄仅为数千年,其中最重要的观点当然是基于神学。例如,基督教的厄谢尔(Ussher)主教于 1654 年提出,将圣经创始者的年龄和有记录的历史年代加到一起,就可以算出地球是在公元前 4004 年形成的。但在 18 世纪,地质学家詹姆斯·赫顿(J. Hutton)就指出,高山和丘陵要经过非常长的时间才能经风和水的侵蚀而形成,几千年的时间根本不够。达尔文于 1859 年出版《物种起源》一书,提出自然选择的生物进化已持续了非常久远的时间,他据此估计地球已经存在了 3 亿年。直到 20 世纪初叶,人们根据放射性同位素方法,才测定出地球上最古老的岩石年龄大约有 46 亿年。这当然表明太阳也具有大致相同的年龄。

再回到太阳的能源问题。在认识到核反应之前,人们曾做过许多猜测,但都遇到很大困难。例如,如果假设太阳上面全是煤炭,则按照太阳的光度(辐射功率)计算,全部太阳质量只要 5 000 年就会燃烧殆尽。如果太阳的能源来自流星的撞击,则每年必需要有大约 1/100 地球质量的流星物质落到太阳上。但这样会使太阳的质量不断增加,从而造成地球(和其他行星)轨道周期的变化,地球上"一年"的长度在几千年内就会发生显著的改变。这与观测是相矛盾的。19 世纪亥姆霍兹(H. Helmholtz)和开尔文(Kelvin,即 W. Thomson)曾分别提出收缩说,他们认为恒星依靠收缩释放引力能而辐射能量。到了 20 世纪初,人们了解到恒星分为巨星和矮星,收缩说于是更具体地认为恒星演化的路径是:星云→红巨星→蓝白主序星→沿主星序演化→白矮星。但只要大致估算一下收缩所能够释放的能量,就不难发现这一学说也是无能为力的。设整个恒星的内能为 U,恒星的光度为 L。由第 2 章讨论过的位力定理,U 和自引力能 $|V| \simeq GM^2/R$ 是同量级的,所以恒星以光度 L 辐射能量所能持续的时间 τ_K(称为开尔文时标)为

$$\tau_K = \frac{U}{L} \simeq \frac{|V|}{L} \simeq 3 \times 10^7 \left(\frac{M}{M_\odot}\right)^2 \left(\frac{R}{R_\odot}\right)^{-1} \left(\frac{L}{L_\odot}\right)^{-1} \text{年} \tag{3.1}$$

这一时间对太阳而言大约是 3×10^7 年。这样,如果太阳仅靠引力能释放(收缩)而提供辐射能量,则只能维持 3 000 万年,这显然与放射性年代学测出的地球年龄不符,甚至要短于恐龙曾经统治地球的时间长度(约 2 亿年)。

20 世纪 20 年代初,佩林(J. Perrin)和爱丁顿(S. Eddington)提出,恒星的能源可能是氢聚变为氦的热核反应,但他们没有给出具体的理论计算,而只是提出了一种猜测。当时的情况是,物理学家们对原子核反应几乎还没有任何了解,而且普遍认为,在恒星内部,原子核是不可能发生反应的。直到 20 世纪 30—50 年代核物理学取得了巨大进展,人们仔细研究了

氢核聚变以及其他重核聚变的系列反应,恒星能源以及演化过程的问题才得以彻底解决。

我们来估计一下核反应的时标。根据爱因斯坦的质能关系,一颗质量为 M、光度为 L 的恒星,如果将其全部静能转化为辐射能,则其演化时标(核反应时标)将是

$$\tau_n \sim \frac{Mc^2}{L} \tag{3.2}$$

这一时标与开尔文时标相比,对太阳而言有

$$\frac{\tau_n}{\tau_K} \sim \frac{M_\odot c^2}{GM_\odot^2/R_\odot} \sim \frac{c^2}{GM_\odot/R_\odot} \sim 10^6 \tag{3.3}$$

这一时标长达几十万亿年,甚至远远大于宇宙的年龄。但实际上,氢核聚变反应只把大约 0.007 的静质量能转化为辐射能,而且如我们下面将会看到的,恒星一生的演化并不需要也不可能将其全部核能都转化为辐射能,只需要恒星的中心部分(最多只占总质量的 10%)实现热核反应就足够了,且主要是氢聚变为氦的反应。这样得到的恒星核反应时标的理论结果见(2.44)式,对太阳而言这一时标大约是 100 亿年。

3.1 恒星的形成阶段

3.1.1 星云坍缩的条件与金斯判据

从弥散的星云形成恒星,首先要经过星云的引力收缩(坍缩)。当星云的温度不是很高(为冷星云),因而压力可以忽略时,这一引力收缩的时标与自由下落时标 τ_{ff} 近似相同。设星云大致为球形,质量为 M,半径为 r,则一个位于星云边缘的气体粒子的加速度近似为

$$\frac{r}{\tau_{ff}^2} \sim \frac{GM}{r^2} \sim \frac{4\pi}{3} G \bar{\rho} r \tag{3.4}$$

式中,$\bar{\rho}$ 为星云气体的平均密度。由此得到自由下落时标为

$$\tau_{ff} \simeq \left(\frac{4\pi}{3} G \bar{\rho}\right)^{-1/2} \simeq 1.6 \times 10^3 \left(\frac{r}{R_\odot}\right)^{3/2} \left(\frac{M}{M_\odot}\right)^{-1/2} \text{s} \tag{3.5}$$

可见这一时标非常短,而且星云的质量越大,引力收缩的时标就越短。对太阳而言,这一时标只有 $\tau_{ff} \sim 27 \text{ min}$。但实际上,气体的压力一般是不能忽略的,气体的压力产生于气体分子的随机热运动,这种随机热运动对于引力收缩来说是一种抗衡。因此,星云坍缩的必要条件是自身引力必须要大于气体的压力。这一条件的具体表述是英国天文学家金斯(J.Jeans)于 1902 年研究星系形成问题时提出的,它表明,并不是所有的气体星云都可以形成恒星(以及星系),只有满足一定物理条件时才能形成。这一理论也称为金斯引力不稳定性理论,它至今仍是研究恒星以及星系等天体形成过程的理论基础。

对于温度、密度都不太高(即非相对论性)的星云(设为流体),且不考虑磁场,设其有关的物理量为质量密度 ρ、压强 P、速度 $\boldsymbol{v}$、自引力势 Φ,则下列方程组成立:

连续性方程: $$\frac{\partial \rho}{\partial t} + \boldsymbol{\nabla} \cdot (\rho \boldsymbol{v}) = 0 \tag{3.6}$$

动力学方程:
$$\frac{\partial \boldsymbol{v}}{\partial t} + (\boldsymbol{v} \cdot \boldsymbol{\nabla})\boldsymbol{v} = -\frac{1}{\rho}\boldsymbol{\nabla} p - \boldsymbol{\nabla}\Phi \tag{3.7}$$

泊松方程:
$$\boldsymbol{\nabla}^2 \Phi = 4\pi G \rho \tag{3.8}$$

前两个方程是我们熟知的流体力学基本方程,最后一个方程表明物质分布与自引力场的关系。再设无扰动(平衡状态)时,各有关物理量保持不变,则有

$$\begin{aligned} &\rho_0 = 常量 \quad (质量分布均匀) \quad p_0 = 常量 \\ &\boldsymbol{v}_0 = 0 \quad (整体静止) \quad \Phi_0 = 常量 \end{aligned} \tag{3.9}$$

在小扰动的情况下,各物理量可以写成上述不变量(零级项)与一个小扰动量(一级项)之和:

$$\rho = \rho_0 + \rho_1, \quad p = p_0 + p_1, \quad \boldsymbol{v} = \boldsymbol{v}_0 + \boldsymbol{v}_1, \quad \Phi = \Phi_0 + \Phi_1 \tag{3.10}$$

代入(3.6)式至(3.8)式并消去零级项,即可以得到

$$\frac{\partial \rho_1}{\partial t} + \rho \boldsymbol{\nabla} \cdot \boldsymbol{v}_1 = 0 \quad (\rho \sim \rho_0) \tag{3.11}$$

$$\frac{\partial \boldsymbol{v}_1}{\partial t} = -\frac{v_s^2}{\rho}\boldsymbol{\nabla}\rho_1 - \boldsymbol{\nabla}\Phi_1, \quad v_s^2 = \left(\frac{\partial P}{\partial \rho}\right)_s \simeq \frac{p_1}{\rho_1} \tag{3.12}$$

$$\boldsymbol{\nabla}^2 \Phi_1 = 4\pi G \rho_1 \tag{3.13}$$

式中,v_s 为声速。把这些方程结合起来,可以得到关于 ρ_1 的微分方程

$$\frac{\partial^2 \rho_1}{\partial t^2} = v_s^2 \boldsymbol{\nabla}^2 \rho_1 + 4\pi G \rho \rho_1 \tag{3.14}$$

显然,如果没有等号右边第二项,(3.14)式就是一个波速为 v_s 的标准波动方程。在现在的情况下,等号右边第二项不为 0,这就发生色散。如果我们仍取 ρ_1 具有波的形式,即

$$\rho_1 \propto \exp[\mathrm{i}(\boldsymbol{k} \cdot \boldsymbol{x} - \omega t)] \tag{3.15}$$

则可得到下述色散关系:

$$\omega^2 = k^2 v_s^2 - 4\pi G \rho \tag{3.16}$$

此式表明,如果波数 k 小于一个临界值,即

$$k < k_J = \left(\frac{4\pi G \rho}{v_s^2}\right)^{1/2} \tag{3.17}$$

ω 就是虚数,因而 ρ_1 就会有指数增长(或衰减)解。此时相应的临界波长为

$$\lambda_J \equiv \frac{2\pi}{k_J} = v_s \sqrt{\frac{\pi}{G\rho}} \tag{3.18}$$

称为**金斯波长**。以 λ_J 为直径的体积内所包含的星云质量称为**金斯质量** M_J:

$$\begin{aligned} M_J &\equiv \frac{\pi}{6}\rho\lambda_J^3 = \frac{\pi}{6} v_s^3 \sqrt{\frac{\pi^3}{G^3\rho}} \\ &\simeq 1.2 \times 10^5 M_\odot \left(\frac{T}{100\ \mathrm{K}}\right)^{3/2} \left(\frac{\rho}{10^{-24}\ \mathrm{g/cm^3}}\right)^{-1/2} \mu^{-3/2} \end{aligned} \tag{3.19}$$

式中,μ 为平均分子量。增长解是我们所期望的,它表明,当气体的质量 $M > M_J$ 时,就会出现引力不稳定性,气体云由此而坍缩。这个结论称为**金斯判据**。与它等效的另一种表述是,当星云的线尺度 $\lambda > \lambda_J$ 时,星云将坍缩。

为加深对金斯判据的理解,还可以从另外几个角度来解释它。其一,用引力和压力之间的关系。设有一个尺度为 λ、质量为 M 的球形区域,处于平均密度为 ρ 的均匀流体背景之中。现此区域有一个 $\delta\rho > 0$ 的密度扰动。如果单位质量流体所受到的引力 F_g 超过作用在

其上的压力 F_P,即

$$F_g \sim \frac{GM}{\lambda^2} \sim \frac{G\rho\lambda^3}{\lambda^2} > F_p \sim \frac{P\lambda^2}{\rho\lambda^3} \sim \frac{v_s^2}{\lambda} \tag{3.20}$$

则该扰动将增长。这一关系即给出 $\lambda > v_s(G\rho)^{-1/2}$,它在数量级上与(3.18)式的结果是一致的。其二,如果单位质量流体的引力自能 U 超过相应的热运动动能 E_T,即

$$U \sim \frac{G\rho\lambda^3}{\lambda} > E_T \sim v_s^2 \tag{3.21}$$

扰动也将增长。第三种解释是,扰动增长发生在自由下落时标 τ_{ff} 小于压力传播的时标 τ_s 时,即

$$\tau_{ff} \sim \frac{1}{(G\rho)^{1/2}} < \tau_s \sim \frac{\lambda}{v_s} \tag{3.22}$$

很容易看出,后面两种解释也都给出与(3.18)式相一致的结果。

我们上面假设的星云状态是一种理想状态,它与实际状态之间的差异可能是很大的。例如,实际星云的中心密度一般比较高,因而中心附近物质的自由下落时标将比边缘附近物质的要小。也就是说,来自边缘的物质要比接近中心的物质滞后到达。这样,中心附近的物质密度会增长很快,使得核反应首先从中心附近开始。但核反应释放的巨大热能和辐射能也许会阻碍边缘物质的下落,甚至把它们驱散。这样的情况已经被实际观测到了。

金斯判据给出的是星云坍缩的必要条件。但要实际形成一颗恒星,还需要满足以下几方面的要求:

(1) 在坍缩过程中,星云气体必须把一部分能量辐射掉,使总能量减少。这一过程的实现主要是通过各种形式的辐射,例如,通过收缩过程中粒子的碰撞,使原子激发而发出辐射,或者热运动时产生热辐射。我们后面将谈到,星云气体中的分子对形成恒星起着重要作用。分子各种能态之间的跃迁会产生长波(红外)辐射,这种辐射比较容易透过稠密的云层而散发掉,从而使得星云冷却并进一步坍缩。

(2) 如果星云整体具有一定的原初角动量,则必须要以某种形式损失角动量,因为角动量会阻止收缩。可能的情况是,在垂直于角动量(自转轴)方向收缩停止,但平行于角动量方向的收缩可以继续,星云因此变扁且密度不断增大。最终星云碎裂,总的角动量被分解为各个碎块的自转角动量和轨道角动量,从而这些碎块得以进一步收缩而各自形成恒星。显然,这要求原初星云的质量足够大,以形成至少两个或更多的恒星。关于碎裂的机制我们将在下一小节中讨论。

(3) 原始星云一般具有微弱磁场(由于部分原子被电离),例如观测到的星际云的普遍磁场强度至少有 10^{-7} Gs。虽然这一磁场十分微弱,但随着星云的收缩,磁场也被压缩(由于磁力线被"冻结",磁通量不变,磁场强度与半径的平方成反比),磁场强度将变得很大。例如,如果太阳质量的星云尺度由 10^{19} cm 变化至 10^{11} cm(相当于目前太阳的尺度),则收缩过程会使磁场强度增大 10^{16} 倍,由原来的 10^{-7} Gs 变化至 10^9 Gs。但观测表明,恒星(如太阳)表面磁场强度一般只有 1 Gs 量级,这就需要某种使磁能损失的机制。现在的看法是,当星云演化时,离子和中性原子之间并不是充分混合的,离子相对于中性原子有流动。流动的结果会使一些磁通量逃逸,因而磁场强度就不会像磁力线"冻结"时那么高。这个过程称为**双极扩散**。

3.1.2 星云的快速收缩过程

星云是由星际物质(密度为 10^{-24}—10^{-23} g/cm^3)凝聚成团而形成的,主要成分是氢

(氢：氦：其他元素≈0.71∶0.27∶0.02)，并可以分为电离氢云和中性氢云。电离氢云的温度在 10^4 K 左右，而中性氢云在 100 K 以下。由于温度低有利于凝聚，所以凝聚成恒星的星云都是中性氢云，其质量从几十个 $M_\odot$ 到 $10^5 M_\odot$，密度比一般星际物质高出一个数量级，为 $10^{-23}—10^{-22}$ g/cm³。根据(3.19)式，此时的金斯质量为 $M_J \simeq 10^3 M_\odot - 10^4 M_\odot$。但我们知道，恒星的质量一般在 $0.1 M_\odot - 100 M_\odot$ 范围之内，所以由大质量的星云形成恒星，除了凝聚之外，还需要有一个碎裂的过程，如图 3.1 所示。

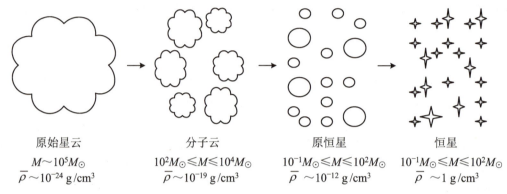

原始星云　　　　　　分子云　　　　　　原恒星　　　　　　恒星
$M \sim 10^5 M_\odot$ 　　$10^2 M_\odot \leq M \leq 10^4 M_\odot$ 　$10^{-1} M_\odot \leq M \leq 10^2 M_\odot$ 　$10^{-1} M_\odot \leq M \leq 10^2 M_\odot$
$\bar{\rho} \sim 10^{-24}$ g/cm³　$\bar{\rho} \sim 10^{-19}$ g/cm³　$\bar{\rho} \sim 10^{-12}$ g/cm³　$\bar{\rho} \sim 1$ g/cm³

图 3.1　原始星云的碎裂、凝聚过程

上述碎裂过程的实现，最重要的原因是 M_J 在星云整个坍缩过程中不是常量，而是逐渐变化的。我们可以想象，在星云坍缩的初始阶段，由于密度还不是很大，星云对辐射基本上是透明的，收缩而释放的引力能比较容易辐射掉。这样的坍缩可以看成是等温的，故由(3.19)式有 $M_J \propto \rho^{-1/2}$，也就是当密度变大时 M_J 逐渐变小，这就使得原来很大的星云逐渐碎裂为越来越小的云团。但另一方面，我们不希望这样的碎裂过程无限地持续下去，最好到恒星质量大小为止，否则太小的云团不能引发核反应，就不能演化为恒星。幸而，星云等温收缩到一定程度时，不透明度加大，于是等温收缩变为绝热收缩。在绝热收缩的条件下，对非相对论理想气体有 $p^{(1-\gamma)} T^\gamma =$ 常量，其中 $\gamma = 5/3$，因而 $p \propto T^{5/2}$。再由物态方程 $p \propto \rho T \Rightarrow T \propto \rho^{2/3}$，最后得到金斯质量

$$M_J \propto T^{3/2} \rho^{-1/2} \propto \rho^{1/2} \quad (3.23)$$

即在绝热坍缩过程中，M_J 会随着密度增加而变大。因此，最小的 M_J 发生在从等温收缩向绝热收缩转变的时刻，此时 $M_J \sim 0.1 M_\odot$，相应于恒星质量的下限，与表 2.7 所给出的恒星质量的观测结果是一致的。

对质量大的星云，当中心部分停止收缩后，辐射压向外的作用变得非常重要。这种作用力不仅阻止星云外围物质进一步落向中心，而且还可能把它们驱散。这一效应可解释恒星质量的上限。图 3.2 为哈勃望空间远镜拍摄到的一个正在形成恒星的星云照片。

图 3.2　哈勃望空间望远镜拍摄到的一个正在形成恒星的星云

3.1.3 星云的慢收缩过程——原恒星阶段

星云的快速收缩过程结束,就开始慢收缩。这时的星云称为**原恒星**,它发出的辐射能量来自收缩所释放的引力能。在慢收缩过程中,引力几乎和气体压力相等,形成所谓准流体静力学平衡状态。由于此时的原恒星已变得不透明,辐射只能从表面附近逸出,内部的温度会迅速升高,中心和表面之间可能存在很大的温度梯度。1961 年,日本天体物理学家林忠四郎(Hayashi)首先认识到,这一阶段对流层的发展将变得很重要(见图 3.3)。在对流层中,能量的传输可以主要依靠对流来进行,对流使得内部的热量很快地放出,因而温度梯度变小,内部温度降低。这一演化阶段称为**林忠四郎阶段**(Hayashi phase,简称**林氏阶段**)。研究表明,小质量的原恒星,内部对流的发展比较充分,使得内部温度与表面温度基本一致,因而收缩时表面温度基本不变,在赫罗图上的演化轨迹是沿着几乎垂直的**林氏线**(Hayashi track)下降(见图 3.4 和图 3.5)。但原恒星的质量越大,对流层就越浅(见图 3.3),因而图 3.5 中相应的林氏线也就越不明显。对于 $M=1M_\odot$ 的原恒星,林氏阶段大约持续 1.6×10^7 年。而对于大质量的原恒星,林氏阶段的时间非常短,很快就过渡到主星序。对流还会产生另一个结果,即使得原恒星内部的化学成分变得比较均匀。

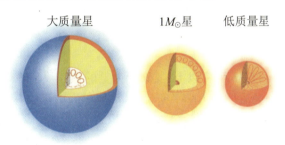

图 3.3 原恒星内部的对流层(恒星的质量越大,对流层就越浅)

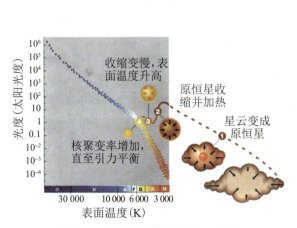

图 3.4 一个太阳质量的星云坍缩为原恒星,再向主星序演化的过程

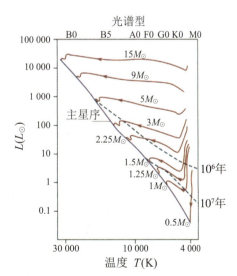

图 3.5 不同质量的原恒星向主星序的演化

当进一步的引力收缩使中心部分又出现辐射平衡,并且辐射平衡的部分逐渐扩大时,对流层急剧变浅,表面温度升高。这时原恒星在赫罗图上的演化路径向左转,最终到达主星序(见图 3.4 和图 3.5)。此时中心处氢聚变为氦的核反应开始,原恒星正式变成为恒星。向左演化的这一阶段对应于观测到的一种变星——金牛座 T 型星,它们的特点是:这种变星和弥漫星云密切成协,并成集团出现;都具有非周期的不规则光变,或者快速的光变叠加在长期的缓慢光变上;表面对流强,并且有强烈的物质抛射。

当中心部分的温度达到 10^6 K 时,氘核(^{2}H)反应首先开始:

$$^2H + ^1H \longrightarrow ^3He + \gamma$$

$$^2H + ^2H \longrightarrow ^3He + n$$

$$^2H + ^2H \longrightarrow ^3H + p \tag{3.24}$$

因为原初氘的含量大约只有氢的 10^{-4}(氘来源于宇宙早期的核合成),故上述反应进行得非常迅速,这一点氘很快就会烧光。虽然氘核反应不是恒星的主要能源,但是在反应中产生了 ^{3}He,这对于接下来的主序星阶段的核反应是有促进作用的。

3.2 主序星阶段

当恒星中心温度达到 800 万 K 以上,氢聚变为氦的热核反应就开始了。反应产生大量的热量,使恒星达到完全的流体静力学平衡状态,从而成为正常的恒星,称为主序星。

氢核(质子)是带正电的粒子,要使聚变得以发生,它们的动能必须足够大,才能克服库仑势垒(见图 3.6)的障碍。让我们做一个简单的估算。两个氢核之间的库仑势垒是

$$V \sim e^2/r_0 \simeq 2 \times 10^{-6} \text{erg} \simeq 1 \text{ MeV} \tag{3.25}$$

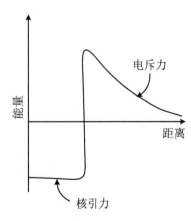

图 3.6 两个氢核之间的相互作用势垒

式中,$r_0 \approx 10^{-13}$ cm。设恒星中心的温度为 T,则粒子的平均动能约为 kT。不难算出,克服库仑势垒所需要的温度为 $T \approx 1 \text{ MeV}/k \approx 2 \times 10^{10}$ K,这是一个极高的温度。如果原子核不止带一个正电荷,这一温度还要更高。但实际上,任何温度下的粒子速度分布都是麦克斯韦-玻尔兹曼分布,因而总是有一些粒子的速度(因而动能)非常大(即所谓的"高能尾巴")。同时,根据量子隧道效应,即使粒子的动能小于库仑势垒的高度,粒子也有一定的穿透库仑势垒的概率。这两个方面的因素加起来,最终使得发生氢核聚变的温度降低到 7×10^6 K 左右。在恒星上要实现并维持这一温度,以使核反应持续进行,依靠的是恒星自身的引力。只要引力足够强,就可以把核反应物质约束在一起。但在地球上,这一温度就显得太高了,没有任何容器可以承受近千万开氏度的高温。因此,要实现地球上人工控制的持续核聚变,只有利用超强磁场把等离子体约束起来,这种装置称为"托卡马克"。最近我国科学家已在

这方面取得了世界领先的成就,但距离实际应用还有很长的路要走。

根据原子核反应理论,两体核反应的产能率,即原子核 1 和原子核 2 聚变时的产能率 ε_n(每单位质量的物质单位时间所产生的有效能量)为

$$\varepsilon_n = \frac{n_1 n_2 \langle \sigma v \rangle Q}{\rho} \tag{3.26}$$

式中,n_1, n_2 是两种原子核的数密度,ρ 是总的质量密度,σ 是反应截面,v 是两原子核的相对运动速度(尖括号表示求平均值),反应的 Q 值可以查表得到。显然,核元素的丰度越高,密度越大,温度越高,核反应的产能率就越大。这些条件都直接与恒星的质量相联系。计算表明,氢燃烧的温度 $T \sim 7 \times 10^6$ K,这要求恒星的最小质量为 $0.08 M_\odot$。氦燃烧的温度 $T \sim 1.5 \times 10^8$ K,相应的恒星的最小质量是 $0.5 M_\odot$。图 3.7 画出了各种热核反应的产能率。从图中可以看

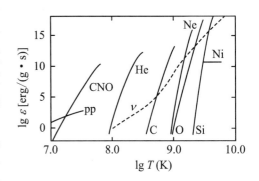

图 3.7 热核反应的产能率

到,当中心温度达到大约 10^7 K 时(相应的密度大约是 100 g/cm^3),首先开始的是 pp 链式反应(质子-质子链式反应,或简称 pp 链)以及 CNO 循环反应。

1. pp 链

质量 $M \leqslant 2 M_\odot$,中心温度 $7 \times 10^6 \text{ K} \leqslant T_c \leqslant 2 \times 10^7$ K 的主序星,核心处发生的反应主要是 pp 链所代表的氢核聚变,它有 3 个分支:

pp-1:

$$\begin{cases} {}^1\text{H} + {}^1\text{H} \longrightarrow {}^2\text{H} + e^+ + \nu + \gamma \\ {}^2\text{H} + {}^1\text{H} \longrightarrow {}^3\text{He} + \gamma \\ {}^3\text{He} + {}^3\text{He} \longrightarrow {}^4\text{He} + 2\,{}^1\text{H} \end{cases} \tag{3.27}$$

式中,ν 表示中微子,γ 表示光子。上述反应总的结果是

$$4\,{}^1\text{H} \longrightarrow {}^4\text{He} + 26.20 \text{ MeV} \tag{3.28}$$

中间生成物有 ${}^2\text{H}, {}^3\text{He}, e^+, \nu, \gamma$,其中中微子 ν 携带走 0.53 MeV 的能量。这一数值是这样计算出来的:每个氢核(质子)的静质量是 $1.007\,825$ amu(amu 代表原子质量单位,1 amu $= 931.5$ MeV),一个氦核的静质量是 $4.002\,603$ amu,因此氢核聚变的静质量损失是

$$\Delta m = (4 \times 1.007\,825 - 4.002\,603) \text{amu} = 0.028\,70 \text{ amu} = 26.73 \text{ MeV} \tag{3.29}$$

这一能量减去光子辐射的能量 26.20 MeV,就得出中微子携带走的能量为 0.53 MeV。其他两个 pp 链分支是

pp-2: $\quad 4\,{}^1\text{H} \longrightarrow {}^4\text{He} + 25.67$ MeV (中间生成物 Li,Be) $\tag{3.30}$

pp-3: $\quad 4\,{}^1\text{H} \longrightarrow {}^4\text{He} + 19.23$ MeV (中间生成物 Be,B) $\tag{3.31}$

显然,由于中间过程的不同,中微子携带走的能量也不同,这就使得最后辐射的能量也有所差异。计算表明,当温度逐渐升高时,氢核聚变也逐渐由以 pp-1 为主过渡到以 pp-3 为主。

2. CNO 循环

$M \geqslant 2M_\odot$，$T_c \geqslant 2\times 10^7$ K 的主序星，主要发生的核反应是 CNO 循环，它包括两个分支：

$$^{12}C + {}^1H \longrightarrow {}^{13}N + \gamma$$
$$^{13}N \longrightarrow {}^{13}C + e^+ + \nu$$
$$^{13}C + {}^1H \longrightarrow {}^{14}N + \gamma$$
$$^{14}N + {}^1H \longrightarrow {}^{15}O + \gamma$$
$$^{15}O \longrightarrow {}^{15}N + e^+ + \nu$$

CNO-1:
$$^{15}N + {}^1H \longrightarrow {}^{12}C + {}^4He$$

CNO-2:
$$^{15}N + {}^1H \longrightarrow {}^{16}O + \gamma$$
$$^{16}O + {}^1H \longrightarrow {}^{17}F + \gamma$$
$$^{17}F \longrightarrow {}^{17}O + e^+ + \nu$$
$$^{17}O + {}^1H \longrightarrow {}^{14}N + {}^4He$$

(3.32)

总的结果分别为

CNO-1：$\quad 4\,{}^1H \longrightarrow {}^4He + 25.01\text{ MeV}$ (3.33)

CNO-2：$\quad 4\,{}^1H \longrightarrow {}^4He + 24.80\text{ MeV}$ (3.34)

我们注意到，在上面的反应中，碳、氮、氧只是反应的催化剂或中间生成物，它们的总量在经历一个反应循环后是保持不变的。

太阳的中心温度约为 1.5×10^7 K，在这一温度下，约有 80% 以上的能量由 pp 链产生，其余由 CNO 循环产生。如果恒星的质量是太阳的两倍，则 CNO 循环将是核聚变的主导过程。氢核聚变所产生的热量使得恒星内部的压力足以抵抗引力，因此恒星不再收缩，成为一颗稳定的主序星。只要核心部分的氢在继续燃烧，恒星就会一直停留在主星序阶段，没有明显的演化。一颗质量为 M 的恒星，停留在主星序上的时间可以近似表示为

$$\tau_n \approx \frac{XqME_n}{L} \quad (3.35)$$

式中，X 为氢元素丰度（定义见下一小节），q 为氢核燃烧区域的质量与恒星总质量之比，E_n 为单位质量的恒星物质核聚变所产生的能量，L 为恒星的光度。由第 2 章介绍过的质光关系，我们知道一般有 $L \propto M^\alpha$，$\alpha \approx 2-4$，所以恒星的质量越大，τ_n 越短。理论计算的结果给出不同质量的恒星在主星序上的停留时间见表 3.1。

表 3.1 恒星质量及其在主星序上停留时间

质量($M_\odot$)	停留时间（年）
100	2.7×10^6
10	2.6×10^7
1	1.0×10^{10}
0.5	1.7×10^{11}

3.3 恒星结构的基本方程

与其他天体（例如星云、星系）相比，恒星的形状是最简单的，如果忽略自转，就可以把它们看作球对称的结构。对于这样一个流体（气体）球来说（见图 3.8a），在自身引力和内部压力的作用下，有如下一组基本方程：

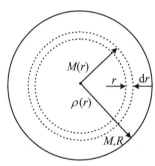
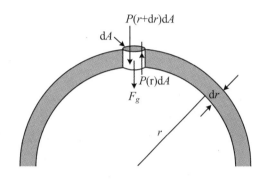

图 3.8a　球对称的恒星结构　　　　图 3.8b　流体静力学平衡计算简图

1. 质量方程

$$dm(r) = 4\pi r^2 \rho(r) dr \quad \text{（微分形式）} \tag{3.36}$$

或者

$$m(r) = 4\pi \int_0^r \rho(r') r'^2 dr' \quad \text{（积分形式）} \tag{3.37}$$

这两个方程的意义是明显的，不需多做解释。

2. 流体静力学平衡方程

考虑一个半径为 r 的球壳（见图 3.8b）。设 r 处的流体压强为 $P(r)$，则作用在一个高为 dr，底面积为 dA 的圆柱体上的引力是

$$F_g = -\frac{Gm(r)}{r^2} \rho(r) dr dA \tag{3.38}$$

在静力学平衡的情况下，与这一引力相平衡的是作用在圆柱体上、下表面的压力之差，即

$$F_P = [P(r+dr) - P(r)] dA = \frac{dP(r)}{dr} dr dA \tag{3.39}$$

由(3.38)式和(3.39)式两式相等，即得

$$\frac{dP(r)}{dr} = -\frac{Gm(r)}{r^2} \rho(r) \tag{3.40}$$

这一方程就称为恒星的流体静力学平衡方程。利用这一方程，我们可以来粗略估计一下太阳中心的压强。把整个太阳看成一个壳层是最简单的，此时壳层内表面收缩为一个点，即太阳中心，而外表面即太阳表面。在这一情况下有 $dr \sim R_\odot$，$dP \sim P_c$，P_c 即中心压强（取表面压强为 0；考虑到通常恒星的中心压强要比表面压强高出几个数量级，因此这一假设是合理的）。再假设太阳内部的密度是均匀的，因而由(3.40)式可得

$$P_c \sim \frac{GM_\odot}{R_\odot} \frac{M_\odot}{R_\odot^3} = \frac{GM_\odot^2}{R_\odot^4} \tag{3.41}$$

代入太阳的有关数据 $M_\odot \simeq 2 \times 10^{33}$ g, $R_\odot \simeq 7 \times 10^{10}$ cm,(3.41)式给出 $P_c \sim 1 \times 10^{16}$ dyn/cm²。严格计算得到的结果是这一数值的大约 20 倍。

3. 光度方程(能量方程)

如果某一壳层中有总能量产出,则意味着离开这一壳层的能量将大于进入该壳层的能量,超过的部分就是能量产出,它是恒星物质核聚变产能的结果(但要减去中微子造成的能量损失)。令 $\varepsilon(r)$ 为半径为 r 的壳层内单位质量的恒星物质产出的能量。由于能量产出,这一壳层增加的光度为

$$dL(r) = 4\pi r^2 \rho(r)\varepsilon(r)dr \tag{3.42}$$

或者等效地表示成

$$\frac{dL(r)}{dr} = 4\pi r^2 \rho(r)\varepsilon(r) \tag{3.43}$$

这一方程反映了光度随半径的变化率。

4. 能流方程(能量输运方程)

能量从恒星的内部传送到外部,主要有辐射、对流和热传导这三种输运方式。一般来说,由于恒星通常是由气体构成的,故热传导的作用并不重要,我们只需要考虑辐射和对流两种方式。但严格的理论分析表明,为了保证星体结构的稳定性,无论是哪种能量输运方式,都必须保证恒星内部的温度分布 $T(r)$ 不随时间而改变。

(1) 辐射传能为主 当恒星内部的透明度较大时,辐射传能就成为主要的了。例如,在一个半径为 r 的球壳表面上(见图 3.8a),总的辐射流量(光度)是

$$L(r) = 4\pi r^2 F(r) \tag{3.44}$$

式中,辐射流密度(单位时间、通过单位面积的能量)F 由斯特藩-玻尔兹曼定律给出:

$$F(r) = \sigma T^4(r) \tag{3.45}$$

式中,σ 为斯特藩-玻尔兹曼常量。取(3.45)式的微分,得到

$$dF(r) = 4\sigma T^3(r)dT(r) \tag{3.46}$$

另一方面,$dF(r)$ 是由于恒星物质对辐射的吸收而产生的,且按吸收定律有

$$\frac{dF(r)}{F(r)} = -\kappa(r)\rho(r)dr \tag{3.47}$$

这里 $\kappa(r)$ 为吸收系数,负号表示由于吸收,$F(r)$ 随 r 的增加而减小。由(3.44)式至(3.47)式,最后得到温度梯度为

$$\frac{dT}{dr} = -\frac{\kappa(r)\rho(r)L(r)}{16\pi r^2 \sigma T^3(r)} \tag{3.48}$$

(2) 对流传能为主 当恒星内部的不透明度很大时,对流就成为主要的能量输运方式了。在一般情况下,对流进行得很快,可以看成是绝热过程。按照热力学,这一过程满足方程

$$\frac{1}{T}\frac{dT}{dr} = \frac{\gamma-1}{\gamma}\frac{1}{P}\frac{dP}{dr} \tag{3.49}$$

式中,γ 为绝热指数,压强 P 由(3.40)式给出。方程(3.48)式和(3.49)式表明的是恒星内部温度梯度的分布,如前所述,在稳定的恒星结构情况下,它们应当是不随时间而变的。

5. 物态方程

描述恒星结构的最后一个基本方程是物态方程,它把恒星内部的压强(压力)与温度、密

度以及恒星的化学成分联系了起来。物态方程的一般形式是

$$P = P(\rho, T, X, Y, Z) \tag{3.50}$$

式中,元素丰度 X, Y, Z 分别定义为氢、氦以及重元素各自的密度与恒星总密度之比:

$$X \equiv \frac{\rho_H}{\rho}, \quad Y \equiv \frac{\rho_{He}}{\rho}, \quad Z \equiv \frac{\rho_{重元素}}{\rho} \tag{3.51}$$

这里我们把氢、氦以外的元素统称为重元素或金属元素[这只是一种习惯上的称呼法,实际上,像锂(Li)、铍(Be)、硼(B)这几种元素应当属于轻元素,但它们在自然界中的含量极少,故对上述定义没有影响。另一方面,像碳、氮、氧等元素虽然属于上述定义的重元素,但并不是通常意义下的金属元素]。显然,元素丰度 X, Y, Z 之间满足关系式:

$$X + Y + Z = 1 \tag{3.52}$$

对大多数恒星来说,$X \approx 0.6 - 0.8$,$Y \approx 0.4 - 0.2$,重元素的含量非常少。这在本质上是与宇宙的演化历史有关的,我们将在"宇宙学简介"一章中再讨论这一问题。

物态方程给出的压力与其他物理量之间的关系一般是相当复杂的。当恒星内部的密度达到一定界限时,除了通常的气体压力(为离子、电子等粒子所产生)和辐射压以外,还会出现一种量子效应造成的压力,即所谓的**简并压力**。我们知道,像电子、质子和中子这样的粒子称为费米子,它们的自旋量子数是 1/2 的奇数倍。对于费米子而言,有一个重要的量子力学原理即**泡利(Pauli)不相容原理**。这一原理是说,对一个由费米子组成的系统,不能有两个或两个以上的粒子处在同一个量子态。例如,当一个自旋 1/2 的电子处于动量为 p 的能级上时,只能允许另一个自旋 -1/2 的电子处在这一能级上,其余的电子就要被排斥。这种费米子之间的排斥力就称为简并压力。这可以理解为,在简并气体里,由于较低的能级很快被占满了,故大多数粒子的能量远大于它们在普通气体里的能量。这一高的能量也相当于高的动量,因此由粒子动量交换所产生的压力也远远超过通常气体的压力,这就是简并压。我们下面会看到,对于热且密度低的恒星,粒子是非简并的,故压力主要是气体压力(为离子、电子所产生)和辐射压。而对于冷且密度高的恒星,费米子发生简并,如白矮星是电子简并,中子星是中子简并,此时压力 = 气体压 + 辐射压 + 简并压,并有可能主要是简并压。

我们还可以从下面的简单分析来理解简并压的产生。简并是量子效应,而量子效应的一个主要特征是,粒子的波动性变得非常显著。从量子论中我们知道,表征粒子波动性的一个重要参量是粒子的德布罗意波长,即

$$\lambda_D = \frac{h}{p} \tag{3.53}$$

式中,p 是粒子的动量,h 是普朗克常量。设想一个电子被限制在一个边长为 L 的容器内,则它必然在这一容器内形成驻波,因而电子的最大德布罗意波长只能是 $2L$。如果压缩容器的大小即 L 减小,电子的波长也要跟着减小,这样由(3.53)式可知,相应的电子动量将增大。从经典统计力学的角度看来,这将使电子碰撞器壁的力变大。而另一方面器壁的面积也变小了,故总的效果是,电子对器壁的压强变大很多。由这个简单的分析可以看出,如果电子被限制在越来越小的空间里,简并压就会变得越来越显著。因此,可以把简并出现的条件简单地表述为,系统中粒子的平均德布罗意波长大于等于粒子之间的平均距离,即

$$\bar{\lambda}_D \geqslant \left(\frac{1}{n}\right)^{1/3} \quad \Rightarrow \quad \bar{\lambda}_D \cdot n^{1/3} \geqslant 1 \tag{3.54}$$

式中,n 为粒子的平均数密度,不难看出,它的倒数相当于一个粒子所占的平均体积,再开立方就等于粒子之间的平均距离。

粒子数密度 n 以及简并压力的计算要用到量子统计理论。这里我们不去详细讨论这一理论，而只简单介绍一下它的结果。首先我们来看一下恒星物质中的粒子有哪些。恒星内部的温度很高，例如太阳中心的温度高达 10^7 K，在这样的温度下所有原子都会离解，成为等离子体。因此，在等离子体状态下，恒星物质中的主要粒子成分有自由电子、离子（原子核）和光子。

按照量子统计理论，一个由多种粒子组成的系统，在热平衡条件下，第 i 种粒子的数密度为

$$n_i = \int_0^\infty f_i(p) \mathrm{d}p = \frac{4\pi g_i}{h^3} \int_0^\infty \frac{p^2 \mathrm{d}p}{\exp[-\psi_i + \varepsilon_i/(kT)] + \eta} \tag{3.55}$$

式中，$f_i(p)$ 称为第 i 种粒子的分布函数，它是动量 p 的函数，且由第二个等式我们看到

$$f_i(p) = \frac{4\pi g_i}{h^3} \frac{p^2}{\exp[-\psi_i + \varepsilon_i/(kT)] + \eta} \tag{3.56}$$

这里假设了动量分布是球对称的，因此三维动量空间的积分化为一维积分时，被积函数要乘以 $4\pi p^2$。上面两式中，g_i 代表自旋态数（电子、质子、中子以及光子的自旋态数都是 2），ε_i 为粒子的动能，ψ 称为化学势，η 是一个参数，对费米子有 $\eta = +1$，对玻色子（例如光子）有 $\eta = -1$。

以电子为例，电子有 $g_\mathrm{e} = 2$，故由 (3.55) 式有

$$n_\mathrm{e} = \int_0^\infty f_\mathrm{e}(p) \mathrm{d}p = \frac{8\pi}{h^3} \int_0^\infty \frac{p^2 \mathrm{d}p}{\exp[-\psi_\mathrm{e} + \varepsilon_\mathrm{e}/(kT)] + 1} \tag{3.57}$$

其中电子动能为

$$\varepsilon_\mathrm{e} = (m_\mathrm{e}^2 c^4 + p^2 c^2)^{1/2} - m_\mathrm{e} c^2 \tag{3.58}$$

这是狭义相对论中熟知的结果。(3.57) 式被积函数的分母中含有待定函数 ψ_e，因此很难积分出来。但在某些极限情况下，例如当 $\exp[-\psi_\mathrm{e} + \varepsilon_\mathrm{e}/(kT)] \gg 1$ 时，(3.57) 式就过渡到非简并的麦克斯韦分布；而当 $\exp[-\psi_\mathrm{e} + \varepsilon_\mathrm{e}/(kT)] \ll 1$ 时，就过渡到简并的费米分布。下面对这两种极限情况分别进行简要介绍。

(1) 非简并情况 我们先来看一下非简并时的结果。此时由于 $\exp[-\psi_\mathrm{e} + \varepsilon_\mathrm{e}/(kT)] \gg 1$，(3.57) 式分母中的 $+1$ 可以忽略；再把非简并分为非相对论性 ($kT < m_\mathrm{e} c^2$) 和相对论性 ($kT > m_\mathrm{e} c^2$) 两种情况讨论。这两种情况亦分别相当于近似条件 $pc < m_\mathrm{e} c^2$ 和 $pc > m_\mathrm{e} c^2$，因此电子的动能由 (3.58) 式可以近似表示为

$$\varepsilon_\mathrm{e} \simeq \begin{cases} p^2/(2m_\mathrm{e}) & \text{（非相对论性）} \\ pc & \text{（相对论性）} \end{cases} \tag{3.59}$$

把 (3.59) 式代入 (3.57) 式，就可以得到这两种情况下，(3.57) 式对 p 的积分结果分别是

$$n_\mathrm{e} = \begin{cases} 2(2\pi m_\mathrm{e} kT/h^2)^{3/2} \mathrm{e}^{\psi_\mathrm{e}} & \text{（非相对论性）} \\ 2\pi [2kT/(hc)]^3 \mathrm{e}^{\psi_\mathrm{e}} & \text{（相对论性）} \end{cases} \tag{3.60}$$

统计力学中，（电子）气体的压力由下式给出：

$$P_\mathrm{e} = \frac{1}{3} \int_0^\infty p v f_\mathrm{e}(p) \mathrm{d}p = \frac{1}{3} \int_0^\infty p \frac{\partial \varepsilon_\mathrm{e}}{\partial p} f_\mathrm{e}(p) \mathrm{d}p \tag{3.61}$$

利用 (3.59) 式的近似不难验证，非简并情况下的压力为

$$P_\mathrm{e} = \begin{cases} 2(2\pi m_\mathrm{e} kT/h^2)^{3/2} \mathrm{e}^{\psi_\mathrm{e}} kT & \text{（非相对论性）} \\ 2\pi [2kT/(hc)]^3 \mathrm{e}^{\psi_\mathrm{e}} kT & \text{（相对论性）} \end{cases} \tag{3.62}$$

与(3.60)式相比较,我们马上看到,无论是非相对论性还是相对论性情况,气体的压力与数密度之间的关系仍然遵从通常的玻意耳定律

$$P = nkT \tag{3.63}$$

也就是说,非简并情况下我们仍然可以用经典统计力学的结果,而不需要考虑量子效应。

(2) 简并情况 此时由于 $\exp[-\psi_e + \varepsilon_e/(kT)] \ll 1$,(3.57)式就变成平凡的积分。但要注意,此时的积分上限并不是无穷大。这是因为,电子从占据最低能量(动量)的量子态开始,根据泡利不相容原理,每一能级只能允许有两个不同自旋的电子,其余的电子必须依次占据越来越高的能级。因为粒子的总数是有限的,故最高的能量(动量)值也是有限的。通常把最高的动量值称为**费米动量** p_F,因此(3.57)式的积分上限应当是 p_F。设电子总数为 N_e,占据的空间体积为 V,则(3.57)式积分的结果是

$$n_e = \frac{N_e}{V} = \frac{8\pi}{3h^3}p_F^3 = \frac{2}{h^3}\frac{4\pi}{3}p_F^3 \tag{3.64}$$

这一结果有一个非常直观的解释:电子在动量空间填满一个半径为 p_F 的**费米球**,它的体积是 $4\pi p_F^3/3$,体积前面系数中的 2 代表两种自旋态($g_e = 2$)。

电子简并压可以根据(3.61)式求出:

$$P_e = \frac{1}{3}\int_0^{p_F} pv f_e(p)\mathrm{d}p = \frac{8\pi}{3h^3}\int_0^{p_F} p^3 v\,\mathrm{d}p$$

非相对论性情况下有 $v = p/m_e$,故压力为

$$P_e = \frac{8\pi}{15}\frac{p_F^5}{m_e h^3} \tag{3.65}$$

相对论性情况下近似有 $v \sim c$,此时压力为

$$P_e = \frac{2\pi c}{3h^3}p_F^4 \tag{3.66}$$

(3.65)式或(3.66)式与(3.64)式联立消去 p_F,就得到 P_e 与 n_e 的关系。显然这一关系比较复杂,不再是简单的玻意耳定律。

我们再来分析一下(3.54)式给出的简并条件。利用分布函数(3.56)式,电子的平均德布罗意波长是

$$\bar{\lambda}_D = \langle \lambda_D \rangle = \frac{\int_0^\infty (h/p)f_e(p)\mathrm{d}p}{\int_0^\infty f_e(p)\mathrm{d}p}$$

$$= \begin{cases} 2[h^2/(2\pi m_e kT)]^{1/2} & (\text{非相对论性 } kT < m_e c^2) \\ hc/(2kT) & (\text{相对论性 } kT > m_e c^2) \end{cases} \tag{3.67}$$

由此可见,$\bar{\lambda}_D \cdot n^{1/3} \geqslant 1$ 的简并条件意味着,当温度一定($\bar{\lambda}_D$ 一定)时,密度越大,粒子越容易简并;而密度一定时,温度越低,$\bar{\lambda}_D$ 就越大,粒子也越容易简并。此外我们还看到,在同样的密度和温度下,质量越小的粒子越容易简并。

以上对于电子的讨论结果完全可以照搬到其他费米子,例如中子和质子,只需要把粒子的质量换一下就行了。知道了每一种粒子的数密度以后,就可以求得总的粒子数密度

$$n = \sum_i n_i \tag{3.68}$$

以及总压力

$$P = \sum_i P_i \tag{3.69}$$

因此,系统的总压力决定于 n 和 T。

通常我们希望物态方程具有(3.50)式那样的形式,即其中出现的是质量密度 ρ 而不是粒子数密度 n。这一点不难做到,因为 ρ 和 n 之间的关系并不复杂。如果粒子只有一种,其质量为 m,则马上有 $\rho = nm$。但一般情况下系统中有多种粒子(如电子、离子、中性原子等,且每种元素的原子质量也各有不同),我们就需要利用(3.51)式定义的元素丰度,把不同种类的粒子 ρ 和 n 之间的关系表述出来。例如氢,在完全电离的情况下产生一个自由电子和一个离子(氢核),因此自由电子和离子的数密度都是 $X\rho/m_H$;其中 $X\rho = \rho_H$,即单位体积中所含氢原子的质量;它除以每个氢原子的质量 m_H,自然得到单位体积中氢原子的数密度,也就是电离后自由电子和氢离子的数密度。其他元素的情况类似,只要注意电离后的自由电子数与离子数之比。不同元素有不同的比值,例如对于氦,这一比值是2。表3.2给出完全电离状态下,用元素丰度和总质量密度 ρ 表示的各种粒子的数密度。表中关于重元素的结果只是近似值,$\langle A \rangle$ 表示平均原子量,同时也假设了,每种重元素的原子核中,质子和中子的数目大致相当。

表 3.2 各种粒子的数密度

元素种类	离子数密度	自由电子数密度
H	$\dfrac{X\rho}{m_H}$	$\dfrac{X\rho}{m_H}$
He	$\dfrac{Y\rho}{4m_H}$	$\dfrac{Y\rho}{2m_H}$
重元素	$\dfrac{Z\rho}{\langle A \rangle m_H}$	$\dfrac{Z\rho}{2m_H}$

利用表3.2的结果,我们就可以写下一般形式的物态方程:

(1) 非简并等离子体情况 此时热平衡条件下各成分的分压力是

$$P_i = n_i kT \tag{3.70}$$

总压力为

$$P = nkT, \quad n = \sum_i n_i \tag{3.71}$$

把表3.2的总粒子数密度加起来,并忽略重元素离子的贡献(因为一般有 $\langle A \rangle \gg 1$),得到

$$n = \frac{\rho}{m_H}\left[2X + \frac{3}{4}Y + \frac{1}{2}Z\right] \tag{3.72}$$

故物态方程最后写为

$$P = \frac{\rho kT}{m_H}\left[2X + \frac{3}{4}Y + \frac{1}{2}Z\right] + \frac{1}{3}aT^4 \tag{3.73}$$

式中,最后一项 $\frac{1}{3}aT^4 = P_r$,代表光子产生的辐射压。

(2) 简并气体情况 以简并电子气体为例,把表3.2最后一列的自由电子数密度写成用元素丰度表示的形式:

$$n_e = \frac{\rho}{m_H}\left(X + \frac{1}{2}Y + \frac{1}{2}Z\right) = \frac{1}{2}(1+X)\frac{\rho}{m_H} \tag{3.74}$$

最后一步是忽略了 Z（因为一般情况下恒星的金属丰度都很低），并利用了(3.52)式这个关系式。因此，(3.64)式给出的 p_F 与 n_e 之间的关系就可以转换为 p_F 与 ρ 的关系，再用(3.65)式或(3.66)式就可以得到所求的物态方程。例如，非相对论性情况下(3.65)式化为

$$P_e = \frac{h^2}{20 m_e m_H} \left(\frac{3}{\pi m_H}\right)^{2/3} \left(\frac{1+X}{2}\rho\right)^{5/3} \tag{3.75}$$

而相对论性情况下(3.66)式化为

$$P_e = \frac{hc}{8 m_H} \left(\frac{3}{\pi m_H}\right)^{1/3} \left(\frac{1+X}{2}\rho\right)^{4/3} \tag{3.76}$$

这里我们看到，简并气体的压力与温度无关，这与通常的非简并气体有很大不同。此外，物态方程中，总压力还应当包括离子压以及辐射压的贡献：

$$P = P_e + P_I + \frac{1}{3} a T^4 \tag{3.77}$$

其中非简并的离子压力由玻意耳定律给出，由表3.2看出它应当是

$$P_I = \left(X + \frac{1}{4} Y\right) \frac{\rho k T}{m_H} \tag{3.78}$$

小结　上面一共有5个关于恒星结构的基本方程：

质量分布方程	$\dfrac{dm(r)}{dr} = 4\pi r^2 \rho(r)$	(3.36)
流体静力学平衡方程	$\dfrac{dP(r)}{dr} = -\dfrac{G m(r)}{r^2} \rho(r)$	(3.40)
光度方程	$\dfrac{dL(r)}{dr} = 4\pi r^2 \rho(r) \varepsilon(r)$	(3.43)
温度梯度方程（能流方程）	$\dfrac{dT(r)}{dr} = -\dfrac{\kappa(r) \rho(r) L(r)}{16 \pi r^2 \sigma T^3(r)}$　（辐射为主）	(3.48)
	$\dfrac{1}{T(r)} \dfrac{dT(r)}{dr} = \dfrac{\gamma-1}{\gamma} \dfrac{1}{P(r)} \dfrac{dP(r)}{dr}$　（对流为主）	(3.49)
物态方程	$P = P(\rho, T, X, Y, Z)$	(3.50)

这5个方程要确定5个未知数：$m(r), P(r), L(r), T(r), \rho(r)$，因而方程组是封闭的，可以通过数值计算方法求解。当然，核产能率 ε、吸收系数 κ 以及化学元素组成 X, Y, Z 等参数需要事先给定。上述结论称为恒星结构的**解的唯一性定理：平衡的恒星球体的内部结构，由它的化学成分和总质量唯一确定**。我们以后会看到，当核燃烧使得化学成分发生变化时，恒星的结构也会随之而变化。但在主序星阶段，虽然核心区域的氢核聚变使化学成分发生了改变，这种改变会使恒星的光谱型和光度产生一定变化，但这一变化不是很大。变化的结果，只导致主星序在赫罗图上成为一条有一定宽度的带，而不是一条细线，正如我们在赫罗图中看到的那样（见图2.7a和图2.7b）。不同质量的恒星首次在主星序上出现时，都对应于赫罗图上的一个点，称为**零龄主序星**。把所有这些点连起来，就得到一条线，这条线称为**零龄主序**。

前面我们估计了太阳的中心压强，现在我们再来估计一下太阳的中心温度。把上面方程组中的前两个方程相除，即得到

$$4\pi r^2 \frac{dP}{dm} = \frac{Gm}{r^2} \tag{3.79}$$

再设

$$\frac{dP}{dm} \sim \frac{P_c}{M} \Rightarrow 4\pi R^2 \frac{P_c}{M} \sim \frac{GM}{R^2} \tag{3.80}$$

式中,M 和 R 分别为恒星的质量和半径,P_c 为恒星中心的压强。因此有

$$P_c \sim \frac{G}{4\pi} \frac{M^2}{R^4} \tag{3.81}$$

这与前面(3.41)式的结果基本相同。再利用玻意耳定律并假设恒星密度均匀,就得出

$$T_c \sim \frac{P_c}{kn} \sim \frac{\mu m_H}{k\rho} P_c \quad (\mu \text{ 为平均分子量})$$

$$\sim \frac{\mu m_H G}{3k} \cdot \frac{M}{R} \tag{3.82}$$

代入太阳的参数 $M_\odot = 2 \times 10^{33}$ g,$R_\odot = 7 \times 10^{10}$ cm,上述估计给出 $T_c \sim 10^7$ K,这与数值计算的结果在数量级上是完全一致的。

3.4 积分定理(位力定理)

第 2 章中我们讨论了多粒子系统能量的位力定理。现在我们再就恒星的能量做一讨论。联立 3.3 节中恒星的质量方程与静力学平衡方程,得

$$4\pi r^2 dP = -\frac{Gm(r)}{r^2} dm \tag{3.83}$$

两边同乘 r,并对整个恒星积分:

$$\int_0^R 4\pi r^3 dP = -\int_0^M \frac{Gm(r)}{r} dm \tag{3.84}$$

等号左边分部积分后,上式变成

$$(4\pi r^3 P)\big|_0^{r=R} - 3\int_0^R 4\pi r^2 P dr = -\int_0^M \frac{Gm(r)}{r} dm \tag{3.85}$$

注意到 $r = R$ 时 $P = 0$,故(3.85)式左边第一项的结果为 0,方程化为

$$3\int_0^R \frac{4\pi \rho r^2}{\rho} P dr = 3\int_0^M \frac{P}{\rho} dm = \int_0^M \frac{Gm(r)}{r} dm \tag{3.86}$$

再利用热力学关系

$$P = (\gamma - 1)\varepsilon, \quad \frac{P}{\rho} = (\gamma - 1)\frac{\varepsilon}{\rho} \tag{3.87}$$

式中,γ 是多方指数,ε 是单位体积恒星物质的内能。不难看出,(3.86)式第二个等号的左边有

$$\int_0^M \frac{P}{\rho} dm = \int_0^M (\gamma - 1)\frac{\varepsilon}{\rho} dm = (\gamma - 1)U \tag{3.88}$$

这里 U 为恒星的总内能(提示:ε/ρ 相当于单位质量的内能,故对 m 积分得出总的内能);相应地,(3.86)式第二个等号的右边有

$$\int_0^M \frac{Gm(r)}{r} dm = -V \tag{3.89}$$

显然 V 就是整个恒星的自引力势能。因此，(3.86)式最后给出
$$3(\gamma - 1)U + V = 0 \tag{3.90}$$
这就是恒星的总内能(相当于粒子系统的总动能)和引力势能所满足的位力定理。利用这一定理，可以得到恒星的总能量是
$$E = U + V = -(3\gamma - 4)U = \frac{3\gamma - 4}{3(\gamma - 1)}V \tag{3.91}$$
因为一个稳定的引力束缚系统必有 $E<0$，故上式要求 $\gamma>4/3$，恒星才能有稳定的结构。$\gamma \leqslant 4/3$ 意味着 $E \geqslant 0$，此时恒星的结构不稳定[例如3.3节(3.76)式所示的相对论性简并气体的情况]。还有一个特例是 $\gamma = 1$，由(3.90)式看到，此时无论 U(或 E)取为何值，V 总为0。一个自引力势能总为0的系统，是不会形成任何束缚态结构的。

根据位力定理我们可以得到一个重要的结论：**恒星是一个负热容系统**。这是由于，当恒星以光度 $L = -dE/dt > 0$ 辐射能量时，总能量减少，即 $dE/dt < 0$。根据位力定理有
$$E = -(3\gamma - 4)U \tag{3.92}$$
因而
$$\frac{dE}{dt} < 0 \quad \Rightarrow \quad \frac{dU}{dt} > 0 \quad （温度升高） \tag{3.93}$$
恒星的能量由于辐射而失去一部分，但温度却上升了，即表现出负的比热。这是典型的负热容系统，是有引力介入时的热力学特征。此时由(3.90)式有
$$\frac{dV}{dt} < 0 \quad （收缩） \tag{3.94}$$
可见内能的增加以及辐射的能量，都来源于收缩时减少的引力能。普通恒星一般由非相对论性气体构成，其物态方程相应于 $\gamma = 5/3$，此时(3.92)式化为
$$E = -U \tag{3.95}$$
位力定理(3.90)也随之化为
$$2U + V = 0 \tag{3.96}$$
这与第2章中多粒子系统位力定理的形式完全相同[见(2.40)式]。在这一情况下，我们有下面的关系：
$$L = \underbrace{-\frac{dE}{dt}}_{\text{(辐射能)}} = \underbrace{\frac{dU}{dt}}_{\text{(内能增加)}} = \underbrace{-\frac{1}{2}\frac{dV}{dt}}_{\text{(引力能减少)}} \tag{3.97}$$
即减少的引力能一半变成了内能，另一半变成了辐射能。

3.5 主序后的演化

恒星在主星序上停留的时间，取决于恒星中心区域的氢燃烧的时间。中心区域的氢燃烧完之后，恒星就会离开主星序。本质上，这一时间是由恒星的初始质量所决定的。我们已经知道，质量不同的恒星，进入主星序的位置是不同的。同时，不同质量的恒星，主序之后也将经历不同的演化进程。在赫罗图上看来，它们将经由不同的演化路径而到达不同的归宿。

3.5.1 小质量恒星的演化 ($M < 2.3 M_\odot$)

质量小于 $2.3 M_\odot$ 的恒星,当中心区域的氢燃烧完之后,将形成一个氦中心核和氢丰富的外层。但此时中心的温度还不够高,不足以使氦进一步发生聚变,因而中心部分可以看成是一个"冷"的核。在这个"冷"的氦核表面附近,氢继续在燃烧,形成一个氢燃烧的壳层,并维持恒星辐射的大部分能量。氢壳燃烧产生氦,因而氦核的质量继续增大,但增大到一定程度后,由于内部压力不足就开始引力收缩。收缩使得引力势能转化为热辐射能,这些能量注入氢外层,从而使外层膨胀、恒星的半径增大。同时,外层气体的膨胀又造成恒星的表面温度下降,因此恒星就离开主星序,在赫罗图上向右上方移动,由主序星演化为**亚巨星**。由于外层气体对光子逃逸的阻挡作用,恒星的表面温度下降到一定程度会停止,而膨胀却继续。这样,恒星表面积(因而光度)增大而温度几乎不变,亚巨星就在赫罗图上几乎垂直地上升到**红巨星**(见图3.9)。

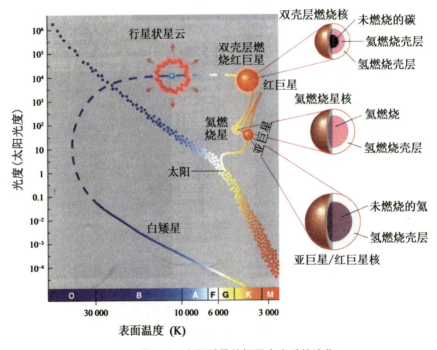

图 3.9 太阳质量的恒星主序后的演化

红巨星以后的演化也是与中心核发生的物理过程紧密联系的。随着中心核的质量不断加大和引力收缩,核心的温度会不断升高。这样我们就会想到,也许可以按照氢聚变为氦的模式,由氢核(质子)逐次合成所有越来越重的原子核。这一想法是自然的,但实际上并不这么简单。问题在于,自然界中并不存在原子量为5和8的稳定元素,所以不可能简单地按一次加一个或几个氢核的办法来合成所有的元素。1951年,欧匹克(E. Öpik)和萨尔佩特(E. Salpeter)指出,当恒星核内温度超过 4×10^8 K 时,会发生三重 α 粒子反应(简称 3α 反应):

$$3\,{}^4\text{He} \longrightarrow {}^{12}\text{C} + 7.27 \text{ MeV} \tag{3.98}$$

但他们计算得到的反应概率(或反应截面)还是太小,不足以产生足够多的碳。1953年,霍伊尔(F. Hoyle)考虑了核共振的影响,把反应概率提高了 10^7 倍,同时反应所需的温度也降到 10^8 K,这样 3α 反应的实现就完全可能了。1957 年,伯比奇等(M. Burbidge, G. Burbidge, W. Fowler and F. Hoyle)提出了恒星中元素合成的系统理论(通常称为 B^2FH 理论),按照他们的理论,碳一旦形成,更重的原子核(直到铁原子核)就可以通过与氦核的聚变反应或中子吸收而形成。

小质量的恒星变为红巨星后,中心氦核区域的电子由于密度增大而发生简并。理论计算表明,当中心简并核的质量达到临界值 $M \sim 0.45 M_\odot$ 时,中心温度可达约 10^8 K,此时氦开始燃烧,即开始 3α 反应,氦聚变使核的温度上升,中心区域发生绝热膨胀。但在电子简并的情况下,绝热膨胀时压力并不减小,所以核反应加速进行。这样进行的氦燃烧是一种爆炸式的燃烧,称为**氦闪**。氦闪的时间很短,一般只有几秒到几分钟。

氦闪产生大量热量使温度升高,但密度基本保持不变,因而氦核内的电子由简并的变为非简并的。此时星核膨胀、吸热、光度骤减,恒星在赫罗图上的位置下降,然后进入稳定的氦燃烧阶段。这时主要的反应是氦聚变为碳即 3α 反应,同时也有一定数量的氧生成,即

$$^{12}C + ^4He \longrightarrow ^{16}O + \gamma$$

此时,星核的周围是氢燃烧的壳层,这种核心燃烧氦、壳层燃烧氢的状态称为**水平分支**。水平分支在赫罗图上的位置,既与恒星的初始质量有关,也与红巨星阶段外层的质量损失(由星风所造成)有关。

当中心氦核中的氦耗尽之后,中心核变为由碳和氧组成的碳-氧核,且核心由于核反应停止而开始收缩,从而升高了外层的压力和温度。这样,核心外缘又有一层氦点火,而点火的氦层之外还有一层氢在燃烧,恒星处于双壳层燃烧阶段。这种双壳层产能的阶段称为**渐近巨星分支**(Asymptotic Giant Branch,简称 AGB)。在这一阶段中,中心碳-氧核的质量继续增加,恒星的光度由于双壳层燃烧产能而增大,使外部包层不断膨胀,因此恒星又上升到红巨星分支(见图 3.9 和图 3.10)。

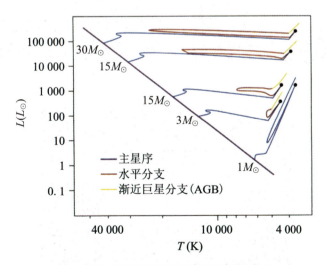

图 3.10 不同质量的恒星主序后的演化

当星核由于进一步收缩而再次发生电子简并时(星核部分相当于一颗热的碳-氧白矮星),燃烧的双壳层变得更大因而光度更大,在双壳层燃烧的结束阶段便形成**红超巨星**。由于此阶段外壳物质的大量损失(由超星风所致),红超巨星生存的时间不会太久。红超巨星

以后,外层物质损失非常快,相当于物质抛射(见图 3.11),壳层燃烧物质迅速靠近表面而消失,从而恒星的演化轨迹在赫罗图上向左方移动,变为行星状星云(见图 3.12)。而星云的中心就是原来的星核,此时它已成为一颗独立的碳-氧白矮星。

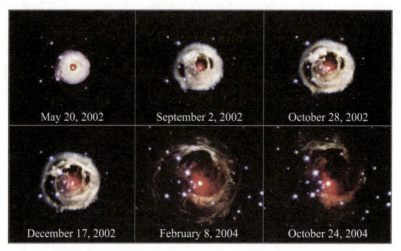

图 3.11 红超巨星 V838 演化晚期的物质抛射过程(时间是从 2002 年 5 月 20 日到 2004 年 10 月 24 日)

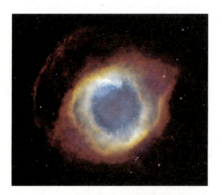

(a) 螺旋星云 NGC 7293

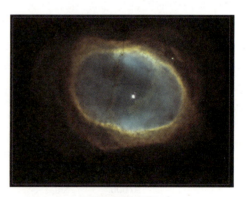

(b) NGC 3132

(c) 蚂蚁星云

图 3.12 千姿百态的行星状星云

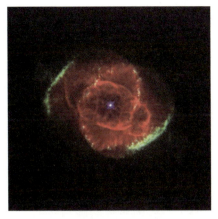
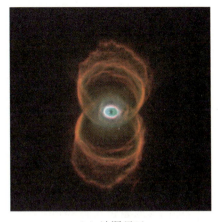

(d) 猫眼星云 NGC 6543　　　　　　　　(e) 沙漏星云

图 3.12(续)

要补充说明的是，$M<0.5M_\odot$ 的恒星，中心氢燃烧结束后形成的氦核是电子简并的，并且氦核的质量小于氦燃烧的临界值（$\simeq 0.45M_\odot$）。同时，由于外层氢的质量很少，氢燃烧补充的氦也不足以使氦核的质量达到上述临界值。因此，当电子简并的氦核收缩时，不会发生氦燃烧。这样，初始质量 $M<0.5M_\odot$ 的恒星最终将演化为氦白矮星，而演化为碳-氧白矮星的恒星初始质量在 $0.5M_\odot<M<2.3M_\odot$ 范围。

3.5.2　中等质量恒星的演化 ($2.3M_\odot<M<8M_\odot$)

中等质量的恒星，在中心的氢燃烧完了之后，也会形成一个氦核，氦核的外边缘处有一个氢燃烧的壳层。与小质量恒星相同，这时恒星也会离开主星序，向红巨星分支演化。所不同的是，中等质量的恒星演化到红巨星的时间非常短，例如，对于 $M=5M_\odot$ 的恒星，这一时间只有 3×10^6 年，因此在赫罗图上相应的区域很难观测到恒星的分布，称为赫罗图中的空隙区。恒星到达红巨星时，中心的温度已升高到 10^8 K，从而氦开始燃烧，主要反应也是氦原子核聚变为碳和氧。但与小质量恒星不同的是，氦燃烧不经过氦闪，而直接进入平稳燃烧的阶段，同时整个恒星内部的对流很强。对流使得中心区域的氦不断被搬运到核的表面，形成氦燃烧壳层，而中心部分逐渐变成由碳、氧组成的核。这样，就形成了氦燃烧层之外又有一个氢燃烧层的双壳层燃烧结构。另一方面，由于在外壳中氢和氦的电离区内会产生一种激发脉动的机制，这一阶段演化的赫罗图轨迹将左右来回摆动，中间穿过被称为造父脉动带的区域。在经过这一区域时，恒星就产生径向脉动而变成造父变星。而一旦离开造父脉动带，恒星又恢复到正常情况。

此后，由于碳-氧核质量的增大并向内收缩，核内电子发生简并。这时外壳层膨胀使恒星的光度升高很快，恒星的演化轨迹也像小质量恒星那样，进入渐进巨星分支即 AGB 阶段。但中等质量恒星在 AGB 阶段可能会出现一些特殊现象，例如热脉动、造父脉动，并会产生非常巨大的星风（超星风），其造成的物质损失可达每年 $10^{-5}M_\odot - 10^{-4}M_\odot$。另一方面，在 AGB 阶段，中心碳-氧核区域会产生大量中微子，它们携带大量能量逃逸，从而使简并的碳-氧核区域温度降低。

中等质量的恒星的最终演化，可能有两种结局：如果氦壳层的燃烧不能使碳-氧核的质量增大到发生进一步聚变的临界质量,则中心核不再发生新的核反应,恒星将由 AGB 阶段变为行星状星云,最后演化成为一颗碳-氧白矮星。而如果碳-氧核质量增大到可以使进一步聚变发生,此时由于碳-氧核是简并的,它发生碳燃烧时是爆炸式的燃烧,即形成超新星爆炸。一般认为,如果恒星的初始质量在 $2.3 M_\odot < M < (6-8) M_\odot$ 范围,则恒星将演化为碳-氧白矮星,这类恒星占绝大多数。质量约为 $8 M_\odot$ 的恒星,演化为超新星的可能性比较大,但也可能成为白矮星,取决于 AGB 阶段后期超星风造成的物质损失有多少。

3.5.3 大质量恒星的演化 ($M > 8 M_\odot$)

大质量恒星通常是 O 型和 B 型星,它们在银河系中只占恒星总数的 10% 左右。和中、小质量恒星不同,大质量恒星在经过氢燃烧和氦燃烧之后,所生成的碳-氧核是电子非简并的,因此在发生碳燃烧时,中心核不会出现剧烈的闪耀现象。同时,大质量恒星在演化的过程中,星风所造成的物质流失极大,特别是在演化后期,不断将内部产生的重元素抛射到宇宙空间,因此大质量恒星是星际介质特别是重元素的重要来源。由于剧烈的物质抛射以及内部对流,大质量恒星在离开主星序后的演化途中,往往要在红超巨星和蓝超巨星之间来回反复几次(见图 3.10),中间也经过造父不稳定带而成为造父变星。

核心中的氦消耗殆尽的恒星,是由碳-氧中心核($r \sim 0.1 R_\odot$)、氦壳层($r \sim 0.3 R_\odot$,密度达 10^3 g/cm^3)以及富氢包层($R \sim 10^3 R_\odot$)构成。当中心温度达到 10^9 K 左右,碳开始燃烧:

$$^{12}C + {}^{12}C \longrightarrow \begin{array}{l} ^{23}Na + p + 2.238 \text{ MeV} \\ ^{20}Ne + \alpha + 4.617 \text{ MeV} \\ ^{24}Mg + \gamma + 13.93 \text{ MeV} \end{array} \quad (3.99)$$

碳燃烧完,经核心引力收缩,又开始氧燃烧:

$$^{16}O + {}^{16}O \longrightarrow \begin{array}{l} ^{28}Si + \alpha + 9.593 \text{ MeV} \\ ^{31}P + p + 7.676 \text{ MeV} \\ ^{31}S + n + 1.459 \text{ MeV} \\ ^{32}S + \gamma + 16.539 \text{ MeV} \end{array} \quad (3.100)$$

碳、氧之间的反应,如果碳足够多,反应率很小,可以忽略。氖和氧燃烧完之后,再经过一个引力收缩,就引发镁、硅燃烧,最后生成铁中心核(见图 3.13 和图 3.14)。

在上述反应期间,对流很活跃,且质量越大的恒星,其对流层越容易深入内部。对流的结果使有些恒星外层的化学成分变得很复杂,这就导致碳星或硫型星的出现。与氢聚变为氦的反应不同,上述这些反应都非常迅速(属于强作用型)。例如,对于一颗质量为 $25 M_\odot$ 的恒星,氢燃烧持续的时间为 700 万年,氦燃烧持续的时间为 50 万年,碳燃烧是 600 年,氧燃烧是 1 个月,而硅燃烧只有 1 天。

到最后大质量恒星形成的中心核是由铁构成的,因为在原子核中,铁原子核的比结合能最大(见图 3.15a 和图 3.15b),其他原子核反应不可能放出比它更大的热能。

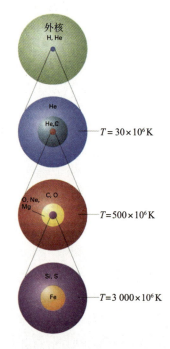

图 3.13 大质量恒星星核内部的核反应

虽然铁原子核是所有原子核中最稳定的,但如果铁中心核再发生引力收缩(坍缩),内部温度将继续上升,当温度达到 5×10^9 K 时,铁核可能产生光致分解:

$$^{56}\text{Fe} \longrightarrow 13\,^{4}\text{He} + 4\text{n} - 124.4 \text{ MeV} \tag{3.101}$$

注意此时放出的能量是负的,这意味着光致分解过程是一个吸热过程。由于这一反应,恒星就处于静力学不稳定的状态,可能突然收缩,这就是导致超新星爆发的导火线。

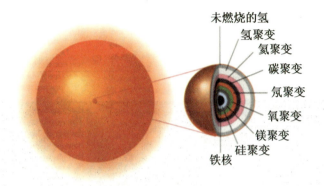

图 3.14　大质量恒星的演化:核心内部结构

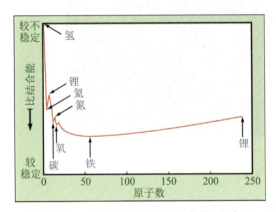 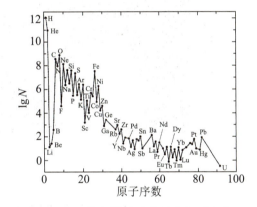

图 3.15a　典型原子核的比结合能(注意比结合能增加的方向为向下)

图 3.15b　太阳光球中的元素相对丰度(位于丰度极值处的元素,其结合能也相应于极值)

综上所述,决定恒星特性和演化进程的主要因素,是恒星的初始质量。质量小于 $0.08M_\odot$ 的天体,其自身引力不足以使中心区域达到氢点火的温度,故不能靠核反应发光,最多只能靠热气体而发光。这样的天体不能称为恒星,现在人们把它们叫作**褐矮星**(Brown Dwarfs)。褐矮星比行星大但比恒星小,也有人把它们戏称为失败的星球(failed stars)。近几年已发现在银河系中有多个这样的微暗天体,它们的质量一般只有太阳的 7% 左右。有些比较年轻和大的褐矮星,质量也只有木星的 10-70 倍,最多是太阳质量的 1/10。表 3.3 及图 3.16、图 3.17 给出了不同质量恒星的演化结果。

表 3.3 各种质量恒星的演化结果

$T_c(K)$	$M(M_\odot)$	最终阶段
$\leqslant 8.5\times 10^7$	0.08—0.5	氦白矮星
$\leqslant 10^9$	0.5—2.3	碳-氧白矮星和行星状星云
$\geqslant 10^9$	2.3—8	碳-氧白矮星和行星状星云，或碳爆发型超新星
	8—30	中子星（铁中心核超新星）
$\geqslant 10^{10}$	30—100	黑洞（抛射质量或坍缩）

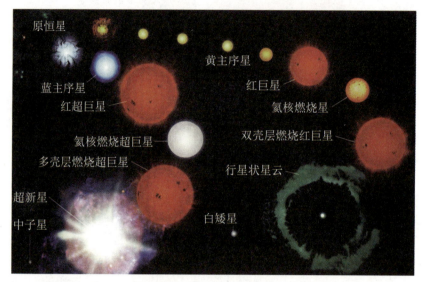

图 3.16 恒星演化的主要路径（左上角为原恒星，左、右两个演化序列分别相应于大质量恒星和小质量恒星）

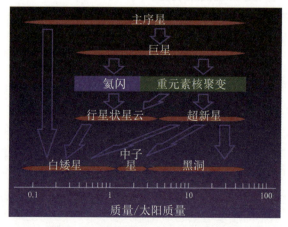

图 3.17 恒星演化的主要过程与结局

3.6 超 新 星

我们在第 2 章中已经介绍过超新星的主要特征。超新星爆发是恒星世界发生的最剧烈的活动,爆发时释放的能量可达 $10^{47}-10^{53}$ erg,亮度堪比整个星系。实际上,超新星爆发时,发出的光辐射只占超新星总能量释放的很小部分,大部分能量转化为外壳抛射的动能以及中微子携带的动能。根据观测特点,通常把超新星分为两大类,即Ⅰ型和Ⅱ型。两者的光变曲线有很大不同(见图 2.15),但最主要的区别还是光谱中所反映的:Ⅰ型无氢,Ⅱ型有氢。近些年来,随着观测资料的不断补充丰富,又把Ⅰ型超新星分为Ⅰa,Ⅰb 和Ⅰc 三个子型,把Ⅱ型分为Ⅱ-L 和Ⅱ-P 两个子型。所有的Ⅰ型除了共同特点即都无氢外,Ⅰa 有硅(电离硅 SiⅡ谱线)但无氦,Ⅰb 和Ⅰc 都无硅,但Ⅰb 有氦,而Ⅰc 则无氦。Ⅱ型的两个子型的区别在于光变曲线,Ⅱ-L 的光变曲线是线性的,而Ⅱ-P 的具有平台结构。现在认为,Ⅰa 型超新星是由密近双星系统(见 3.7 节)中白矮星爆炸而形成的,爆炸后完全粉碎。Ⅱ型超新星爆发的原因是中心铁核爆炸,爆炸后形成致密残骸——中子星或黑洞。Ⅰb 和Ⅰc 实际上与Ⅱ型的爆发机制相同,物理上应属于一类,都是中心有一个致密的铁核,但Ⅰb 的外层中仍保留一定数量的氦,而Ⅰc 除了铁中心核外,外层所有的物质都被强大的星风吹散掉了。

3.6.1 Ⅰa 型超新星

Ⅰa 型超新星出现在各类星系中,特别是椭圆星系里比较多;在漩涡星系中,它们并不出现在旋臂上,而是出现在星系晕和旋臂之间。所有这些地方都是属于没有年轻恒星存在的地区。这使人们想到,Ⅰa 型超新星爆发前应当是年老的、小质量的恒星。另一方面,Ⅰa 型的光谱中缺乏氢,这曾使人们长期感到困惑,因为很难理解它们在爆发前是如何失去氢壳层的。把这两方面的特点综合起来,现在的普遍看法是,Ⅰa 型超新星爆发前是密近双星中的一颗子星(见图 3.18),质量为 $3M_\odot-8M_\odot$,演化到晚期形成碳-氧中心核,中心密度可达 2×10^9 g/cm³,核中电子发生简并,成为一颗碳-氧白矮星。它周围的气壳由于另一颗子星的引力吸积而被完全剥离掉,这就同时解释了老年星和氢缺失的问题。在这一情况下,白矮星再反过来吸积另一颗伴星周围的物质,当质量超过**钱德拉塞卡**(S. Chandrasekhar)**极限**(见 4.1.1 小节)时,就会坍缩而触发碳燃烧,同时伴随超声速运动——爆轰波(激波)。爆轰波传到未燃烧的部分时,压缩并加热物质,激波扫过的地方迅速升温到点火温度,立即触发核燃烧。整个反应看上去像是失控的核爆炸。在爆炸中同时进行极其迅速的连锁核反应,产生出包括铁在内的一系列重元素。光辐射的能量主要来自爆发时形成的放射性元素 ^{56}Ni,然后衰变为 ^{56}Co,再衰变为 ^{56}Fe。由于发生坍缩的临界质量(即钱德拉塞卡极限)是一定的,故可以认为,所有Ⅰa 型超新星爆发时释放的能量(包括光度)是相同的,绝对星等大约为 -19.3^m,这就使Ⅰa 型超新星成为理想的标准烛光。在"宇宙学简介"一章(第 7 章)中我们会看到,正是利用Ⅰa 型超新星的这一特性,才发现了宇宙在加速膨胀,并由此引发了对宇宙暗能量的研究。因此,Ⅰa 型超新星对于宇宙学和物理学都具有重要的意义。

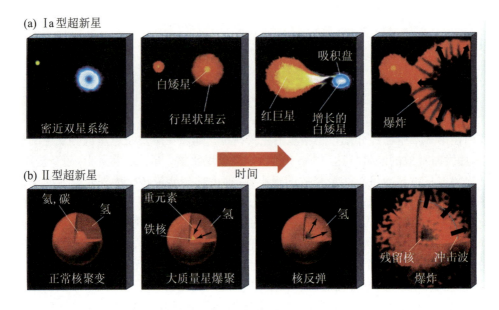

图 3.18 超新星的形成

3.6.2 Ⅱ型超新星

Ⅱ型超新星(包括Ⅰb和Ⅰc型)一般认为是 $8M_\odot - 30M_\odot$ 的大质量恒星,演化到晚期形成铁中心核,铁中心核外面是 ^{32}S, ^{28}Si, ^{24}Mg, ^{20}Ne, ^{16}O 等重元素组成的一层层外壳(见图3.19a)。由于核聚变停止,铁中心核压力骤然下降,从而引发引力坍缩致使温度升高。当温度达到 5×10^9 K 时(此时相应的密度达 10^{10} g/cm^3),铁原子核被光致分解[见(3.101)式],生成的氦亦立即被光致分解:

$$^4\text{He} \longleftrightarrow 2p + 2n - 28.3 \text{ MeV} \tag{3.102}$$

这两个质子又马上俘获电子变成中子,导致恒星核心强烈地中子化:

$$p + e^- \longrightarrow n + \nu_e \tag{3.103}$$

上述光致分解和中子化都产生大量的中微子,且都是强烈的吸热过程。吸热使温度骤降,大量电子被俘获又使简并压大为降低,这两方面的结果就使得核心继续坍缩。当密度超过 10^{11} g/cm^3 时,原子核与中微子之间的中性流(Z^0 粒子)相互作用使中微子发生强烈散射,因而中微子 ν_e 的平均自由程比恒星半径小很多,ν_e(在恒星内部,主要是 ν_e 起作用)被封闭在恒星的中心核外层,即中子化核心的外缘或外壳处,这称为中微子俘获(沉淀)。这些被俘获的中微子有很高的能量(内核坍缩释放的引力能大部分转移给中微子),受到震动后,即引起爆发。强大的中微子束会对富含铁原子核的外壳产生足够高的压力,将外壳驱散,形成猛烈的超新星爆发(参见图3.18和图3.19b)。被吹散的外壳形成超新星遗迹,中子化的核心遗留下来形成中子星。与Ⅰa型超新星爆发时的情况类似,在爆炸中也同时进行迅速的连锁核反应,产生出一系列其他重金属元素。顺便指出,两类超新星光极大后几个月,光辐射的能量都主要来自爆发时形成的放射性元素 ^{56}Co 衰变,这一点反映在光变曲线中,这一时期的光变曲线呈 ^{56}Co 放射性衰变所特有的指数衰减(见图3.20)。

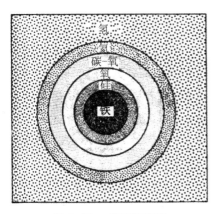
图 3.19a Ⅱ型超新星爆发前的星核结构

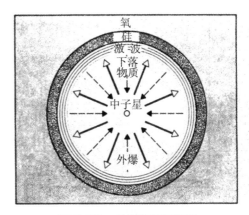
图 3.19b Ⅱ型超新星爆发

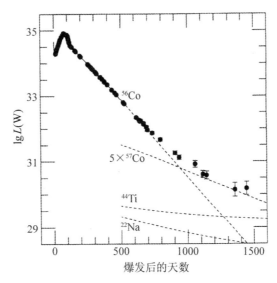
图 3.20 超新星 SN 1987A 爆发后 1 444 天内的光变曲线（虚线表示相应的放射性元素对光辐射能量的贡献）

铁中心核的坍缩过程非常迅速，几乎是以自由落体速度进行的。按照(3.5)式所示的自由落体时标估计，当中心核密度为 10^{10} g/cm^3 时，这一时标仅为 $\sim(G\rho)^{-1/2} \sim 40$ ms。在铁核的坍缩过程中，还有一个重要的现象值得关注，这就是激波的产生和内核的反弹。由于坍缩总是使越靠中心部分的密度越大，而密度越大的地方坍缩的时标越短，故中心核可以大致分为内核与外层。内核首先坍缩形成致密的中子结构，其密度（约为 8×10^{14} g/cm^3）接近于核子的密度，不能再被压缩了，实际上也就形成了一颗中子星。外层物质向内层表面下落时，速度是超声速的，可达 70 000 km/s，这样就形成了强大的激波。激波遇到固态的内核表面产生反弹，反弹使激波掉头向外，此时激波所蕴含的巨大动能可以将外层物质冲开，并引发富含高能中微子（数目可达 10^{53} 个）的外壳爆炸。这里要注意，超新星爆发时所发出的强大中微子流产生于中心核附近，而爆发所发出的光辐射来自恒星表面附近（温度约为几十万摄氏度），它们都是激波扫过时所引发的。因此，中微子流爆发的时刻要早于光辐射产生的时刻，两者相差的时间，应当是激波以声速从中心核传播到恒星表面的时间，为几小时到几

图 3.21 哈勃空间望远镜拍到的超新星 SN 1987A 的发光气体环

天(取决于恒星的大小)。如第 2 章中所述,人类第一次接收到的河外超新星爆发的中微子流来自超新星 SN 1987A,它们到达地球的时间比光辐射要早 3 个小时左右。这个观测事实一方面验证了上述有关 Ⅱ 型超新星爆发的理论,另一方面也证实了 SN 1987A 是一颗 Ⅱ 型超新星,因为 Ⅰa 型超新星的爆发不会伴随有大量的中微子出现。与通常超新星不同的是,SN 1987A 爆发前是蓝超巨星而不是红超巨星,关于这一点,现在的看法是,它曾是一个质量大约为 $20M_\odot$ 的恒星,演化到红超巨星阶段时,巨大的星风将它外层 $5M_\odot \sim 10M_\odot$ 的物质吹散到宇宙空间,剩下一个质量为 $10M_\odot \sim 15M_\odot$ 的恒星,因为表面温度很高,看上去就是一个蓝超巨星。

顺便指出,如果内核坍缩成为黑洞的话,则因为黑洞没有一个固态的表面,不能使激波反弹,超新星爆发的威力也就会大打折扣。

3.6.3 中微子及其探测

Ⅱ 型超新星爆发前,铁中心核发生的光致分解和中子化过程都属于弱相互作用过程,这一过程的特点是伴随有中微子产生。中微子的概念最早是 1930 年泡利提出的,当时实验发现 β 衰变过程中测到的总能量不守恒。为解决这一疑难,泡利提出,在 β 衰变过程中,除了电子以外,同时还有一种不带电的、质量极小的粒子发出。这种粒子与其他物质粒子相互作用极弱,以致无法探测到。1933 年,费米又进一步提出了 β 衰变的定量理论,他指出,自然界中除了已知的引力和电磁力作用外,还有一种弱相互作用,β 衰变就属于这样的相互作用过程。在 β 衰变中,原子核内的一个中子通过弱作用衰变成一个电子、一个质子和一个中微子。实际上,除了地球上的 β 衰变实验外,太阳上的氢聚变以及其他一些轻核反应过程也发射中微子。根据现代核反应理论,可以算出太阳中微子到达地球时的通量大约是 $7\times10^{10}/(cm^2 \cdot s)$。虽然看上去这个数目是巨大的,但由于中微子只参与弱作用,反应截面极小,即使如地球这样的庞然大物,它们也轻而易举地一穿而过。我们每个人每秒钟都要经受大约 10 000 亿个太阳中微子的轰击,但我们对此毫无知觉,这表明中微子探测起来极为困难,故中微子被称为"幽灵粒子"。诺贝尔奖评委会曾写下一段评语来形容此项工作的艰巨:"探测中微子,相当于在整个撒哈拉沙漠寻找一粒沙子。"这段评语是为小柴昌俊(Masatoshi Koshiba)和戴维斯(R. Davis)而写的,他们由于探测宇宙中微子的出色工作而获得 2002 年诺贝尔物理学奖。

最早提出中微子探测办法的是我国物理学家王淦昌,他在 1941 年就建议,可以利用 ^{7}Be 的 K 电子俘获过程来检测中微子的存在。K 俘获过程是轨道电子俘获中最容易发生的过程,即原子核俘获原子最内层(K 层)的电子。对于 ^{7}Be,这一过程是

$$^7Be + e^- \longrightarrow {}^7Li + \nu \tag{3.104}$$

测量 ^{7}Li 核的反冲能量和动量,由能量动量守恒即可以求出中微子的能量和动量。之所以选用 ^{7}Be,是因为生成的 ^{7}Li 质量较小,因而反冲较为显著,反冲的能量和动量比较容易测

量。王淦昌的建议立即得到了实验物理学家的重视和响应。1942—1952 年,美国的几个实验小组分别用 ^{7}Be 和 ^{37}Cl 做了多次实验,最终实现了王淦昌的建议,间接地证实了中微子的存在。

但是,要探测来自宇宙空间的中微子,困难就更大了,因为我们不可能去测量天体上的反冲核,必须想办法直接探测中微子。第一次直接捕捉到中微子是在 1956 年,但还是在实验室中产生的中微子,所用的中微子源是核反应堆。美国物理学家雷尼斯(F. Reines)选用氢核(质子,实际实验用的是 200 L 醋酸镉水溶液)作为靶核,他观察到有下列反应发生:

$$\bar{\nu} + p \longrightarrow n + e^+ \tag{3.105}$$

具体说来,是观察到有正电子与靶液中的 e^- 湮灭,随即产生两个向相反方向运动的 γ 光子(此过程不到 10^{-9} s),每个能量为 511 keV,正好等于一个电子或正电子的静止能量。另一方面,中子产生后与靶液中的氢核碰撞慢化,大约几微秒后才被靶液中的镉吸收而放出 3—4 个 γ 光子。全部过程发出的辐射很有特点:先是两个反方向的 511 keV γ 光子,过几微秒是 3—4 个总能量为几兆电子伏特的 γ 光子。这样的过程不难被探测到,当然必须要把设备环境的本底干扰消除掉。雷尼斯于 1956 年测得的中微子记数率是每小时大约 3 个,而他使用的核反应堆产生的中微子通量却高达 $5 \times 10^{13} /(\text{cm}^2 \cdot \text{s})$!由此可见探测中微子是何等的困难。

目前对中微子的直接探测方法大体分为两类,即放射化学方法和电子学方法。因为弱作用的反应截面极小,故探测器必须含有数目巨大的靶原子,同时必须严格消除环境的本底干扰,通常是将探测器放到深度几百米到数千米的地下,以最大限度地避免宇宙线和地面上其他因素的影响。最早的太阳中微子探测器,是美国国立布鲁海文实验室(Brookhaven National Laboratory,简称 BNL)的戴维斯(2002 年获诺贝尔奖),在美国南达科他(South Dakota)的霍姆斯泰克(Homestake)的一个金矿井里放置的,该矿井之上有 1 500 m 厚的岩层覆盖,相当于 4 000 m 的深水屏蔽。这一方法属于放射化学方法,实验所用的材料是 380 000 L 四氯乙烯(C_2Cl_4),靶原子核是 ^{37}Cl。四氯乙烯是工业上用的清洗剂,也用于制造某些医学用氯制剂。太阳中微子与 ^{37}Cl 反应生成放射性的 ^{37}Ar:

$$\nu_e + {}^{37}\text{Cl} \longrightarrow e^- + {}^{37}\text{Ar} \tag{3.106}$$

将 ^{37}Ar 从 C_2Cl_4 液体中分离出来并测定它的放射性强度,就可以定出 ^{37}Ar 的数量,也就是中微子与 ^{37}Cl 反应的次数。这个反应的截面是已知的,因而就测得了到达地球的太阳中微子数目。

还有另外两个研究组也采用放射化学方法。一个组称为 GALLEX,是欧洲、以色列和美国联合组建的,位于意大利罗马东北的格兰萨索(Gran Sasso)隧道内(见图 3.22),隧道上方的岩石厚度为 1 200 m,相当于 3 400 m 深的水层。实验采用 30 t 天然丰度的 $CaCl_3$-HCl 溶液作为探测器,主要反应是

$$\nu_e + {}^{71}\text{Ga} \longrightarrow e^- + {}^{71}\text{Ge} \tag{3.107}$$

镓探测器比氯探测器灵敏度更高,而且能探测到能量较低的中微子。另一个组叫 SAGE,是由美国和苏联联合组建的,位于苏联高加索巴克珊

图 3.22a 建于意大利亚平宁山脉深处的格兰萨索中微子实验室示意图

(Baksan)地区的一个山洞中,岩层厚度相当于4 700 m水层。实验室周围用60 cm厚的水泥屏蔽起来,探测器用的是60 t液态镓,实验的主要反应与(3.107)式相同。

放射化学方法测量的是反应后产生的核素。与此不同,电子学方法测量的是反应所产生的电子和其他粒子,以及γ光子。测量是实时的,而且可以得到入射中微子的能量和方向。采用电子学方法的最早实验是由日本研究组(学术带头人是小柴昌俊)完成的。他们在位于东京以西300 km的岐阜县神冈町,一座深1 000 m的锌矿矿井中,安置了一个装满2 140 t纯水的容器,容器周围设置了948只光电倍增管。最初的实验证实了中微子确实来自太阳。在第一阶段成功的基础上,他们又建立了第二套设备,称为超级神冈或神冈Ⅱ。实验用纯水量增加到5万t,光电倍增管也增加到11 200个。这个实验的主要反应是,太阳中微子进入水中时,与水分子中的电子发生弹性碰撞:

$$\nu_e + e^- \longrightarrow \nu_e + e^- \tag{3.108}$$

利用光电倍增管,可以探测到水中高速电子所产生的契伦科夫辐射的闪光,这一辐射的方向与电子的运动方向一致。这样,中微子的运动方向就容易定出了。除了神冈之外,还有一些实验室也采用类似的方法,例如,建在美国俄亥俄州一座盐矿地下深处的IMB国家实验室,还有加拿大和美国联合出资,在加拿大萨德堡(Sudberg)的一个镍矿井中(等效水深6 100 m)建立的实验装置。后者不同的是使用1 000 t重水。重水是由氘和氧组成的,因而太阳中微子除了与电子发生弹性散射外,还将与氘发生如下反应:

$$\nu_e + {}^2D \longrightarrow \nu_e + p + n \tag{3.109}$$

这一反应可以增加发现中微子的概率,因而可以提供更多的中微子信息。

还要特别提到的是南极"冰立方"中微子天文台(IceCube Neutrino Observatory,简称"冰立方",见图3.22b)。"冰立方"由5 000多根埋在南极冰下2—2.5 km深处的光学传感器组成,所在的冰块体积约1 km³,地表冰面相当于28个足球场。整个"冰立方"就是一台巨大的中微子望远镜。来自宇宙空间的中微子与冰块中的原子核碰撞产生μ介子,同时产生

图3.22b 南极"冰立方"中微子天文台

特殊的蓝光闪烁(契伦科夫辐射)。由于南极冰的透明度极高,光学传感器能够捕捉到这些闪烁,并进一步追踪到中微子的运行方向,查找它的来源。自2011年"冰立方"正式运行以来,已取得许多重要成果。例如,2018年首次发现高能中微子源TXS 0506+056,它距离我们50多亿光年,属于一种被称为耀变体的活动星系核,其中心一个超大质量的黑洞发出接近光速的喷流,喷流产生大量高能γ射线和中微子,方向指向地球。2022年,"冰立方"又探测到活动星系核NGC 1068发出的79个高能(超过1×10^{12} eV)中微子。NGC 1068距离我们4 700万光年,虽然它的中心也有一个异常活跃的超大质量黑洞,但与TXS 0506+056不同的是,黑洞周围并没有发现任何喷流,属于射电安静的活动星系核,这就使得高能中微子

的产生机制成谜。"冰立方"最近的一项成果是,其研究团队分析了2011年5月至2021年5月记录到的约6万个高能中微子事件,与理论模型对照后,找到了来自银河系平面的中微子信号。这项成果有助于追溯宇宙射线的来源,并为银河系的研究提供新的观测窗口。未来的"冰立方"二代天文台,将比目前的阵列体积大10倍,可以探测到更多的高能、超高能中微子。

3.6.4 太阳中微子之谜与中微子振荡

在我们已知的基本粒子当中,中微子算得上是一种非常奇特的粒子,它的身上长期笼罩着许多谜团。例如,自1968年开始,戴维斯对太阳中微子进行了多次探测。到1988年为止,他把测量结果做了平均,扣除宇宙线的影响后,发现每天记录到的中微子流量大约是2.6 SNU,这里SNU称为太阳中微子单位,SNU = 每10^{36}个靶核每秒有一次反应。而太阳的标准模型预言我们能够测到大约8 SNU。也就是说,实际测到的太阳中微子数目只有理论值的1/3。从1987年到1990年初,神冈研究组也得到了大体相同的结论,这就是著名的**太阳中微子之谜**。这样大的差异表明,有什么地方出了严重的问题。

人们对此提出了各种各样的解释。一种可能是实验本身有缺陷,例如探测器的灵敏度不够,有些中微子没有探测出来。但经过多年的仔细检查和精密测量后认为,实验结果是正确的。这样一来,问题就回到了理论上。一方面是有关太阳的理论,例如太阳核反应率的理论值、太阳内部结构模型等等,是否会出现问题;另一方面是中微子本身,我们对它的了解是否足够。对前一个方面可能存在的问题,人们做了大量的推究和研讨,认为基本上没有多大出入,因而矛盾最后就集中在中微子身上了。

早在1958年,意大利物理学家布鲁诺·庞蒂科夫(Bruno Pontecorvo)就提出过**中微子振荡**的概念,认为中微子本身可能具有几个不同的质量本征态(即类似夸克那样的"味"的属性),如果中微子质量不为0,则不同"味"的中微子之间便可相互转化即发生振荡。1962年,美国布鲁克海文国家实验室的莱德曼(L. M. Lederman)等人发现,中微子确有"味"的属性,并证实μ子中微子ν_μ和电子中微子ν_e是不同的中微子。他们也因此获得1988年的诺贝尔物理学奖。2000年7月,美国费米国家实验室宣布发现了τ子中微子ν_τ。上一小节介绍过的实验所测到的中微子都是电子中微子,因为它们总是出现在有电子(或正电子)的反应里。如果中微子确有振荡,则产生于太阳的ν_e到达地球时,就会有一部分变为ν_μ和ν_τ了,而我们在地球上探测到的仅仅是ν_e,平均起来,它当然只有太阳产生的总数的1/3。2001年加拿大萨德伯里中微子天文台(Sudbury Neutrino Observatory,简称SNO)证实了,丢失的太阳中微子ν_e已转换为其他种类的中微子,从而解决了长期困扰物理学界的太阳中微子之谜问题。另一重要现象是大气中微子反常。按照已有理论分析,大气中微子产生时ν_e和ν_μ的比例是确定的,但实验探测结果并不符合这一比例,这就是大气中微子反常现象,这是中微子振荡的又一证据。首次确认这一中微子振荡现象是1998年超级神冈的实验,实验结果表明,大气中的电子中微子只显示出轻微的振荡现象,但是反应产生的μ子中微子却显示出明显的振荡现象,出现了所谓的μ子中微子"丢失",这样就解决了大气中微子反常问题。由于发现了中微子振荡,日本超级神冈的梶田隆章(Takaaki Kajita)以及加拿大SNO的阿瑟·麦克唐纳(A. McDonald)两人获颁2015年诺贝尔物理学奖。

原则上,三种中微子之间相互振荡应是两两组合,共有三种模式。用专业术语来说,对三种振荡模式的量化描述,是"味"本征态和质量本征态变换矩阵相应的三个混合角(欧拉角)θ_{12},θ_{23}和θ_{13},前两个混合角已在太阳中微子和大气中微子实验中测出了。自 2003 年开始,中国科学院高能物理研究所的科研人员就启动了寻找第三种振荡模式的工作。我国大亚湾核反应堆群每秒产生 35 万亿亿个电子中微子,在行进中由于振荡而大量变成为 τ 中微子。同时这里紧邻高山,可以为地下实验室屏蔽宇宙射线干扰,这就为实验创造了极其有利的条件。大亚湾中微子实验室有 3 个实验大厅,均位于山腹内,由水平隧道相连,上面是厚达几百米的岩石层,其中实验 3 号实验厅,位于山腹之中,上面是 360 m 的岩石层。水池中的 4 个圆柱形钢罐(见图 3.22c),就是探测中微子的中心探测器,每个直径 5 m,高 5 m,里面装有液体闪烁体,重 110 t。中微子在探测器内发生反应后能够激发液体闪烁体,产生微弱的闪烁光。光电倍增管探测到闪烁光,将它转换成电信号,这样就探测到了中微子。2012 年 3 月,大亚湾中微子实验室国际合作组宣布,发现了第三种中微子振荡,并测量到 θ_{13} 的大小,且是三个中微子混合角中最精确的测量结果。这一实验成果入选美国《科学》杂志 2012 年度十大科学突破,并获得 2016 年度国家自然科学一等奖。

大亚湾实验结果公布之后,中微子"质量顺序"测量成为下一步的研究热点,国际竞争激烈。因为中微子振荡理论要求中微子必须具有一定的非零质量,哪怕很小,但不能为零。或者说,三种类型的中微子,至少要有一种具有非零的质量。而在基本粒子标准模型中,中微子是严格无质量的。因此,探索中微子质量问题对于粒子物理、天体演化和宇宙演化都具有重要意义。在我国,接棒大亚湾中微子实验室的是江门中微子实验室(JUNO),它和正在建设的日本顶级神冈实验、美国的深层地下中微子实验(DUNE)都把目标定在了质量测序上。江门中微子实验室和阳江核电站、台山核电站构成"等腰三角形",位于地下 700 多米处。建成后,江门中微子实验的中心探测器——球形液体闪烁体探测器,将浸泡在地下实验大厅内 44 m 深的水池中央,它由直径 41 m 的不锈钢网壳(见图 3.22d)、直径 35.4 m 的有机玻璃球,以及 20 000 t 液体闪烁体、2 万只 20 英寸光电倍增管、2.5 万只 3 英寸光电倍增管等关键部件组成。需要再强调一下,江门中微子实验室不仅仅是大亚湾中微子实验室的简单"增大"版。虽然两个实验都是研究中微子,但具体科学目标完全不同。大亚湾实验的科学目标是利用核反应堆产生的中微子来测定中微子第三种振荡模式,而江门实验是要实现对中微子质量顺序和中微子振荡参数的精确测量。

图 3.22c 大亚湾中微子实验室,4 个中微子探测器安装在巨大的水池中

图 3.22d 正在建设中的江门实验室球形探测器的不锈钢网壳

3.6.5 超新星遗迹

无论是Ⅰ型超新星还是Ⅱ型超新星,爆发时都会把大量物质抛射出去,形成超新星遗迹(见图 3.23),著名的蟹状星云也是其中之一(见图 2.14)。在年轻的超新星遗迹里,我们还可以看到被抛出的物质在膨胀。这些遗迹非常重要,因为它们把恒星演化过程中以及超新星爆炸中产生的重元素,扩散到广大的星际空间。在这之后,富含重元素的星际物质将形成下一代恒星,开始一个新的循环(见图 3.24)。回顾前面的讨论我们看到,在元素周期表中,铁之前的元素(除了氢、氦、锂、铍、硼等轻元素以外,它们是宇宙早期核合成的结果,见第 7 章)可以通过正常的(大质量)恒星内部核反应产生,但铁之后的元素只能在超新星爆炸的过程中合成。因此,地球上的,包括我们自己身体上的比铁重的元素,都来自于超新星遗迹。可以毫不夸张地说,没有超新星爆发和超新星遗迹,人类也就不会在宇宙中出现了。

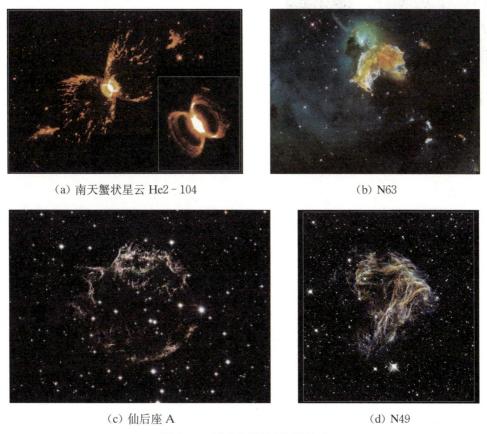

(a) 南天蟹状星云 He2-104　　(b) N63

(c) 仙后座 A　　(d) N49

图 3.23　形态各异的超新星遗迹

对超新星遗迹的观测发现,它们通常都具有很强的磁场,而且有大量高能电子存在。由经典电动力学得知,强磁场中的高能电子会发出同步加速辐射,这种辐射具有很典型的特点,它的能谱呈幂律谱形式,并且有很强的偏振。观测得到的超新星遗迹的能谱,辐射强度随波长减小(光子能量增加)呈负指数幂下降。或者用对数坐标表示时,是一条向波长减小方向下降的直线,例如蟹状星云的能谱就是这样(见图 3.25)。图中显示,射电部分的辐射强度远大于其他部分的强度,但由于整体辐射实在太强,使得我们可以在整个波谱上探测到同步加速辐射,从射电波段一直到 γ 射线波段。这表明,蟹状星云所包含的电子发出的辐射能量极大。但我们又知道,高能电子在发出同步加速辐射时,会在很短的时间内失去能量。然而,蟹状星云已经存在了将近 1 000 年,我们今天仍然能观测到它发出的强烈辐射。这又提出了一个令人困惑的问题:在蟹状星云这样的超新星遗迹里,持续不断地提供高能电子的源头在何处? 目前较普遍的看法是,这一源头就是超新星爆发时诞生的中子星,也就是存在于超新星遗迹里的脉冲星。

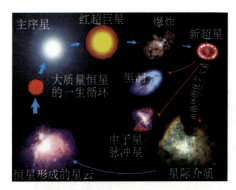

图 3.24 大质量恒星的一生循环

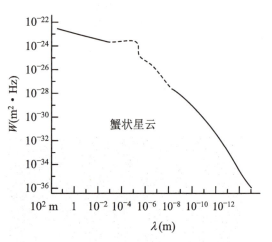

图 3.25 蟹状星云的辐射能谱
（从射电波到 γ 射线）

3.7 密近双星的演化

恒星世界中,一半以上的恒星是双星,还有大约 10% 是三合星,像太阳这样的单星只占少数。双星是恒星世界的普遍现象,是最小的恒星集群。

前面我们讨论过的恒星演化是关于单星的,单星基本上可以看成一个孤立系统。一旦原恒星形成,它的演化主要依靠自身物理条件的变化,如密度、温度、压力及化学成分等,而演化的主导因素是恒星自身的引力。除了在原始恒星形成的早期阶段,以及大质量恒星演化的晚期,可能向周围空间有不同规模的物质抛射外,单星演化过程中不存在与其他恒星的物质交流。而双星特别是当两颗子星的距离很近时的情况就大为不同了。由于两颗子星非常靠近,星风、吸积过程、物质交流等影响非常显著,可能出现超高能辐射乃至各种形式的爆发(包括超新星爆发)等典型现象。像这样的一颗子星影响另一颗子星演化(或两子星之间有显著物质交流)的双星系统称为**密近双星**。密近双星在双星系统中较为普遍,对它们的研究可以使我们深入了解恒星的演化及内部结构,特别是对致密天体的研究、引力波探测、寻找黑洞有重大的意义。

3.7.1 洛希等势面

不考虑物质交流时，密近双星两颗子星的运动是简单的。假定两颗子星密度分布的中心聚度都很高，也就是说，都可近似地看成质点，并且自转都可以忽略。在引力的作用下，两颗子星将围绕公共质心运转，轨道为同一平面上半径不同（设两星的质量不同）的两个圆轨道（见图 3.26），但它们围绕质心的公转周期或轨道角速度 ω 是相同的。我们现在把参考系取为与轨道角速度 ω 相同的转动坐标系，这样做可以得到不随时间而变的引力场。但如果要在此参考系中描述某个粒子的运动，除了引力外，还必须计入惯性离心力。通常计算中采用的是引力势和离心力势，而不是引力和离心力。对力场的这两种描述在本质上是没有区别的，因为我们从经典力学中知道，（保守）力就等于势能梯度的负值。

下面我们来建立坐标系。设两子星 a,b 的质量分别为 M_a, M_b（并设 $M_a > M_b$）。两星距离为 A，公转周期为 P，因而公转角速度为 $\omega = 2\pi/P$，且由开普勒第三定律有

$$\omega^2 A^3 = G(M_a + M_b) \tag{3.110}$$

定义 b 星的约化质量为 $\mu = M_b/(M_a + M_b)$，则 a 星的约化质量为 $1 - \mu$。现在我们把 a 星设为坐标原点（但注意转轴不通过原点），x 轴穿过 b 星为两星连线方向，y 轴在两星的轨道平面内，z 轴垂直于轨道平面（见图 3.27）。再以 A 为长度计量单位，则两星质心的坐标是 $(\mu, 0, 0)$。不难验证，在这样的转动坐标系中，空间坐标为 x, y, z 的 Q 点处的总势能（引力势能与离心势能之和，称为**有效势**）Ψ 满足

$$\frac{A\Psi}{G(M_a + M_b)} = \frac{1-\mu}{(x^2 + y^2 + z^2)^{1/2}} + \frac{\mu}{[(x-1)^2 + y^2 + z^2]^{1/2}}$$
$$+ \frac{1}{2}(x^2 - 2\mu x + \mu^2 + y^2) \tag{3.111}$$

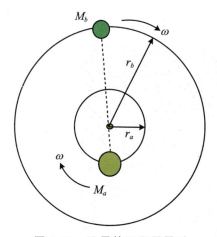

图 3.26 双星的两颗子星以质心为参考点的运动轨道

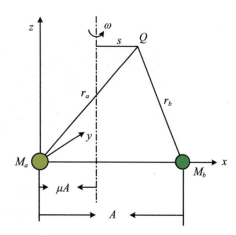

图 3.27 以 a 星为原点的坐标系

显然，等号右边前两项分别表示两子星的引力势，而第三项表示离心力势。这里我们来解释一下离心力势。它应当等于 $\frac{1}{2}\omega^2 s^2$，其中 s 是 Q 点到转动轴（通过质心）的垂直距离，即 $s^2 = (x-\mu)^2 + y^2$，因此离心力势等于 $\frac{1}{2}\omega^2[(x-\mu)^2 + y^2]$。再利用 (3.110) 式把 ω^2

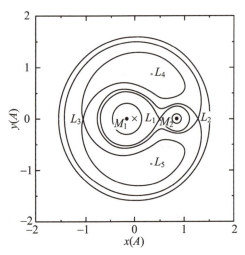

图 3.28 洛希等势面族与拉格朗日点
〔该图取质心（×号所示）为原点，长度以两星距离 A 为单位〕

解出，代入到离心力势中，就可以得到(3.111)式等号右边第三项。(3.111)式中的 Ψ 也称为洛希(E. Roche)势能。Ψ 等于常值的点，就构成三维空间中形状不随时间而变的一族曲面，称为**洛希等势面族**。图 3.28 所示为等势面在轨道平面上的截面图，即 $z=0$ 时的情况。

在等势面上的任意一点，有效势所确定的有效力（引力加惯性离心力）都是垂直于等势面的。因此，当一个粒子沿等势面（或等势线）运动时，不会受到力的作用，也就不需要做任何功。也就是说，粒子可以沿等势面自由运动。由有效势的分布可以计算出，在图 3.28 中共有 5 个作用力平衡的点，称为**拉格朗日点**。其中 L_1,L_2,L_3 为等势面鞍点（不稳定平衡点），L_4,L_5 是稳定平衡点。L_1 又称内拉格朗日点，L_2 称外拉格朗日点。通过 L_1 的等势面为两个相接的闭合曲面，形成了一个横躺的 8 字，它们代表了两颗子星的引力范围，称为**洛希瓣**（或洛希极限），又称内临界等势面，它决定了两颗子星表面最大的形状和界限。当子星在演化过程中膨胀，体积充满洛希瓣时，物质能够通过 L_1 逃逸到另一个子星。L_1 亦即粒子受力为 0 的点，但容易看出，它的空间位置一般与质心是不重合的。在转动坐标系之外的惯性参考系中看来，整个系统只有质心是不动的，因而 L_1 相对质心有转动。这样，当物质通过 L_1 由一颗子星流向另一颗子星时，这部分物质携带角动量，到了另一颗子星附近就会形成**吸积盘**（见图 3.29）。

图 3.29 吸积盘的形成

通常把通过 L_2 点的等势面称为外临界等势面，它决定了围绕两星的公共包层的最大形状和界限。外拉格朗日点 L_2 是物质流出双星系统的"溢出口"。实际上，L_3 也起着与 L_2 相似的作用，但由于 L_3 比 L_2 离双星系统要远一些，故一般情况下只关注 L_2。

根据密近双星整体的演化情况，可以把密近双星分为3种类型（见图3.30）：(a) 分离型，此时每一子星都比各自的洛希瓣部分小很多；(b) 半接型，此时其中一颗子星已膨胀并充满自己的洛希瓣；(c) 相接型，此时两颗子星都充满洛希瓣。显然，在后两种情况下，双星之间的物质交流就不能忽略了。

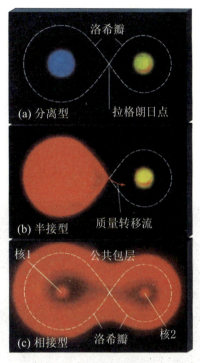

图 3.30 密近双星的分类

3.7.2 密近双星的演化

我们首先来看一下，当双星的总质量保持不变时，两颗子星之间的距离与两子星质量分布之间的关系。设与总轨道角动量 J 相比，两子星的自转角动量均可忽略，则双星系统的 J，$M_a + M_b$ 为常量。为方便起见，这里我们利用图3.27，并取 Q 点为质心，则角动量可表示为

$$J = (M_a r_a^2 + M_b r_b^2)\omega \tag{3.112}$$

由质心的定义给出 $M_a r_a = M_b r_b$，且 $r_a + r_b = A$，故有

$$r_a = \frac{M_b}{M_a + M_b} A = \mu A, \quad r_b = \frac{M_a}{M_a + M_b} A = (1-\mu) A \tag{3.113}$$

注意到 $M_b = \mu(M_a + M_b)$，$M_a = (1-\mu)(M_a + M_b)$，因而(3.112)式化为

$$J = \mu(1-\mu) A^2 (M_a + M_b) \omega \tag{3.114}$$

再利用开普勒第三定律(3.110)式消去(3.114)式中的 ω，最后得到 A 与 μ 之间的关系为

$$A = \frac{M_a + M_b}{G M_a^2 M_b^2} J^2 = \frac{J^2}{G(M_a + M_b)^3 \mu^2 (1-\mu)^2} \tag{3.115}$$

此式表明，如果两子星之间的物质交流使 M_a 和 M_b 发生变化，相当于 μ 在 $(0,1)$ 之间变化，则两星之间的距离也会发生变化。图 3.31 给出 A/A_0-μ 的关系，其中 A_0 为 $\mu = 0.5$（即两子星质量相等）时的 A 值。从图中可以看出，两子星的质量越平衡，它们之间的距离就越接近。

自20世纪70年代以来，天体物理学家已经可以借助于计算机，对密近双星的演化过程进行精确的理论计算。只要给定两颗子星的初始质量，则单星的演化过程是已知的；接下来的主要问题是两星之间的物质交流过程。这需要

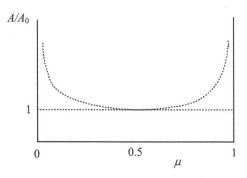

图 3.31 密近双星的 A/A_0-μ 关系

仔细计算每颗星的洛希瓣的大小，计算通过内拉格朗日点 L_1 流出流入物质的量，再据此修正每颗星的质量以及接下来的演化，等等。计算过程是相当繁复的，但各种不同初始质量的演化结果都已经计算出来了。我们这里只介绍一下大致的结果。通常，双星系统中质量较大的子星（在我们假设的情况下即 a 星），将演化得较快，先离开主星序，变为红巨星。此时它的体积膨胀得很大，足以充满其洛希瓣。此后，物质开始由 a 星流向 b 星，两星之间的距离也变小。同时 a 星由于失去物质使洛希瓣变小，但余下物质仍然充满洛希瓣，继续流向 b 星。b 星接受质量，并且流入物质的引力能以热能形式释放，故其光度增加。随后 b 星也逐渐充满洛希瓣，直到两颗星恰好接触。在此以后，如果 a 星继续释放物质，则多余的物质将通过外拉格朗日点 L_2 逸出。

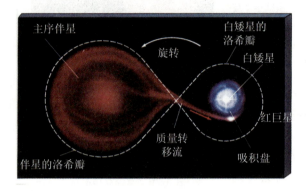
(a) 白矮星吸积

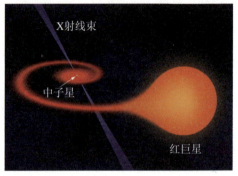
(b) 中子星吸积

图 3.32 致密星的吸积

因为 a 星是巨星，所以洛希瓣只比中心氦核稍大，物质的流出将继续到几乎把整个氢外层都流走，只剩下裸露的氦中心核。如果核的质量小于氦闪的临界质量，或者发生电子简并形成碳-氧中心核时，a 星就变成致密星——白矮星；如果核的质量大于钱德拉塞卡极限 $M_{ch} \sim 1.4 M_\odot$，则其内部将演化成铁中心核，继而发生超新星爆发，最后成为中子星或黑洞。

上述过程结束后，a 星已成为裸露的致密星（白矮星、中子星或黑洞）。但 b 星将继续演化，充满洛希瓣后，开始向 a 星的第二次物质交流。这样就转化为致密星的吸积问题。

3.7.3 几种典型的最终演化结果

密近双星在演化的最后阶段，先演化成为致密星的子星，开始对另一颗子星物质进行吸积。如前所述，内拉格朗日点 L_1 与双星系统的质心不重合，并相对于质心有转动。因此被吸积的物质通过 L_1 进入致密星的洛希瓣时，是携带有角动量的。这就使得大多数物质不是直接落到致密星上，而是进入环绕致密星运动的轨道，即形成吸积盘。之所以形成盘，是因为角动量守恒，使物质不能沿垂直于转轴的方向落向致密星，但可以沿平行于转轴的方向运动，这样就形成扁平的盘状结构［见图 3.29 和图 3.32(b)］。当然，实际的恒星物质并不是理想气体或理想流体，而是有一定的黏滞性的。黏滞摩擦会使角动量减小，而角动量减小就会使轨道下降。因而，吸积盘内的物质，最终还是会从内缘部分开始，逐渐地落到致密星上。

被吸积物质在下落过程中，引力势能减少而动能增加，并有一部分能量变为辐射能，即增加了致密星的光度。按照位力定理给出的估计，被吸积物质失去的引力势能大约一半将变为辐射能放出,另有一半变为吸积盘的热能,使吸积盘的温度增高。因此,致密星的吸积率(即单位时间内吸积物质的质量)越大,它的光度也就越大(其中也要包括吸积盘温度升高所增加的光度),看上去两者会成比例地增加,没有什么限制,但事实上,有一个重要的因素限制了吸积率和光度的增加,这就是辐射压。辐射压力会对下落的物质产生推斥力(光压),因而使吸积率不能无限制地增加,而是有一个上限,这就是所谓的**爱丁顿极限吸积率**。

为简单起见,设被吸积的物质主要由氢原子组成。在距离引力中心 r 处(见图 3.33),单位面积的辐射压是

$$p = \frac{1}{3}u = \frac{1}{3}\frac{L}{4\pi r^2 c} \tag{3.116}$$

式中,L 是 r 处的光度,c 为光速。这一辐射压主要作用于电子,因而电子所受到的辐射压力是

$$p_e = p\sigma_e = \frac{L\sigma_e}{12\pi r^2 c} \tag{3.117}$$

式中,σ_e 为电子的汤姆孙散射截面(约 $10^{-25}\ \text{cm}^2$)。在极限情况下,这个辐射压与氢原子受到的引力相平衡,即

$$\frac{L\sigma_e}{12\pi r^2 c} = \frac{Gm_H M}{r^2} \tag{3.118}$$

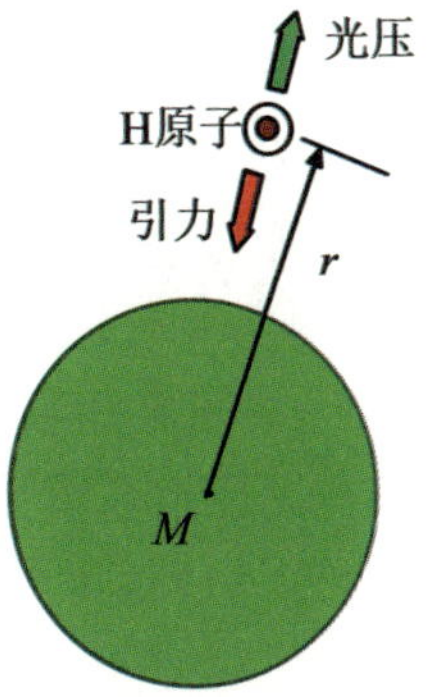

图 3.33 氢原子受到的引力与光压

这就给出光度的一个上限:

$$L_E = \frac{12\pi c G m_H M}{\sigma_e} \simeq 4 \times 10^{38} \left(\frac{M}{M_\odot}\right)\ \text{erg/s} \tag{3.119}$$

式中,L_E 称为**爱丁顿极限光度**。光度超过了这一极限,被吸积的物质将不再下落。

再设辐射能量完全由吸积物质的引力势能转化而来,即

$$L \sim \frac{GM}{r}\frac{\mathrm{d}M}{\mathrm{d}t} \tag{3.120}$$

由此并利用(3.119)式,可知吸积率 $\mathrm{d}M/\mathrm{d}t$ 也必须有一个上限

$$\frac{\mathrm{d}M}{\mathrm{d}t} \leqslant \frac{L_E r}{GM} \simeq 10^{-8} M_\odot /\text{年} \tag{3.121}$$

这个上限就是爱丁顿极限吸积率,它在研究致密星吸积的问题时起着很重要的作用。

下面再回到密近双星演化最后阶段的讨论上来,我们主要关注致密星吸积物质后的结果。根据致密星的不同情况,其结果为:

1. 白矮星的吸积

如前所述,白矮星的质量有一个上限,即钱德拉塞卡极限,大致等于 $1.4M_\odot$。如果吸积物质后,白矮星的质量仍小于这一极限,则可能出现新星爆发。新星是物质(主要是氢)从伴星向白矮星下落,在其表面堆积并引发热核爆炸的结果。白矮星表面的温度相当高,只要表面堆积的含氢物质足够多,就可以使氢发生突然聚变,导致白矮星外层爆发。但这一爆发是局域的,不会破坏白矮星的整体结构。爆发过程进行得也很迅速,并可以在短时间内阻止周围物质的下落。爆发使得白矮星可以在几个星期内保持光辉夺目,即使远在银河系边缘也能被观测到。迄今为止观测到的最明亮的新星之一是天鹅座 1975 新星,它的光度达太阳的 100 万倍,持续照耀了 3 天。新星爆发产生的总能约为 10^{45} erg,其中大约有 10% 储藏为星体内部的振动能,这使星体以 $0.01-1$ Hz 的频率振动,并可以产生引力波辐射(见3.8节)。多数新星只爆发一次,而有些新星在爆发后经过一段时间,可能是数月或数年,当伴星物质

在白矮星表面重新堆积到一定数量后,会引起新星再次爆发。

如果落在白矮星上的物质足够多,致使白矮星的总质量超过了钱德拉塞卡极限,这时电子的简并压力不再能够抵抗引力,白矮星就会坍缩。坍缩是瞬间发生的,这就是Ⅰa型超新星爆发。坍缩和爆发将触发一系列核反应,其中最重要的是形成放射性元素 ^{56}Ni,然后通过 β 衰变成为 ^{56}Co,再经 β 衰变成为 ^{56}Fe。这两次 β 衰变是Ⅰa型超新星后期光辐射的主要机制,它们的特征是指数衰减,而在Ⅰa型超新星光变曲线中,的确看到的是这样的双指数衰减。由此我们可以认为,宇宙中的大部分铁元素是由Ⅰa型超新星爆发合成的,因为Ⅱ型超新星爆发过程中,核心的大部分铁已经变成中子了。此外,与新星爆发不同,Ⅰa型超新星爆发只能发生一次,爆发后白矮星彻底毁灭,只剩下碎片和灰烬。密近双星系统就此彻底瓦解,只有另一颗伴星留存下来,成为一颗单独的星。

2. 中子星的吸积

这是密近双星系统中,其中一颗子星首先演化成为中子星的情况。初看上去,这种情况不大可能出现,因为如果一颗子星是中子星,它必然经历过猛烈的超新星爆炸,而爆炸会把另一颗子星炸飞,从而使双星系统瓦解。但实际观测却发现,双星系统中,的确有一颗子星是中子星(脉冲星)的情况。对此人们从理论上进行了许多探讨,目前的几种解释是:① 超新星爆发前的双星并没有形成真正的束缚系统,爆发后才由于某种适合的条件而形成这样的系统;② 超新星爆发后,不一定彻底摧毁双星系统,中子星和伴星依然保持为双星,但有关轨道参数会发生改变;③ 致密星原来是白矮星而不是中子星,但白矮星吸积物质后,不经过爆发而直接坍缩成中子星。当然,这需要改写我们前面讨论过的中子星形成的理论。

中子星表面一般都有很强的磁场,这就使中子星一般都表现为脉冲星(详细讨论见第 4 章)。如果中子星存在于双星之中,则双星轨道运动产生的多普勒频移,会使原来的脉冲信号叠加轨道周期的信息:当脉冲星向离开我们的方向运动时,脉冲之间的间隔变长;而当脉冲星向着我们运动时,这一间隔将变短。因此通过对接收到的脉冲信号的频谱分析,就可以把轨道周期的信息分离出来。正是利用这一原理,泰勒和赫尔斯于 1974 年发现,脉冲星 PSR 1913+16 是双星系统中的一颗子星,其脉冲周期为 0.059 s,轨道周期为 27 907s(约 7 小时 45 分)。轨道周期非常短,故只能是密近双星。更重要的是,他们发现轨道周期以 -2.4×10^{-12} s/s 的速率变化(公转速率加快),这样的速率变化正好与密近双星引力波辐射所预言的变化一致(见 3.8 节)。由于泰勒和赫尔斯对脉冲双星的出色研究,他们获得了 1993 年度的诺贝尔物理学奖。

另一颗伴星也可能最后演化为致密星(通过爆发),结果双星都成为致密星。例如,PSR 1913+16 所在的双星系统,两颗子星都是中子星(脉冲星)。但由于另一颗子星的脉冲辐射方向没有对着地球,所以看不到它的脉冲。可以想象,要使两颗子星很窄的辐射光束都正好对着地球,这样的概率实在是太低了,因此至今只观测到一例来自同一双星系统的两颗脉冲星的脉冲信号,即 2003 年发现的 PSR J0737-3039。

与密近双星中的中子星吸积相联系的,还有另一个重要的现象,就是**毫秒脉冲星**(参见 4.3.4 小节)。这是脉冲星中脉冲周期最短的一类。与通常脉冲星显著不同的是,通常脉冲星由于自转动能的损耗会越转越慢,即脉冲周期会逐渐变长,但毫秒脉冲星的转动速率变化极小(是所有天文"时钟"中走时最稳定的),这表明其自转动能(或自转角动量)必然得到了某种补充。现在认为,这是由于伴星物质在该脉冲星周围形成了吸积盘,随着物质从吸积盘持续地落到脉冲星表面,也把角动量带给了脉冲星,从而补充了转动能量的损失。另一方面,这样的角动量转移也可以解释毫秒脉冲星的形成:一个自转较慢的普通脉冲星,如果从吸积盘一下子获得了很大的角动量,则可能因自转加速而变为毫秒脉冲星。

最后谈一下 X 射线双星。由于中子星表面的引力远强于白矮星(我们将在第 4 章更仔细地讨论这一问题),伴星物质向中子星回流下落的过程中,失去的引力势能转化为吸积盘的热能,会使吸积盘达到很高的温度。例如,著名的 X 射线源武仙座 X-1,观测表明它是一个周期为 1.7 天的双星,吸积率为 $10^{-9}M_\odot$/年,相当于每秒钟吸积约 10^{11} t 的物质,这使得吸积盘的温度高达 10^8 K。在这样高的温度下,能量为 kT 的光子相应的平均波长是 0.14 nm,正好处于 X 射线波段(X 射线的波长范围是 $0.001-10$ nm,其中 $0.001-0.1$ nm 波段称为硬 X 射线,$0.1-10$ nm 波段称为软 X 射线)。因此中子星会发出很强的 X 射线辐射。如果吸积物质落到转动的中子星的磁极,则其将表现为 X 射线脉冲星。如果吸积物质在中子星表面堆积,也会产生新星爆发那样的 **X 射线暴**,但释放的能量要大得多。因为中子星表面的引力比白矮星强很多,故下落物质使其表面达到比白矮星高出很多的温度。因此,被吸积的氢在中子星表面形成高温高密的壳层,并迅速以非爆发形式由氢转变成氦。这样,氦就覆盖了中子星的表面。当氦层厚度达到 1 m 时,就会发生爆发式的氦聚变,这就是 X 射线暴。像新星一样,X 射线暴也可能重复爆发,且没有任何周期性。但 X 射线暴极为罕见,估计每 10 亿颗恒星中只能出现一颗。

3. 黑洞的吸积

如果致密星的质量超过了中子星的临界质量(大约 $3M_\odot$),在坍缩过程中就会变为黑洞。我们将在第 4 章中系统地介绍有关黑洞的知识,这里只简单地谈一下包含黑洞的双星系统。通过双星发现黑洞,是目前探寻黑洞的主要方向之一。恒星级的黑洞大小只有几千米,因此直接观测这样的黑洞是不可能的,只有通过间接的办法,例如黑洞吸积伴星物质后的光学表现。黑洞的引力场比中子星更强,吸积盘的尺度更小,因而物质落到吸积盘上时,可以发出 X 射线甚至更高能的辐射。对恒星级黑洞而言,只要能确定发出高能辐射区域的大小为黑洞尺度,并且致密天体的质量为恒星量级,就可以基本上确定该天体为黑洞。黑洞的大小可以通过辐射区域的光变时标来估计,很小的光变时标相应于很小的发光区域尺度;质量可以通过双星的轨道运动来确定。实际观测已经发现了这样一批恒星级黑洞的候选者,其中著名的有天鹅座 X-1、大麦哲伦云里的 LMCX-3、麒麟座 V616 以及 SS433 等。这些天体都是很强的 X 射线源,并且有时标很短的光变。但由于观测上仍然存在一些不确定性因素,所以至今为止,还不能百分之百地认定它们就是黑洞。而对于不发出高能辐射即处于宁静态的"隐形"黑洞,如果能够观测到其可见伴星的光谱,则可以通过光谱特征及开普勒定律,得出致密星的质量。例如我国郭守敬望远镜团队就采用这一方法,发现了恒星级黑洞系统中的"黑洞之王"LB-1,其质量竟然高达太阳质量的 70 倍。

3.8 引力波辐射

引力波听起来有些神秘,往往认为只有学习了广义相对论才会了解它。其实,从牛顿力学出发也容易理解引力波的产生。例如,树上结的一只苹果,在某个时刻苹果枝突然折断,苹果落到地面。这意味着地球的质量分布有了一个突然的变化,于是,地球周围的引力场也就有一个突然的变化。但场的变化不会在整个空间中同时发生——在任何给定的空间点,场的变化要延迟一段时间,它等于光信号从地球传播到该点所需的时间。因此引力场的扰动以光速向外传播,这样传播的引力场的扰动就称为引力波。笼统地说,当一个系统的质量分布发生变化时,一般就会有引力波产生。所以,引力波的存在应当是狭义相对论的一个直接结果:引力作用不能以无限大的速度传播。因为无限大的速度不满足洛伦兹不变性,并且当信号速度超过光速时会发生因果关系的破坏。因为光速是唯一洛伦兹不变的速度,我们自然期望引力作用以波的形式传播,并且传播的速度等于光速。

当然,引力波的具体计算包括强度和类型(如正负螺旋型)是与引力理论的细节有关的,因而通过引力波的实验研究就可以检验引力理论。更加重要的是:引力波不是电磁波,电磁波在宇宙空间中传播时所受到的种种干扰(例如被星际物质吸收和散射),对引力波不起作用。因此,引力波具有极强的穿透力,从而在电磁波窗口、粒子窗口之外,再为我们开辟了一个观察宇宙的窗口。引力波天文学是对光学、射电以及 X 射线、γ 射线天文学的有益补充,它将使我们能够"窥探"到类星体的核心以及其他强引力场区域。引力辐射暴的能量、脉冲形状和偏振,能够向我们揭示暴源处的天体物理过程。

类似于电磁学中的电偶极辐射或磁偶极辐射,两个相互绕转的天体会发出引力辐射(见图 3.34a),其计算过程大体类似于电动力学。所不同的是,电动力学中电磁波的源是随时间变化的电荷或磁荷分布,而引力波的源是随时间变化的质量(严格地说是能量-动量)分布。在图 3.26 所示的双星情况下(以下我们用脚标 1,2 代替原图中的 a,b),由广义相对论理论计算得到的该系统辐射的引力能功率是

$$\frac{\mathrm{d}E}{\mathrm{d}t} = \frac{32G}{5c^5}\left(\frac{m_1 m_2}{m_1 + m_2}\right)^2 r^4 \omega^6 \tag{3.122}$$

图 3.34a 两个相互绕转的大质量天体发出引力辐射

式中,ω 是双星的轨道运动频率。另一方面,开普勒第三定律给出轨道运动频率是

$$\omega^2 = \frac{G(m_1 + m_2)}{r^3} \tag{3.123}$$

故(3.122)式变为

$$\frac{dE}{dt} = \frac{32G^4}{5c^5 r^5}(m_1 m_2)^2(m_1 + m_2) \tag{3.124}$$

由于该双星系统因引力辐射而损失能量,两个天体之间距离减小的速率是

$$\frac{dr}{dt} = -\frac{64G^3}{5c^5 r^3} m_1 m_2(m_1 + m_2) \tag{3.125}$$

并且轨道频率增加的速率是

$$\frac{d\omega}{dt} = -\frac{3\omega}{2r}\frac{dr}{dt} = \frac{96}{5}\left[\frac{G(m_1+m_2)}{c^2 r}\right]^{3/2} \frac{G^2 m_1 m_2}{c^2 r^4} \tag{3.126}$$

从(3.124)式至(3.126)式可见,在两颗子星质量不变的情况下,引力辐射的功率、两星之间的距离变化以及轨道频率的变化都随 r 的减小而显著增大。这就是说,只要轨道半径很小,双星系统就会有明显的引力辐射。遗憾的是,引力作用比电磁作用弱得多,两者之比大约为 10^{-38};同时,探测器的频率还要求与引力波源的频率尽可能相近,以得到共振条件。因而在地球上探测引力波辐射是非常困难的,探测器必须做得极其灵敏。实际上,两个小球用弹簧连接起来构成一个简单的谐振子,就可以用来作为引力波探测器,因为入射到这一系统的引力波将产生潮汐力,从而激发起振动。对于一个强引力辐射的天体物理源,例如一颗距离地球为 10 kpc 的超新星,其引力波可能具有的振幅大约是 10^{-18}。这意味着如果我们把地月系统看作是一个引力谐振子,则在该引力波的影响下,地月距离将变化大约 $1/10^{18}$ 即大约 10^{-8} cm。利用激光脉冲技术,地月距离测量的精度现在可以达到 1 cm 的量级,但显然,这对于探测超新星的引力波还是远

图 3.34b 韦伯于 1960 年代建造的引力波探测器(大量压电换能器贴在圆柱体的中间。在运行时,探测器置于一个真空容器之中)

远不够的。图 3.34b 所示为韦伯(T. Weber)于 1960 年代建造的引力波探测器,这是人类首次企图接收宇宙空间传来的引力波的尝试,可惜没有成功。

然而,引力波可以由双星系统能量损失所引起的轨道变化而间接地探测到。双星系统由于引力辐射而失去能量,这使得它的轨道频率增加[(3.126)式],也就是轨道周期减小。例如,最著名的就是前面提到过的脉冲双星系统 PSR 1913+16,它是泰勒和赫尔斯在 1974 年用阿雷西博射电望远镜搜寻脉冲星时发现的。这一系统由一颗脉冲星(发出射电脉冲的转动中子星)和一颗伴星组成,伴星也是一颗中子星,两者的轨道非常接近,只有几百万千米,两者相互绕转的周期为 7 小时 45 分,运动速度达 300 km/s。观测发现,PSR 1913+16 的轨道周期每秒钟减少 2.4×10^{-12} s(合每年减小 76 μs),这与广义相对论的理论模型给出的结果符合得非常好,因而被看成广义相对论关于引力波存在的一个有力证据,尽管是间接的证据。泰勒和赫尔斯也因此获得了 1993 年诺贝尔物理学奖。计算表明,大约 3 亿年之后,这两颗中子星将碰撞在一起,产生最后的引力爆发。

为了直接在地球上探测来自宇宙空间的引力波,从 20 世纪末开始,人们就着手建造大型激光干涉仪,以期能够极其精密地测量空间距离的变化。其中最著名的是美国的 LIGO(Laser Interferometer Gravitational-wave Observatory,激光干涉引力波天文台,见

图 3.35)、欧洲"处女座"引力波探测器 Virgo(见图 3.36,由法国科学研究中心、意大利核物理研究所联合研制,位于意大利比萨)以及日本神冈引力波探测器(Kamioka Gravitational Wave Detector,简称 KAGRA)。其他还有德国普朗克研究所、英国格拉斯哥大学合作的 GEO600(位于德国汉诺威)、日本国立天文台宇宙研究所的 TAM300(位于日本三鹰市)、澳大利亚国立西澳大学的 ALGO 等。这些引力波探测器的工作原理与我们熟知的迈克耳孙干涉仪相同,如图 3.37 所示:一束激光从激光源中发出,经过一面 45°倾斜放置的分光镜,分成两束相位完全相同的激光,并向互相垂直的两个方向传播;这两束光线到达距离相等的两个反射镜后,沿原路反射回来并发生干涉。当有引力波经过时,探测器周围的空间就会发生扰动,导致空间本身在一个方向上拉伸,同时在与其垂直的另一个方向上压缩,且拉伸与压缩交替发生(见图 3.38)。这样,两束激光走过的路程就将产生微小的差异,使得接收器上的干涉条纹出现明显移动,这就表明探测到了引力波。但是,因为引力波十分微弱,由引力波引起的距离变化小到只有质子大小的 1/10 000,因此干涉仪的两臂就必须做得很长,同时还要尽可能排除地震或附近道路上交通等噪声的影响。例如,LIGO 由两台干涉仪组成,每一台 L 形的两条臂都长达 4 km,臂中包含 1.2 m 宽的真空钢管,并覆盖有 10 英尺宽、12 英尺

图 3.35 位于美国华盛顿州的 LIGO

图 3.36 位于意大利比萨附近的引力波激光干涉仪 Virgo

高的混凝土防护罩，保护真空管不受周围环境的影响，其激光设备也采用特殊设计的悬挂装置(见图3.39)，以避免各种外部震动的干扰。LIGO的两台干涉仪分别置于华盛顿州 Hanford 和路易斯安那州 Livingston，两地相距3 000 km。如果这两台干涉仪同时(扣除掉两地的光行时间差)记录到相同的、有引力波特征的振动信号，就可以肯定这个引力波信号是真实的。与LIGO类似，欧洲 Virgo 的臂长是3 km，日本神冈 KAGRA 的臂长也是3 km，且探测器位于1 000 m 厚的山体之下。

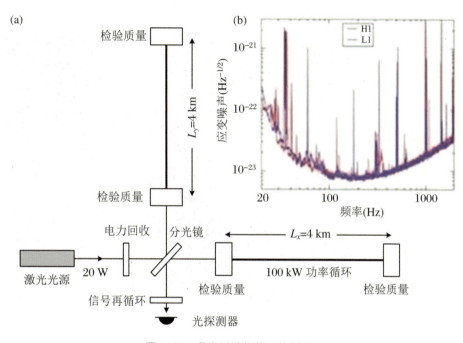

图3.37　激光干涉仪的工作原理

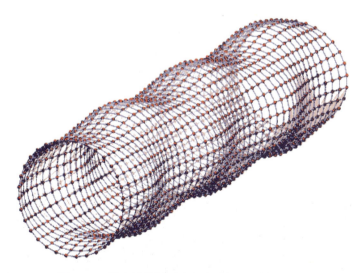

图3.38　引力波传播时空间发生微小扰动的图示

经过十多年的不懈努力，功夫不负有心人，2015年9月14日，LIGO终于观测到了引力波事件GW150914(这里GW代表引力波，后面6个数字两两一组，分别表示发现的年月日)。这是人类历史上第一次在地球上接收到来自宇宙的引力波信号,开启了跨时代的新篇章。图 3.40 表示分别由 Hanford 观测站(H1,左列图)和 Livingston 观测站(L1,右列图)记录到的 GW150914 的信号。这两列图像显示了此次事件中,引力波信号的强度(上方图)和频率(下方图)如何随着时间(横轴)变化的情况。这两个观测站的结果均显示,GW150914 的频率在 1/10 s 内出现从 35 Hz 到 150 Hz 的飙升。此外,GW150914 的信号首先抵达 L1 观测站,随后抵达 H1 观测站,时间间隔约 7 ms,这与以光速传播穿越这两座观测站的情况相吻合。理论计算表明,这次引力波事件是距地球 13 亿光年的两个黑洞合并的结果,这两

图 3.39 LIGO 在进行调试

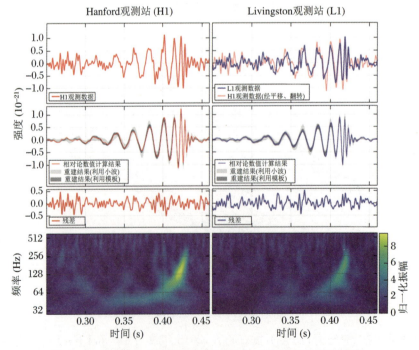

图 3.40 人类第一次接收到的引力波信号(LIGO 的观测结果)

个黑洞分别具有 29 个和 36 个太阳质量,合并过程中,有相当于 3 倍太阳质量的能量被以引力波的形式释放出来。不久之后,LIGO 又单独发现了两次引力波事件,即 GW151226 和 GW170104,并很快又与 Virgo 一起共同发现了第四次引力波事件 GW170814。这 4 次事件都是由两个恒星级黑洞的合并引发的,在合并的过程中数个太阳质量的能量转化为引力波的能量。但遗憾的是,这 4 次引力波事件都没有电磁波段的观测结果与之相对应。然而机会终于来了。2017 年 8 月 17 日,LIGO 与 Virgo 的 3 台探测器先后接收到引力波信号 GW170817。仅过了 1.7 s,NASA 的费米 γ 射线望远镜和 INTEGRAL 就探测到了一个 γ 射线暴 GRB170817A(见图 3.41a),且方向与引力波信号的方向一致。在之后的数小时内,位于智利的南双子望远镜在长蛇座星系 NGC 4993 中观测到明亮的光学源(见图 3.41b)。在接下来的几周里,全球各地的研究者通过各种设备(包括中国的慧眼卫星和南极 AST3 望远镜),在电磁波的各个波段——从射电波段到 X 射线波段,对这个目标进行了跟踪观测。经过仔细证认,这是 NGC 4993 星系(距离地球大约 1.3 亿光年)中的两颗中子星合并所发出的引力波和电磁波信号。这两颗中子星质量分别为 $1.1 M_\odot$ 以及 $1.6 M_\odot$,间隔约 300 km。它们相互绕转并逐渐靠近,越转越快,造成周围时空的明显扰动且发出强烈的引力波辐射,最终合为一体并产生剧烈的 γ 射线暴。此次双中子星并合抛射出大约 1% $M_\odot$(超过 3 000 个地球质量)的物质,这些物质以 0.3 倍的光速被抛到星际空间。更加令人惊异的是,光谱观测表明,这两颗中子星的碰撞产生了大量铂、金、铀等重元素,有人计算出,其中黄金和铂金的数量相当于 10 倍地球质量。2017 年 10 月,因构思和设计 LIGO 而对直接探测引力波做出了杰出贡献,美国物理学家韦斯(Rainer Weiss)、索恩(Kip Thorne)和巴里什(Barry Barish),荣获 2017 年诺贝尔物理学奖。

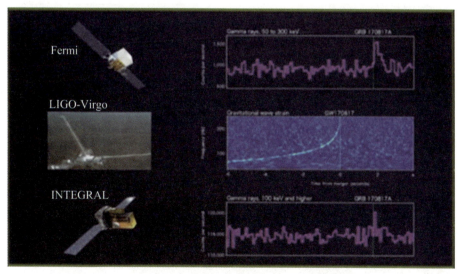

图 3.41a　引力波 GW170817 信号(中间图)与同时出现的 γ 射线爆发信号(上方图和下方图)

为了更高效和精确地测定来自宇宙空间的引力波,目前一些国家的科学家与工程师正在研制更为大型和精密的引力波接收装置。例如欧洲正在策划建造爱因斯坦望远镜(见图 3.42),这将是一个位于地下深处的等边三角形装置,共有 6 个 V 形激光干涉仪(每个角两个),单臂长为 10 km。整个装置将被置于地下几百米深的基岩中,以隔绝地表的各种噪声。

激光系统几乎冷却到绝对零度,其灵敏度足以捕捉到超大黑洞合并所产生的引力波辐射。设计者预计,该装置每年能探测到数十万次黑洞合并事件,甚至可以窥探到宇宙诞生后不久的原初黑洞。除了地面和地下的探测装置外,我国科学家计划把激光干涉仪送到太空,建立空间引力波天文台。其中"太极计划"由3颗卫星(搭载激光干涉仪)组成,呈正三角形编队,两颗卫星之间间距300万 km;三角形中心位于地球绕日轨道上,其与太阳连线的方向,和地-日连线方向之间成18°—20°夹角(见图3.43)。另一项"天琴计划"是在距地表10万 km的高空,由3颗卫星组成一个等边三角形(其中"天琴一号"卫星已于2019年底发射),并与地面实验室构成一个天地一体化的引力波观测体系。

图 3.41b 引力波 GW170817 的光学对应体(小图中十字中心)

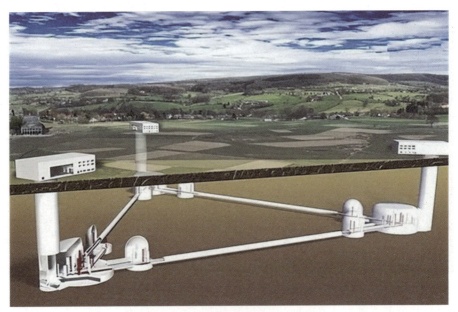

图 3.42 爱因斯坦望远镜设想图

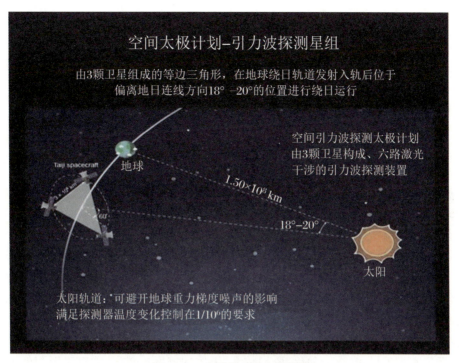

图 3.43　中国的空间太极计划

第4章 致 密 星

恒星演化的晚期，当中心核的核反应停止之后，就会经引力坍缩而形成致密的天体，通常称为**致密星**。我们在第3章中讨论过的白矮星、中子星以及黑洞，都属于致密星。顾名思义，致密星应当是体积小、密度大的天体。的确，白矮星的物质密度可达 $10^5 - 10^9$ g/cm^3，中子星的物质密度甚至高达 $10^{14} - 10^{15}$ g/cm^3。但实际上，密度只是衡量星体是否致密的重要参数之一，并不是决定性的参数。从本质上讲，致密星最根本的特点是其表面的引力场非常强，以至于广义相对论效应不可忽略。引力场的强弱通常用一个参数来表征，即表 4.1 中最后一列所示的引力强度参数 $2GM/(Rc^2)$，其中 M, R 分别为星体的质量和半径，G 为万有引力常数，后面我们将分析这一参数的具体含义。从表中可以看出，从普通天体（地球、太阳）到白矮星和中子星，参数 $2GM/(Rc^2)$ 越大，天体的密度也越大；而对于黑洞就不是这样了。下面我们会看到，所有的黑洞都有 $[2GM/(Rc^2)] \sim 1$，但密度可以千差万别。一个星体在引力坍缩后将形成哪种致密星，主要取决于它的质量。例如，白矮星的最大质量约 $1.4 M_\odot$，中子星约 $2 M_\odot$（基于不同物态方程并考虑转动时最大可达约 $3 M_\odot$），比这质量更大的天体，坍缩后只能形成黑洞。

表 4.1 典型天体的密度与表面引力场强度

天体名称	平均密度(g/cm^3)	引力强度参数$[2GM/(Rc^2)]$
地球	5	10^{-9}
太阳	1	10^{-6}
白矮星	$\sim 10^6$	$\sim 10^{-4}$
中子星	$\sim 10^{14}$	$\sim 10^{-1}$
黑洞		1

4.1 白 矮 星

第一颗被发现的白矮星是天狼伴星，它是德国天文学家兼数学家贝塞尔(F. Bessel)研究天狼星轨道运动时，于 1844 年用天体力学的方法计算出来的。贝塞尔经过长达 10 年的精密观测发现，天狼星在天空的"螺旋式"运动实际上是双星的轨道运动，因而推测它应当有一颗伴星。他计算出这颗伴星的质量应与太阳相当,轨道运动周期为50年(现代准确值为49.9年),但由于太暗,当时人们看不到它。1862年,美国光学家克拉克(A.Clark)父子用当时世界最大的18英寸反射式望远镜,终于拍到了天狼伴星的照片,发现它的亮度只有天狼星的1/1 000。1915年亚当斯(W.Adams)拍到了它的光谱,得知其是一颗蓝白色热星,大部分辐射能量在紫外波段。现在知道,天狼伴星的质量是 $1.053 M_\odot$,光度为 $L_\odot$ 的1/360。半径很小,约5 500 km($\approx 0.008 R_\odot$),比地球还要小一些,平均密度达 $3.0\times 10^6\,\mathrm{g/cm^3}$。表面温度为27 000 K,大大高于天狼星的9 910 K。所以在赫罗图上,天狼伴星应位于白矮星的位置。由第3章的讨论我们知道,白矮星是中、小质量恒星最后演化阶段的产物,由此估计在银河系中应当有大约100亿颗。但由于它们实在太小,很不容易观测到,目前已发现的白矮星只有数千颗,其中很多伴随有绚丽的行星状星云。

4.1.1 白矮星的质量上限——钱德拉塞卡极限

白矮星内部已不再有核反应,故没有能量继续产生,此时与引力抗衡的只有简并电子的压力。3.3节讨论过,简并电子在非相对论性和相对论性的情况下,物态方程是不同的。我们先来估计一下,电子由非相对论性转变为相对论性时,相应的物质密度大约是多少。第3章(3.64)式给出了费米动量 p_F 与电子数密度之间的关系,即

$$n_e = \frac{N_e}{V} = \frac{8\pi}{3h^3} p_F^3 \tag{4.1}$$

而电子数密度与物质密度的关系可以写成

$$n_e = \frac{\rho}{m_p \mu_e} \tag{4.2}$$

式中,m_p 是质子的质量,μ_e 是**每一电子对应的平均核子数**,注意这里的 μ_e 与通常平均分子量 μ 的意义不同。如果用元素丰度来表示,把(4.2)式与(3.74)式相比较,马上可以看到

$$\mu_e = \frac{1}{X + \frac{1}{2}Y + \frac{1}{2}Z} \simeq \frac{2}{1+X} \tag{4.3}$$

最后一步近似是忽略了重元素丰度的结果。在一般情况下,如物质完全电离且绝大部分质量由单一原子贡献,$\mu_e = A/Z$(这里的 A 代表原子量,Z 代表元素的原子序数)。由此可见,如果星体物质完全由氢组成($X=1$),则 $\mu_e=1$;如果完全由重元素组成($Z=1$),并近似地认为,核子中质子与中子各占一半,则由于电子数与质子数相等,因而有 $\mu_e\approx 2$。于是,由(4.1)式并设 $p_F\approx m_e c$(相应于电子从非相对论性到相对论性的转变),可以得到

$$n_e \approx \frac{8\pi}{3}\left(\frac{m_e c}{h}\right)^3 \approx 10^{30}/\mathrm{cm^3} \tag{4.4}$$

再由(4.2)式得

$$\rho \approx m_p \mu_e n_e \approx 10^6 \mu_e\,\mathrm{g/cm^3} \tag{4.5}$$

这样,当中心密度 $\rho_c < 10^6\,\mathrm{g/cm^3}$ 时,白矮星的电子是非相对论性简并的($p<mc$),此时的电子简并压[见(3.75)式]可以表示为

$$P_e = \frac{h^2}{20 m_e}\left(\frac{3}{\pi}\right)^{2/3}\left(\frac{\rho}{m_p \mu_e}\right)^{5/3} \simeq 1.0\times 10^{13}\left(\frac{\rho}{\mu_e}\right)^{5/3}\,\mathrm{dyn/cm^2} \tag{4.6}$$

而当 $\rho_c > 10^6\,\mathrm{g/cm^3}$,电子是相对论性简并的,即 $p>mc$,此时(3.76)式给出

$$P_e = \frac{hc}{8}\left(\frac{3}{\pi}\right)^{1/3}\left(\frac{\rho}{m_p\,\mu_e}\right)^{4/3} \simeq 1.2\times 10^{15}\left(\frac{\rho}{\mu_e}\right)^{4/3}\ \mathrm{dyn/cm^2} \qquad (4.7)$$

利用物态方程(4.6)式和(4.7)式,以及有关的恒星结构方程,就可以通过数值积分,求出白矮星的内部结构,例如密度和质量的分布、质量与半径的关系以及总质量的大小等。这里我们不去进行这样的仔细计算,而只运用半定量的分析方法,对白矮星的质量上限做一个估计。我们假设星体的密度是常量,不随半径而变。在静力学平衡情况下,星体中心处的重力应与简并电子压相等。如图 4.1 所示,一个长度为 R,截面为单位面积的圆柱体,所受到的总重力是

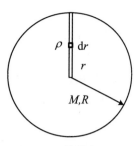

图 4.1 估计白矮星质量上限的简图

$$P_g = \int_0^R \rho g\,\mathrm{d}r = \int_0^R \rho G \frac{4\pi}{3}\frac{r^3}{r^2}\rho\,\mathrm{d}r = \frac{4\pi}{3}G\rho^2 \cdot \frac{1}{2}R^2 \qquad (4.8)$$

其中

$$R = \left(\frac{M}{4\pi\rho/3}\right)^{1/3} \qquad (4.9)$$

故

$$P_g = \frac{2\pi}{3}G\rho^2\left(\frac{M}{4\pi\rho/3}\right)^{2/3} = \frac{2\pi}{3}\left(\frac{3}{4\pi}\right)^{2/3}G\rho^{4/3}M^{2/3} \qquad (4.10)$$

现考虑电子相对论性简并的情况。利用(4.7)式给出的电子简并压 P_e,且使其与重力相平衡,即 $P_e = P_g$,则有

$$\frac{hc}{8}\left(\frac{3}{\pi}\right)^{1/3}\left(\frac{1}{m_p\,\mu_e}\right)^{4/3} = \frac{2\pi}{3}\left(\frac{3}{4\pi}\right)^{2/3}GM^{2/3} \qquad (4.11)$$

由此得到

$$M \simeq \frac{3}{16\pi}\left[\frac{hc}{G(m_p\,\mu_e)^{4/3}}\right]^{3/2} \simeq 1.8\times\left(\frac{1}{\mu_e}\right)^2 M_\odot \qquad (4.12)$$

可见除了一个数字系数和与化学组成有关的因子 μ_e 外,白矮星的最大质量可以表示为一些基本物理学常数的组合。当然,我们上面的讨论过于简化,实际星体的密度分布不会是均匀的。1931 年,钱德拉塞卡经严格理论计算给出白矮星的质量上限应当为

$$M_{ch} \simeq \frac{5.8}{\mu_e^2}M_\odot \simeq 1.4\left(\frac{2}{\mu_e}\right)^2 M_\odot \qquad (4.13)$$

白矮星的星体成分中几乎没有氢,主要是氦或者碳和氧,因此近似有 $\mu_e \approx 2$,故这一质量上限为 $M_{ch} \simeq 1.4 M_\odot$,即**钱德拉塞卡极限**。由此以及(4.5)式,可得白矮星的半径约为

$$R = \left(\frac{3M_{ch}}{4\pi\rho}\right)^{1/3} \approx 10^4\ \mathrm{km} \qquad (4.14)$$

即大小与地球相仿。钱德拉塞卡发表他的计算结果后,当时就引起过一场激烈的争论。爱丁顿就曾把这一结果斥之为荒谬,因为这样一来,那些质量远大于太阳的恒星,其演化结果就不得而知了。但现在我们知道,钱德拉塞卡是对的,质量高达 $8M_\odot$ 的恒星仍然可以形成白矮星,因为超过钱德拉塞卡极限的那些多余质量,都以星风或物质抛射的形式丢掉了。质量大于 $8M_\odot$ 的恒星,在抛掉外层物质后将形成中子星或黑洞。

4.1.2 白矮星的结构与冷却

新形成的白矮星内部温度高达 10^8 K,这一温度在通常概念下已是非常高的温度,但比起**简并温度**来仍然属于低温。简并温度 T_F 的定义是

$$T_F = \frac{E_F}{k} = \frac{p_F^2}{2m_e k} \tag{4.15}$$

式中,E_F 称为费米能量,p_F 为费米动量。利用(3.64)式的 p_F 与电子密度 n_e 的关系,可得

$$T_F = \frac{1}{8}\left(\frac{3}{\pi}\right)^{2/3} \frac{h^2}{m_e k} n_e^{2/3} \simeq 4.3 \times 10^{-11} n_e^{2/3} \text{ K} \tag{4.16}$$

代入(4.4)式给出的 $n_e \approx 10^{30}/\text{cm}^3$ 的值,得到简并温度 $T_F \approx 4 \times 10^9$ K。因而白矮星内部虽然达到 10^8 K 的高温,但仍远低于 T_F,故在这样的温度下,电子简并压的作用仍远远超过热压力。另一方面,简并电子的导热性非常强,使得白矮星内部就像金属一样,可以将其看成一个等温的球体。顺便提到,金属的硬度也是由简并电子的压力所造成的,金属的正离子按晶格点阵排列,它们靠许多共有的电子结合在一起。泡利不相容原理导致这些共有电子处于比正常温度下更高的能态。

除了占总体积绝大部分的等温内核外,白矮星还有一个薄的表层或外壳,其温度范围为 5 000—80 000 K,密度小于 10^2 g/cm³。这样一个外壳的厚度大约几千米,是由非简并的理想气体组成的。对大多数白矮星来说,外壳中的气体主要是氢。虽然白矮星的表面温度比太阳还要高,但由于表面积太小,总光度也就很低,因而它们就像茫茫太空中的神秘幽灵,很难被我们发现。同时,在非简并的气体外壳中,能量的传递主要靠辐射和对流来实现,但辐射和对流传热的效率远远小于内部简并电子的热传导。这样一来,外壳的存在大大减少了内部热量向外的散失,从而大大减缓了白矮星的冷却过程,使白矮星的演化变得很慢。

但终究,由于没有了内部核反应,向外辐射的能量只能依靠消耗自身的热能,因此白矮星将逐渐冷却变暗。最后所有原子核的热运动几近停止,星体内部成为一种像晶格那样的结构,只有简并电子继续在晶格之间自由运动。这一过程可能会持续几十亿甚至上百亿年的时间。当白矮星最终停止一切辐射时,就变成一颗冷暗的、地球尺度的巨大晶体,其硬度甚至超过钻石,这就是**黑矮星**。当然,这是白矮星为单星时的演化结果。如果白矮星与另一颗伴星结成密近双星,其后来的演化就取决于白矮星对伴星物质的吸积,演化的可能结果第 3 章已经做了讨论。

4.2 中 子 星

1932 年,英国卡文迪什实验室(Cavendish Laboratory)的查德威克(J. Chadwick)发现中子后不久,苏联物理学家朗道(L. Landau)就指出,在极高的温度和压力下,质子和电子可能结合为中子,因此可能存在完全由中子构成的稳定的中子星。1934 年,两位在美国工作的欧洲天体物理学家巴德(W. Baade,德国)和兹威基(F. Zwicky,瑞士)又提出,中子星可能

是超新星爆发的产物,即星体爆炸后残留的致密星核。他们在一篇短文中写道：

> 超新星代表从普通恒星到中子星的转变。所谓中子星,就是恒星的最终阶段,它完全由挤得极紧的中子构成。

随后(1939年),美国物理学家奥本海默(J. Oppenheimer)和沃尔科夫(G. Volkoff)从理论上建立了第一个定量的中子星模型,但他们采用的物态方程是理想的简并中子气模型。这显然过于简单了,但在当时也只能如此,因为那时大家对致密中子状态下的物质特性几乎一无所知。

4.2.1 中子星的结构

中子星依靠简并中子压来实现静力学平衡,所以对它的讨论很多地方类似于白矮星,但要把电子换成中子。让我们估计一下中子星的基本物理参数。首先来看简并时中子的数密度。由(4.4)式并把 m_e 换成中子的质量 m_n(即取中子的费米动量 $p_F \approx m_n c$),得

$$n_n \approx \frac{8\pi}{3}\left(\frac{m_n c}{h}\right)^3 \approx 10^{39}/\mathrm{cm}^3 \tag{4.17}$$

可见由于中子的质量约为电子质量的 10^3 倍,结果使中子数密度约为白矮星情况下电子数密度的 10^9 倍。这样高的数密度使得中子之间的距离仅为 $\sim n_n^{-1/3} \sim 10^{-13}$ cm,相当于中子一个挨一个地排列。再由(4.5)式,相应的物质密度为

$$\rho \approx m_p \mu_n n_n \approx 10^{15}\ \mathrm{g/cm}^3 \tag{4.18}$$

注意此时 μ_n 表示每一个中子对应的核子数,显然 $\mu_n = 1$。现在一般认为,中子星的密度范围是 $\rho \sim 10^{14} - 10^{15}$ g/cm^3。这样的密度实际上已经接近核子自身的密度,因此相互作用中的核力就变得非常重要,而且广义相对论效应也不能忽略。

前面讨论白矮星时曾得到钱德拉塞卡极限(4.13)式,现如果取 $\mu_n = 1$,则可得中子星质量上限的估计值为 $M \approx 6 M_\odot$。但由于至今对强相互作用时的物态方程还没有统一的认识,而且中子星的结构和性质对物态方程十分敏感,故中子星的质量上限目前仍没有一个确定的值,按不同的物态方程计算出来的值在 $0.7 M_\odot - 2.9 M_\odot$。现在普遍认为,静态中子星的质量上限是 $2.2 M_\odot$,而转动中子星的质量上限是 $2.9 M_\odot$。超过了这样的极限,中子星将不可避免地坍缩成为黑洞。

作为估计,我们取中子星的质量为太阳质量,按(4.14)式可以算出它的半径 $R \approx 10$ km,相当于白矮星半径的 $m_e/m_n \sim 1/1000$,可见它的体积非常小。设想中子星位于最近的恒星那样近的距离(约10光年),且表面温度与太阳一样为 6 000 K,则视星等将是 27^m,这是用光学方法目前极难观测到的。故人们首先是用射电方法观测到中子星,即4.3节要讨论的**脉冲星**。

从中子星表面到中心,密度从通常的铁晶体密度很快增加到 10^{15} g/cm^3,变化范围超过10个以上的数量级。现在知道,中子星外部有一层大气(等离子体)。表面以内是外壳,开始主要是 ^{56}Fe 原子核形成的晶格点阵以及简并的电子气体,表层密度约为 10^6 g/cm^3。从外向内密度逐渐增加,电子的费米能量也逐渐升高,最后高到迫使电子同核内质子结合成一系列富含中子的核,例如 ^{62}Ni、^{82}Ge、^{80}Zn、^{124}Mo 和 ^{118}Kr,最后的 ^{118}Kr 包含 82 个中子和 36 个质子。核内的中子化过程一直进行到密度为 4.3×10^{11} g/cm^3,这时还几乎没有核外的自由

中子。超过这一密度,就过渡到内壳,此时开始有自由中子出现,主要是含中子最丰富的 ^{118}Kr 释放中子,这个过程称为**中子漏**(neutron drip)。故内壳的中子星物质是由形成点阵的重原子核、自由电子以及自由中子所组成的,压力主要还是以简并电子压为主。外壳和内壳都是固态的,总厚度大约为 1 km。内壳以内是核区,此时中子漏过程随着密度的增大而越发显著,当密度增加到约 2×10^{14} g/cm^3(即 2×10^8 t/cm^3)以上时,原子核就完全离解消失,绝大部分核子中子化,中子星物质变成杂有少量电子、质子的连续中子流体。在这样高的密度下,物态方程远比理想气体的物态方程复杂。当密度超过 10^{15} g/cm^3 时,物态方程就变得越来越不明确,而当密度达到 10^{16} g/cm^3 以上时,物态方程就完全不得而知了。这是最重的中子星中心可能达到的密度,在这样的密度下,粒子间距为 0.7 fm(1 fm = 10^{-13} cm)。为了测定如此短程的核力,需要对能量接近 1 GeV 的中子相互作用进行测量。正是由于核区物态方程的不确定性,使得中子星质量上限的各种计算结果有相当大的分歧。

简并中子流体处于超流状态,即黏滞力几乎为 0,但简并电子气并没有相应地变为超导,仍属于正常状态。在简并中子流体的情况下,能量接近费米能的中子彼此吸引,形成中子对;然后,能谱中出现大约 1 MeV 宽的间隙,这一间隙阻碍了黏性所必需的能量再分布,使流体出现超流性质。对于质子流体,则会出现超导性。因而,整个中子流体区域是超流的,同时质子是超导的,但电子是正常的。中子流体区域从密度 2×10^{14} g/cm^3 延伸到大约 10^{15} g/cm^3,其厚度为 8 km 左右。

密度达 10^{15} g/cm^3 时,中子的费米能很大,会产生下述反应:
$$n + n \longrightarrow p + \Sigma^-, \quad n + \Lambda, \quad p + \Delta^-$$
$$e^- + p \longrightarrow \Lambda + \nu_e$$
$$e^- + n \longrightarrow \Sigma^- + \nu_e \tag{4.19}$$
即出现超子。当电子的费米能量达到 106 MeV,亦可以发生
$$e^- \longrightarrow \mu^- + \bar{\nu}_\mu + \nu_e \tag{4.20}$$
即出现 μ 子。密度大于 10^{15} g/cm^3 的区域为中子星的核心,它是固态的,半径约 1 km。这个区域的物质主要由 Λ 和 Σ 超子组成。也有人认为,当密度超过核子密度时,可能会出现 π^- 介子:
$$n \longrightarrow p + \pi^- \tag{4.21}$$
因为 π^- 是玻色子,因而就可能形成与通常的玻色-爱因斯坦凝聚一样的 π 凝聚相。但是,由于强相互作用的影响,这一看法还没有得到公认。还有人认为,也可能核心的物质是夸克物质或强子汤等形式。表 4.2 列出了中子星内部结构各部分的主要特性,结构简图见图 4.2。

表 4.2 中子星内部的主要物理特征

结构部分	密 度	主要物理特征	厚度
外壳	10^6—4.3×10^{11} g/cm^3	固体外壳,主要由 Fe 原子核的晶格点阵和简并自由电子气构成	$\leqslant$1 km
内壳	4.3×10^{11}—2×10^{14} g/cm^3	重核晶格,自由中子和自由电子	$<$1 km
内部	2×10^{14}—10^{15} g/cm^3	主要是超流中子流体,杂有少量超流质子、电子、μ^-子,状态是超流、超导	$\sim$8 km
核心	$\geqslant 10^{15}$ g/cm^3	固态超子核,亦可能出现 π 凝聚相、夸克等形式	$\leqslant$1 km

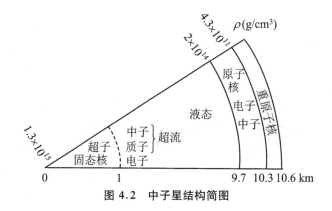

图 4.2 中子星结构简图

4.2.2 中子星的自转与磁场

在恒星坍缩成中子星的过程中,如果角动量完全守恒,则坍缩后的中子星可以获得很高的自转角速度。我们用一个简单的模型来对此做一估计。设恒星坍缩前后都可以看成均匀球体,则角动量为

$$J = I\omega = \frac{2}{5}MR^2\omega \tag{4.22}$$

假定坍缩前恒星的各项参数与太阳差不多,即 M, R, ω 取为太阳的值(这基本上是合理的,但对于自转角速度 ω 而言可能还是保守的估计,因为与我们看到的其他恒星相比,太阳的自转并不算很快)。由于 J 在坍缩过程中保持为常量,恒星总质量也假设基本不变,故坍缩后有

$$\omega R^2 = \omega_\odot R_\odot^2 \tag{4.23}$$

即

$$\frac{\omega}{\omega_\odot} = \left(\frac{R_\odot}{R}\right)^2 \approx 5 \times 10^9 \tag{4.24}$$

计算中取 $R \approx 10$ km。太阳的自转周期约为 30 天(约 2.6×10^6 s),因而由(4.24)式算出中子星的自转周期为

$$P \approx \frac{2.6 \times 10^6}{5 \times 10^9} \text{ s} \approx 0.5 \text{ ms} \tag{4.25}$$

即约为毫秒量级,也就是一秒钟内要旋转 1 000 周以上。这样高的自转速度在通常恒星的情况下是绝对不可能出现的。中子星内部大部分是超流的流体,但在高速自转的情况下,流体内部会产生强烈涡动(漩涡),这将导致某种黏滞性出现,结果把流体内部与固态外层耦合在一起。

类似于角动量的讨论,如果恒星表面的磁通量在坍缩时也是守恒的,则由于磁通量正比于磁场强度和表面积,就会有

$$BR^2 = 常量 \tag{4.26}$$

因此,磁场强度 B 应当反比于 R^2,这一比率与(4.24)式是一致的。假设中子星起初具有太阳表面的磁场强度,即大约 1 Gs,按(4.24)式,中子星表面磁场强度就可达到约 10^{10} Gs。实际上,恒星表面 100 Gs 的磁场是很普遍的,更不用说宇宙中还有磁场为几千高斯的磁星,因

而中子星表面磁场很容易达到 10^{12} Gs 甚至更高。虽然这样来解释磁场的起源比较简单直观,但起初对这么强的磁场的寿命问题还是有争论的,因为欧姆耗散可能会使强磁场在短时间内衰减掉。目前的看法是,在高速自转的情况下,中子星内部的超导电性有助于建立起很强的磁场。强的磁场又有高速转动,必然会产生强大的电磁辐射,这就是脉冲星。

总之,中子星具有强引力、强磁场以及极高的密度,它本身包含了自然界全部 4 种基本相互作用(万有引力、强相互作用力、弱相互作用力以及电磁力),可以称为宇宙极端条件下的综合实验室。因此,对于研究物质深层次结构、探索极端条件下的物理规律,中子星起着一种独特的作用。

最后,再补充一点关于中子星温度的情况。当中子星刚刚被超新星爆发的烈焰"锻造"出来时,它的温度极高,约可达 10^{11} K。在形成后的第一天,它的冷却是通过所谓的乌卡(URCA)过程(乌卡是巴西里约热内卢的一家著名赌场,据说在这家赌场中,钱可以被神不知鬼不觉地从一个不走运的人身上转移掉),即

$$n \to p + e^- + \bar{\nu}_e, \quad n + e^+ \to p + \bar{\nu}_e$$
$$p + e^- \to n + \nu_e \tag{4.27}$$

当中子和质子像这样来回相互转变时,大量的中微子和反中微子产生出来。它们悄无声息地离开中子星而逃逸到周围的宇宙空间,同时携带走大量的能量,这就使得中子星发生迅速冷却。经过大约 1 天的时间,中子和质子都进入低能的简并状态,中子星内部的温度也降到大约 10^9 K,乌卡过程就停止了。但其他的中微子过程继续主导冷却,这一情况将持续 1 000 年左右,之后的冷却过程由星体表面发出的光辐射所主导。当中子星的年龄在几百年时,内部温度降到 10^8 K,表面温度降到几百万开氏度。在此后大约 1 万年的时间内,表面温度将一直维持在 10^6 K 左右。

4.3 脉 冲 星

4.3.1 脉冲星的发现——一个期待了 30 多年的结果

1967 年夏天,英国剑桥射电天文学家休伊什(A. Hewish)和他的研究生乔丝琳·贝尔(J. Bell)发现了射电脉冲星。当时,休伊什和贝尔制造了一个很大的长波接收天线阵,它由 2 048 个偶极天线组成,占地面积 2 公顷,构成了一架对微弱射电源很灵敏的射电望远镜,且对很大的天区能进行长时间的监视。它当初的设计用途是搜索宇宙射电源的闪烁。这种闪烁类似于恒星的闪烁,但它不是起源于地球大气,而是起源于行星际空间的带电粒子。1967 年 7 月,仪器开始在波长为 3.7 m、频率为 81.5 MHz 处工作,数据处理工作主要由贝尔进行。从 7 月开始常规记录后的一个月内,贝尔就有了发现。她从每天长达 30 m 的记录纸带中,发现有某种信号起伏,信号的特征不像是闪烁,而更像是某种规则的脉冲。又经过几个月的连续工作,到 11 月 28 日,贝尔最终确认一个周期为 1.337 s 的脉冲信号的存在。随后,休伊什和贝尔又进行了一系列的排除性实验,最后断定该信号的来源不是地球上或附近空

间的,一定在太阳系之外。同时,脉冲本身的宽度约为 20 ms,这说明信号发射源不比地球大。接着,他们用一台时间响应更快的接收机,在其他天空位置又发现了 4 个类似的射电脉冲信号源。最初他们曾猜想这种信号来自地外文明,因为当时英国正在流行一本科幻小说,其中描绘了外星人——小绿人(LGM,即 Little Green Men)。但是,在接收到的信号中没有发现任何可辨认的编码。而且,在脉冲频率中没有出现任何多普勒效应,因此不可能发自某颗恒星的行星。经过认真慎重的思考,他们最后认定这不是外星人发来的联络信号,而是来自一种遥远的天体——脉冲星(Pulsar)。在发表于 1968 年 2 月 24 日英国《自然》杂志上的一篇文章中,他们报道了最早发现的脉冲星(即 PSR 1919+21)的观测结果,并指出,这可能就是 30 多年来一直只是一种理论模型的中子星。

发现中子星的消息一经传开就立即引起轰动。离休伊什等的文章发表只有两个星期,《自然》杂志就发表了英国焦德雷尔班克天文台(它拥有 76 米口径射电望远镜)关于这第一颗脉冲星的一些重要观测细节。在此后的几个月中,全世界至少有 8 个天文台报道了新的脉冲星的发现。至 1968 年底,共发现脉冲星 23 颗(参见图 4.3a 和图 4.3b),其中包括在蟹状星云和船帆座超新星遗迹中发现的脉冲星,两者的脉冲周期分别为 33 ms 和 88 ms。对脉冲星的命名也统一为 PSR(Pulsating Source of Radio 的缩写)后面加上该星的赤经和赤纬数据,如第一颗脉冲星 PSR 1919+21 的位置就是赤经 $19°19'$,赤纬 $+21°$。与此同时,理论天体物理学家也在进行深入思考。1968 年帕齐尼(F. Pacini)和戈尔德(T. Gold)分别指出,脉冲星就是快速旋转的中子星。他们认为,中子星有强磁场,因此在磁场中运动的电子和质子就发出同步加速辐射或曲率辐射,形成一个与中子星一起转动的射电波束(见图 4.4)。当这一射电波束扫过地球时,我们就可以观测到一个脉冲信号,这称为**灯塔效应**。这一看似简单的解释至今仍然是脉冲星的标准理论模型,尽管其中还有不少细节到现在还没有完全搞清楚。

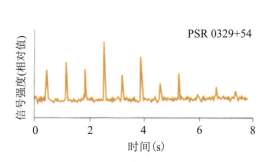

图 4.3a 脉冲星 PSR 0329+54 的脉冲信号

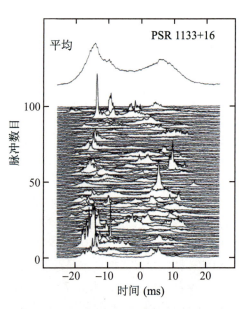

图 4.3b 脉冲星 PSR 1133+16 的 500 个脉冲的平均结果(图上方)以及连续的 100 个脉冲图(图下方)

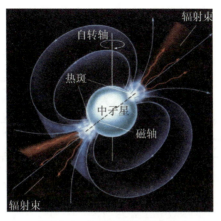

图 4.4 脉冲星的辐射机制

我们来估算一下,为什么脉冲星只能是中子星,而不会是白矮星。设脉冲星的质量为 M,半径为 R,且密度 ρ 均匀分布。现在让这样一个星体以周期 P 或角速度 ω 旋转。为使星体不致瓦解,一个必要的条件是,赤道边缘处单位质量星体物质受到的惯性离心力必须小于引力,即

$$\omega^2 R = \left(\frac{2\pi}{P}\right)^2 R \leqslant \frac{GM}{R^2} \approx \frac{4\pi}{3} G\rho R \tag{4.28}$$

这一条件给出

$$P^2 \geqslant \frac{3\pi}{G\rho} \tag{4.29}$$

可见如果星体是白矮星,即 $\rho \sim 10^6 \text{ g/cm}^3$,则有 $P \geqslant 10 \text{ s}$,这与观测到的几十毫秒的脉冲周期相比显然太大了。要使转动周期 $P < 1 \text{ s}$,则密度至少要达到 $\rho > 10^8 \text{ g/cm}^3$,这已超过白矮星的密度范围,所以脉冲星只能是中子星。当然,还可以从恒星脉动的角度来分析,即认为脉冲星是由某种星体有规则的膨胀收缩(即径向脉动)而发出周期性的辐射。但恒星脉动理论给出的周期与密度的关系为 $P \sim (G\rho)^{-1/2}$,这与(4.29)式十分相似。因此结论应当是一样的:脉冲星只能是中子星。至于为什么最后采用的是旋转中子星模型而不是脉动中子星模型,主要是根据观测到的脉冲星的辐射特征以及周期的变化特征,稍后我们会对此加以分析。

第一颗脉冲星 PSR 1919+21 是在射电波段发现的,但从 20 世纪 70 年代以来,随着多颗空间卫星(例如爱因斯坦卫星、EXOSAT 卫星、COS-B 卫星和 CGRO 卫星)的升空,这种观测已被推广到红外、光学、X 射线甚至 γ 射线波段。到目前为止,已发现的银河系内脉冲星总数超过 3 000 颗,且绝大多数集中在银道面附近(见图 4.5),球状星团中的脉冲星只有几十颗。银河系外的脉冲星是人们长期以来孜孜不倦搜索的目标,但至今只在大、小麦哲伦云中有发现,共计 20 颗。无论是银河系内还是银河系外,观测到的脉冲星总数比估计存在的数目要少许多。例如有人估计,银河系内的脉冲星总数应当在 20 万颗以上。这可能是由于灯塔效应,当脉冲波束不对着我们的时候,就无法发现它们。许多脉冲星不仅在射电波段发射脉冲,而且在其他波段也发射。例如,著名的蟹状星云脉冲星 PSR 0531+21,就是一颗在射电、光学、X 射线和 γ 射线都有显著脉冲辐射的脉冲星。

正是由于脉冲星(中子星)对天文学和物理学研究的重大意义,脉冲星的发现被列为 20 世纪 60 年代天文学的四大发现之一,而休伊什也因此获得了 1974 年的诺贝尔物理学奖。

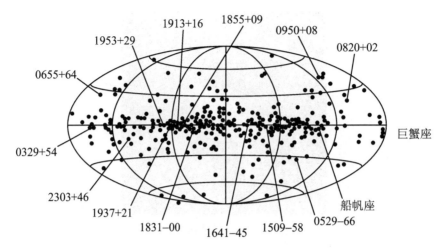

图 4.5 脉冲星在银道坐标系内的空间分布(它们主要集中在银道面附近,说明它们是银河系内的天体)

4.3.2 脉冲星的观测特征与理论模型

脉冲星的主要观测特征可以大致归纳如下:

① 脉冲周期短,而且相当稳定。例如,第一颗脉冲星 PSR 1919 + 21 的周期 P = 1.337 301 192 2 s,蟹状星云脉冲星(PSR 0531 + 21)的周期 P = 0.033 097 565 054 19 s。现在的周期测量可以达到 10 多位有效数字,因而脉冲星就像走时极其精确的时钟。脉冲星周期大多在 0.25—2 s 之间,平均值大约是 0.8 s。迄今为止观测到的周期最长的是 PSR 1841 - 0456(P = 11.8 s),周期最短的是 PSR J1748 - 2446(P = 0.001 39 s)。

② 脉冲窄,多数脉冲星的脉冲宽度/周期约为 1/30。脉冲轮廓各有特点,大约一半的脉冲星具有单峰轮廓,其余为双峰或多峰结构,但所有的脉冲轮廓都是十分稳定的。

③ 脉冲星的脉冲周期总是缓慢地在增加(除了偶然的周期突变外),即

$$\dot{P} = dP/dt > 0 \tag{4.30}$$

例如蟹状星云脉冲星 $\dot{P} \simeq 3.652\,6 \times 10^{-8}$ s/天。脉冲星的年龄上限可以用**特征年龄** $T \approx P/\dot{P}$ 来估计,对蟹状星云脉冲星,这样算出来的值是 $T \approx 2\,480$ 年。实际上蟹状星云超新星是 1054 年爆发的,故这一年龄估计值有些偏大。一般脉冲星典型的周期变化率是 $\dot{P} \sim 10^{-10}$ s/天,或 $\dot{P} \sim 10^{-15}$,相应的特征年龄 T 大约是几千万年。且周期短的 $\dot{P}$ 大,故相应的 T 小,说明周期短的脉冲星年轻。随着时间推移,P 变大,$\dot{P}$ 变小,T 也必然越来越大。

④ 射电辐射能谱为非热辐射谱——幂律谱,即 $E = E_0 \nu^\alpha$,式中 ν 为辐射频率,幂指数 α 的典型值为 $\alpha \sim -1.5$,一般的范围是 $-1 < \alpha < -3$。这种幂律谱是高能电子同步-曲率辐射的典型特征。同时,观测到的辐射也是高度偏振的。

最后一个特征即辐射的幂律谱,是图 4.4 所示的具有强磁场的转动中子星辐射的必然结果。此时快速旋转的强磁场能加速荷电粒子(主要是电子),使其获得很大能量,电子绕磁力线盘旋或沿磁力线运动,就产生具有幂律谱的同步-曲率辐射。由于两个磁极处的磁场强

度最强,因此辐射集中于磁轴方向并形成两个方向相反的波束;又由于磁轴与自转轴一般并不重合(就像地球的磁轴与自转轴不重合一样),沿磁轴方向发出的辐射波束就会产生灯塔效应,即波束扫过时观测者就会看到一个辐射脉冲。脉冲星的这个模型也称为转动**磁偶极子模型**。相比之下,脉动模型不能给出辐射幂律谱的自然解释,因而就被排除在合理的模型之外。

我们来半定量地分析一下图 4.4 所示的转动磁偶极子模型。根据电动力学,一个转动的磁偶极子的辐射功率是(为简单起见设磁轴与自转轴垂直,否则要乘一个与方向有关的因子)

$$\dot{E} = \frac{\mathrm{d}E}{\mathrm{d}t} \simeq -\frac{2m^2\omega^4}{3c^3} \tag{4.31}$$

式中,m 为磁偶极矩,$m \approx BR^3$(R 为中子星半径,B 为其表面磁场强度),ω 为自转角速度,负号表示总能量随时间在减少。因为中子星没有其他的能源,电磁辐射的能量只能由星体的转动能来提供,故

$$\dot{E} = \frac{\mathrm{d}}{\mathrm{d}t}\left(\frac{1}{2}I\omega^2\right) = I\omega\dot{\omega} \tag{4.32}$$

式中,I 为中子星的转动惯量。(4.31)式与(4.32)式相等,因而得到

$$\dot{\omega} = \frac{\dot{E}}{I\omega} = -\frac{2m^2\omega^3}{3Ic^3} \approx -\frac{2B^2R^6\omega^3}{3Ic^3} \tag{4.33}$$

这里负号表示角速度在减小,即中子星越转越慢,亦即脉冲周期逐渐变长。由此式以及 $\omega = 2\pi/P$,容易得出

$$P\dot{P} = -\frac{4\pi^2\dot{\omega}}{\omega^3} \approx \frac{8\pi^2 B^2 R^6}{3Ic^3} \tag{4.34}$$

取中子星质量 $M \simeq 1.4 M_\odot$, $R \simeq 10$ km,可以计算出转动惯量 $I = 2MR^2/5$;再由观测给出的 $P, \dot{P}$ 值,就可以估计出一般中子星的表面磁场强度 B,它的值是 10^{12}—10^{13} Gs。前面已经说过,在坍缩成中子星的过程中,可以认为磁通量守恒,因而形成如此强的磁场是可能的。

由以上数据还可以做两个数值估计。一个是脉冲星的辐射功率。根据(4.32)式以及蟹状星云脉冲星的有关观测数据,可以估算出

$$\dot{E} = I\omega\dot{\omega} \approx 4\pi^2 I \frac{\dot{P}}{P^3} = \frac{8\pi^2 MR^2}{5P^3}\dot{P} \approx 5 \times 10^{38} \text{ erg/s} \tag{4.35}$$

观测到的脉冲星辐射功率也是 10^{38} erg/s 量级,与理论估计结果是一致的。

再来看脉冲星的年龄估计。如果磁场的衰减不显著,则(4.34)式等号右边可以近似地看成常量,对(4.34)式积分得到

$$\frac{1}{2}(P^2 - P_0^2) = \frac{8\pi^2 B^2 R^6}{3Ic^3}(t - t_0) \tag{4.36}$$

式中,P_0 为脉冲星诞生时的脉冲周期,t_0 为脉冲星诞生的时刻,故 $t - t_0 \equiv \tau$ 为脉冲星的年龄。因为一般脉冲星的周期在逐渐变长,可以设经过相当长的时间后有 $P \gg P_0$;再利用(4.34)式,把(4.36)式等号右边的因子置换成观测量 $P\dot{P}$,(4.36)式化为

$$\frac{1}{2}P^2 \simeq P\dot{P}\tau \quad \Rightarrow \quad \tau \simeq \frac{1}{2}\frac{P}{\dot{P}} \tag{4.37}$$

显然这一年龄估计比前面提到的特征年龄 $T \approx P/\dot{P}$ 要小一半。对于蟹状星云脉冲星,$\tau \approx$

1240年,这与实际年龄(约950年)非常接近。以上两个估计再次表明,转动磁偶极子模型可以得到与观测相符的结果,而脉动模型在这些方面却无能为力。附带指出,(4.34)式等号右边近似看成常量的结果,也使得等号左边 $P\dot{P}$ 可以近似看成是常量,这意味着 P 变大时 $\dot{P}$ 变小。

4.3.3 脉冲星的距离测量

星际介质通常可以看作稀薄的等离子体,因而当脉冲星发出的电磁辐射经过星际介质转播时,就会发生色散,也就是不同频率电磁信号的传播速度不同。因此,一个宽频脉冲信号发出后,高频和低频分量到达地球的时间就会有差异,由此时间差就可以计算出脉冲星的距离。下面我们对此做一简要介绍。

假设等离子体足够稀薄并且星际磁场很弱,这时频率为 ν 的电磁波传播的速度是

$$v_\nu = c\left(1 - \frac{e^2 n_e}{\pi m_e \nu^2}\right)^{1/2} = c\left(1 - \frac{\nu_p^2}{\nu^2}\right)^{1/2} \tag{4.38}$$

式中,n_e 为电子的平均数密度,$\nu_p \equiv e^2 n_e/(\pi m_e)$ 称为等离子体频率。由(4.38)式可以看到,ν 越低,传播速度越小。如果脉冲星到地球的距离是 L,则频率为 ν 的电磁波传播的时间是 $t_\nu = L/v_\nu$。在稀薄的等离子体中,$\nu_p \ll \nu$,因此有

$$t_\nu \simeq \frac{L}{c}\left(1 + \frac{1}{2}\frac{\nu_p^2}{\nu^2}\right) = \frac{L}{c}\left(1 + \frac{e^2 n_e}{2\pi m_e \nu^2}\right) \tag{4.39}$$

如果用两个频率来观测,一个是高频 ν_H,一个是低频 ν_L,则同一个脉冲信号到达观测者的时间差为

$$\Delta t \simeq \frac{L}{c}\frac{e^2 n_e}{2\pi m_e}\left(\frac{1}{\nu_L^2} - \frac{1}{\nu_H^2}\right) \tag{4.40}$$

这样,如果 n_e 能用其他方法得出(通常利用辐射的光深测量),则由观测到的 Δt 就可以算出脉冲星的距离。观测表明,除了极个别的情况外,所有已知的脉冲星的距离都在 10 kpc 以内,因此它们都是银河系内的天体。

附带谈到,利用脉冲星辐射偏振的特性,还可以测量星际磁场的强度。脉冲星的辐射呈现很强的线偏振,这正是同步加速辐射或曲率辐射的一个重要特征。在辐射到达观测者之前,要通过很长距离的带有弱磁场的星际介质,这就会使偏振面发生**法拉第旋转**。偏振面的旋转角是

$$\Delta\varphi \simeq 0.81\lambda^2 n_e L B_\parallel \tag{4.41}$$

式中,λ 为波长,单位是 m;$B_\parallel$ 表示星际磁场平行于视线方向的分量,以 μG 为单位;n_e 的单位是 cm^{-3};脉冲星距离 L 的单位是 pc;$\Delta\varphi$ 的单位是弧度。关于 n_e 和 L 的测定上面已进行了讨论,因而为已知。只要选择不同波长的 $\Delta\varphi$ 的观测结果进行对比,就可以得出 $B_\parallel$。用这种方法已经测量了一批脉冲星,几乎在所有情况下,得到的 $B_\parallel$ 的结果都是大约为几个微高斯。这一方法是迄今为止测量星际磁场强度的最好办法,因而,脉冲星的发现为我们提供了研究星际介质的一个重要手段。

4.3.4 有待进一步研究的问题

虽然脉冲星(中子星)的研究已经取得了许多引人注目的成果,但仍然还有一些重要问

题没有完全解决。

1. 脉冲星磁层的物理性质以及电子如何被加速

古德里奇(P. Goldreich)和朱利安(W. Julian)于1969年就首先提出,中子星表面很强的磁场,在快速转动时会产生感应电场。该电场垂直于星体表面的分量,力图把表面以内的电子和离子拉出来,从而使表面附近积聚大量的带电粒子,形成一个**磁层**。例如,计算表明,蟹状星云脉冲星表面磁层内的电子密度可能高达 $10^{13}/cm^3$。这些带电粒子可以沿磁力线运动,并与磁场一起绕中子星的自转轴旋转。电场沿磁力线的分量,可以把带电粒子加速到极端相对论的速度,使其具有很高的能量从而发出辐射。这就是通常的磁层标准模型。但仔细的研究表明,当磁层中的电荷密度达到一定值时,沿磁力线向外的电场分量可能被完全屏蔽,因而带电粒子就不能被加速。为避免这一情况,科学家已经提出了不少看法,例如假设磁层中有整体的电荷流动,考虑粒子的惯性,考虑磁力线的弯曲以及广义相对论效应等。具体的模型目前有极冠模型、外间隙模型和狭长间隙模型等。极冠模型认为,极冠附近可以产生加速电场,初级电子在极冠区被加速到 10^{13} eV,它由曲率辐射而发出高能光子;该光子被磁场吸收并转换为正负电子对,产生的次级电子通过同步辐射损失能量,脉冲星的高能(γ射线)辐射主要来自这一过程。同步辐射光子导致进一步的正负电子对的级联过程,再下一级的同步辐射就主要发生在光学和射电波段。外间隙模型认为,磁层中存在一个零电荷面,把正负电荷分离开,且在它的两边电荷的空间分布是不连续的,有一个真空间隙,称为外间隙。外间隙中间存在很强的加速电场,正负电子将沿相反方向被加速到极高的能量,并通过曲率辐射或逆康普顿辐射达到能量平衡。同时,由这些初级电子产生的初级光子有一部分在间隙内转化为正负电子对,直到产生足够的净电荷使间隙消失。这些二级正负电子对又被加速,发出的高能光子又转化为三级正负电子对,它们产生低能辐射,主要集中于光学和红外波段。狭长间隙模型认为,在极冠边缘附近可能存在狭长的加速间隙,电子可以从磁极附近发射出来并被加速,然后通过曲率辐射和逆康普顿辐射产生高能光子。高能光子被强磁场吸收并转化为正负电子对。一些正电子向下偏转回到中子星表面,电子则向上加速,并达到相当于几个星体半径处的很高的高度,再发出高能辐射。这些模型各自都有成功之处,但也都存在与观测结果不完全相符的问题。目前还没有一个模型可以同时解释观测到的脉冲星各个波段的辐射特征。看来,要彻底搞清楚脉冲星的磁层结构以及电子的加速机制,还需要继续努力探索。

2. 毫秒脉冲星、强磁星(Magnetar)以及脉冲周期的突变

如果把所有脉冲星的周期变化率 $\dot{P}$ 标为纵坐标,把脉冲周期 P 标为横坐标,则得到一个 $\dot{P}$ 相对 P 的分布,结果如图4.6所示。从图中可以看出,脉冲星在图上的分布大体集中在3个区域:绝大多数脉冲星位于中间的区域,即脉冲周期在1 s附近;有少数不规则X射线脉冲星(AXP)或软γ射线脉冲星(SGR)的脉冲周期较长,且 $\dot{P}$ 也较大,它们分布在图的右上方;还有相当部分的脉冲星位于图的左下方,它们的周期很短,称为**毫秒脉冲星**。

先谈一下毫秒脉冲星。1982年发现了一颗高速旋转的脉冲星 PSR 1937+21,它自转660次/s,脉冲周期只有1.5 ms,这在当时十分令人惊异。至今已经发现了大约300颗这样的毫秒脉冲星,它们的脉冲周期比通常的脉冲星要小两个数量级,且表面磁场强度也比通常小两个数量级。如前所述,脉冲周期短说明它刚诞生不久,但磁场强度很弱却意味着它的年龄很大(磁能逐渐消耗掉),这两者构成尖锐的矛盾。目前普遍的看法是,毫秒脉冲星是密近双星的一员,它有一个伴星,来自伴星的物质携带角动量落到该脉冲星上,使已经演化到晚期的脉冲星自转大大加速,形成毫秒脉冲星,但该脉冲星物理上已经演化到晚期,故磁场很弱。已经发现了一些毫秒脉冲星具有伴星的例子(如图 4.6 中三角形所示),但一直没有找到 PSR 1937+21 的伴星。有人猜测,PSR 1937+21 的伴星是一颗白矮星,在两颗星逐渐接近的过程中,白矮星被潮汐力扯碎了,中子星也受到猛烈碰撞,故其自转速度大大加快。

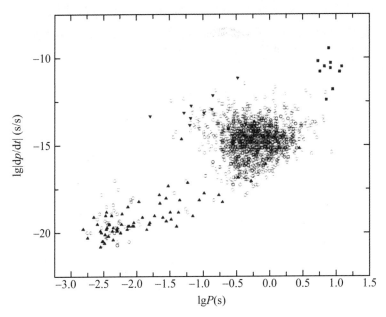

图 4.6 脉冲星的周期变化率 $\dot{P}$ 相对周期 P 的分布
(图中三角形表示的数据点为已经确认的密近双星)

与毫秒脉冲星相反,强磁星被认为是具有极强磁场的中子星,其表面磁场强度比通常的脉冲星要高出几个数量级,但其自转速度较慢,一般为 5—8 s。它们发出硬 X 射线和软 γ 射线的脉冲辐射,能量可达 100 keV。有一个强磁星是在大麦哲伦云中发现的,其余的都位于银河系内。目前人们倾向于认为,强磁星是超新星爆发后不久形成的,即年轻的脉冲星,但它们的辐射机制与通常的脉冲星有所不同。它们不是由于磁场的转动而辐射,而是由于强磁场的应力,使得中子星表面开裂,从而产生所谓"超爱丁顿"辐射。这种辐射强度可以达到普通情况下爱丁顿光度极限的 10^3—10^4 倍。显然,为了得到如此大的光度,磁场强度也需要极强。

最后来谈脉冲周期的突变。有少数脉冲星存在特殊的周期突变现象,即脉冲周期在几天的时间里突然变短,也就是星体的自转速度突然加快。例如船帆座脉冲星 PSR 0833-45,它在 1969 年 2 月 24 日到 3 月 3 日期间,脉冲周期减小了 $1/(5\times10^6)$ s,然后又恢复到以前周期逐渐变长的正常状态。此后,类似的情况又在 1971 年和 1976 年发生了两次。其他几个脉冲星也有过周期突然变短的现象,例如蟹状星云脉冲星。对这种自转突然变快的原因,一般认为是所谓**星震**引起的,即类似于地球上的地震,使得星体结构(从而转动惯量)发生突然变化(减小),导致转动角速度变化(加大)。我们来估计一下,星震使船帆座脉冲星的半径可能发生多大变化。为简单起见假设脉冲星为密度均匀的球体。在自转角动量($J=2MR^2\omega/5$)不变的情况下,半径 R 和转动角速度 ω 及转动周期 P 之间满足

$$\frac{\Delta R}{R} = -\frac{1}{2}\frac{\Delta \omega}{\omega} = \frac{1}{2}\frac{\Delta P}{P} \tag{4.42}$$

代入船帆座脉冲星的有关数据 $P=0.088$ s, $\Delta P=-2\times 10^{-7}$ s, 设半径 $R=10$ km, 因而得到 $\Delta R \simeq -1.1$ cm。这虽然只是一个很小的量, 但产生的星震会十分剧烈, 估计可以达到里氏25级, 而地球上最强烈的地震也只有里氏8.9级。但另一方面, 船帆座脉冲星在数年内接连经历了几次周期突然变短, 这在理论上很难解释, 因而使得一部分人对星震模型的合理性产生了疑问。有人提出中子星核心处可能有湍流运动, 也有人提出核心处可能发生相变从而迫使外壳进行某种结构调整, 等等。总之, 除了上面谈到的表面磁层结构问题, 看来我们对中子星内部结构的了解也还是非常不够的。这也包括上面对强磁星的解释。

3. 关于脉冲星与超新星遗迹的关联

自从巴德和兹威基提出中子星是超新星爆发的产物以来, 人们一直把脉冲星与超新星联系在一起。我们已经看到, 蟹状星云脉冲星和船帆座脉冲星的确伴随有超新星遗迹。但是, 在大多数超新星遗迹中却找不到脉冲星。根据1991年的一个统计资料, 在当时已知的450颗脉冲星和200个超新星遗迹中, 只有3对有演化上的关联。到现在虽然又发现了不少新的脉冲星和超新星遗迹, 但它们相互关联(成协)的事例仍然比率极低。这就不能不引起人们的疑问: 脉冲星的确是超新星爆炸后的产物吗? 为什么观测到的它们之间成协的事例如此之少?

我们在前面讨论超新星遗迹时曾谈到, 向超新星遗迹不断注入高能电子的源头, 就是与超新星遗迹一起诞生的脉冲星。因此, 要解释超新星遗迹能长时间维持高能辐射, 必然需要脉冲星存在。但正如前所述, 脉冲星的辐射是在一个极窄的立体角锥内发出的, 因而这一光束扫过地球的概率非常低, 如果光束扫不到地球, 当然就不会观测到脉冲星。这可能就是观测到的脉冲星与超新星遗迹成协事例很少的主要原因之一。另一个可能的原因是, 在超新星爆炸过程中, 强大的爆炸力使中子星获得很高的反冲速度。经过一个较长的时间后, 它与超新星遗迹之间的距离足够大, 不能再向后者提供足够多的高能电子, 因而超新星遗迹就逐渐暗淡下去, 并最终从我们的视野中消失。再一个可能是, 观测表明, 超新星遗迹自身的扩散速度与速度弥散都很大, 这样其寿命就会大大短于脉冲星。脉冲星的平均寿命估计是300万年, 最老的可能超过10亿年。而超新星遗迹可能在几万年到数十万年的时间内就彻底消散, 所以我们看到的脉冲星总数比超新星遗迹要多出很多。

4.4 黑 洞

4.4.1 引力半径与视界

质量超过中子星临界质量(约 $3M_\odot$)的冷天体, 将由引力坍缩而成为**黑洞**。"黑洞"(Black Hole)这个名词是美国天体物理学家惠勒(J. Wheeler)于1968年创造的, 但历史上最早提出关于黑洞的物理思想, 是英国教士米歇尔(J. Michell)和法国数学家拉普拉斯(P.

Laplace)。米歇尔在 1783 年就提出,光线的传播会受到引力的影响。他根据牛顿的万有引力理论推测,一个质量比太阳大 500 倍但密度与太阳差不多的恒星,引力场可以强到使光线也不能逃逸。拉普拉斯也进行了类似的计算,他于 1795 年在《宇宙体系论》一书中写道:

> 天空中存在着黑暗的天体,像恒星那样大,或许也像恒星那样多。一个具有与地球同样密度而直径为太阳 250 倍的明亮星球,它发射的光将被它自身的引力拉住而不能被我们接收。正是由于这个道理,宇宙中最明亮的天体却很可能是看不见的。

事实上,比他们那个时代还要早 100 多年,人们就已经根据木星卫星运动的观测,知道光的速度大约是 30 万 km/s。米歇尔和拉普拉斯的计算方法我们早在中学就已经熟知,即根据能量守恒,一个质量为 M、半径为 R 的天体,其表面的逃逸速度 v 是

$$\frac{1}{2}mv^2 = \frac{GmM}{R} \quad \Rightarrow \quad v^2 = \frac{2GM}{R} \tag{4.43}$$

如果这一逃逸速度等于光速,即 $v=c$,则有 $R=r_g\equiv 2GM/c^2$,r_g 称为**牛顿引力半径**。如果 $v>c$,则意味着天体表面发出的光线不能到达无穷远的观测者,这样,天体就变成了黑洞。实际上,在 $v>c$ 的情况下,黑洞的范围比天体本身要大,因为天体表面以外一定有某个地方 $v=c$,该处到天体中心的距离显然就是牛顿引力半径 r_g。以 r_g 为半径做一个球面,球面以内的区域都属于黑洞,它把整个天体包含在内(见图 4.7)。

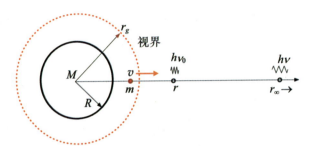

图 4.7 黑洞的视界以及引力红移的牛顿力学解释

按照广义相对论,在静态且球对称质量分布的情况下,球外部的**时空度规**由爱因斯坦场方程的施瓦西(K. Schwarzschild)解给出,即**施瓦西度规**。在这一度规下,时空间隔为(习惯上,取光速 $c=1$)

$$ds^2 = \left(1 - \frac{2GM}{r}\right)dt^2 - \frac{dr^2}{1 - \frac{2GM}{r}} - r^2 d\theta^2 - r^2 \sin^2\theta d\varphi \tag{4.44}$$

度规是广义相对论描述时空结构的一种数学工具,本书并不要求读者具有广义相对论的基础知识,但我们可以这样来理解(4.44)式:在远离球体的地方,也就是当 $r\to\infty$ 时,引力趋于 0,时空就变为平直时空,此时(4.44)式就回到我们熟悉的狭义相对论的形式(取光速 $c=1$):

$$ds^2 = dt^2 - dr^2 - r^2 d\theta^2 - r^2 \sin^2\theta d\varphi \tag{4.45}$$

容易看到(4.44)式和(4.45)式中,区别只在于等号右边第一、二两项的系数(它们分别相应于度规的时间分量和空间的径向分量)。平直时空即(4.45)式中,这两个系数都是 1(忽略正负号);而(4.44)式中,这两个系数都与 1 有了偏离,这表明时空产生了弯曲,且偏离越大,时空也越弯曲。在质量 M 给定的情况下,显然 r 越小时这种偏离越大,这表明引力场越强时,时空就越弯曲。因此,施瓦西解(4.44)式给出的是弯曲时空的度规,它表明,时空弯曲的程

度是与物质分布密切相关的,时空弯曲的程度也代表了引力场的强弱程度。把引力场与时空弯曲联系起来,这正是爱因斯坦引力理论的基本思想。

(4.44)式表明,时空度规有两个奇点,它们分别是(这里恢复光速 c 的通常表示)

$$r = 0, \quad r = r_s \equiv \frac{2GM}{c^2} \tag{4.46}$$

式中,r_s 称为**施瓦西半径**,我们看到它与牛顿引力半径 r_g 恰好相等。$r = r_s$ 的球面称为**视界**(horizon),准确地说应为**事件视界**,即观测者永远看不到的事件的时空边界。视界以内是黑洞,光不能从黑洞中逃逸,这与上面牛顿力学的简单分析结果是完全一致的。但两种理论给出的光子运动图像有本质不同。牛顿理论认为,光子可以从黑洞里面发出并到达黑洞以外的某个高度,然后再返回。而广义相对论却认为,光子不可能离开黑洞,即使从黑洞表面 $r = r_s$ 处发射的光子,也只能始终沿黑洞表面(视界)环绕运行。因此,黑洞的视界也称为**单向膜**,任何物体(包括光信号)都只能向视界里面落去,而不能从视界里面出来。

从上面的分析看到,任何一个静态球对称质量 M,都对应有一个施瓦西半径 r_s 或引力半径 r_g,它可以近似地表示为 $r_g = r_s \approx 3(M/M_\odot)$ km。对于太阳显然有 $r_g \approx 3$ km,对于地球这个值是 $r_g \approx 1$ cm。但是,不要产生误解,以为太阳和地球中心都有一个半径为 r_g 的黑洞存在。实际上,只有当天体(或物体)的实际半径小于 r_g 时,也就是天体的实际表面包含在视界以内时,该天体才成为黑洞。此时,视界掩盖了天体表面,我们不可能看到天体表面究竟在视界内部何处,也接收不到它发送的任何信息。而如果天体的实际半径大于 r_g,光线就可以从天体表面发出,并被远处的观测者所接收到。此时,该天体就不是黑洞,而且其中心也不存在一个半径为 r_g 的黑洞。

我们再回到表4.1。表中最后一列所示的参数是 $2GM/(Rc^2)$,现在我们知道,这一参数就等于 r_g/R,也就是天体的引力半径与实际半径之比,或天体表面的逃逸速度 v 与光速之比的平方 $(v/c)^2$[参见(4.43)式中第二个等式]。可见这个比值越大,表明引力场越强。黑洞的这一比值为1,因此黑洞表面的引力场是所有天体中最强的。另一方面,我们从表4.1中还看到,从普通恒星到中子星,密度越来越大,因而可能会想到,黑洞的密度一定是所有天体中最大的。但实际上并不是这样。黑洞的密度定义为其质量 M 与视界所包含的全部体积之比,即 $\rho \propto M/r_g^3$。因为 $r_g \propto M$,故有 $\rho \propto 1/M^2$,显然质量小的黑洞密度大,质量大的黑洞反而密度小。例如:

$$\begin{aligned} M = 10^{15} \text{ g}, \quad r_g &= 1.5 \times 10^{-13} \text{ cm} \Rightarrow \rho \sim 10^{53} \text{ g/cm}^3 \\ M = 3 \times 10^{55} \text{ g}, \quad r_g &= 4 \times 10^{27} \text{ cm}(10^{10} \text{ 光年}) \Rightarrow \rho \sim 10^{-29} \text{ g/cm}^3 \end{aligned} \tag{4.47}$$

实际上,第二个例子所示的质量就相当于我们今天所看到的宇宙的总质量,而 r_g 也相当于我们看到的宇宙的大小,因此这样一个黑洞的密度与宇宙的平均密度大致相同。这是非常低的密度,比地球上实验室里制造出来的真空极限密度还要低几个数量级。难怪有人据此而认为,我们的宇宙对外可能就是一个巨大的黑洞,我们就生活在这个黑洞的里面。但是,实际宇宙的时空度规并不简单就是(4.44)式所示的施瓦西度规(至少,宇宙是在膨胀的!),而且我们也无法到达宇宙的外部。因而,这样的看法只能是一个无法验证的猜测而已。

4.4.2 引力红移与时钟变慢

我们还可以从另一个角度来分析黑洞的发光性质:把光子看成能量为 $h\nu$ 的粒子(故由

爱因斯坦的质能关系,光子的质量就是 $h\nu/c^2$),并用牛顿力学来描述光子的运动。如图 4.7 所示,一个能量为 $h\nu_0$ 的光子从视界外面 r 处向远处发射,到达无穷远处后,光子的能量变为 $h\nu$。在逃逸过程中,光子要克服引力势必须消耗能量,故能量($E=h\nu$)将越来越小,这就表现为频率 ν 越来越小,或相应地波长 λ 越来越大,即产生**引力红移**。

我们用牛顿理论来计算一下引力红移的结果。根据总能量守恒,

$$h\nu = h\nu_0 - \frac{GM}{r}\left(\frac{h\nu_0}{c^2}\right) = h\nu_0\left(1 - \frac{GM}{rc^2}\right) \tag{4.48}$$

式中可见,等号右边第二项代表 r 处的引力势能。把频率换成波长,上式化为

$$\frac{h}{\lambda} = \frac{h}{\lambda_0}\left(1 - \frac{GM}{rc^2}\right) \Rightarrow \lambda = \lambda_0\left(1 - \frac{GM}{rc^2}\right)^{-1} \tag{4.49}$$

由此得到引力红移为

$$z \equiv \frac{\Delta\lambda}{\lambda_0} = \frac{\lambda - \lambda_0}{\lambda_0} = \left(1 - \frac{GM}{rc^2}\right)^{-1} - 1 \tag{4.50}$$

式中,λ 为无穷远处接收到的光子波长,λ_0 为光源的固有波长。严格的广义相对论结果是

$$z = \left(1 - \frac{2GM}{rc^2}\right)^{-1/2} - 1 \tag{4.51}$$

显然,两者在弱场近似的情况下是一样的,即

$$z \to \frac{GM}{rc^2} \quad \left(\text{当} \frac{GM}{rc^2} \ll 1\right) \tag{4.52}$$

对于中子星,$M \sim M_\odot$,$R \sim 10$ km,可得 $z \sim 0.2$。如果光子从黑洞视界 $r = r_s$ 处发射,则由 (4.51) 式有 $z \to \infty$,即观测到的光子波长为无穷大。因此视界也称为**无限红移面**。但是,波长无限红移的光子能量为 0,这实际上相当于我们接收不到任何光子。利用 (4.50) 式红移 z 的定义,(4.48) 式也可以写为

$$h\nu = h\nu_0/(1+z) \tag{4.53}$$

这一关系虽然是用牛顿理论得到的,但与广义相对论的结果一致。

(4.48) 式所示的光子频率变化也可以解释为时钟快慢的变化,因为现代的时间标准就是基于光的频率来确定的。(4.48) 式表明,无穷远处接收到的光子频率 ν,要小于光子在发射地点的固有频率 ν_0。这就是说,在远处的观测者看来,位于引力场中的钟,要走得比观测者本地的钟慢,而且钟的位置在引力场中越深(即 r 越小,势能越负),钟的走时就越慢。钟的走时也相当于物理过程的时间持续。因此,引力红移的结果也等于说,在远处的观测者看来,引力场中的一切物理过程(例如电磁振动、粒子运动以及生命过程等),都变慢了,而且引力场越强,这些过程就变得越慢。由 (4.53) 式不难看到,如果黑洞附近有一个固有光度为 L_0 的光源发光,则引力红移将引起两方面的观测效应:一方面是单个光子的能量变小,另一方面是观测者单位时间内接收到的光子数减少(光子发射过程变慢)。这两个效应都相当于乘一个因子 $1/(1+z)$,因此综合起来,就会使观测到的光源光度 L 减小到真实光度的 $1/(1+z)^2$ 倍,即

$$L = \frac{L_0}{(1+z)^2} \tag{4.54}$$

4.4.3 宇宙飞船向黑洞下落的过程

我们再来讨论一个有趣的例子,即一艘宇宙飞船向黑洞飞去并进入黑洞的过程。这里

我们假设飞船的速度是平常的,因而可以不考虑狭义相对论效应,即没有明显的运动钟变慢和运动物体长度缩短的效应。但是,随着飞船逐渐接近黑洞并最终落入黑洞,飞船经过之处的引力场变得越来越强,这就使得远离黑洞的观测者看到的飞船运动,与平直时空中看到的有很大不同。在平直时空情况下,飞船将被引力很快拉向黑洞并迅速消失在黑洞中。而现在的情况是,观测者不仅看到飞船发出的所有信号产生引力红移,而且由于引力场使时空变得弯曲,光线也随之弯曲,因而观测者看到的飞船飞行速度也会产生显著的变化。

在狭义相对论中我们已经知道光锥的概念。狭义相对论处理的是平直时空,其度规由(4.45)式给出。如果只考虑光子沿径向的运动,则对光子的运动有

$$\mathrm{d}s^2 = 0 = \mathrm{d}t^2 - \mathrm{d}r^2 \tag{4.55}$$

因为光速取为 $c=1$,故光子的世界线(即在时空图中的轨迹,取横轴为 r,纵轴为 t)是

$$\frac{\mathrm{d}t}{\mathrm{d}r} = \pm 1 \tag{4.56}$$

在 r-t 图上,这两条世界线就构成与 r 轴和 t 轴的夹角都是 $45°$ 的光锥。但在黑洞附近,情况就不同了,此时度规由(4.44)式给出,沿径向运动的光子满足

$$\mathrm{d}s^2 = 0 = \left(1 - \frac{2GM}{r}\right)\mathrm{d}t^2 - \frac{\mathrm{d}r^2}{1 - \frac{2GM}{r}} \tag{4.57}$$

这样在时空图上,光子的世界线方程就变成

$$\mathrm{d}t = \pm \frac{\mathrm{d}r}{1 - \frac{2GM}{r}} = \pm \frac{\mathrm{d}r}{1 - \frac{r_s}{r}} \tag{4.58}$$

式中,r_s 为施瓦西半径。图 4.8 画出了一个向黑洞下落的物体(例如宇宙飞船)的世界线以及不同地点光子的世界线。从图中可以看到,在远离黑洞(即 $r \gg r_s$)的地方,时空趋于平直,光子的世界线与(4.56)式一致。而在黑洞附近,光子世界线的斜率显著大于1,即 $|\mathrm{d}t/\mathrm{d}r|>1$。离视界越近,这一斜率就越大,光锥就变得越加尖锐。在无限趋近视界的情况下,斜率变得无穷大,即世界线趋于与 t 轴平行。这就使得远处的观测者要经过无穷长的时间,才能接收到紧邻视界表面处的飞船发来的信号。下面我们对此做一个简单计算。

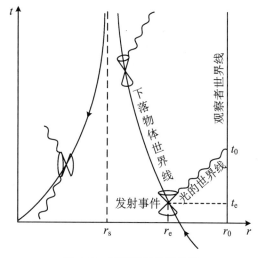

图 4.8 黑洞附近的世界线

根据(4.58)式,光子从坐标位置 $r=r_s$ 处发出、到达 $r=L$ 处的观测者所经历的时间为

$$t = \int_r^L \frac{\mathrm{d}r}{1-(r_s/r)} = \int_r^L \frac{r\mathrm{d}r}{r-r_s} = (L-r) + r_s \ln\frac{L-r_s}{r-r_s} \tag{4.59}$$

很显然,结果中的第一项 $(L-r)$ 代表平直时空下的结果,第二项代表有引力场时,即时空弯曲时的结果。由此可见,当飞船无限接近黑洞视界表面($r \to r_s$)时,有 $t \to \infty$,这表明从飞船发出的光信号,要经过无穷长的时间才能到达位于 $r=L$ 处的观测者。因此,设想飞船里的

宇航员按照他自己的钟，每隔一个固定的时间，向远离黑洞的观测者发送一个无线电信号。当飞船距离黑洞还很遥远时，如果忽略狭义相对论效应，观测者也几乎是每隔同样的时间接收到一个信号。而当飞船距离黑洞越来越近时，观测者会发现，两个相继信号之间的时间间隔变得越来越长。如果这一飞行过程有电视同步转播，则观测者会看到，此时飞船的速度变得越来越慢。如果还可以接收到宇航员发来的舱内电视图像以及身体测试信号，观测者会发现，宇航员的活动和新陈代谢的速率也变得越来越慢。当飞船非常接近黑洞的视界时，飞船的运动以及宇航员的一切活动看起来就像是停止了。由于从视界发出的光信号要经过无穷长的时间才能到达观测者，这就等于说，观测者将永远看不到飞船落入黑洞的那一幕，飞船将永远被"冻结"在视界的表面上。这种"冻结"也相当于时间的"冻结"，因此黑洞也被称为"冻结星"。

但是，在宇航员自己看来，一切都是正常的，并没有发生任何过程变慢或"冻结"的现象。他会按照事先预定的计划，在一个有限的时间内进入黑洞。如果可以进行物理实验，他会发现，实验结果与自由落体参考系中的几乎一模一样。当然，他会感到有潮汐力出现，这是由于任何天体表面附近的引力场都有一定的非均匀性（地球表面也是如此，只是比黑洞附近要微弱得多罢了）。而且，当飞船向着黑洞中心下落越来越深时，潮汐力将变得越来越强。潮汐力在视界处（$r = r_s$）的大小是有限的，但在 $r = 0$ 处将变得无穷大，这一后果将是可怕的：强大的潮汐力会把飞船和宇航员一起扯碎。这表明（4.46）式所示的两个奇点中，$r = 0$ 的奇点是一个真实的物理奇点，而 $r = r_s$ 的奇点并不是物理上的真实奇点。英国物理学家彭罗斯（R. Penrose，因对黑洞的理论研究获 2020 年诺贝尔物理学奖）和霍金（S. Hawking）从 1965 年到 1970 年期间的研究表明，天体坍缩成黑洞的过程中，必然会出现无穷大的密度和时空曲率的奇点。如图 4.8 所示，视界内部（$r < r_s$）的下落物体的世界线朝向奇点，光锥的前进方向也朝向奇点（这是因为在视界内部，时间轴和空间轴相互交换了）。这一奇点是坍缩天体和进入黑洞的宇航员的时间终点，而且是无法逃离的：即使是装备最强力引擎的飞船，也不能躲开奇点从而避免与它的碰撞。按照广义相对论的计算，在黑洞内部启动飞船引擎，不论朝哪个方向飞行，不仅不能逃离奇点，反而会加速与奇点的碰撞！根据霍金的计算，虽然广义相对论也存在一些解，使得宇航员可以穿过一个"虫洞"进入宇宙的另一区域，即通过一种特殊的时空旅行来避免和奇点的碰撞，但可惜的是，所有这些解都是不稳定的。一个很小的干扰（例如宇航员自身的存在），就可能使"虫洞"迅速中断，宇航员还是要撞到奇点从而结束他的时间（生命）。因此，我们可以把但丁在《神曲·地狱篇》中形容地狱入口的话用到黑洞的视界：

> 进入此间的人们，放弃所有的希望吧。

当然，奇点处无穷大的密度是物理学家很难接受的。按照霍金的说法，在此奇点，科学定律和我们的预言能力都失效了。看来，奇点的物理本质还需要科学工作者继续深入研究。

4.4.4　克尔黑洞、彭罗斯过程和宇宙监察猜想

上面讨论的黑洞是静态的，也称为**施瓦西黑洞**。如果黑洞有转动即具有角动量，则这样的黑洞称为**克尔**（R. Kerr）**黑洞**。与施瓦西黑洞不同的是，克尔黑洞的时空度规很复杂，其中包括时间-空间的交叉项，并有角动量作为参数出现。这里我们不再写出克尔度规的具体

形式,只画出克尔黑洞的视界和无限红移面(见图4.9)。从图中可以看出,克尔黑洞的视界和无限红移面都有两个,一个在内一个在外,且视界与无限红移面并不重合(对比一下,施瓦西黑洞的视界与无限红移面是重合的)。同时,$r=0$ 的奇点实际上是一个中心位于原点的薄盘,盘中的物质密度为无限大。因此克尔度规也被解释为,它描述了一个转动的物质薄盘周围区域的时空几何。当角动量趋于0时,克尔黑洞就变回到施瓦西黑洞。

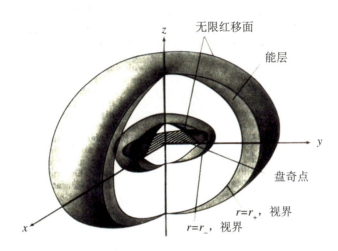

图 4.9　克尔黑洞的视界与无限红移面

外无限红移面和外视界之间的区域称为**能层**。彭罗斯于1969年发现,可以利用一个进出能层的粒子过程,从旋转黑洞中提取能量。这一过程的关键是,能层中的某些轨道具有负的总能量,即引力束缚能超过了静质量和动能之和。具体的操作办法是,让一艘宇宙飞船从无限远处沿一条正能轨道落入能层,并在那里用一种弹簧装置把一个物体(例如一块砖)从飞船中弹射出来,使它进入一条负能轨道,而飞船由于反冲进入一条能量增加了的正能轨道。于是砖块落入黑洞,飞船返回到无穷远处。因为由黑洞、飞船和砖块所组成的系统的总能量是守恒的,而且砖块携带一些负能进入黑洞,飞船必然携带相应数量的正能回到无穷远处。也就是说,飞船比它初始时具有了更多的能量,即飞船从能层中提取了能量。本质上,飞船提取的能量是从黑洞的转动动能中得到的。当黑洞俘获负能的砖块时,黑洞的转动速率稍有减小,并且黑洞的质量也稍有减小,减小的数量与飞船提取的能量相当。这种从旋转黑洞中提取能量的过程称为**彭罗斯过程**。如果不断以这种方式提取能量,则黑洞的旋转将越来越慢,最后将停止转动,能层消失。克尔黑洞最终也就变成为施瓦西黑洞。

除了施瓦西黑洞和克尔黑洞之外,最普遍的情况是黑洞同时具有质量 M、角动量 J 再加上电荷 Q。这样的黑洞称为**克尔-纽曼(Kerr-Newman)黑洞**。但实际的宇宙天体都是电中性的,因此我们不再讨论这一普遍情况。这里只指出,当星体坍缩成黑洞以后,将只剩下质量、角动量和电荷这3个守恒量还在继续起作用,黑洞以外的观测者可以通过实验来测定它们,而星体的其他的一切信息(例如化学组成、重子数、轻子数等)都在进入黑洞后彻底消失了。如果我们把任何东西丢进黑洞,就只能从黑洞周围的场的变化,得知丢进去的物体的质量、角动量和电荷这3个参量,而无法得知究竟是什么东西掉进了黑洞。人们把这一有趣的结果称为黑洞的"三毛定理"(见图4.10)。在这一"定理"被确认之前(20世纪70年代前),人们曾普遍认为,黑洞的形成必然伴随坍缩天体一切特性的消失,因而创造黑洞这一名词的惠勒,曾把黑洞称作是"无毛发"的。

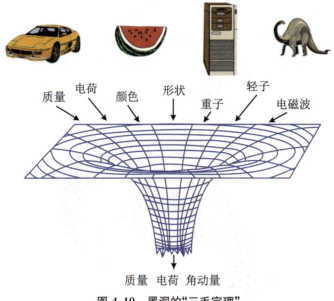

图 4.10 黑洞的"三毛定理"

我们再来补充一点关于奇点的讨论。既然 $r=0$ 的奇点是物理的,而视界(或无限红移面)所代表的奇点是非物理的,因此必然会引发一个问题:自然界中是否存在不被视界包围的或裸露的奇点?虽然裸奇点在数学上是必然存在的,例如爱因斯坦场方程的解,但在真实的世界中却从来没有发现过它们。由此彭罗斯猜测,也许自然界有一个潜在的法则,使得一个物体在完全引力坍缩时,不会导致一个裸奇点,而是导致一个隐藏在视界中的奇点。彭罗斯的这一猜测现在被称为**宇宙监察猜想**(cosmic censorship conjecture),这一猜想至今还没能够得到证明。这一猜想并不禁止在引力场方程的数学解中存在裸奇点,它禁止的只是这样一个裸奇点在引力坍缩中形成。这也就是说,引力坍缩中只能形成被视界包围的奇点,而不能形成裸奇点;或者说,只有奇点、没有视界的黑洞是不存在的。

4.4.5 黑洞热力学简介

20世纪70年代初,以色列物理学家贝肯斯坦(J. Bekenstein)首先引入黑洞的温度和熵等概念(当时他还只是普林斯顿大学的一名研究生),接着霍金又创立了黑洞的量子力学。这样,黑洞这个起源于18世纪的古老概念,就被现代引力论、量子论、热力学、统计物理等理论重新武装,使得黑洞的研究获得了巨大的生命力。正因为如此,黑洞物理学已成为当代物理学最热门的前沿领域之一。

1972年,霍金与另外两位合作者(美国耶鲁大学的 J. Bardeen 和英国剑桥大学的 B. Carter)合写了一篇关于黑洞力学的论文。他们在论文中提出,一个黑洞的力学性质可以用两个参量来表征:黑洞的面积(即视界的面积,对于施瓦西黑洞,$A=4\pi r_s^2$)和视界的表面引力(以单位质量物体在视界表面获得的引力加速度表征,即 $g=GM/r_s^2$)。这两个参量非常类似于热力学中的熵和温度。基于这一类似性,他们给出了与热力学四大定律相对应的黑洞力学的四大定律。其中第零定律说,平衡状态下的黑洞视界上所有的点都具有同样的表面引力。第一定律表明，在黑洞的演化过程中，质量、转动速度和角动量的演化都可以表示为视界面积和表面引力的函数。第二定律的内容是，宇宙中所有黑洞的面积之总和不会随时间减小。最后，第三定律声称，经过有限次的转换把黑洞的表面引力递减到零是不可能的。这些定律的普遍证明非常复杂，有的需要用到专门的拓扑学知识，故对此我们就不再深究了。

这里我们只简要讨论一下第二定律，即黑洞的总面积不会减小，这一定律也称为**霍金定理**。显然，一个孤立的黑洞质量不变，因而可以保持视界面积恒定不变。但如果考虑黑洞对周围物质的吸积，质量的增加必然会导致面积的增加。也就是说，由于黑洞的视界是单向膜，故质量只能越来越大，因而视界面积越来越大。如果两个黑洞发生碰撞，例如两个施瓦西黑洞，它们的半径分别为 r_{1s} 和 r_{2s}，则碰撞后生成的新黑洞的半径为

$$r_s = \frac{2GM}{c^2} = \frac{2G}{c^2}(M_1 + M_2) = r_{1s} + r_{2s} \tag{4.60}$$

面积为

$$A = 4\pi r_s^2 = 4\pi(r_{1s} + r_{2s})^2 = A_1 + A_2 + 8\pi r_{1s} r_{2s} > A_1 + A_2 \tag{4.61}$$

显然总的面积增加了。碰撞过程相当于一个黑洞进入另一个黑洞的视界。而相反的过程是禁戒的：一个大黑洞不能分裂为两个小黑洞，因为这样就相当于一个黑洞从另一个黑洞的视界中跑出来，将违背视界只进不出的单向原则。正由于黑洞只能吸收质量而使其面积增大，或者由于并合使其总面积增大，所以我们的宇宙中黑洞面积的总和是只能增加不能减小的。

黑洞面积不减小的特征，使我们想起热力学第二定律：宇宙中熵的总和是永不减少的。这表明视界面积与热力学熵之间有很强的相似性。贝肯斯坦于 1973 年证明，黑洞质量 M 的变化与视界面积 A 的变化之间满足下列关系（对施瓦西黑洞）：

$$dM = T d\left(\frac{kc}{4\pi \hbar G} A\right) \tag{4.62}$$

式中，$\hbar$ 是普朗克常量，k 是玻耳兹曼常数。这一关系十分类似热力学第一定律：

$$dE = TdS \tag{4.63}$$

因为 M 和 E 之间只相差一个常数因子 c^2，因而(4.62)式中，T 就应当是热力学温度，A 就应当与热力学熵 S 成正比，即

$$S = \frac{kc^3}{4\pi \hbar G} A \tag{4.64}$$

再来看一下温度如何随质量而变化。以施瓦西黑洞为例，有

$$A = 4\pi r_s^2 = \frac{16\pi G^2 M^2}{c^4} \tag{4.65}$$

因为 $S \propto A$，所以有

$$S \propto M^2 \quad \Rightarrow \quad \delta S \propto M \delta M \tag{4.66}$$

取 $c = 1$ 单位制，则 $E = Mc^2 = M$，这样由(4.63)式和(4.66)式得到

$$\delta M = T\delta S \propto TM\delta M \tag{4.67}$$

这表明

$$TM = 常量 \quad \Rightarrow \quad T \propto 1/M \tag{4.68}$$

严格的计算结果是

$$T = \frac{\hbar c^3}{8\pi Gk} \frac{1}{M} \simeq 6 \times 10^{-8} \left(\frac{M_\odot}{M}\right) \text{ K} \tag{4.69}$$

可见质量越小的黑洞温度越高，而质量越大的黑洞温度越低。例如太阳质量（$M = M_\odot$）的黑

洞,温度只有 $T \simeq 6 \times 10^{-8}$ K,几乎达到绝对零度;而 $M = 10^{15}$ g 的小黑洞的温度是 $T \simeq 10^{12}$ K,比核爆炸中心的温度还要高许多。前面提到,霍金等人曾指出,视界的表面引力类似于热力学温度。视界表面的引力是 $g = GM/r_s^2$,由 $r_s \propto M$ 显然有 $g \propto 1/M$,这与(4.69)式所示的温度-质量关系是一致的。霍金等人提出的黑洞力学的第三定律,即不能经过有限次的转换把黑洞的表面引力递减到零,也使我们想起热力学第三定律,即不能用有限次的过程使系统的温度达到绝对零度。这两个第三定律之间的对应,非常清楚地表明了黑洞的表面引力与黑洞温度之间的对应。

下面把黑洞的主要热力学性质做一个小结:

① 黑洞的熵 S 与视界面积 A 成正比,与黑洞质量 M 的平方成正比。由于宇宙中熵的总和永不减少,因而任何涉及黑洞的力学过程,不能使黑洞的总视界面积减小。这就是霍金定理。

② 黑洞的温度 T 与黑洞质量 M 成反比,这说明温度只与引力性质有关。小质量黑洞的温度高,大质量黑洞的温度低。

③ 黑洞不能与外界处于稳定的热平衡。这是由于 $T \propto 1/M$,即 $T \propto 1/E$,因而黑洞这一热力学系统的比热是负的:$dE/dT < 0$。负比热的物体不能与外界处于稳定热平衡。因为如果原来处于热平衡,则由于涨落,例如从外界吸收一点能量(质量),温度就会变低。这样就更需要吸收能量,从而使得温度进一步降低。如此一发而不可收,最后热平衡被完全破坏。

④ 经典的黑洞理论与热力学第二定律是矛盾的。按照热力学第二定律,能量必须由温度高的物体流向温度低的物体。假如 $T_{黑洞} > T_{环境}$,则能量必须由黑洞流向外界。但是,根据经典的黑洞理论,任何信息,包括能量,都不能由黑洞内部流到外部。这样就产生了矛盾,解决这一矛盾的途径是黑洞量子力学的建立。

4.4.6 黑洞量子力学简介

经典黑洞的主要特点是,黑洞是绝对"黑"的,即不能有任何东西(包括光)从黑洞中跑出来,也不能从视界里面提取任何一点能量。但 1974 年霍金提出黑洞的量子辐射机制,彻底改变了黑洞只进不出的特征,使黑洞的古老概念发生了根本性的变革。霍金这一理论的关键在于对真空态的理解。

最早对真空态做出科学理论解释的,是相对论量子力学的开创者、英国物理学家狄拉克(P. Dirac)。在他之前人们对真空的理解是,真空即表示一无所有的虚空,它只不过是空间的一个载体,此空间中没有任何物质,也没有任何能量。它可以允许粒子和电磁波自由穿过,但不产生任何物理效应。而狄拉克赋予了真空全新的意义。他由狭义相对论关系式 $E^2 = m^2 c^4 + p^2 c^2$ 出发(式中 m 和 p 分别表示粒子的静质量和动量),并用德布罗意关系把动量 p 换成波数 k($k \equiv 2\pi/\lambda, p = h/\lambda = 2\pi\hbar/\lambda = \hbar k$),再取 $c = \hbar = 1$ 的自然单位制,得到

$$E^2 = m^2 + k^2 \tag{4.70}$$

此式给出

$$E = \pm(m^2 + k^2)^{1/2} \tag{4.71}$$

按照经典的相对论场论的看法,真空是正负能态都空着的状态。而狄拉克认为,在没有外场的平直空间,真空是所有正能态都空着,而所有负能态都充填一个粒子的状态(即所谓"狄拉

克海")。只不过正负能态之间有一个禁区(见图 4.11a),使负能态的粒子不能跃迁到正能态,反之亦然,故正能粒子是稳定的,真空也是稳定的。但是在有外加场,例如静电场 $V(z)$ 的情况下,电荷为 e 的粒子将增加静电势能 eV。于是,(4.70)式和(4.71)式现在变成

$$(E - eV)^2 = m^2 + k^2 \tag{4.72}$$

$$E = eV \pm (m^2 + k^2)^{1/2} \tag{4.73}$$

从强电场区域到远离电场区域之间有一个过渡,这样就会使正负能态出现交错,两者之间的禁区相当于一段势垒(见图 4.11b)。狄拉克认为,考虑到粒子的波动性,由于量子隧道效应,负能态的粒子会有一定的概率穿透势垒,从正能态出射,形成正能粒子。此时负能态少了一个粒子,出现空穴,此空穴即正能态的反粒子。上述结果是,在空间的不同地点将出现正反粒子对。狄拉克的理论预言了正负电子对的产生及湮灭,他的预言很快便被美国加州理工学院的安德森(C. Anderson)以发现正电子所证实。狄拉克的理论不仅使人们认识到反物质的存在,而且赋予真空以全新的概念,即**量子真空**。这样的真空只是一种能量为最低的状态,而不是能量为零的状态,因为能量严格为零的状态在自然界中是不存在的。所以,真空不是真的一无所有,而是"沸腾的真空",其中不断有能量涨落发生。按照现代量子真空的概念,真空中充满着虚粒子及其反粒子,真空能量的涨落使得它们不断地自发成对创生,又不断湮灭。例如,一对正负电子可以在 10^{-21} s 内自发产生和消失。质量更大的正反粒子存在的时间比这还要短,因为按照量子力学的不确定关系,有

$$\Delta t \Delta E \geqslant \frac{\hbar}{2} \tag{4.74}$$

故质量越大(即 ΔE 越大)时 Δt 越小。对正反质子而言,这一时间尺度(相当于粒子存在的寿命)就只有不到 10^{-24} s。在没有任何外场的情况下,粒子对不断产生和湮灭,所以平均效果就没有任何粒子或反粒子真正产生出来,这些粒子也不能被直接观测到,因而被称为**虚粒子**。但在有外场例如电场存在的情况下,当一对虚正负电子产生时,它们就会被电场沿相反方向分离。电场越强,就能使它们分离得越远。当电场强到一定程度时,虚正负电子不能够再碰到一起发生湮灭,这时的虚粒子就变成实粒子,可以被我们观测到。实粒子的能量显然来源于电场,而这时的真空就被称为**真空极化**。1947年,兰姆(W. Lamb)和库什(P. Kusch)通过著名的"兰姆位移"实验,验证了真空极化的理论,从而获得了 1955 年的诺贝尔物理学奖。这一实验的原理是,考虑真空中的一个氢原子,它周围不断有虚粒子对产生和湮灭。由于氢原子的原子核和电子所产生的电场会使邻近的真空极化,这使得带有相反电荷的虚粒子对分离,从而在很短的瞬间形成一股微弱的电流。这一电流会使电子在轨道上颤动,结果使氢原子发出的辐射出现微小的频率移动,即兰姆位移。狄拉克创立的量子真空理论至今仍然有着巨大的科学意义,后面我们讨论宇宙学时还要用到量子真空的概念。

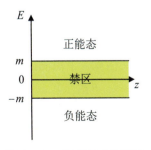

图 4.11a 物理真空的能态

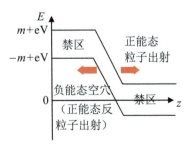

图 4.11b 静电场附近的真空能态

我们再回到霍金提出的黑洞量子辐射机制。霍金指出,黑洞视界附近的强引力场就像是一个势垒。但黑洞内部的粒子可以有一定的概率穿透这个势垒跑到外面,从而形成黑洞的发射。从真空极化的观点来看,霍金认为,在黑洞的视界周围,真空会被强引力场所极化。当引力场足够强时,视界附近产生的正反虚粒子对,会分离一段很短的时间和距离,从而出现 4 种可能性:正反粒子直接湮灭;双双落入黑洞;正粒子落入黑洞而反粒子跑出来;反粒子落入黑洞而正粒子跑出来(见图 4.12)。根据霍金的计算,最后一种可能性实现的概率最大。当从视界附近跑出来的粒子被无穷远处的观测者接收到时,就变成为正能的实粒子。反粒子带有负能,黑洞俘获了负能粒子,就减少了它的能量(质量)。故真空涨落总的结果是,黑洞不断发射正能粒子,这些粒子的能量来源于黑洞质量的减少。而质量的减少意味着视界面积的减小,这样,霍金过程就违背了黑洞的面积不减定律。但是要注意,黑洞发射的这些粒子(包括光子)同样具有熵,这些熵将补偿黑洞熵的减少。所以到最后,尽管面积定律被破坏了,但热力学第二定律并没有被违反。

图 4.12 黑洞视界附近的正反粒子对

黑洞的辐射是稳定的,可以有确定的辐射强度。霍金从理论上得到了施瓦西黑洞的辐射强度公式,这一公式当 $m=0$ 时与黑体辐射的普朗克公式一致。因此,的确可以把黑洞当作一个具有一定温度的黑体来看待。也就是说,4.4.5 小节讨论过的黑洞的温度概念仍然适用,其与黑洞质量的关系仍如(4.69)式所示。一个质量等于太阳质量的黑洞,温度接近绝对零度,它只能辐射零质量的粒子,例如光子、零质量中微子以及引力子。随着质量由大变小,温度就由低变高,各种粒子逐渐都开始有显著的辐射。例如,质量像小行星那样大的黑洞,温度为 6 000 K,也还只能辐射可见光和零质量粒子。当质量减小到 10^{15} g 时,其温度高达 10^{12} K,除了 γ 光子和其他零质量粒子外,还可以辐射电子、μ 介子和 π 介子。但质量显著小于太阳质量的黑洞,不能由恒星的引力坍缩而形成。这样的"微黑洞"只能存在于宇宙的早期阶段,形成于非常致密的原初物质的涨落。

鉴于黑洞的热辐射性质,可以用斯特藩-玻尔兹曼定律来估算一下黑洞的辐射功率:

$$\frac{\mathrm{d}E}{\mathrm{d}t \cdot A} = \sigma T^4, \quad A = \frac{16\pi G^2}{c^4} M^2, \quad T = \frac{\hbar c^3}{8\pi Gk} \frac{1}{M}$$

$$\Rightarrow \frac{\mathrm{d}E}{\mathrm{d}t} \simeq 3.6 \times 10^{45} M^{-2} \text{ erg/s} \tag{4.75}$$

式中,M 以 g 为单位。黑洞的全部能量 $E = Mc^2$,因而以上述功率发出辐射时,黑洞寿命的

估计值为

$$\tau \simeq \frac{E}{\dot{E}} \simeq 3 \times 10^{-25} M^3 \text{ s} \approx 10^{68} \left(\frac{M}{M_\odot}\right)^3 \text{年} \tag{4.76}$$

可见小质量的黑洞寿命极短,在很短时间内即释放掉大量能量,就如同强烈的爆发一样。例如,$M \simeq 10^8$ g 的微黑洞,$T \simeq 10^{18}$ K,寿命 $\tau \simeq 0.3$ s。而对于 $M \simeq M_\odot$ 的黑洞,寿命 $\tau \simeq 10^{68}$ 年,大大长于宇宙的年龄,这样缓慢的辐射可以看成蒸发(称为"霍金蒸发")。值得指出的是,对于 $M \simeq 10^{15}$ g(大约相当于一座山的质量,但半径只有 10^{-13} cm,与质子差不多)的黑洞,$\tau \simeq 10^{10}$ 年,这一寿命与宇宙年龄相仿。但是,在它最后的 0.1 s 里释放的能量,相当于 100 万颗百万吨级的氢弹一起爆炸的能量。因此有人猜测,在宇宙诞生时期所形成的一些微黑洞,可能将在今天达到其最后爆发的阶段。

讨论

① 考虑量子效应后,黑洞现在既有发射又有吸积。当 $T_{黑洞} < T_{环境}$ 时,黑洞的发射小于吸积,热量(能量)由周围流向黑洞;而当 $T_{黑洞} > T_{环境}$ 时,发射将大于吸积,热量由黑洞流向周围物质。因此,两种情况下都是热量从高温流向低温,这就解决了经典黑洞理论的"热力学危机"。

② 但是,由于 $T_{黑洞} \propto 1/M$,故上述两种情况下仍使温度差别越来越大。例如 $T_{黑洞} < T_{环境}$ 时,热量由周围流向黑洞,这使得黑洞的质量进一步变大,从而温度更低。这是因为,有辐射的黑洞仍然是一个负比热系统,它吸收热量后温度反而降低,放出热量后温度反而升高。这样的系统不会导致热平衡的出现,而是会越来越偏离热平衡。

③ 黑洞的理论还触及物理学的其他一些根本问题。因为黑洞只有 3 个参数,即 3 个守恒量 M, J, Q。坍缩成黑洞后,一切其他参量都消失了,例如重子数、轻子数等,我们对于黑洞内部的细节什么都不知道。因而,如果黑洞吸收了某些物质后再发射,那时只能考察 M, J, Q 这 3 个参量,其余的参量就都不得而知。我们不能预言黑洞吸收了某些物质之后,会发射出什么东西来,也就是在吸收的物质和放出的物质之间,完全没有诸如重子数、轻子数守恒等必然制约。因此,黑洞物理比量子力学有着更大的不确定性,这种不确定性触及了因果律。

④ 关于白洞。广义相对论还预言了与黑洞相反或对称的过程,即**白洞**的存在。它的视界也是一个单向膜,但是只出不进,只向外部区域发射物质和能量,而不吸收外部的任何物质和辐射。也可以说,白洞是黑洞的时间反演。白洞和黑洞的外部引力性质一样,例如都可以用施瓦西度规来描述。白洞也是一个引力源,可以被其他天体吸引,并同时吸引其他天体。白洞附近的引力场也很强,周围的尘埃、气体会不断地被吸积而落到它的附近。不过这些物质无法进入白洞内部,只能在其边界形成物质层。有人认为,白洞可能处于类星体和活动星系核的中心,当白洞内部喷射出来的物质与周围吸积的物质在边界上猛烈相撞时,可以释放出巨大的能量,产生 X 射线、宇宙射线、射电爆发等现象。当然,白洞迄今为止只是一种纯理论模型,尚未被观测所证实。

4.4.7 搜寻黑洞

正因为黑洞所具有的奇特性质和神秘色彩,以及它们在恒星演化乃至宇宙演化过程中的重要地位,长期以来,人们以极大的热情努力在宇宙中寻找黑洞。虽然宇宙中估计存在的黑洞数量应当十分丰富,但搜寻黑洞的工作一直进行得相当艰难。其中的主要原因之一是,要确定一个天体是黑洞,就需要分别测定它的质量和半径,然后把这一半径与视界半径相比较,只有小于等于视界半径的天体才是黑洞。质量的测定相对还容易一些,例如可以通过双星系统的轨道运动测量。半径的测量就极其困难了。黑洞视界的尺度很小,例如太阳质量的黑洞,视界大小只有几千米。而恒星的平均距离为光年量级,在这样远的距离上是无法分辨出几千米大小的物体的。即使是质量大到 $10^8 M_\odot$ 的巨型黑洞(一般认为位于星系核中心),其视界大小也只有 10^8-10^9 km,大约为光小时量级。而星系之间的距离至少都在十几万、几十万光年以上,要在这样远的距离分辨出尺度为光小时量级的黑洞,就相当于从几十万千米的远处看清一只高尔夫球,这显然远远超出了目前任何单独一台天文观测仪器的分辨本领。此外,黑洞周围通常聚集着大量星际物质,它们会发出各种能量的辐射,从而形成一个比黑洞自身大得多的发光区域,使得我们更加难以判断黑洞的真实大小。然而,经过人们几十年不懈的努力,利用全球多台射电望远镜构成的观测阵列和全球网络,2019 年终于在毫米射电波段拍摄到人类有史以来第一张黑洞照片(见图 4.13a),随后又在 2022 年拍摄到银河系中心黑洞的照片(见图 4.13b),这是极其振奋人心的成就。但拍摄这样的黑洞照片是十分复杂而费时的过程,只有对极少数典型的黑洞,才有必要和可能这样做。对于宇宙中绝大多数黑洞而言,就需要通过其他途径来间接探测了。

图 4.13a 人类历史上首张黑洞照片(EHT 拍摄)

图 4.13b EHT 拍摄到银河系中心黑洞照片

1. 恒星级黑洞

恒星级黑洞是由大质量恒星演化到末期,其核心发生引力坍缩而形成的,其质量在 $3M_\odot-20M_\odot$ 范围。双星系统是最有希望找到恒星级黑洞的地方。我们知道,孤立的单星在宇宙中是很少见的,大多数恒星存在于双星系统之中,作为恒星演化最后产物的黑洞也是如此。特别是在密近双星中,通过黑洞吸积伴星物质后发出的高能辐射,例如 X 射线辐射和 γ 射线辐射,我们就有可能侦测到黑洞的存在。但双星中的致密星也可能是白矮星或中子星,因此,如何排除其他可能性而唯一地证认黑洞,就成为问题的关键。

黑洞吸积伴星物质,通常是在黑洞周围形成一个吸积盘。这是由于被吸积的物质通过内拉格朗日点而进入黑洞的引力范围时,是带有角动量的。气体动力学的计算表明,有角动量的气体被致密星所吸积,最后总是会形成吸积盘(不只是黑洞,白矮星和中子星周围都可能形成吸积盘)。吸积盘内的气体由于摩擦加热而发出热辐射。辐射的能量大小取决于有多少引力势能转换为辐射能。一个由无穷远处下落的粒子,到达与致密星中心距离 r 处时发出辐射,其能量转换效率 η 定义为引力势能 E 与粒子静能 mc^2 之比:

$$\eta \equiv \frac{E}{mc^2} \sim \frac{GM}{rc^2} = \frac{1}{2}\frac{r_g}{r} \tag{4.77}$$

式中，r_g 为该致密星的引力半径（对施瓦西黑洞即为视界半径 r_s）。可见 r 与 r_g 越接近，辐射效率就越高。白矮星的半径有几千千米，而 r_g 只有几千米，故能量转换效率很低，即使粒子从无穷远落到白矮星表面，η 也只有万分之几。当粒子由远处落到白矮星表面时，只能发出可见光和紫外辐射，达不到 X 射线的能量。对中子星，如取 $r \approx 10$ km，$r_g \approx 6$ km，则有 $\eta \approx 0.3$，对黑洞 $r \approx r_g$，这一值可以高达 $\eta \approx 0.5$。当然 η 只是一个理论的上限值，实际的能量转换效率达不到这么高，因为有一部分引力势能要转化为粒子的热运动能，并不是全部转化为辐射能。对黑洞而言，粒子也并不是直接落到黑洞

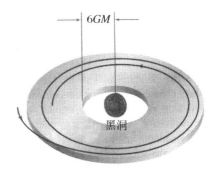

图 4.14 施瓦西黑洞的吸积盘简图

的视界表面，而是先进入吸积盘的外边缘，然后逐渐螺旋式地落向黑洞（见图 4.14）。对于球对称的施瓦西黑洞，吸积盘将在 $3r_g = 6GM/c^2$ 处终止，这是环绕黑洞运动的粒子的最小稳定轨道半径（小于此半径处，吸积物质将很快落入黑洞并消失，因此该处的物质密度急剧减小）。理论计算结果给出，施瓦西黑洞的吸积，可以把下落物质静质量能的 5.7% 转换为辐射能，而克尔黑洞的吸积可以转换多至 42% 的静质量能。因此，致密星特别是黑洞的能量转换效率是非常高的，远高于恒星核反应的能量转换效率。我们可以回忆一下，核反应的能量转换效率只有 0.7%，在这个意义上，核反应并不能算是真正的高效过程。自然界中真正的高效能量转换过程只有致密星特别是黑洞的引力吸积。由此，我们再次领略了引力的巨大威力。

总之，现在我们知道，X 射线双星中的致密星只能是中子星或黑洞。但中子星通常是脉冲星，因而如果在 X 射线双星中观测到 X 射线脉冲现象，就可以肯定其中的致密星是中子星而不是黑洞，因为黑洞是不会发出脉冲辐射的。再有，如果发现双星中出现 X 射线暴，且 X 射线暴有间歇再发现象，也可以肯定致密星是中子星而不是黑洞。因为如第 3 章所述，中子星产生的 X 射线暴是可以再发的（当吸积物质在中子星表面堆积到一定数量就可以重复再发，如白矮星造成的再发新星那样）。而黑洞没有固态的表面，吸积物质更不会在表面堆积，因而就不会有再发的 X 射线暴。因此，既没有脉冲周期性也不是再发的 X 射线双星，就成为搜寻恒星级黑洞的重点目标。但即使这样，也还不能完全排除中子星的可能性。因为无论是持续的 X 射线辐射，还是偶发的 X 射线暴，都有可能来源于吸积盘，其中也包括中子星的吸积盘。因此，必须用更精密的方法，来判断位于吸积盘中心的是中子星还是黑洞。吸积盘的内部是高温湍动的气体，且是局部不稳定的。某些局部区域可能在瞬间被加热到几亿度的高温，从而产生偶发的 X 射线光度突然增大甚或 X 射线暴。在观测上，这就表现为 X 射线光变。由光变的时标可以大致判断发光区域的大小。观测到的 X 射线双星的光变时标很短，大约在毫秒量级，这说明光变区域的大小不超过几百千米。但这是中子星或黑洞都允许的上限，故还没能最终解决两者的取舍问题。

看来，要确定双星中的致密星到底是中子星还是黑洞，最终只能依据它们的质量了。我们已经知道，中子星的质量有一个上限，即大约 $3M_\odot$。超过这一质量上限的致密星，唯一的可能只有黑洞。因此，一般说来，可以根据双星中可见子星谱线频移的周期及其大小（对应

于视向速度),以及可见星的质量(例如通过质光关系),再由开普勒定律,得到两颗星的总质量(以及两星之间的距离),最后得出致密星的质量。2019 年,中国研究团队利用郭守敬望远镜,在双子座附近天区对 3 000 余颗恒星进行了多次重复观测,发现其中 300 颗恒星的谱线具有周期性频移,并由此计算了双星相应的物理参数,从中筛选出 22 个致密天体候选者。这其中有一个天体特别引人注目,它有 B 型星的光谱,还有强 Hα 发射线;B 型星的视向速度有规则地做周期性变化,而 Hα 发射线视向速度的变化非常小。通过进一步研究,研究团队确认其伴星是一颗 B 型星,主星是一个黑洞(被命名为 LB-1),它位于银河系反银心方向,距离我们差不多有 12 000 光年。按照现有的恒星演化理论,在恒星级黑洞系统中,黑洞的质量范围是太阳质量的 3—20 倍。而观测结果表明,LB-1 的质量竟然达到太阳质量的 70 倍,远超理论预言的质量上限,可以称为恒星级黑洞系统中的"黑洞之王"。这一颠覆了现有认知的观测结果,促使人们对恒星演化和黑洞形成理论进行重新思考。我们相信,利用郭守敬望远镜大规模巡天优势和高效的视向速度测定方法,中国天文学家将会发现更多"深藏不露"的宁静态黑洞,从而为揭开这个"黑暗家族"的内幕做出自己独特的贡献。

2. 中等质量和大质量黑洞

它们的质量范围为 $100 M_\odot$—$1 000 M_\odot$,也可能超过 $10^4 M_\odot$。这样的黑洞可能通过所谓极亮 X 射线源(ULXs)的观测而被发现,钱德拉 X 射线空间天文台(CXO)以及 XMM-Newton 卫星都已经观测到一些这样的 X 射线源,并且发现它们与一些球状星团的核心或低质量星系有一定相关性。但目前还不清楚这样大小的黑洞是如何形成的。有人认为,可能是由于这些地方恒星密集,恒星可以通过不断并合而形成超大质量恒星,然后超大质量恒星的核心坍缩,成为黑洞;也有人认为,这些地方可能先形成许多恒星级的黑洞,然后这些小黑洞经过并合,成为中等质量或大质量的黑洞;也有可能,单个黑洞通过不断吞噬物质而逐渐增大质量;还有可能是大量气体物质直接坍缩而形成黑洞。

3. 超大质量黑洞

现在认为,星系中心可能普遍存在超大质量黑洞,其质量范围为 $10^5 M_\odot$—$10^9 M_\odot$。这样大的黑洞是如何形成的,目前也还没有完全搞清楚。大致有两种看法:一是由于星系的碰撞,形成一个较大的星系,并同时在星系中心形成一个超大质量黑洞,甚至可能形成双黑洞;二是星系中心的一个较小质量的黑洞,通过不断吸积周围物质甚至星体,从而变成超大质量的黑洞"巨无霸"。

星系核是星系中恒星最密集的地方,并常伴随有强烈的射电、红外和 X 射线的辐射。早在 1971 年,英国剑桥大学的天体物理学家林登-贝尔(D. Lynden-Bell)和马丁·里斯(Martin Rees)就提出,所有星系的核心都会有超大质量黑洞存在,它们是星系形成的早期阶段核心区域引力坍缩的结果。我们的银河系中心方向在人马座,由于该方向大量气体和尘埃对光的吸收,使得可见光波段几乎是不透明的。但射电、红外和 X 射线的辐射可以穿透气体和尘埃,使我们可以观测到银心的深处。银心的直径是 30 光年,这个范围内发出的总辐射强度是太阳光度的 1 000 万倍。其中有银河系最亮的射电源——人马座 A*,它的辐射中除热辐射外,还有明显的非热同步加速辐射。这一非热射电辐射的强度是太阳总光度的 10 倍,但辐射区域的尺度小于 30 亿 km,大约为土星轨道的大小。在这样小的尺度内只能是单个的射电源。脉冲星的射电辐射通常只有人马座 A* 的万分之一,双星 X 射线源在射电波段的强度也远达不到这一值(但其 X 射线辐射强度又远大于人马座 A*),因而脉冲星和 X 射线双星都被排除在外。看来要确定人马座 A* 射电源的本质,必须想办法测算它的质量。

据 1983 年发射升空的红外天文卫星（IRAS）的观测，银河系中心半径 5 光年的范围内分布着 200 万颗恒星，恒星密度比球状星团还要高出 1 000 倍。根据对这些恒星的速度弥散的测量，得到银心 5 光年范围内的总质量应当在 $5\times 10^6 M_\odot - 8\times 10^6 M_\odot$ 之间。而恒星的总质量只有 $2\times 10^6 M_\odot$，其余 $3\times 10^6 M_\odot - 6\times 10^6 M_\odot$ 的质量看来应当属于银心处的一个致密天体。自 20 世纪 90 年代以来，德国天文学家根泽尔（R. Genzel）和美国天文学家格兹（A. Ghez）一直密切关注银河系中心的区域。他们利用光学干涉方法以及大型望远镜（例如凯克望远镜）所做的精密观测发现，在我们银河系的中心，有一个看不见的、质量极大的天体控制着周边恒星的运动。图 4.15a 画出了恒星 S2 围绕银心运转的轨道，其中人马座 A* 位于椭圆轨道的焦点。该轨道周期 $P=15.2$ 年，偏心率 $e=0.87$，近银心点距离为 1.8×10^{10} km $\simeq 120$ AU（约 17 光小时）。这一距离只比冥王星的轨道半长轴大几倍。根据上述数据不难算出，S2 的轨道半长轴 $a=1.4\times 10^{11}$ km，再利用开普勒第三定律，即得到中心天体的质量为

$$M = \frac{4\pi^2 a^3}{GP^2} \simeq 3.5\times 10^6 M_\odot \tag{4.78}$$

更加精密的计算给出

$$M = (3.7\pm 0.2)\times 10^6 M_\odot \tag{4.79}$$

除了恒星 S2 以外，还有一些恒星围绕银心运转的轨道也被测定出来（见图 4.15b）。如果这个银心天体是黑洞，其视界大小应大约为 10^7 km，只相当于太阳直径的不到 10 倍，对地球上观测者的张角只有约 10^{-6} 角秒，当时认为是不可能直接观测到的。因此，当根泽尔和格兹因为人马座 A* 的杰出工作获得 2020 年诺贝尔物理学奖时，诺奖委员会的评语只是谨慎地说，他们因"在银河系中心发现了一个超大质量致密天体"而获奖，而没有称这个致密天体为黑洞。出乎大家预料的是，仅仅一年多之后，2022 年 5 月 12 日，在包括上海在内的全球多地同时召开的新闻发布会上，天文学家向人们展示了位于银河系中心的超大质量黑洞的首张照片（见图 4.13a）。这张照片由事件视界望远镜（EHT）国际合作团队，通过分布在全球的 8 台射电望远镜组网"拍摄"而成。现在，我们可以直截了当地宣布，银心天体即人马座 A* 是一个质量约为太阳质量 400 万倍的黑洞，而再也不用谨慎委婉地说那是个"致密天体"了。

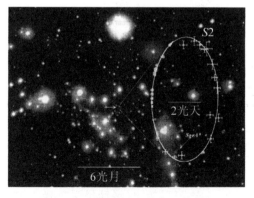

图 4.15a　恒星 S2 环绕银心的椭圆轨道（轨道焦点处为人马座 A*）

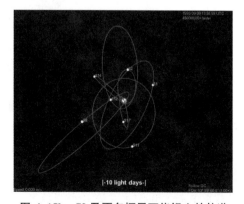

图 4.15b　S2 及更多恒星环绕银心的轨道

能直接看到黑洞的影像一直是人们的梦想。2019 年 4 月 10 日，包括中国在内，全球多

地天文学家同时公布了人类有史以来的第一张黑洞照片（见图4.13a）。该黑洞位于室女座巨椭圆星系 M87 的中心，质量是太阳的 65 亿倍，距离地球大约 5 500 万光年。照片展示了一个中心为黑色的明亮环状结构，看上去有点像甜甜圈，其黑色部分是黑洞投下的"阴影"，明亮部分是绕黑洞高速旋转的吸积盘。这张照片由来自全球 30 多个研究机构的 200 多名科研人员，历时 10 余年才"拍摄"完成。这项雄心勃勃的国际合作观测项目，是利用分布于全球不同地区（包括美国的夏威夷和亚利桑那州、西班牙、墨西哥、智利和南极）的 8 台毫米/亚毫米波射电望远镜，构建一个望远镜网络阵列，组成一台口径如地球直径大小的虚拟望远镜，称为"事件视界望远镜"（Event Horizon Telescope，简称 EHT，见图 4.15c），其分辨率达 20 微角秒，足以在巴黎的一家路边咖啡馆阅读纽约的报纸。科学家们为此精心准备了多年，而观测只是在 2017 年的 4 月 5 日到 14 日这几天内进行，8 台望远镜同时对准 M87 星系中心的黑洞进行"拍摄"，其难度相当于从地球上给月球表面的一只橙子成像。又经过近两年的观测数据处理及理论分析，黑洞照片才"冲洗"完成并公布于世。值得骄傲的是，我国科学家全程参与了这一国际合作项目，无论在早期立项、资金支持、望远镜（夏威夷）观测运行、计算机建模和数据处理分析等方面，均做出了中国贡献。之后不久，EHT 又获取了半人马座 A 星系（距地球约 1 300 万光年）中黑洞喷流的详细图像，以及我们银河系中心超大质量黑洞的首张照片。参与 EHT 项目的科学家表示，未来会扩大 EHT 阵列望远镜的数量规模，进一步提高灵敏度和分辨率，拍摄更多更好的黑洞照片。

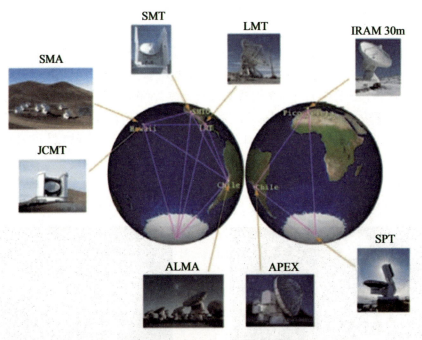

图 4.15c 由全球不同地点的 8 台射电望远镜虚拟出一个地球大小的"事件视界望远镜 EHT"

上面所说的是正常星系的情况。实际上，对超大质量黑洞的搜索主要还是集中在活动星系核上面。我们将在第 6 章讨论活动星系核（AGN）。这里只指出，活动星系核最主要的特点是星系核的剧烈活动和爆发，它们在活动期间所发出的能量非常大，甚至比银河系一生释放的总能量还要大，而核的活动却发生在很小的范围。这样小的空间区域产生如此巨大的能量,就不能不使人们想到黑洞。现在普遍接受的活动星系核模型是,这些星系核的中心都有一个超大质量黑洞,黑洞外围的吸积盘延伸到$100r_s$—$1000r_s$,并发出强烈的X射线、远紫外、紫外以及光学等波段的辐射。

4. 微型黑洞

质量显著小于太阳质量的黑洞,不能由恒星的引力坍缩过程而形成,只能形成于宇宙的早期阶段。霍金于1971年就认为,在宇宙大爆炸时会产生巨大的压力,这种超巨大的压力可能将一些原初物质压缩成**原初黑洞**。这些原初黑洞的质量可以在10^{-5} g—$10^5 M_\odot$之间。但质量太小的黑洞寿命极短,在很短的时间内即爆发掉了。只有质量在10^{15} g左右的小黑洞,其寿命与宇宙的年龄差不多,可能生存至今,并到了最后爆发的阶段。这些小黑洞爆发能量很大,会产生大量的硬γ射线,因此会被我们观测到。但观测结果表明,即使每立方光年平均有300个原初小黑洞(这是一个相当大的数密度),也不足以产生已经观测到的宇宙γ射线背景(见图4.16)。这说明宇宙早期不可能产生足够多的微型黑洞。从宇宙暗物质的角度,这也说明了原初黑洞最多只能贡献宇宙暗物质总质量的百万分之一。

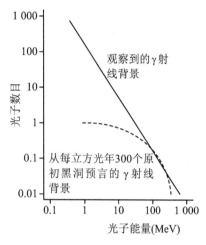

图 4.16 原初黑洞的γ辐射与观测到的宇宙γ射线背景比较

4.5 宇宙γ射线暴

宇宙中的γ射线暴(Gamma-Ray Bursts,简称GRB)首先是由维拉(Vela)军事卫星发现的。1963年,为了监督苏联是否实际遵守了禁止核试验条约,以美国为首的西方国家发射了系列军事卫星,取名"维拉"(西班牙语,看守人之意)。卫星上装有检测核爆炸所发γ射线的装置,而且是成对发射到25万km高的轨道上,两颗卫星遥遥相对,以监视地球上的核活动。为了避免与宇宙空间的信号相混淆,卫星也对宇宙其他方向进行了检测。1967年,两颗卫星同时记录到相似的γ射线爆发的信号,后经仔细分析确认,爆发不是起源于地球上,而是地球以外的宇宙空间。这一发现直到1973年才对外界公布,当即引起了全世界天体物理学家的强烈兴趣。根据开头几年的观测,γ射线暴每年大约出现12次,每次时间持续0.1—100 s。卫星上接收到的它们的平均能量约为10^{-4} erg/(s·cm²),如果这是在光学波段,就相当于金星那样明亮。设想它们与我们相距3000光年(这算是银河系中与我们较近的距离),可以算出它们的辐射功率(光度)为大约10^{40} erg/s,比太阳的光度要大出6—7个数量级。观测还发现,γ射线暴的强度变化(即光变)十分迅速,有的光变时标在几毫秒内,这样相应的暴源尺度不会超过几千千米,有的甚至在几百千米以下。如此高的能量从这样小的范围内发出,这在当时是不可思议的。维拉卫星的任务是监视地球上的核爆炸,结果却发现了宇宙间另外的猛烈无比的爆炸,听起来真有点像是传奇故事。自那以后,许多天体物理学家便开始对宇宙γ射线暴的起源做出种种猜测,提出过的模型有上百种。这些模型几乎涉及所有的高能天体过程,例如中子星、白矮星、黑洞和超新星爆发,以及正反物质湮灭和其他更离奇的一些模型。但长期以来这一问题始终没有得到解决,人们甚至搞不清楚,这些爆发源究竟是在银河系内,还是远在银河系外的宇宙空间。

1991年,康普顿γ射线空间天文台(CGRO)发射升空后,发现的宇宙γ射线暴的数量大为增加,大约每天都会发现一例。其在天空的分布是完全随机的(见图4.17),这表明它们的起源并非在银河系内。γ光子的能量从1 keV到若干GeV以上(虽然这一范围的低端包括了X射线光子,但爆发的大部分能量是在γ射线波段),爆发持续的时间通常是10^{-2}—10^3 s,且一般特征是在10^{-4} s内迅速爆发,随后是较慢的指数衰减。爆发的光变曲线通常显现多个峰,但没有一个典型的轮廓。

对γ射线暴起源的研究,关键是对它们距离的确定,这个问题直到1997年才解决。1997年2月28日,由意大利空间局和荷兰航空航天计划局共同研制的BeppoSAX空间飞行器发现,γ射线暴GRB 970228消失后,原爆发地点仍然有逐渐暗淡下去的X射线以及光学余晖(参见图4.18)存在。随后由凯克望远镜和哈勃空间望远镜共同对这一余晖进行了跟踪观测,并由其中的谱线红移测量,确定GRB 970228发生于一个遥远的星系中。后来,利用γ射线暴的余晖又测定了一大批γ射线暴源的距离,发现它们都位于银河系以外的遥远星系。特别值得一提的是,SWIFT空间望远镜升空后不久,就于2005年3月发现了两次γ射线爆发(GRB 050318和GRB 050319)。紫外和光学余晖表明,它们的红移分别为2.7和3.24,相应的,与地球的距离分别为105亿光年和116亿光年。在这样大的距离(红移)上发现γ射线暴,是当时人们完全没有预料到的,发现后立即引起了学术界的强烈兴趣和广泛关注。半年以后,又一个更大红移的γ射线暴GRB 050904被发现了,它的红移达到$z=6.3$,与目前观测到的最大红移的类星体(见第6章)差不多。

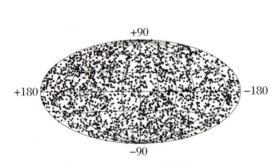

图4.17 CGRO观测到的2 704个宇宙γ射线暴在天空的分布

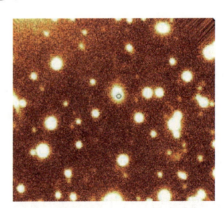

图4.18 2005年7月24日发生的一次γ射线暴(图中以小圆圈代表),以及它的可见光余晖(小圆圈所在的白斑)

从观测结果来看,宇宙γ射线暴基本分为两种类型:一类称为长暴(long-soft GRB,见图4.19),另一类称为短暴(short-hard GRB)。前者爆发持续时间在2 s以上,γ光子具有较低能量;而后者持续时间短于2 s,且γ光子的能量较高。现在认为,长暴与超新星爆发密切相关,而短暴产生于中子星与中子星或中子星与黑洞的并合。

γ射线长暴与超新星爆发的直接关联有两个著名的例子。一个是 GRB 980425 和超新星 SN 1998bw,另一个是 GRB 030329 和超新星 SN 2003dh。关于超新星爆发时如何产生γ射线暴,目前有两种看法。一种看法认为,当超新星的前身星具有足够大的质量时,星核坍缩的结果将形成黑洞,且超新星碎片回落后,在黑洞周围将形成一个由碎片构成的吸积盘(debris disk,见图 4.20)。由于强磁场的作用,会有相对论性的喷流从碎片盘中心附近发出,喷流遇到周围下落的物质时,会使物质极度加热并形成火球,从而产生强烈的γ射线暴。第二种看法认为,核坍缩时首先形成的不是黑洞,而是一颗转动的中子星,其质量范围在 $2.2M_\odot < M < 2.9M_\odot$。它具有很强的磁场,但强磁场与周围物质的作用,会使得中子星的转动速度在几周或几个月的时间内变慢下来。当中子星的转速变慢时,就有可能发生进一步的引力坍缩而形成黑洞。如果在黑洞的周围还形成一个碎片盘,则相对论性的喷流就会有条件产生,并从而形成γ射线暴。这个模型的好处是,由于黑洞是在超新星爆发之后一段时间才形成的,超新星爆发把外层绝大部分重子物质抛射了出去,故黑洞周围的重子物质很少,因此喷流不会马上减速而能够在相当一段时间内保持为相对论性。

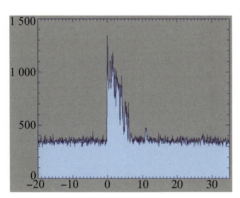

图 4.19 SWIFT 空间望远镜 2004 年 12 月 11 日观测到的一次 γ 射线暴(横轴表示时间,纵轴表示记录到的 γ 光子数。该次爆发持续时间大约为 7 s)

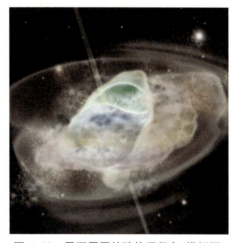

图 4.20 黑洞周围的碎片吸积盘(模拟图)

γ射线短暴第一次被探测到并被确定位置是在 2005 年 3 月 9 日,SWIFT 空间望远镜发现了它并同时观测到它的 X 射线余晖。不久,2005 年 7 月 9 日,NASA 的高能暂现源观测卫星(HETE-2)观测到了一次短暂 γ 射线爆发,持续时间只有 0.1 s。两天半之后,钱德拉卫星捕捉到了它的 X 射线余晖,美国夏威夷和智利的地面望远镜跟着也观测到它的可见光余晖,并由此得出它与地球的距离为 18 亿光年。接着,SWIFT 在 7 月 24 日也观测到一次持续时间只有 0.25 s 的短暂 γ 射线暴,一天以后,美国的 VLA 在射电波段发现了它的余晖,并确定它位于一个主要由老恒星组成的星系中,距离我们 28 亿光年。这次爆发的光学余晖也被观测到,于是它成为第一个在 X 射线、可见光和射电波段都观测到余晖的γ射线短暴。

现在认为,γ射线短暴是由一对致密双星的碰撞并合而产生的。前文在 3.8 节"引力波辐射"中提到的脉冲双星系统 PSR 1913+16,其最后归宿将是两颗中子星碰撞到一起,且发出 γ 射线短暴。研究表明,如果这样的并合发生在距地球几亿光年的距离内,则它发出的引力波辐射就可以被 LIGO 这样的引力波探测器探测到。

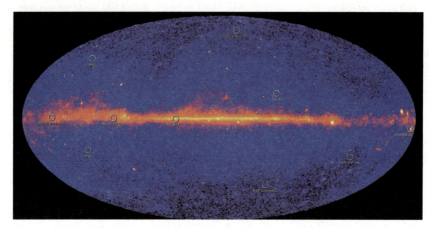

图 4.21　费米 γ 射线望远镜绘制的 γ 射线全天图

第5章 星际物质

5.1 星际物质概况

恒星之间存在大量的稀薄气体和尘埃,它们被统称为**星际物质**(或星际介质)。在"宇宙学简介"一章(第7章)中我们还要谈到星系际物质,它们延展的尺度和包含的质量都达到星系的量级。本章我们只讨论星际物质,它们既是恒星诞生的摇篮,也是恒星演化的归宿之一(例如恒星演化晚期抛射的行星状星云,见图3.12)。实际上,早在18世纪末,英国天文学家威廉·赫歇尔就已经注意到恒星之间有弥漫的星云存在,并发现银河系中有一些暗的、缺少恒星的"空洞"和"裂隙"。他认为,这些暗区并不是真正缺少恒星,而是由于大量暗星云的存在,把恒星发出的星光遮蔽了。但直到19世纪30年代,这种看法才被大多数人所接受,这其中最主要的证据来自对恒星光谱的研究。1904年就有人注意到,猎户座δ星这一分光双星的光谱中,除了周期性移动的谱线(由于双星轨道运动,引起两颗星的谱线产生多普勒频移)外,还有一条静止的CaⅡ谱线,这显然不是双星发出的,而应当是来自双星与地球之间的星际钙离子云。不久,又陆续发现了星际NaⅠ,CaⅠ,KⅠ,FeⅠ和TiⅡ的谱线。同时,由于对星际红化的研究,还发现了星际物质中存在微小的固体颗粒(尘埃)。通过观测,人们了解到,这些气体和尘埃在银河系中的分布不是均匀的,而是较多地聚集在不规则的星云之中。这样,人们对于星际物质的认识才逐渐清晰起来。

现在我们知道,星际物质的成分,除了星际气体、尘埃以外,还包括星际磁场和宇宙线,严格来讲还应当有弥漫于各处的星光。在银河系中星际物质的总质量约占10%,密度范围是$10^{-20}—10^{-25}$ g/cm^3,平均密度一般取为10^{-24} g/cm^3(1 mmHg = 133.32 Pa),相当于平均数密度每立方厘米1个氢原子,约为宇宙平均物质密度的10^5倍。作为对比,地面实验室里所能达到的最高真空度为10^{-12} mmHg,相当于每立方厘米32 000个原子。现在习惯上把数密度超过每立方厘米10个原子(或离子、分子)的星际物质聚集区称为星云或星际云,而把星云以外更为稀薄的星际物质区域称为星际介质。星云的典型密度为每立方厘米几十个到几百万个原子,典型尺度为3-300光年。表5.1列出了各种不同成分的星际物质的密度。

总的说来,星际物质的一些主要特点是:

① 密度分布可相差很大,当数密度为$10—10^3$/cm^{3}时,成为星际云,云与云之间的密度为0.1/cm^3。局部温度也相差很大,从10 K可以到10^7 K。因而,光子在星云中的平均自由程也有很大差别,这就使得对一定能量的光子,有些区域是透明的,但另一些区域是不透明的。

表 5.1　星际物质的密度

星际物质的成分	密　度
星际气体	$0.025 M_\odot/\text{pc}^3$
星际尘埃	$0.002 M_\odot/\text{pc}^3$
宇宙射线	$0.5\ \text{eV}/\text{cm}^3$
星际磁场	$0.2\ \text{eV}/\text{cm}^3$
星光	$0.5\ \text{eV}/\text{cm}^3$

② 星际物质通常和年轻恒星一起,高度集中在银道面,尤其是在旋臂中(银道面厚度约 200 pc,但银河系直径约 30 kpc)。

③ 星际气体。星际气体包括气态的原子、分子、电子、离子,其化学成分可以通过各种电磁波谱线的测量得出。结果表明,星际气体的元素丰度与根据太阳、恒星、陨石得出的宇宙丰度相似,即氢最多,约占 60%,氦约占 30%,其他元素含量很低。根据其主要成分——氢原子所处的物理状态,星际气体通常分为中性氢(H I)区、电离氢区(H II)区和分子云。H I 区的数量最多,约占星际气体总质量的 90%。在明亮的 O 型星、B 型星及其星团周围,由这些恒星发射的波长<912 Å 的紫外线使大部分氢原子电离,其中一部分又复合,成为激发态原子,会形成发射线;或者再吸收紫外辐射又电离——故总的来看电离与复合达到动态平衡。这种电离区称为 H II 区,或发射星云。它的温度约为 10^4 K,相当于萨哈方程中氢的电离温度。在离 O 型和 B 型星 10-100 pc 处,电离的 H II 区就过渡到中性的 H I 区。分子云通常出现在密度较高的中性氢云里面,形状呈无规则的弥漫状态,其典型数密度为 $500-5\,000/\text{cm}^3$,质量为 $3 M_\odot - 100 M_\odot$,温度为 15-50 K。它们延展的尺度可达几个秒差距。还有一些分子云由尘埃和气体混合而成,称为巨分子云,例如图 5.1(a)所示的马头星云,它只是猎户座巨分子云的一部分。现在银河系内已知巨分子云数以千计,大多数位于银河系的旋臂上。这些巨分子云典型的温度约为 15 K,质量可达 $10^5 M_\odot - 10^6 M_\odot$,典型尺度为 50 pc。在这些巨分子云的内部,可以观测到一些较为致密的核区甚至热的核区。例如,美国 NASA 发射的斯必泽红外望远镜(SST),以及欧洲空间局发射的红外空间天文台(ISO),都发现了一些巨分子云中的热核,它们的特征尺度为 0.05-0.1 pc,温度为 100-300 K,数密度为 $10^7-10^9/\text{cm}^3$,质量为 $10 M_\odot - 3\,000 M_\odot$,其中发现有许多大质量的年轻 O 型星和 B 型星。由此可见,巨分子云中的这些热核应当是新恒星的诞生区。

④ 星际尘埃。星际尘埃只占星际物质质量的百分之几,它们是直径 $\sim 10^{-5}$ cm 的固态颗粒,最小的只有 1 nm,只包含 20-100 个原子。星际尘埃一般由下列物质组成:

H_2O,CH_4(甲烷),NH_3(氨)等冰状物;

SiO_2,Fe_2O_3,FeS 等矿物;

石墨晶粒。

较大的颗粒一般自身还有结构,核心可能是由硅化物和碳组成,核心外是各种物质构成的幔,例如,一层含有固态的水和氨,另一层含有固态的氧、氮和一氧化碳,甚至还可能有氢形成的薄薄外层。

尘埃对光学观测的影响是产生星际消光和星际红化。星际消光是由于尘埃对光的吸收和散射,使星光变暗,即视星等增加。星际红化是由于尘埃对星光散射时,根据瑞利定律,散射截面 $\sigma \propto 1/\lambda^4$,故短波光(蓝、紫色)散射很强烈,而长波光(红色)大部可以透射过来,这就使我们看到的恒星颜色变红,就像大气散射使得日出和日落时的太阳颜色变红一样。

(a) 马头星云

(b) 天鹰星云

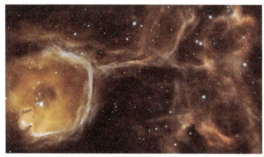

(c) 三裂星云

(d) NGC 3603 云

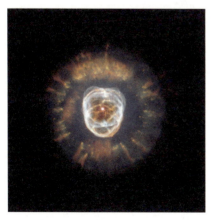

(e) "爱斯基摩"星云 NGC 2392

(f) 锥状星云 NGC 2264

图 5.1　几个著名的星云

尘埃可以通过 3 条途径被加热：吸收恒星的辐射；与星际分子碰撞（非弹性碰撞），分子的动能传给尘埃；尘埃表面分子形成时束缚能的相当部分将存储在尘埃上，例如，当 2H→H_2 + 4.48 eV，束缚能的 1/3，即约 1.5 eV，可以用于加热尘埃。只要尘埃的温度达到绝对温度几十度，就可以发出红外辐射，我们就可以通过红外光的观测来了解它们的一些物理性质，例如温度等。附带提到，尘埃对星际分子的形成和存在具有重要作用：一方面尘埃能够阻挡紫外线,使星际分子不致离解;另一方面尘埃可以作为催化剂,加速星际分子的形成。

目前的看法是,除了一部分是超新星爆发的产物外,大多数尘埃颗粒是由红巨星包层的物质流失而形成的。当物质离开星体表面时,它们相当热而且呈气态。当远离恒星表面时,它们便冷却下来。如果温度降到 1 000—2 000 K,许多物质,例如硅酸盐,就不能以气体的形式存在而形成小的固体颗粒。这些颗粒通过星风、物质抛射等方式或作为行星状星云的一部分,进入到星际气体云中。然后,它们可以在气体中聚集粒子而长大,但长大的尺度有一定的极限。例如,当颗粒上有一层分子氢或一个分子团时,就不会再有氢吸附上来。另一方面,颗粒也会由于碰撞等原因而变小。

5.2 中性氢区(H I 区)与射电 21 cm 谱线

中性氢云的密度约为 10 个氢原子/cm³,平均半径为 10 pc(约为 10^{19} cm),平均质量约为 $10^3 M_\odot$。星云中气体的热运动速度大约为 10 km/s,这只相应于不到 100 K 的温度,同时,星云的密度又很低,这就使得中性氢原子绝大部分处于基态,只有极少处于激发态。例如,取 $n_H \approx 1$ cm^{-3},中性原子的碰撞截面 $\sigma_c \approx 10^{-15}$ cm^2,因而碰撞的平均自由程为

$$l_c \approx \frac{1}{n_H \sigma_c} \approx 10^{15} \text{ cm} \tag{5.1}$$

如果气体的温度是 T,则原子的平均速度由下式给出:

$$\frac{1}{2} m_H \bar{v}^2 = \frac{3}{2} kT \tag{5.2}$$

这样算出的碰撞率是

$$\frac{1}{\tau_c} \approx \frac{\bar{v}}{l_c} \approx \left(\frac{3kT}{m_H}\right)^{1/2} n_H \sigma_c \approx 7 \times 10^{-12} T^{1/2} \text{ s}^{-1} \tag{5.3}$$

如取 $T \approx 80$ K(H I 区通常的温度),可得原子之间的平均碰撞时间约为 500 年。这样长的碰撞时间意味着,中性氢云中的绝大部分氢原子处于基态,只有极少数处于激发态,因此很难观测到中性氢的谱线发射。

1944 年,荷兰天文学家范·德·胡斯特(van de Hulst)首先提出,考虑到原子核的自旋,氢原子的基态能级会分裂而形成超精细结构,因此有可能在银河系中观测到星际氢原子的谱线发射,这一谱线相应的波长为 21 cm,在射电波段。几乎同时,苏联的史克洛夫斯基(I. Shklovski)也做了类似的理论分析。经过几年的努力,到 1951 年,美国、荷兰、澳大利亚的天文学家几乎同时观测到了这一谱线。

射电 21 cm 谱线的产生,是由于氢原子基态的两个超精细能级之间的跃迁。我们知道,基态氢原子的原子态是 $1^2 S_{1/2}$,它的轨道角动量 $L=0$,电子自旋角动量 $s=1/2$,故总角动量 J 中只有电子自旋的贡献,结果是 $J=1/2$。这样,原子基态的能级就是唯一的。但另一方面,氢原子核也具有核自旋角动量 $I=1/2$,这一角动量可以与电子的自旋角动量相耦合,耦合的结果给出(见图 5.2):

$$F = J \pm I$$

$$F = \begin{cases} 1 & \text{电子自旋与核自旋平行} \quad \uparrow\uparrow(\text{上能级}) \\ 0 & \text{电子自旋与核自旋反平行} \quad \uparrow\downarrow(\text{下能级}) \end{cases} \quad (5.4)$$

因此,原来的单一能级就分裂为超精细结构的两个能级。这两个能级的差为 5.8×10^{-6} eV,相应的跃迁光子的频率 $\nu = \Delta E/h = 1\,420$ MHz,波长 $\lambda = 21.11$ cm。这就是 21 cm 射电谱线的产生。

如果处在上能级的原子数很少,我们仍然不能指望有什么观测效应。但情况并非如此。按照玻尔兹曼统计,原子在这两个超精细能级的布居数之比为

$$\frac{n_1}{n_0} = \frac{g_1}{g_0}\exp\left(-\frac{h\nu_{10}}{kT_s}\right) \quad (5.5)$$

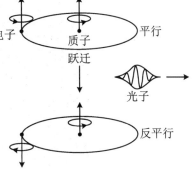

图 5.2 射电 21 cm 谱线的产生

式中,n_1, n_0, g_1, g_0 分别为 $F = 1$ 和 0 的子能级的原子数及统计权重,$g = 2F+1$,这样有 $g_1/g_0 = 3/1 = 3$。T_s 为激发温度(自旋温度),在通常星际气体的情况下,$T_s \simeq T$(T 是气体的动力学温度)。(5.5)式指数中的 $h\nu_{10}/k \approx 0.07$ K,故只要 T_s 大于几 K,就有 $\exp(-h\nu_{10}/kT_s)\approx 1$,因而 (5.5)式最后有

$$\frac{n_1}{n_0} \approx \frac{g_1}{g_0} = 3 \quad (5.6)$$

这表明,即使在通常情况下,处在基态的上能级的原子数也远大于下能级的原子数,即出现了布居数的反转。正是由于 $n_1 > n_0$,并且星际气体中氢的含量十分巨大,故虽然跃迁概率很低,仍足以产生可观测的效果。

对于 21 cm 射电辐射,精细结构上下能级之间自发跃迁的概率是

$$A_{10} = \frac{64\pi^4\nu^3}{3kc^3}\mu_B^2 = 2.84\times 10^{-15}/\text{s} \quad (5.7)$$

式中,μ_B 是玻尔磁子,可见这一自发跃迁的概率非常低,相应于氢原子处在 $F = 1$ 子能级上的时间(寿命)为

$$\tau \simeq A_{10}^{-1} \simeq 3.5\times 10^{14}\text{ s} \simeq 1.1\times 10^7 \text{ 年} \quad (5.8)$$

但计算表明,原子碰撞跃迁(自上而下)的概率比自发跃迁大 10^3 倍,所以跃迁主要是碰撞跃迁。在这个意义上,可以说射电 21 cm 辐射实质上是热辐射。氢原子的这一跃迁在地面上是观测不到的,因为跃迁的概率太低,属于禁戒跃迁。但在星际空间的距离上,数目巨大的禁戒跃迁的总和却不能忽略,足可以使我们观测到这条谱线。

由于星际尘埃对于射电辐射是透明的,故利用射电 21 cm 谱线可以观测到银心乃至宇宙的深处,而不受星际尘埃吸收的影响。此外,因为它是谱线,我们就能够通过谱线的多普勒频移来测量气体的运动速度,以及利用谱线的塞曼效应去测量星际磁场的强度。今天,人们甚至在计划利用 21 cm 谱线的宇宙学红移,来探测宇宙极早期第一代天体的形成。图 5.3 显示射电 21 cm 谱线描绘的河外星系 M51 的漩涡结构。下一章中图 6.14 显示该谱线描绘的银河系旋臂结构。

图 5.3 21 cm 射电图显示的河外星系 M51 的漩涡结构

5.3 电离氢区（HⅡ区）与斯特龙根球

在炽热的 O 型星和 B 型星的周围，通常伴有明亮的弥漫星云，这是由于这些恒星发射的紫外光子，使周围星际气体中大部分氢原子电离而形成的。氢原子的电离能 $E_B = 13.6$ eV，相应的电离光子的波长 $\lambda = 912$ Å，正好在紫外波段。根据维恩位移定律即(2.7)式，$\lambda = 912$ Å 对应的温度 $T \simeq 30\,000$ K，只有 O 型星和 B 型星才会有这样高的温度。再估计一下电离氢的数量。一颗恒星可以电离的氢的数量，正比于恒星光度×炽热阶段的年龄。计算表明，一颗炽热恒星在其一生中能电离 10^{37} g 氢，相当于 $5\,000\, M_\odot$。因而，虽然 O 型星和 B 型星只占恒星总数的几百分之一，数量并不多，但也能使数量相当可观的星际氢电离。

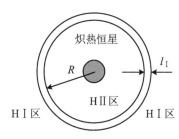

图 5.4 炽热恒星周围的电离氢区与中性氢区

HⅡ区与HⅠ区之间是边界区域，其厚度约为光子在中性氢中的平均自由程（见图 5.4），这一平均自由程为

$$l_\text{I} \sim (n_H \sigma_\text{I})^{-1} \sim n_H^{-1} \cdot 3 \times 10^{16}\text{ cm} \sim n_H^{-1} \times 10^{-2}\text{ pc} \tag{5.9}$$

这里 n_H 是氢原子的数密度，$\sigma_\text{I} \sim r_b^2 \sim 3 \times 10^{-17}$ cm^2 是中性氢原子的有效几何截面。如果光子所经过的气体是完全电离的，则对辐射的散射主要是自由电子的汤姆孙散射，此时的碰撞截面面积 $\sigma_\text{II} = \sigma_T \sim 7 \times 10^{-25}$ cm^2。对于能量 > 13.6 eV（波长 < 912 Å）的辐射，所经过的气体必然是电离的，因而平均自由程为

$$l_\text{II} \sim (n_e \sigma_\text{II})^{-1} \sim n_e^{-1} \cdot 10^{24}\text{ cm} \sim n_e^{-1} \cdot 3 \times 10^5\text{ pc} \tag{5.10}$$

这里 n_e 为自由电子的数密度。

由上可见，我们有 $l_\text{I} \ll l_\text{II}$。这表明，恒星发出的紫外光子可以比较自由地通过HⅡ区，直接达到HⅠ区，然后在厚度为 l_I 的一层内被吸收，从而使该层内的中性氢被电离。一个

热的年轻恒星的辐射主要集中在 $\lambda < 912$ Å 部分,它足以使周围的中性氢几乎全部电离,形成一个球对称的 H II 区,称为**斯特龙根(Strömgren)球**。

我们来估算一下斯特龙根球的大小。设恒星的辐射近似为黑体辐射,则能量 $E > E_B = 13.6$ eV 的光子流量(光子数/cm^2·s)为

$$F_* = \int_{\nu_B}^{\infty} \frac{cB_\nu(T)\mathrm{d}\nu}{h\nu} = \frac{2}{c^3}\int_{\nu_B}^{\infty} \frac{\nu^2 \mathrm{d}\nu}{\mathrm{e}^{h\nu/kT}-1} \tag{5.11}$$

式中,$\nu_B = E_B/h$。

设恒星周围半径为 R 的球形区域已被电离。考虑其边缘处厚度为 $\mathrm{d}r$ 的球壳,球壳内的中性氢原子数为 $4\pi R^2 n_H \mathrm{d}R$。设恒星在 $\mathrm{d}t$ 时间内发出 $\mathrm{d}N_i$ 个致电离光子,它们使得此球壳内的中性原子全部电离,故电离球的半径增大了 $\mathrm{d}R$,且有

$$\frac{\mathrm{d}N_i}{\mathrm{d}t} = 4\pi R^2 n_H \frac{\mathrm{d}R}{\mathrm{d}t} \tag{5.12}$$

实际上,已电离了的原子还有一定的概率复合为中性原子,故还需要考虑斯特龙根球内部的复合。复合使离子成为中性原子,再把它电离还要消耗光子,因此有

$$\frac{\mathrm{d}N_i}{\mathrm{d}t} = 4\pi R^2 n_H \frac{\mathrm{d}R}{\mathrm{d}t} + \frac{4\pi}{3}R^3 n_i n_e \alpha(T) \tag{5.13}$$

式中,n_i 和 n_e 分别为离子和自由电子的数密度,复合率因子 $\alpha(T) \sim 4\times 10^{-13}$ cm^3/s。如果达到电离-复合平衡,则球的半径不再增加,即 $\mathrm{d}R/\mathrm{d}t = 0$。设此时的球半径是 R_s,则有

$$\frac{\mathrm{d}N_i}{\mathrm{d}t} = \frac{4\pi}{3}R_s^3 n_i n_e \alpha \quad (n_i \approx n_e) \tag{5.14}$$

另一方面,电离光子是炽热恒星表面发出的,应满足

$$\frac{\mathrm{d}N_i}{\mathrm{d}t} = 4\pi R_*^2 F_* \tag{5.15}$$

这里 R_* 是恒星的半径,F_* 由(5.11)式的计算结果给出。对一些典型的恒星,R_* 和 F_* 的有关数据见表 5.2。

表 5.2 典型恒星的 F_* 与 R_*

光谱型	O5	O7	O9	B0
F_* (10^{23}/cm^2·s)	8.7	5.5	2.3	0.36
R_* ($R_\odot$)	17.8	13	11	7.4

(5.14)式和(5.15)式两式给出

$$R_s n_e^{2/3} \simeq (3R_*^2 F_*/\alpha)^{1/3} \tag{5.16}$$

利用上面的 α 值,并取 $n_e = 10^3$/cm^3,就得到斯特龙根球的半径 R_s,例如:

$$R_s = 0.72 \text{ pc} \quad (\text{O}_5 \text{ 型星})$$
$$R_s = 0.14 \text{ pc} \quad (\text{B}_0 \text{ 型星}) \tag{5.17}$$

它们显然远远大于恒星自身的半径。同时,由于复合过程中放出的光子还可能再引起电离,故这样得到的 R_s 只是一个下限值,实际的 R_s 可能还要大几倍,甚至 10 倍。

上面的讨论中还有一个问题,即没有考虑到压力的变化。因为电离使一个中性氢原子变为一个离子加一个电子,因而 H II 区的粒子数至少是 H I 区的两倍。即便温度相同,H II 区的压力也应为 H I 区的两倍。事实上,H I 区典型的温度为 10^2 K,数密度为 0.1—

$10^2/cm^3$；而 H Ⅱ 区的典型温度为 10^4 K，数密度为 $10^3-10^5/cm^3$。此外，还要考虑电离区光子对压力的贡献，这样两个区域的压力差将非常大，大致有 $P_{HII} \sim 200 P_{HI}$。这一巨大的压力差会使电离区的扩张十分迅速，甚至出现超声速向外扩张的激波，产生超声速的星风或气流，它们的速度对于 O 型星可达每秒数千千米，对于太阳这样的恒星为 400 km/s。

除了炽热恒星对周围星际气体的电离外，超新星爆发也是另一个重要的电离源。超新星爆发使周围的星际气体加热，温度和压力陡增，于是气体急剧膨胀，膨胀的速度将超过声速，这样就形成了激波。激波的波前近似为一个球面，它迅速扫过星际气体，就像是一个膨胀的高温气泡（见图 3.21）。计算表明，激波扫过的星际气体可达上千个太阳质量，远远超过超新星爆发时的物质抛射。在整个过程中，超新星爆发的巨大能量转化为星际气体的动能和热能，因而使得相当一部分气体被电离。

5.4 星 际 分 子

5.4.1 星际分子的发现

星际分子是 20 世纪 60 年代天文学的四大发现之一，并由此而诞生了一个新的研究领域——分子天体物理学（包括分子天体化学）。事实上，早在 20 世纪 30 年代，人们就已经发现了星际分子 CH 的紫外吸收线，到 1940 年前后共有 CH，CH^+ 和 CN 3 种星际分子得到确认。但是，从那以后 20 多年的时间里，星际分子的研究并没有得到人们的重视，因为人们普遍认为，星际空间极低的温度和密度，不可能产生足够多的分子。即使少量分子可以形成，恒星发出的紫外辐射又会使它们很快电离，因而这些稀少的星际分子并不具有天体物理意义。

自"二战"结束后，微波和雷达技术被广泛用于天文观测，大大推动了射电天文学的发展。1951 年发现了射电 21 cm 的辐射后，就有人开始寻找星际 OH，因为氢是宇宙中最丰富的元素，氧的丰度也不算低，它们组合成 OH 的机会比较大。经过近 10 年的努力，美国天文学家巴瑞特（A. Barrett）和温雷伯（S. Weinreb）等研制成功了一种新型自相关数字式谱线接收机，他们把它装在一个 84 英尺的抛物面天线上，于 1963 年 10 月指向著名的超新星遗迹仙后座 A，结果发现了 OH 基态两条主线（1 665 MHz 和 1 667 MHz）的微波吸收谱线。这项发现被誉为 20 世纪 60 年代天文学的四大发现之一。1965 年，威沃尔（H. Weaver）等首次发现了 OH 分子的受激发射，即"脉泽（MASER）"发射。1968 年，汤斯（C. Townes）等在人马座 A 探测到氨 NH_3 的谱线（波长 1.3 cm），1969 年又在人马座 B2 和猎户座 A 探测到水分子 H_2O 的强受激发射谱线（波长 1.35 cm）。紧接着，甲醛分子 H_2CO 的 4 830 MHz 吸收线也被斯奈德（L. Snyder）等人观测到了，这是在宇宙空间发现的第一种有机分子。1970 年，在 2.6 mm 的波长上发现了宇宙中丰度仅次于 H_2 的 CO 分子。同年，一个载有小型望远镜和紫外光谱仪的火箭升空，发现了期盼已久的氢分子 H_2。这一系列重要发现给人们带来了极大的鼓舞，并最终使人们确信，即使在星际空间这样严酷的自然条件下，星际气体也完全有可能形成足够多的复杂分子,而且形成的分子可以有效抵御各种不利的外部因素(例如紫外辐射)而长期存活下来。

20 世纪 70 年代以来,随着各种波段的空间望远镜的不断发射上天,特别是近三十多年来哈勃空间望远镜、红外空间天文台(ISO)和远紫外光谱探测卫星(FUSE)的投入使用,星际分子的观测和研究获得了日新月异的进展。至 2005 年 7 月,已经探测到的星际分子达 125 种(包括分子的离子和基),其中大多数是含有 C,H,O 元素的分子(参见图 5.5),从双原子分子例如 H_2 和 CO,到三原子分子例如 H_2O 和 H_3^+,一直到复杂的有机大分子例如 $HC_{11}N$,CH_2OHCHO(糖分子)和 $HOCH_2CH_2OH$(防冻剂分子)。除了这些分子以外,还观测到不少与它们相应的同位素分子。近年来还发现和证认了一些天文固相分子——星际冰。对每种分子往往不止观测到一条谱线,而且不止一个源。这些分子在宇宙中分布极其广泛,而且与各种各样的天体成协,反映出它们生存环境的多样性。在已知的天文分子源中,人马座 A 和人马座 B2 是最著名的分子源,在那里可以找到目前已经发现的大部分星际分子。

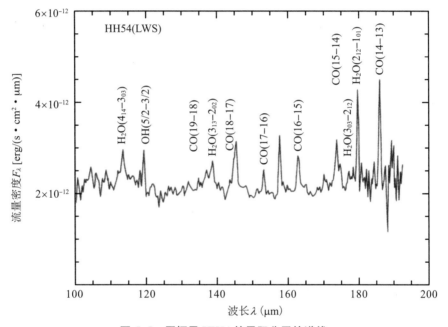

图 5.5 原恒星 HH54 的星际分子的谱线

5.4.2 星际分子的天体物理学意义

星际分子广泛存在于各种天体环境中,例如星际云、恒星形成区、电离星云、恒星包层、星系前物质、类星体吸收线区、年轻的超新星遗迹以及河外星系中的星际物质、星系中心甚至某些活动星系核等。可以说,从宇宙第一代天体的形成,直到恒星演化晚期的遗迹,都能找到分子的踪迹。因此对星际分子的研究,可以给我们提供大量有关多种天体环境的物理信息(如温度、密度、质量、元素丰度和运动速度)。同时,分子的转动、振动、电子能级之间的跃迁,可以产生从厘米波、毫米波、亚毫米波到远红外、红外以至远紫外波段范围广阔且信息极为丰富的谱线(其中特别是射电和红外波段,因其波长较长,故非常适合于观测冷的、对可见光不透明的星云)。这样,我们对天体的研究就有了范围更大的窗口,而且从传统的原子过程和原子核过程扩展到分子过程。观测表明,分子谱线示踪的星际气体的参数范围远远超过了原子谱线,因此带来的信息十分丰富。其中使用最广泛的是 CO 分子的毫米波谱线,因为 CO 分子的丰度仅次于 H_2,比其他分子的丰度高出许多,而且容易激发和观测,可以用来示踪形成恒星的原初气体,并估计它们的质量和运动速度。除了 CO 外,硫化碳(CS)和甲醛(H_2CO)也是常用的分子。

以银河系为例[见图 5.6(a)],现在已经知道,银河系中大约 50% 的星际物质是以分子形式(主要成分是 H_2)存在的。在离银心 4—8 kpc 处有一个分子环带,其中分子物质占星际物质总量的约 90%。观测发现,氢分子 H_2 在银心附近有很强的分布,80%—90% 的 H_2 集中在太阳圈内,特别是在上述分子环区域内。在银河系中分子的分布与中性氢(HⅠ)的分布相差很远,但与电离氢(HⅡ)的分布比较接近,HⅡ区明显地和较热的大分子云或巨分子云成协。较热的分子云($T>10$ K)主要分布在旋臂上,而较冷的分子云($T<10$ K)则有相当均匀的盘状分布。CO 分子的观测表明,银河系内恒星的形成是与分子云密不可分的。河外星系 M 51 也有类似的情况,CO 分子云的观测显示,分子云散布在旋臂和臂间区[见图 5.6(b)],两处的密度比为(3—5)∶1,较热的分子云存在于旋臂上。现在认为,巨分子云是较小的云通过**密度波**(见第 6 章)的轨道聚集作用而形成的。

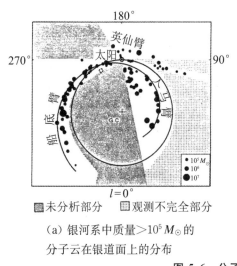 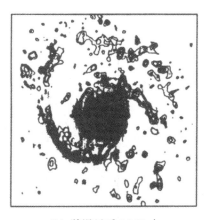

(a) 银河系中质量$>10^5 M_\odot$的分子云在银道面上的分布

(b) 漩涡星系 M 51 中 CO 分子云的分布

图 5.6 分子云在星系中的分布

星际分子对许多天体物理过程有着重要的意义。分子常常控制着天体的温度和电离结构,它们的存在可以起到加强或抑制动力学不稳定性的作用,因而可能决定性地影响它们参与形成的天体的演化。例如,在原始星云凝聚为原恒星的过程中,分子就起到至关重要的作用。观测表明,分子云常常和年轻的恒星紧密联系在一起,说明分子云是恒星形成的主要场所。这其中的一个重要原因是,在星云气体的凝聚过程中,必须把一部分能量损失掉,使总能量减少(见 3.1 节)。这一过程的实现主要是通过各种形式的辐射。其中分子辐射的作用十分重要,这是因为分子能级(主要是振-转能级)之间的差异很小,跃迁时产生长波(红外)辐射,它们比较容易穿透稠密的云层而散发掉,从而促使星云很快冷却并进一步坍缩。图 5.7 画出了分子云中的能量转移过程图,其中包括各种主要的加热机制和冷却机制。

当然,分子云与恒星形成的关系是很复杂的,其中有很多需要深入探讨的问题,例如:分子云是如何形成与演化的?分子云与原子云的关系如何?什么是支撑分子云的动力学因

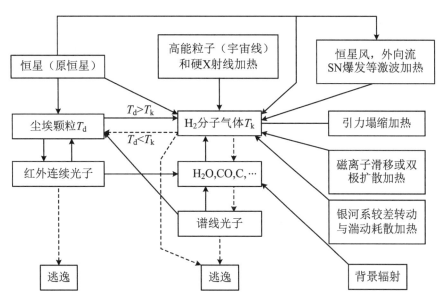

图 5.7 分子云中的各种能量转移过程图（其中实线箭头表示加热过程，虚线箭头表示冷却过程）

素？恒星在分子云中的何处形成？星际磁场在分子云的支撑、碎裂和坍缩过程中的作用如何？等等。尽管许多问题至今还没有完全解决，但人们对分子云的认识已经深入了许多。例如人们已经知道，大质量的 O 型星和 B 型星主要是在巨分子云中形成的，而低质量星更倾向于与小分子云成协。图 5.8 显示猎户座 A 巨分子云的结构，它明显包含团块、稠密核、纤维、空洞等多种结构形态。目前，恒星主序前演化的几个关键阶段，如分子云开始坍缩、稠密核的形成、被星云吸积盘包围的原恒星的出现等，相应的分子过程和谱线发射均已发现。

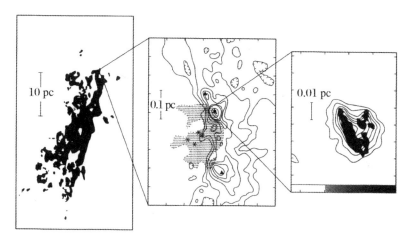

图 5.8 猎户座 A 巨分子云，显示出团块、稠密核、纤维、空洞等多种结构形态

在恒星演化的晚期阶段（例如红巨星的渐进巨星阶段），显著的质量流失形成了一个由分子和尘埃组成的光学厚的星周包层，它是物质由恒星返回星际空间的结果。星周包层有效地屏蔽了星际紫外辐射，成为丰富的分子源，它们提供了有关包层、中心星的质量抛射及其内部核燃烧过程的大量信息。因此可以说，分子的研究给我们提供了恒星从诞生到死亡、

星际物质从星云到恒星再返回星际空间的大量信息。

分子天文学发展的同时也促进了天体化学的发展。如果说前者关注的是宇宙中有哪些分子，那么后者关注的则是这些宇宙分子是如何产生的，并通过分子丰度的演化来了解星云以及相关天体的演化。我们已经知道，星际分子存在于各种极端条件的天体环境中，这意味着它们的化学也是高度复杂的，其中包括：发生在尘埃颗粒表面的化学，有关离子-分子气相反应的化学，恒星演化晚期包层和大气中的化学，激波激发的化学，等等。最让人感兴趣的问题之一是，宇宙中的第一个分子是如何形成的。我们在第 7 章中将谈到，当宇宙温度下降到 4 000 K 左右时，电离的氢复合为中性氢，此时物质与辐射脱耦。宇宙化学应当始于这一时刻，第一个分子应当是氢分子。复合后残余的离子和电子是形成氢分子的催化剂，它们通过两种机制产生氢分子（见图 5.9）：

$$H + H^+ \longrightarrow H_2^+ + \gamma, \quad H_2^+ + H \longrightarrow H_2 + H^+ \tag{5.18}$$

$$H^+ + e^- \longrightarrow H^- + \gamma, \quad H^- + H \longrightarrow H_2 + e^- \tag{5.19}$$

氢分子可以使星云气体很快冷却，故对第一代天体的形成起到决定性的作用。在弥漫云、巨分子云、暗分子核中，离子-分子化学是大多数种类分子形成的最主要机制。近 20 年来，激波化学的研究有了很大进展，人们发现，激波对分子和分子谱线的形成有重要作用。这是因为，激波对气体的加热将迅速克服化学反应中的活化能势垒，从而产生低温下无法进行的一些吸热反应，例如 $C^+ + H_2 \longrightarrow CH^+ + H$ 和 $S^+ + H_2 \longrightarrow SH^+ + H$ 等反应。在低温下，O 不能与 H_2 反应，而是通过 O^+ 和 H_2 反应来形成 OH 和 H_2O 的。但在激波产生的高温下，下列反应可以迅速进行：

$$O + H_2 \longrightarrow OH + H, \quad OH + H_2 \longrightarrow H_2O + H \tag{5.20}$$

这就大大增加了 OH 和 H_2O 的丰度。图 5.10 显示了弥漫星云中典型含氧分子的生成途径。

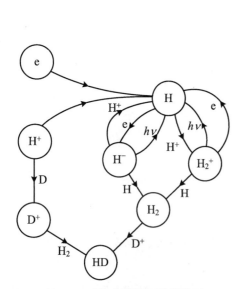

图 5.9　早期宇宙的氢化学模型

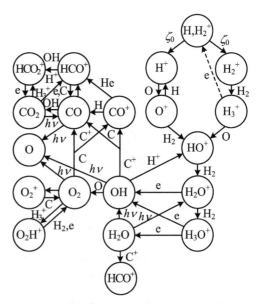

图 5.10　弥漫星云中典型含氧分子的生成途径

5.4.3 天体分子脉泽

自 1965 年第一次发现星际 OH 的强发射,1966 年被证认为天体脉泽以来,天体分子脉泽的研究得到了迅速的发展。脉泽(Microwave Amplification by Stimulated Emission of Radiation,简称 MASER)的意思是微波激射放大,它产生的机制是分子受激发射,即由另一个光子的激发,引起分子发射光子。作为最简单的说明,只考虑分子有两个能级,且分子起初处于较高的能级。假如有一个光子的能量正好等于这两个能级之差,并击中了这个分子。这时分子不能吸收光子,因为分子已经处于高能态。但是,由于这个光子的碰撞激励,分子从高能态跌落到低能态,并在这个过程中发射一个光子。这样,在整个受激发射过程中,一个光子进入,两个光子发出。这两个光子有相同的波长、相同的位相,并向同一方向行进。这两个光子一路上继续不断地激励更多的分子发射,从而引起连锁反应,最终辐射不断被放大而产生强大的能量输出。这一受激发射的机制完全类似于激光原理,只不过现在是由分子来完成的,且产生的辐射位于微波波段。显然,要实现受激发射,最重要的条件是要有大量分子事先处于较高的能级,这就需要有一种机制,来实现粒子布居数的反转。单靠两能级系统是不可能实现反转的,这是因为热碰撞跃迁总是向下的概率大于向上的概率,最终使粒子布居趋于下能级。导致脉泽能级布居数反转的机制称为抽运(pump)机制,其中最简单的是三能级抽运模型。

如图 5.11 所示,假定有 3 个能级 $E_1 < E_2 < E_3$ 的系统,其中 E_3 的作用是能源储存器。分子脉泽源起初处于基态能级 E_1,由于分子间的碰撞而跃迁到 E_3。一般情况下,系统是从 E_3 直接跃迁回到到 E_1,或通过 E_2 并很快回到 E_1,这样就无法实现粒子数反转。但对于一些分子来说,例如对于 OH 和 H_2O 分子,从 E_3 到 E_2 的辐射衰变概率很高,但接下来从 E_2 到 E_1 的跃迁概率却非常低,这就使得大量分子聚集在 E_2 的能态,其数目甚至超过处于基态 E_1 的数目,这就实现了粒子数的反转。此时若有一个频率正好等于 E_2-E_1 的外部光子射入,就会产生受激发射,即分子脉泽发射。脉泽的产生需要从基态 E_1 到 E_3 的能量抽运,这一能量来自分子之间的碰撞或外部的红外、紫外源或 H II 区。

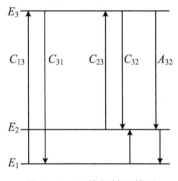

图 5.11 三能级抽运模型

迄今为止,已经观测发现了 3 000 多个天体分子脉泽源,主要是 OH,H_2O,SiO 和 CH_3OH 4 种分子产生的,近年来又发现了一些新的脉泽分子,如 H_2CO,HCN,NH_3,SiS 等。这些脉泽源主要分布在银河系的恒星形成区或晚期恒星的包层中,大多具有成团、成块的特征,称为脉泽源斑。单个源斑的最小尺度只有一个天文单位,但源斑的亮度却很大,相应的亮温度高达 $10^9 \sim 10^{15}$ K。许多天体脉泽具有偏振性,绝大多数脉泽源还具有程度不同的光变,有的还出现爆发现象。目前认为,脉泽是大、中质量恒星正在形成的一个标志,也是恒星即将死亡的一种指示。

在河外星系中也观测到 OH 和 H_2O 的超强脉泽,例如河外 OH 脉泽,已经发现 50 多个,它们通常与活动星系核成协,其中最突出的是 NGC 3079,其脉泽光度高达 $520L_\odot$。这样强的脉泽辐射使人们联想到,有可能用它们示踪宇宙中超大黑洞的存在。

第 6 章 星 系

　　星系是构成宇宙大尺度结构的基本组元,它们通常由数千万至上百万亿颗恒星以及星际气体和尘埃等物质构成,占据空间范围为约百光年至几十万光年。

　　17 世纪望远镜发明后,人们陆续观测到一些云雾状的天体,称之为星云。到 20 世纪初,登记在各种星表中的星云数目就已经超过了 1 万个。其中最引人注目的是仙女座大星云(即近邻星系 M 31,见图 6.1a),以及早在麦哲伦环球航行时就仔细描述过的南半球天空上的大、小麦哲伦云(见图 6.1b 和图 6.1c)。18 世纪大哲学家康德(I. Kant)曾大胆提出猜想,认为这些云状天体是像银河系一样由恒星构成的"岛宇宙"。他在名著《宇宙发展史概论》中说,银河系不是唯一的,宇宙中还有无数个像银河系一样的恒星系统。但由于距离太远无法分辨。星云的本质到底是什么,自康德之后人们一直在激烈地争论。1786 年,著名英国天文学家威廉·赫歇尔观测了 29 个星云,发现其中大多数都可以分解为单个的恒星,于是他宣称这些星云都是河外星系,即宇宙岛。实际上,他观测的星云绝大部分都是银河系内的球状星团和疏散星团。1790 年,他在金牛座发现了一个行星状星云,中间是一颗星,外围呈弥漫的云雾状,看似行星;后来又发现了一些无法分解为恒星的星云,于是他最终宣布放弃星云是河外星系的主张。1845 年,英国天文学家帕森斯(W. Parsons)用直径 1.8 m 的望远镜(建于爱尔兰)分解了许多赫歇尔没能分解的星云,并首次观测到一些星云的漩涡结构,"岛宇宙"的观点又重新活跃起来。1864 年,哈金斯(W. Huggins)通过分光观测,发现一批星云的光谱中呈现的是发射线,说明这些星云是发光的气体,因而"岛宇宙"之说重归黯淡。

　　1920 年 4 月 26 日在华盛顿的美国国家科学院,曾有过一场关于仙女座大星云(M 31)距离的著名大辩论。辩论双方是威尔逊山天文台的沙普利和里克天文台的柯蒂斯(H. D. Curtis),主持人是威尔逊山天文台台长海尔(G. Hale)。沙普利的一个主要论据是基于 M 31 中新星的视星等。此前他曾用威尔逊山天文台的 1.5 m 望远镜测定了一些最有名的球状星团的距离,并由此推断这些星团组成星团系,其中心就是银河系的中心,而银河系的整个范围大约是 30 万光年。他认为,如果 M 31 的盘直径也像银河系那样大,则由它在天空的张角而计算出的距离将会过大,从而使这一星云中发现的新星的光度比银河系中新星的光度要大出许多倍。因此他的结论是,仙女座大星云应处在银河系的范围之内。而柯蒂斯却认为,仙女座大星云应远在银河系之外,距离至少为 150 kpc(约 49 万光年)。这样,这些新星的内禀亮度才会与银河系的新星一致。他们的争论当时并没有结果,因为我们现在知道,双方所用的观测数据中实际都存在着较大的误差。直到 1924 年,哈勃用当时世界上最大的 2.5 m 望远镜,在仙女座大星云和三角座星云等星云中发现有造父变星,并利用周光关系定出这几个星云的距离(75 万－150 万光年),才完全肯定它们是河外星系,从而结束了这一场长达 180 年的"岛宇宙"之争。接着在 1929 年,哈勃又发现了星系退行速度 v 与距离 r 之间成正比的哈勃关系,即 $v = H_0 r$,向人们展示了一幅宇宙膨胀的图像。

图 6.1a　仙女座大星云(M 31)

图 6.1b　大麦哲伦云

图 6.1c　小麦哲伦云

6.1　星系的主要特征

6.1.1　形态与分类

星系的外形和结构是多种多样的。1926 年哈勃按星系的形态进行了分类(见图 6.2),把星系分为**椭圆星系**(E)、**漩涡星系**(S)和**不规则星系**(Irr)三大类。漩涡星系又分为正常漩涡(S)与棒旋(SB)两族,每族按旋臂伸开程度分 a,b,c 3 个次型。哈勃所提出的星系分类判据是:① 核球相对扁盘的大小;② 旋臂的特征;③ 旋臂或星系盘分解为恒星和电离氢区的程度。

哈勃系统是一种形态分类,它直接以观测为依据,因此被广泛采用。星系的不同形态称为星系的**哈勃型**。但哈勃当初曾认为,不同类型的星系代表星系演化的不同阶段,一个星系在其演化过程中会遍历这些类型,正如当时人们曾认为恒星一生会沿主星序演化一样。现在我们知道,这一看法是不对的,但早年所用的"早型星系"(E 和 S0)和"晚型星系"(S 和 Irr)的称谓习惯沿袭至今。

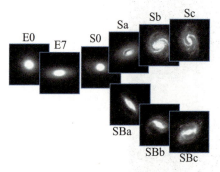 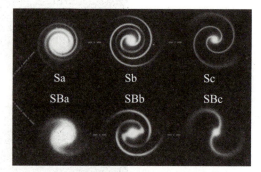

图 6.2a　星系的哈勃型(椭圆星系与漩涡星系)

图 6.2b　漩涡星系哈勃型的图示

1. 椭圆星系

椭圆星系按它们的扁率分类,看上去像球形的(零扁率)称为 E0,扁率最大的称为 E7(参见图 6.3)。表示扁率的数字定义为

$$n = \frac{a-b}{a} \times 10 \tag{6.1}$$

式中,a,b 分别表示以角度为单位的椭圆半长轴与半短轴。

椭圆星系的主要特征是:

① 质量相差很大,范围在 $10^5 M_\odot - 10^{14} M_\odot$。椭圆星系中最普遍的是矮椭圆星系,它们的典型大小是 $1-10$ kpc,质量是 $10^7 M_\odot - 10^9 M_\odot$ 太阳质量。最壮观的是巨椭圆星系[例如图 6.3(a)所示的巨椭圆星系 M87],它们的尺度可以大到约 1 Mpc,质量达 $10^{14} M_\odot$,是宇宙中最大的星系,位于多成员星系团的中心区域。

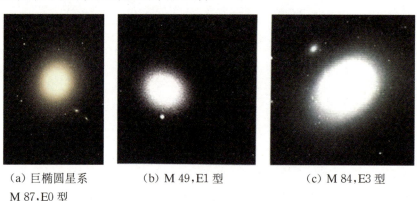

(a) 巨椭圆星系 M 87, E0 型　　(b) M 49, E1 型　　(c) M 84, E3 型

图 6.3　几种典型的椭圆星系

② 长久以来,人们曾以为椭圆星系中没有或仅有少量的星际气体或尘埃,但近年观测表明,大多数常规椭圆星系中均有气体($10^8 M_\odot - 10^{10} M_\odot$)和尘埃($10^5 M_\odot - 10^6 M_\odot$),不过含量略少于漩涡星系。值得得注意的是,尽管椭圆星系中没有 O 型星和 B 型星,但它们的金属丰度并不低。例如巨圆星系的金属丰度就相当高,与太阳大致相仿。

③ 利用光度测量可以得到椭圆星系内的亮度分布。由于我们看到的星系是一个二维投影,因此方便的做法是处理单位表面积上的光度 $L(r)$,其中 r 是从椭圆星系中心算起的

投影距离。研究表明，大多数椭圆星系的面光度分布可以很好地用一个简单的公式来表示（称为德·沃库勒轮廓，即 de Vaucouleurs profile）

$$L(r) = L_0 e^{-(r/r_0)^{1/4}} \tag{6.2}$$

式中，L_0 和 r_0 为常数。人们发现 L_0 的值变化不大，其典型值约为 $2\times10^5 L_\odot/\text{pc}^3$，而 r_0 的值却相差悬殊。

2. 漩涡星系

漩涡星系约占全部亮星系总数的 2/3。它们的普遍特征是中心为透镜状，中间是星系核，周围围绕着扁平的圆盘；圆盘上从核球延伸出若干条旋臂。正常漩涡星系又分为 a,b,c 3 个次型（参见图 6.2a、图 6.2b 及见图 6.4），这种分类所根据的两个主要特征是：① 旋臂缠绕的开放或卷紧程度；② 星系的中心核球相对于盘的重要程度。例如 Sa 型有最大的核球和卷得最紧的旋臂，而 Sc 型的核球最小，旋臂也最开放。图 6.1a 所示的仙女座大星云 M 31 属于 Sb 型，图中左下方的伴星系 NGC 205 属于 E6 型。所有漩涡星系的转动角速度均属**较差自转**，即与核球中心不同距离处的转速有不同的值。所有漩涡星系的质量范围是 $M \simeq 10^9 M_\odot - 10^{12} M_\odot$。顺便指出，上面所提到的星系名称是指某种星表刊载的第几号天体，例如，M 31 指的是梅西尔(Messier)星云星团表第 31 号天体，而 NGC 205 指的是星云星团新总表(New General Catalogue of Nebulae and Clusters of Stars,简称 NGC)第 205 号天体。

(a) M 81, Sa 型

(b) M 51, Sb 型，其一端与伴星系 NGC 5195 相连

(c) NGC 2997, Sc 型

图 6.4　几种典型的漩涡星系

正常漩涡星系的旋臂形状可以用对数螺线表示。旋臂上聚集着高光度 O 型星和 B 型星、超巨星以及电离 HⅡ区，同时有大量的尘埃和气体分布在星系盘上。从侧面看，在主平面上有一条窄的尘埃带（如图 6.5）。星系晕中的典型代表是球状星团。一个中等质量的漩涡星系往往有 100－300 个球状星团，随机地散布在星系盘周围的空间。一般把星系中的天体分为两个星族，即**星族Ⅰ**和**星族Ⅱ**。两个星族的天体在物理特性、演化和空间分布方面都有明显不同。概括地说，星族Ⅰ天体构成星系盘和旋臂，其中包含有大量的气体、尘埃和电离 HⅡ区以及数量众多的早型星，这些恒星的重元素丰度大致为太阳的 1－2 倍，一般认为它们属于年轻的天体或新一代天体。星族Ⅱ天体主要构成星系核、星系晕和星系冕，它们的重元素丰度通常比较低（0.001－1 倍太阳值），一般认为它们是老一代的天体。球状星团以

及前面谈到的椭圆星系都属于典型的星族Ⅱ天体。它们所含的星际气体或尘埃都非常少甚至完全没有,而且都没有典型的星族Ⅰ天体——蓝巨星。

图 6.5 "墨西哥草帽"星系 M 104(它有巨大的核球,属于 Sa 型漩涡星系)

漩涡星系的重要特征是大量存在星际介质——气体和尘埃。漩涡星系所发出的光辐射,包含了数量不多但作用重要的蓝巨星的贡献,这说明恒星的形成过程还在继续。一般情况下,星系盘的光度 $L(r)$ 随与中心的距离 r 急剧下降,这一关系可以用下面的公式来表示:

$$L(r) = L_0 e^{-r/D} \tag{6.3}$$

式中,L_0 为中心光度,D 为星系半径在可见光波段的特征尺度,其典型值为 5 kpc。

图 6.6 典型的 S0 星系 NGC 1201

图 6.2a 图 6.2b 和所示的星系哈勃型中,S0 型是介于椭圆和旋涡之间的星系(亦见图 6.6),它们与漩涡星系有某些共同特征,但并不显示旋臂,故也称为透镜星系。S0 星系往往也包含气体和尘埃,用下标 1—3 标志尘埃的多少,即 $S0_1$ 星系几乎探测不到尘埃,$S0_3$ 星系含有大量尘埃,$S0_{23}$ 星系尘埃含量居中。

棒旋星系(见图 6.7)的明显特征是在其中央有一条明亮的棒状结构,旋臂从棒的两端向外扩展。旋臂通常与棒体成 90°角。SBa,SBb 的棒状结构光滑,SBc 的棒体和旋臂上有明显可见的亮星或亮团。棒旋星系约占漩涡星系总数的 2/3,这些棒在将气体从星系外围向中心区输送过程中很可能发挥着"通道"的作用。

NGC 3992 SBa 型　　　　NGC 1300 SBb 型　　　　NGC 1365 SBc 型

图 6.7 典型的棒旋星系

3. 不规则星系

不规则星系没有固定的形态,在全部星系总数中约占 1/4。它们的主要特征是:外形不规则,没有明显的核球和旋臂,没有盘状结构,质量为 $10^8 M_\odot — 10^{10} M_\odot$。在不规则星系中,O 型星和 B 型星、H Ⅱ 区、气体和尘埃等年轻的星族 Ⅰ 天体占了很大比例。不规则星系还可以分为三类:Irr Ⅰ 星系能分辨出一定的结构;Irr Ⅱ 星系则看不出结构;dIrr 星系即矮不规则星系。我们银河系的近邻——大、小麦哲伦云(见图 6.1b 和图 6.1c),离我们分别为 16 万光年和 20 万光年,大小分别为 6 万光年和 2.5 万光年,质量分别为 $2\times 10^{10} M_\odot$ 和 $2\times 10^9 M_\odot$(不确定性较大)。这两个星系均有气体桥与银河系相连。小麦哲伦云实际上是两个星系,它们好像是被银河系的引力撕裂成不规则的外形,二者距离我们分别为 19.6 万光年和 21.5 万光年,所以应划为不规则星系;大麦哲伦云内有暗弱的漩涡和棒结构,它曾长期被划为不规则星系,但天文学家现在将它归入棒旋星系。

(a) NGC 4485 和 NGC 4490,
它们之间显然有相互作用

(b) 大多数不规则星系都小而暗,但 NGC 4449 在大小和光度上都与银河系相似

图 6.8 典型的不规则星系

4. 星暴星系(Starburst Galaxies)

1983 年发射上天的红外天文卫星(IRAS)发现,许多星系发出强烈的红外辐射,例如大熊座里的漩涡星系 M 82,它仅在红外波段的辐射能量就超过银河系辐射总能的 20 倍。这样的星系已发现有数千个,它们基本上属于漩涡星系,红外光度显著地高于光学光度。还有一个共同特点是,这些星系中都有一个巨大的恒星爆发区,显示那里正在经历迅速的恒星形成阶段,其恒星形成的速率远高于正常星系中的恒星形成率。这些刚形成的恒星发出大量的紫外光子,被尘埃吸收后就产生强烈的红外辐射。这些星系被称为星暴星系(参见图 6.9)。

我们知道,恒星主要在分子云中形成。现在可以通过一氧化碳(CO)在毫米波段的辐射来探测分子云。把 CO 图和远红外图做比较,可以看到 CO 辐射和远红外辐射都是在同一地方最强。这说明星暴星系中存在的大量分子云就是大量恒星的诞生之地。大质量的恒星演化的时标短,很快就会演化到超新星爆发而留下超新星遗迹,这些遗迹可以通过它们的射电辐射而被探测到。射电观测的确已经发现了许多这样的遗迹。

为什么会有如此多的大质量星同时形成?研究发现,大部分星暴现象产生于星系与邻近星系的相互作用,即星系之间的碰撞。当然这种碰撞不是刚性碰撞,而是更多地表现为两个星系的星际气体之间相互交会与混合。这样的碰撞可以使星系从邻近星系掠取大量的气体和物质,这些气体和物质大部分沉降到星系的中心,并形成浓密的分子云,结果导致大规模的恒星形成,即星暴。

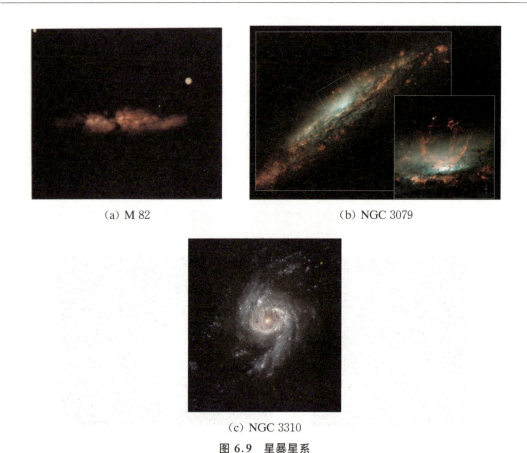

(a) M 82　　(b) NGC 3079

(c) NGC 3310

图 6.9　星暴星系

6.1.2　星系质量的测定

星系的质量是建立星系动力学模型的一个基本参数。同时,对宇宙学来说,宇宙结构的基本组元是星系,因而,星系质量的确定,对于研究宇宙中的物质分布具有重要的意义。目前,对星系质量的测定主要是依据动力学的方法,因为发光的物质(如恒星)在整个宇宙的物质组成中只占很少的一部分。不同形态的星系具有不同的动力学特征,因而测定它们质量的方法也就有所不同。下面我们主要讨论椭圆星系和漩涡星系的质量测定。

1. 椭圆星系的质量测定

椭圆星系的质量测定与第 2 章中恒星质量的测定类似,可以通过位力定理求出。设星系中的恒星处于位力平衡,则有

$$2T + U = 0 \tag{6.4}$$

式中,T 是平均动能,U 是平均引力势能,

$$U = -\frac{1}{2}\sum_{i\neq j}\frac{m_i m_j G}{|\mathbf{r}_i - \mathbf{r}_j|} \approx -\alpha\frac{M^2 G}{R} \tag{6.5}$$

式中,m_i 代表第 i 颗恒星的质量,$\mathbf{r}_i$ 是其相应的位置矢量,$M = \sum m_i$ 是星系的总质量,$2R$ 代表整个星系的特征尺度,参数 α 是一个量级为 1 的因子,具体大小决定于哈勃型。可以假设星系中恒星的质量相差不大,故平均动能 T 可以写为

$$T = \frac{1}{2}\sum_i m_i v_i^2 + T_{\text{rot}} \approx \frac{1}{2}M\overline{v^2} + T_{\text{rot}} \tag{6.6}$$

式中，T_{rot}表示星系的整体转动动能。对于椭圆星系，整体转动动能T_{rot}很小，可以设为

$$T_{\text{rot}} \approx \frac{1}{2}\beta M \overline{v^2} \quad (0 < \beta < 1) \tag{6.7}$$

恒星的速度弥散$\overline{v^2}$可按如下的方法求出。设星系中的恒星轨道偏心率都很大，可近似为谐振子（这是椭圆星系的一般情况）。定义总的速度弥散$\sigma^2 \equiv \overline{v^2}$，且3个方向的速度弥散平均值相同，则视线方向的速度弥散是

$$\sigma_r^2 = \frac{1}{3}\sigma^2 \tag{6.8}$$

再进一步假定，视线方向恒星的速度分布满足高斯分布，即位于v_r和$v_r + \mathrm{d}v_r$之间的分布函数是

$$\Phi(v_r)\mathrm{d}v_r = \frac{1}{\sqrt{2\pi}\sigma_r}\exp\left(-\frac{v_r^2}{2\sigma_r^2}\right)\mathrm{d}v_r \tag{6.9}$$

因而可以通过观测$\Phi(v_r)$来确定σ_r^2。

在上述条件下，位力定理写为

$$M \cdot 3\sigma_r^2 + \beta M \cdot 3\sigma_r^2 = \alpha \frac{M^2 G}{R} \tag{6.10}$$

这样得到的星系质量是

$$M = \frac{3\sigma_r^2 R(1+\beta)}{\alpha G} \approx 7 \times 10^9 R \sigma_r^2 \frac{(1+\beta)}{\alpha} M_\odot \tag{6.11}$$

式中，R的单位是kpc，σ_r的单位是100 km/s。

2. 漩涡星系的质量测定——转动曲线

因为漩涡星系的动能主要是转动动能，例如，太阳附近的恒星围绕银河系中心的转动速度为200－300 km/s，而随机运动的速度只有0－10 km/s，因此不能用上面椭圆星系的方法。通常是利用开普勒定律，即假定恒星沿着圆轨道绕星系核转动，速度为v，这样有

$$\frac{GMm}{r^2} = \frac{v^2 m}{r} \tag{6.12}$$

因而求出星系的质量为

$$M = \frac{v^2 r}{G} = 2 \times 10^{11} \left(\frac{v}{250}\right)^2 \left(\frac{r}{10}\right) M_\odot \tag{6.13}$$

式中，v的单位是km/s，r的单位是kpc。

如果星系的质量集中在中心附近，则在距中心较远处M可以看成是常数，此时由(6.13)式应有$v \propto 1/r^{1/2}$。这就是熟知的开普勒运动的轨道速度分布，例如太阳系中行星的轨道速度就满足这一分布规律。但近几十年来，用射电21 cm谱线观测到的大多数漩涡星系，包括银河系在内，速度分布曲线（称为**转动曲线**）并不遵从开普勒轨道速度的变化规律，而是在很大一段范围内保持为平坦（见图6.10）。这说明漩涡星系的质量分布，并不是如我们所看到的恒星那样，集中在星系的中心附近，而是分布在一个比星系可见部分更大的范围。通常把星系全部质量分布的区域称为星系晕。显然在整个星系晕中，发光的恒星只占据一小部分，其余的大部分物质不发光，称为**暗物质**。

漩涡星系的转动曲线在远处保持为平坦，这是宇宙暗物质存在的一个直接的证据。在平性的转动曲线下，设这一转动速度为V_0，则星系物质总密度分布$\rho(r)$应满足(6.12)式，

即有

$$M(r) = \frac{V_0^2 r}{G} \tag{6.14}$$

以及

$$M(r) = \int_0^r \rho(r')4\pi r'^2 \mathrm{d}r' \tag{6.15}$$

由此两式容易得出

$$\rho(r) = \frac{V_0^2}{4\pi r^2 G} \propto \frac{1}{r^2} \tag{6.16}$$

椭圆星系的位力平衡方法，以及漩涡星系的转动曲线方法，所求得的星系质量都是**动力学质量**。观测表明，所有星系的动力学质量总是大于**光度质量**（即利用恒星的计数统计，由恒星的光度而得到的相应质量）。通常把动力学质量与光度之比 M/L 定义为**质光比**，并采用太阳的质量与光度之比 $M_\odot/L_\odot$ 作为计量单位。表 6.1 列出了不同类型星系的质光比，以及气体质量 M_gas 与总质量之比。

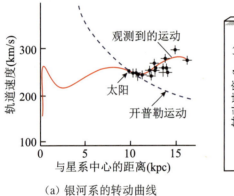
(a) 银河系的转动曲线

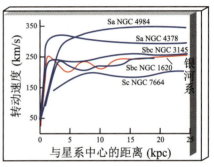
(b) 一些典型星系的转动曲线

图 6.10 漩涡星系的转动曲线

表 6.1 不同类型星系的质光比及气体质量与总质量之比

星系类型	$M/L(M_\odot/L_\odot)$	M_gas/M
E	20—40	$\leqslant 10^{-6}$
S0	10—15	
Sa,SBa	10—13	
Sb,SBb	~10	0.05
Sc,SBc	<10	0.1
Irr	~3	0.2

由表 6.1 可以看出，所有星系的质光比均显著大于 1（矮星系可高达数百），且椭圆星系的质光比一般要比漩涡星系的大许多。这些数据充分表明，星系的全部质量中，发光的恒星物质(**重子物质**)只贡献很少的一部分，其余绝大部分应归于不发光的宇宙暗物质。

6.1.3 漩涡星系和椭圆星系的"标准烛光"

在第2章中我们谈到过,漩涡星系和椭圆星系的距离测定可以借助于两个关系作为"标准烛光",即漩涡星系的**突利-费舍尔关系**和椭圆星系的**法博-杰克森关系**。下面我们对这两个关系做一简单说明。

1977年,突利和费舍尔研究漩涡星系中中性氢云的21 cm 谱线时发现,该谱线有一个展宽(后来也在谱的可见光部分发现有同样的展宽),而且谱线宽度随星系的光度而增加。这一关系称为突利-费舍尔关系。谱线展宽的原因是,气体云环绕星系中心做轨道运动产生多普勒频移。例如,向观测者方向运动时谱线产生蓝移,而向观测者相反方向运动时产生红移(见图 6.11)。设谱线的本征波长为 λ,频移所产生的波长变化范围为 $\Delta\lambda$,则由多普勒频移的分析有

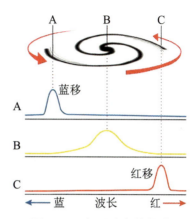

图 6.11　恒星或气体轨道运动引起的多普勒频移

$$\frac{\Delta\lambda}{\lambda} \simeq \frac{v_r}{c} \tag{6.17}$$

式中,v_r 表示气体元运动速度在观测者视线方向上的投影。注意由于漩涡星系转动曲线的平坦性,所有气体元轨道速度的大小是与到星系中心的距离无关的。如果星系侧向面对观测者(所谓 edge-on),即观测者的视线与星系盘的法线方向垂直,此时谱线被最大程度加宽,且 v_r 的最大值即气体元的轨道速度,$v_{r\max} = V_0$。如果星系盘面向观测者(所谓 face-on),谱线就只保持其自然宽度,不受转动影响。这里我们只讨论星系侧向面对观测者的情况。由(6.14)式,并设星系的边缘相应于 $r=R$,此时 $M(R)=M$,有

$$M = \frac{V_0^2 R}{G} \tag{6.18}$$

再假设所有的漩涡星系具有相同的质光比,即 $M/L \equiv \alpha$,(6.18)式化为

$$L = \frac{V_0^2 R}{\alpha G} \tag{6.19}$$

另一方面,星系的光度 L 与其半径 R 之间一般有 $L \propto R^2$,或者 $L/R^2 \approx \beta$,式中 β 可以看作一个常量,因而(6.19)及(6.17)式给出

$$L = \frac{V_0^4}{\alpha^2 \beta G^2} \propto V_0^4 \propto \left(\frac{\Delta\lambda}{\lambda}\right)^4 \tag{6.20}$$

这样,星系的光度就和谱线的展宽联系起来了,这就是突利-费舍尔关系,可以用作漩涡星系光度的指示,即标准烛光。谱线的展宽可以直接测量,因而光度也就容易得到了。有了光度,就可以求出星系的距离。

对于椭圆星系,1976年发现的法博-杰克森关系,也显示了星系光度与恒星速度弥散之间的类似相关性。我们可以利用位力平衡时的结果(6.11)式,即

$$M \propto \sigma_r^2 R \tag{6.21}$$

式中,σ_r^2 表示视线方向的恒星速度弥散,M,R 分别为星系的质量和半径。这一关系与(6.18)式完全相似,只不过现在用速度弥散代替了圆周轨道速度。再往下的推导就与上面

漩涡星系的相同,结果显然有

$$L \propto \sigma_r^4 \qquad (6.22)$$

这就是法博-杰克森关系的最一般形式,利用它可以由观测到的 σ_r^2 得出椭圆星系的光度,从而进一步求出星系的距离。近年来把光度和星系的表面亮度结合到一个参数 D_n 中,这样得到的法博-杰克森关系也称为 D_n-σ 关系,但这里我们不再详述。

6.1.4 银河系的主要特征

我们的银河系是一个典型的棒旋星系(哈勃类型为 SBbc)。最先确定太阳在银河系内真实位置的是沙普利。他通过观测造父变星和天琴 RR 型变星,求出了球状星团的距离从而得到它们在空间中的分布,并发现所有的球状星团形成了一个球形分布,球的中心离太阳约 10 kpc。于是他认为球状星团分布的中心就是银河系的中心(银心),这意味着太阳到银河系中心的距离是 10 kpc(1985 年确定为 8.5 kpc,约 28 000 光年)。图 6.12a 为银河系的结构略图。中心区域称为**核球**,扁平的盘面称为**银盘**,银盘的中央平面称为**银道面**,球状星团分布的广大区域称为**银晕**。图 6.12b 为 COBE 卫星拍摄到的银河系侧视图,因为拍摄所用的波长在对年老恒星敏感的近红外波段,故可以明显看到核球最亮的部分。银河系的一些主要参数见表 6.2。

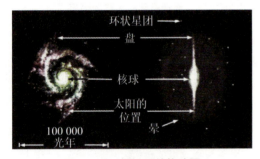

图 6.12a 银河系结构略图　　　　图 6.12b COBE 卫星在近红外波段拍摄的银河系

表 6.2 银河系的主要参数

盘直径	30 kpc
盘厚(气体成分平均)	0.14 kpc
（恒星成分平均）	0.31 kpc
质量	$\sim 10^{12} M_\odot$(由转动曲线定出)
太阳与银河系中心的距离	8.5 kpc(1985 年确定)
太阳绕银河系中心的轨道速度	220 km/s(1985 年确定)
太阳绕银河系中心一周的运行时间	2.4×10^8 年

核球是银河系中央的恒星密集区,直径约为 12 000 光年,质量大约为 $10^{10} M_\odot$。核球中多是年老的恒星,例如天琴座 RR 型星、晚型矮星和红超巨星。核球中央的部分称为银核,那里有最密集的恒星群。但对于银核的大小现在看法还不一致,一般认为它是银心附近半径约 10 光年的一个小区域。据红外天文卫星(IRAS)的观测,距银心半径 5 光年的范围内

分布着 200 万颗恒星，这一恒星密度比球状星团还要高出 1 000 倍，其中很多是年轻的大质量蓝巨星。VLA(甚大阵型望远镜)和 VLBI(甚长基线干涉仪)的观测和空间卫星的 X 射线观测显示，银心附近有呈弧状结构的强烈气体喷发，且有延展的 X 射线辐射，表明曾有过大量的超新星爆发和大规模的恒星形成过程。与银河系其他地方相比，银核附近的分子物质相当稠密，典型的温度为 70 K，密度大于 10^4 cm^{-3}，估计分子物质的总量可高达 $10^8 M_\odot$，这就为恒星的形成提供了一个非常有利的环境。近年来还发现，银核中的恒星以很高的速度绕银心转动。例如红外观测的结果表明，距银心 860 AU 的恒星轨道周期不到 16 年，而距银心 275 AU(约 38 光小时)的恒星轨道周期仅为 2.8 年。由此推断出，轨道中央应有一个大质量天体，其质量大约为几个 $10^6 M_\odot$。巧合的是，处于银心位置有一个致密的射电源人马座 A*，它发出很强的射电辐射，辐射强度是太阳可见光度的 10 倍，但辐射区域的尺度小于 30 亿 km，大约相当于土星轨道的大小。同时，红外天文卫星(IRAS)还发现有一个红外辐射源 IRS16，它的位置与人马座 A* 完全重合。经过全世界天文学家多年的持续努力，银心存在 400 万倍太阳质量黑洞的事实已经得到确认(见 4.4.7 小节)。

银盘的直径约 30 kpc，因为气体和尘埃的阻挡，这一大小很难定得十分准确。在银道面附近，恒星的密度很大，向两侧逐渐减小。银盘内的天体属于星族 I。它们被认为是银河系内的年轻物质，其特征是富含金属，还包含大量星际气体和尘埃。观测表明，在太阳轨道上，中性氢(H I)气体层的厚度约为 300 pc，而在外边缘处厚度约为 3 kpc。这意味着离银河系中心越远，H I 气体层越厚，这称为"侧倾"。此外，最近还发现银盘并不完全是扁平的，而是有一些翘曲，就像是有些翘曲的草帽边缘。这一现象在其他星系中也有发现(参见图 6.13)。边缘翘曲的原因，目前认为可能是银河系的卫星矮星系冲撞银盘造成的。

图 6.13 哈勃空间望远镜拍摄到的星系 ESO 510-G13 的照片(图中显示其具有翘曲的边缘。近年来发现银河系也有类似现象)

在银盘内，H$_2$ 的丰度(通常是从 CO 的分布间接推出 H$_2$ 的分布)随与银心的距离下降比 H I 要快得多。观测结果是，在太阳轨道以内，H$_2$ 的质量近似等于 H I，即约为 $1\times 10^9 M_\odot$。在太阳轨道之外，H$_2$ 的质量约为 $5\times 10^8 M_\odot$，大致等于 H I 的 1/4。在距银心约 6 kpc 处，H$_2$ 的分布出现一个峰值，这被称为分子环。现在普遍认为，大部分 H$_2$ 集中在几千个巨分子云中而不是大量的小云中。另一方面，H$_2$ 云的厚度大约只及 H I 的一半，即氢分子比氢原子更贴近银道面。同时，H$_2$ 也显示有与 H I 相同的侧倾和翘曲。与分子云混在一起的通常还有大量的尘埃，这使得沿银道面的星际红化非常显著，特别是在银心方向。

在太阳附近几百秒差距范围内有一些浓密的暗星云,这就造成肉眼明显可见的银河"大分岔"的黑暗区域。

银盘中的一个显著结构特征是旋臂。旋臂含有大量热的蓝星、年轻的星团、尘埃和气体云,旋臂内的总物质密度大约是旋臂之间区域的10倍。我们在第5章中已经知道,利用中性氢原子的21 cm谱线,可以探测到银河系的漩涡结构(参见图6.14),其4条明显的旋臂分别是人马臂、猎户臂、英仙臂和3 kpc臂,太阳位于猎户臂内侧。随着分子云的发现,人们希望利用它们进一步揭示银河系旋臂的特征,因为在其他星系里已经看到,旋臂结构的光学示踪体,如OB星协、HⅡ区、尘埃带等,都与巨分子云相连。许多研究小组已经对银河系进行了大规模的CO巡天观测。近年发现的一个重要而有趣的观测结果是,银盘内区显示旋臂有棒旋特征(见图6.15)。这表明,我们的银河系不是原先一直认为的那样是一个正常漩涡星系,而是一个棒旋星系,棒的长度约为9 kpc。

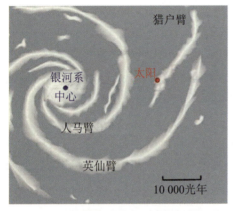

图 6.14 射电21 cm谱线所显示的银河系旋臂结构

图 6.15 艺术家描绘的银河系旋臂结构图(图中显示银河系是一个棒旋星系)

银晕的直径约30万光年,是一个近似球形的结构。其中观测到的主要成员是以球状星团为典型代表的星族Ⅱ天体。它们被认为是银河系中最古老的天体,估计年龄在130亿—170亿年。球状星团的主要特点是金属含量很低,且周围没有气体和尘埃。这可能是由于它们的轨道偏心率以及轨道面与银道面的交角比较大,因此,当它们不断穿越物质较为稠密的银盘时,星团内的气体和尘埃就逐渐丢失掉了。银晕中也发现有气体,但比银盘中要少得多。现在认为,银晕的质量主要是由不发光的暗物质所贡献的。20世纪80年代,γ射线天文卫星COS-B发现银河系的高纬度处存在着弥散的γ射线辐射。1997年,观测又发现银河系存在巨大的γ射线晕。现在的看法是,这些弥散的γ射线可能来自中子星,也可能是宇宙线散射,亦有可能与银河系外层的反物质粒子有关。2010年,费米γ射线空间望远镜在银盘两侧的银晕中发现了一对巨大的气泡状对称结构,每个气泡延伸至银盘外2.5万光年。由于当前银心超大质量黑洞处于平静时期,"费米气泡"的形成,或许是银心黑洞过去活跃时期留下的遗迹(见图6.16)。

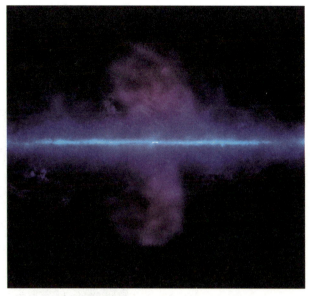

图 6.16　费米 γ 射线空间望远镜发现的"费米气泡"，向银盘两侧各延伸 2.5 万光年

6.1.5　旋臂生成——密度波理论

漩涡星系的旋臂上主要是年轻的亮星（O 型星和 B 型星）以及 H Ⅱ 区。通常旋臂又窄又长，能延伸几十万光年。假如旋臂由固定的恒星及气体组成，则由于不同轨道半径处的圆周运动速度相同（转动曲线的平性），将会使旋臂越旋越紧（见图 6.17）。例如，太阳在银河系年龄即大约 10^{10} 年之中，应旋转 40 圈左右。但观测表明，所有的漩涡星系，旋臂的形状不随时间而变。这一问题曾使人们长期感到困惑不解。

1963 年，美籍华裔科学家林家翘、徐遐生提出密度波理论来解释旋臂的生成。这个理论认为，恒星还是在圆轨道上运动，但由于整体转动速度和空间密度分布造成引力势的扰动，就形成**密度波**，这种波动变化既绕中心环形传播，又沿径向向外传播，因而密度极大的波峰就构成了漩涡状的旋臂（见图 6.18a 和图 6.18b）。而且，一旦漩涡图像在星系内建立起来，就能够在长时期内保持这一图像。旋臂的作用相当于引力势阱：恒星和气体进入旋臂时，空间密度变大，这样的聚集有利于恒星特别是亮星在旋臂处形成。总的图像是旋臂图样长期保持不变，但恒星和气体川流不息地进出旋臂。这有些像从空中俯瞰一个城市的机动车流：在某些交通易阻塞的路段，往往车辆拥挤，车速缓慢，形成车流密度较大的区域；而交通顺畅的地方车流密度就相对较小。从空中看，这些车流密度较大的区域的位置是基本固定不变的，即整个城市车流疏密

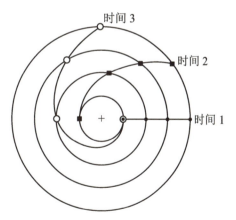

图 6.17　由于不同半径的轨道上恒星的线速度相同，旋臂将越旋越紧

分布的图样基本不变,但所有的车辆却在运动,它们在疏密相间的图样中穿行。要强调的是,虽然密度波被称为波,但与我们所熟悉的通常的行波有所不同。例如,水面的波纹一圈一圈向外传播,但水分子只是上下振动并不向外运动;而密度波的波形在空间基本保持不变,但恒星和气体却在不停运动。因而在某种意义上,可以把密度波理解为引力势扰动自身形成的驻波。到现在为止,关于扰动的产生和旋臂维持不变的原因还在进一步研究。

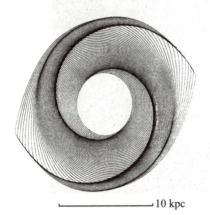

图 6.18a 密度波理论给出的两旋臂生成图样

图 6.18b 与真实的两旋臂星系比较

6.2 活动星系与活动星系核

射电天文学特别是空间天文学的发展,使我们得以从各个波段对宇宙天体进行观察,许多过去仅由光学观测得到的结论被改写了。星系就是一个显著的例子。以往传统的看法是,星系是相当宁静的恒星系统,它们的形态和物理特征是长期稳定不变的。而全波段的观测却显示,星系中普遍存在活动的现象,只是活动规模的大小有所不同。绝大部分星系的活动规模较小,我们称为正常星系;但一部分星系有剧烈的活动,其主要物理特征呈现快速、明显的变化,我们把它们称为**活动星系**。

活动星系最主要的特征是星系核的剧烈活动和爆发。根据射电、红外、光学和 X 射线光度变化的时标,可以估算各个波段活动区域的大小,通常为几十光分、光小时,长的为光年级,所以核的活动发生在很小的范围。但它们在活动期间所发出的能量非常大,例如射电星系可达 10^{60} erg,类星体达 10^{62} erg,比银河系整个生存期间释放的总能量还要大。这样小的空间区域却可以产生如此巨大的能量,其产能机制立即引起天体物理学家的强烈关注。正因为如此,活动星系和**活动星系核**(Active Galactic Nucleus,简称 AGN)的研究,近半个世纪以来一直是天体物理研究中重要的前沿领域之一。

6.2.1 活动星系的主要观测特点

根据观测上的特点,活动星系分为几种主要类型,包括**类星体**、**赛弗特星系**、**射电星系**、

BL Lac 天体(蝎虎座天体),以及 LINERs(即低电离辐射线核区)。除了 LINERs 比较独特外,其他活动星系的一些共同特点是:

① 形态:从照片上看,大多数具有一个很亮的致密核,同时还可看到核心区爆发留下来的痕迹,如光学喷射物、纤维状的辐射物等。

② 核区光度特征:有很高的光度,与正常星系相比,有很强的射电、红外和 X 射线辐射。通常连续谱在红外和蓝光波段分别有明显的隆起(见图 6.19)。核区光度有快速变化,时标短的只有几十分、几小时,长的可达月、年。此外,连续谱多是幂律谱,即辐射功率与频率之间满足

$$F_\nu \propto \nu^{-\alpha} \qquad (6.23)$$

谱指数 α 一般在 0 和 1 之间。偏振和幂率谱的特征表明,核区的辐射应当是高能电子发出的同步加速辐射(见图 6.20)。

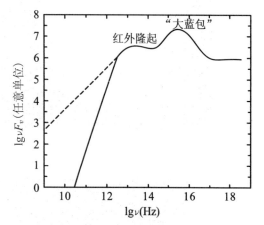

图 6.19 AGN 连续谱的一般特征

③ 光谱:有亮核的特殊星系,核区光谱都有较宽的发射线和高激发、高电离的禁线。

④ 动力学特征:射电辐射强的 AGN,其核周围区域往往可观测到高速运动的物质喷流(jet),其速度可以接近光速。

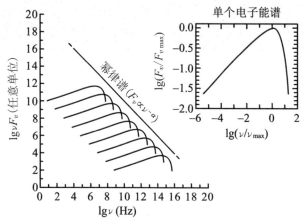

图 6.20 一群电子同步加速辐射所发出的幂律谱
(右上方图为单个电子发出的辐射)

1. 赛弗特(Seyfert)星系

1943 年由美国天文学家赛弗特(C.Seyfert)发现,故以他的名字命名。赛弗特星系在星系中所占比例约为 10%。它们的主要特征是:

① 有一个小而亮的恒星状的核(见图 6.21)。如果短暂曝光,它们看起来像是周围有朦胧斑点包围的恒星,而长时间曝光则像漩涡星系。作为对照,正常星系无论怎样短暂曝光都不会看起来像恒星。这个恒星状物体就是赛弗特星系的星系核。核周围的模糊斑点就是它的星系盘。因此赛弗特星系应当就是具有异常明亮的核的漩涡星系。亮核的尺度一般不超过 10 光年,其中有不足 1 光年的异常活动区,区内的辐射功率在强烈活动时超过银

河系100倍。

(a) NGC 7742

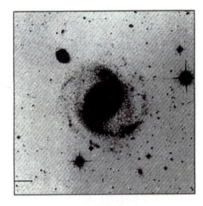
(b) NGC 4151

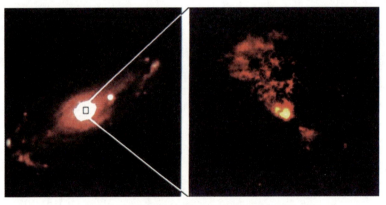
(c) NGC 5728,其中右图为它的核心部分放大图
图 6.21 典型的赛弗特星系

② 核的光谱显示有高激发、高电离的气体发射线和 OⅢ,OⅡ,NeⅢ 等禁线,这是在正常星系的光谱中看不到的。观测到的这些发射谱线有时很强很宽,宽度大于 10^3 km/s,是正常星系的十倍以上。这说明由于受到中心源的激发和电离,同时受中心源的辐射压,外围气体以每秒几千千米的高速向外运动。如果谱线展宽是由气体热运动的多普勒效应引起的,则谱线宽度意味着温度超过 10^7 K。按照谱线特征,赛弗特星系可以分为两类:赛弗特Ⅰ型具有宽的发射线(允许谱线 HⅠ,HeⅠ和 HeⅡ,以及很窄的禁线如 OⅢ,参见图 6.22a)。赛弗特Ⅱ型只有窄发射线(包括允许线及禁线),谱线宽度显示气体的运动速度只有大约 500 km/s(参见图 6.22b)。赛弗特星系的红外辐射是尘埃发出的热辐射,这一特征表明,这些星系中含有丰富的尘埃和气体,有些可能还有许多很热很亮的年轻恒星。

③ 有较强的光度和很蓝的连续谱,连续谱有时标为几个月的变化,变幅达2—3倍,然而发射线却经常不变。这表明星系中心有一个很小的区域产生非热连续谱,外面有一个很大的产生发射谱线的区域。

位于后发座的星系 NGC 4151[见图 6.21(b)]就是一个典型的赛弗特星系,距离我们 4 000 万光年。它有一个特别明亮的核,每年从核中抛射出来的物质质量达 $100M_\odot$。对它短时间拍照只能看到明亮的核,长时间曝光才能看到漩涡结构。从光变时标判断,它的核区大小只有约 1.6 光年,是整个星系大小的几千分之一。

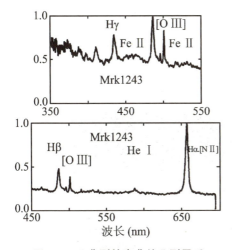 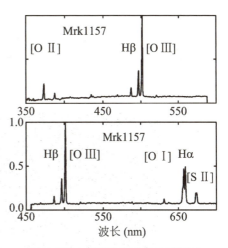

图 6.22a 典型的赛弗特 I 型星系 Mrk 1243 的发射谱线

图 6.22b 典型的赛弗特 II 型星系 Mrk 1157 的发射谱线

2. 射电星系

具有强射电辐射的星系称为射电星系。最早被发现的是天鹅座 A(Cyg A, 即 3C405), 其射电强度是银河系射电强度的百万倍以上, 仅射电强度就超过银河系所有波段辐射总和的 20 多倍。1948 年发现它时, 看到它的射电图像很奇特, 射电像分开为两部分, 每一部分都呈圆斑状, 称为射电瓣, 两个瓣之间的距离很远(见图 6.23)。当时, 在它的位置上并没有找到任何光学对应体。直到 1954 年, 才在两个射电瓣之间发现一个暗弱的、像是两个星系正在碰撞并合的漩涡星系。光谱测量结果表明, 它的红移 $z = 0.057$, 相应的距离为 $170 h^{-1}$ Mpc (当 $h \simeq 0.7$ 时这一距离约为 240 Mpc, 即大约 7.9 亿光年)。两个射电瓣之间分开的距离是 43 万光年。到 20 世纪 70 年代末, 综合孔径射电望远镜的分辨率大大提高, 对射电星系特别是核与射电瓣结构的描绘也越加细致。现在 VLBI 观测得到的射电星系精细结构分辨率已达约 $0.001''$, 大大超过了光学望远镜。射电星系的一般特征是:

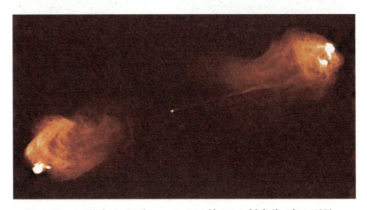

图 6.23 天鹅座 A(红移 $z \simeq 0.06$) 的 VLA 射电像(中心可见一个非常小的亮核, 两边是分开很远的两个射电瓣, 两瓣之间的距离达 43 万光年。图中喷流清晰可见)

(1) 结构(核晕结构-延展结构) 约 3/4 的射电星系呈现双源结构, 通常是两个分立的射电源(射电瓣或射电子源), 中心是光学天体, 一般情况下是巨椭圆星系(参见图 6.24 和

图 6.25)。中心光学源一般也由两个子源组成,两者之间是一个射电致密核。两个射电瓣之间的距离最大可达 10 Mpc,瓣的宽度可达 1 Mpc。这样的射电瓣结构使人想到从中央天体喷射出来的物质。高分辨率的射电图像中,还可以看到从星系中心指向射电瓣的很窄的射电喷流。除双源型外,还有致密型(占约 15%)。它具有 0.001″或更小的精细结构,与光学天体位置重合。

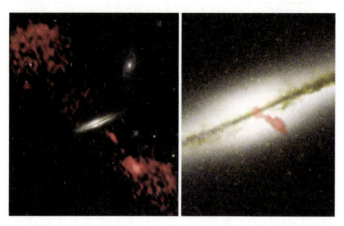

图 6.24 射电星系 0313-192(中心是星系的可见光图像,星系两侧是射电波段拍摄到的射电瓣图像)

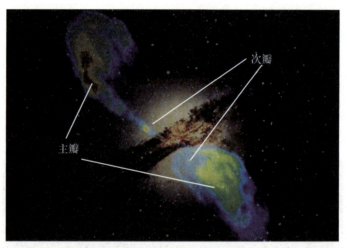

图 6.25 射电星系半人马座 A(NGC 5128)(这是一个巨椭圆星系,可能是 5 亿年前的一次星系碰撞所造成的。图中显示了可见光图像,以及主射电瓣及次射电瓣)

有些人认为,所有的射电星系都具有一个核(很多情况下核还可以再分成双源结构)、一对瓣和一对喷流,只是由于其指向与视线方向的夹角不同,才使我们看到不同的射电星系图像。

(2) 辐射特征 射电辐射的总能量估计为 10^{61} erg,相当于 10^{10} 颗超新星爆发释放的能量。射电星系的辐射谱大致为同步加速谱 $F_v \propto v^{-\alpha}$,谱指数范围一般在 $0 < \alpha < 1.2$。此外,辐射也是偏振的。与赛弗特星系类似,射电星系也分为宽线和窄线两种类型。宽线射电星系具有亮的、类似恒星的核,核外裹着暗淡模糊的包层。而窄线射电星系都是巨型的椭圆星系。

尽管有相互类似之处，射电星系和赛弗特星系之间的区别还是明显的。例如，虽然赛弗特星系的核区也发出射电辐射，但相比于射电星系，这种射电辐射是宁静的。此外，几乎所有的赛弗特星系都是漩涡星系，而强的射电星系中却没有漩涡星系。

表 6.3　不同天体射电辐射功率的比较

射电源	太阳	SNR（超新星遗迹）	正常射电星系	强射电星系
射电辐射功率(erg/s)	10^{19}	10^{35}	$10^{37}-10^{40}$	$10^{40}-10^{45}$

3. BL Lac 天体（蝎虎座天体）

1929 年发现蝎虎座 BL 是一个暗弱的、光变不规则的天体，只有连续谱，谱线几乎观测不到，因而无法得知它的距离。当时认为它是银河系中的一颗不规则变星，其亮度有时在一周内可以变化两倍，有时在几个月内变化 15 倍，没有什么规律性。短时间曝光类似于恒星的像，长时间曝光后便显出非恒星的特征，有延伸结构，周边显毛绒状。但如果把它的中心核的光挡住，则周边毛绒状部分的光谱与椭圆星系十分类似，这说明 BL Lac 天体应当是椭圆星系，但有一个很亮的中心核。从谱线的测量得出它的红移 $z = 0.07$，相应的距离在 10 亿光年以上，是一个遥远的宇宙学距离上的天体。至今已发现约 700 个这样的天体，总称为 BL Lac 天体。它们总的特点是：

① 星系核比赛弗特星系更加明亮，最亮时比正常星系亮 1 万倍。

② 射电、红外、X 射线和光学辐射都有快速变化，时标一般为几天到几个月，最短可至几小时。这说明它们的核活动更为剧烈，且核的尺度比赛弗特星系更小。

③ 连续谱高涨，吸收线和发射线或者没有，或者很弱。

④ 发出的辐射为非热辐射，且偏振度大，可达 35%。

现在把具有快速光变，且辐射强烈偏振的活动星系核称为耀变体（Blazars）。BL Lac 天体就是一类典型的耀变体，它们中 90% 是椭圆星系。此外还有一类耀变体，即所谓 OVV 类星体（Optically Violent Variable Quasar），它们具有很强的射电辐射，强的偏振和快速光变，光度比 BL Lac 天体要大得多。

4. 类星体（QSO）

这是 20 世纪 60 年代初发现的一类新型天体，它们在照相底片上显示类似恒星的像，但光谱却非常怪异，以致一开始大家都不知道这些光谱相应于地球上的什么元素。比如 1960 年美国天文学家马修斯（T. Matthews）和桑德奇（A. Sandege）最早发现的射电源 3C48，它的光学对应体是一个视星等为 16^m 的恒星状天体，但光谱中的发射线非常奇怪，无法用地球上的元素加以证认。1963 年发现射电源 3C273 的光学对应体是一颗 13^m 的蓝星，其光谱线仍然无从辨认。后来更仔细地观察，发现它的周围有朦胧的斑点，在最清晰的照片上显露有从核心向外延伸的一股喷流，恰如射电星系。在同一年，美国加州理工学院的天文学家马丁·施密特（M. Schmidt）指出，实际上这些发射线是氢的巴尔末线，只是红移很大，达 $z = 0.158$（见图 6.26）。如果这一红移是宇宙学的，则表明 3C273 的哈勃距离大约为 $440 h^{-1}$ Mpc，显然是一个极其遥远的天体。从它的视星等和距离不难算出，它的绝对星等应当是 -26^m，作为对比，太阳的绝对星等约为 $+5^m$，两者相差 31 个星等。这样大的差值相当于超过 10^{12} 的光度比。也就是说，3C273 发出 10^{12} 倍于太阳的可见光，但它在射电波段发出的辐射能量还要高于可见光。因而，这样的一个天体不可能是一颗恒星，而是一个比银河系还要亮得多的星系! 由此,类星天体奇怪谱线之谜便被解开。例如,人们发现的第一颗类星天体 3C48 的红移 z 高达 0.367,相应的哈勃距离达 $900h^{-1}$ Mpc。这些天体当时是作为射电源被发现的,称为类星射电源,简称 Quasar。后来发现还有许多天体,在光学照片上很像 Quasar,而且也有很大的红移,但是没有任何射电辐射。现在把它们与 Quasar 一起统称为**类星体**(Quasi-Stellar Objects,简称 QSO)。类星体的共同特点是:大红移、远距离、高能量、小尺度。由于距离遥远,我们现在看到的它们的像,实际上是它们在几十亿年以前的形象,那时的宇宙还很年轻,处于演化的早期阶段。因此,类星体对研究宇宙早期演化,以及宇宙大尺度结构的形成具有十分重要的意义。现已确认的类星体总数大约有 100 万颗,最高红移已超过 7。

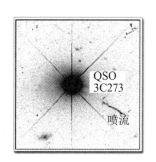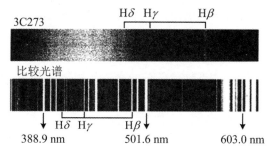

图 6.26 类星体 3C273 的光学像及其光谱(光学像中喷流明显可见)

表 6.4 典型活动星系的光度与银河系比较

星系	光度
银河系	$\sim 10^{44}$ erg/s
赛弗特星系	$\sim 10^{45}$ erg/s
强射电星系	$\sim 10^{45}$ erg/s
QSOs	$\sim 10^{47}$ erg/s

下面我们再把类星体的主要特征归纳一下:

① 具有类似恒星的像,说明它们的角直径 $<1''$。极少数有微弱的星云状包层(如 3C48),还有些有喷流结构(如图 6.26 所示的 3C273,其喷流从中心延伸的距离达 $39h^{-1}$ kpc)。

② 光谱中有强而宽的发射线,最常出现的是 H,O,C,Mg,而 He 线非常弱或没有。同时,发射线很宽,说明产生发射线的气体团的随机运动速度弥散很大。

③ 紫外辐射强,因而颜色显得发蓝。光学波段连续光谱的能量分布呈幂律谱形式。

④ 类星射电源发出强烈的非热射电辐射,射电结构多数呈双源型,少数呈复杂结构,还有少数是致密的单源,角直径 $\leqslant 0.001''$。致密源的位置通常都与光学源重合,射电辐射的频谱指数平均为 0.75,一般 $\alpha > 0.4$ 的称陡谱,$\alpha < 0.4$ 的称平谱。陡谱射电源多数是双源,平谱多数是致密单源,它在厘米波段的辐射特别强。

⑤ 光学、连续射电谱一般都有非周期光变,变幅为 $0.1^m - 3^m$,变化时标一般为几个月到几年,也有短至几天的。由此可估计出类星体的发光区域很小,比星系小得多。这是由于光速是有限的,光变时标即光源亮度发生整体变化的时间,不能短于光跑过整个发光区域所需时间,否则的话,发光区域前后不同部分所发光信号就会相互叠加,最后使得有规律的光变信号被抹平。这也就是说,发光天体的几何尺度 l,不能超过光变时标 Δt 内光线传播的距离,即

$$l < c\Delta t \tag{6.24}$$

这是根据天体的光变时标判断天体几何尺度的一个简单有效的方法,在天体物理观测中被广泛应用。例如,如果一个天体具有时标为一个月的光变,则它的辐射区域的大小必定小于

一个"光月";如果光变时标为 1 小时,则辐射区域的大小不超过一个"光小时",如此等等。显然,从类星体的光变时标可以看出,类星体发光区域的尺度不会超过几个光年,有的只有几个"光月"甚至"光日",远远小于普通星系的尺度,有的只比太阳系大一些。

⑥ 发射线有很大红移,至今为止最大红移 $z = 7.64$。一个类星体的所有发射线都有相同的红移,但如果光谱中有吸收线,则 $z_{吸收} \leqslant z_{发射}$。吸收线通常很窄,宽度小于 300 km/s。目前认为,类星体吸收线是类星体与观测者之间的星系际气体或中间暗星系晕所产生的,那里具有比较低的温度。大量密集的吸收线形成了显著的 Lyα 线丛(Lyman-α forests,见图 6.27),它们对于研究宇宙早期的电离历史以及早期天体的形成有重要的意义。

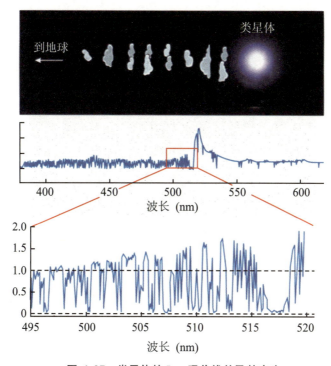

图 6.27 类星体的 Lyα 吸收线丛及其产生

关于类星体红移的起源,历史上曾存在过激烈的争论。当时有些人认为,如果类星体果真处在宇宙学距离上,则它们的光度将大大超过普通星系,如前面我们对 3C273 所分析的那样。而且这样巨大的能量辐射发自一个极小的区域,尺度只有几光日到几光年,即 10^{15}—10^{17} cm,高能电子源的产生区域还要更小。这样的辐射机制在类星体刚被发现的那个时期是不可想象的。因此,引力红移之说、运动学之说等便应运而生。但引力红移之说无法解释类星体也遵从的视星等-红移关系(即哈勃关系),而运动学之说无法解释为什么看不到因向我们运动而谱线呈现蓝移的类星体。随着黑洞吸积盘模型的不断改进完善,类星体中央存在巨型黑洞的看法,现已被天体物理学家普遍接受。正是黑洞吸积周围物质而释放出巨大能量,才使得类星体能在极小的空间区域内产生大大超过正常星系的光度。因此,曾长期困扰天体物理学家的"类星体能源之谜"终于有了答案,多年来笼罩在类星体头上的神秘面纱,至今可以说已被揭开了。

类星体一开始是作为强射电源被发现的,但今天看来,射电辐射在类星体总的辐射输出中并不占主要地位。具有强射电辐射的类星体只占总数的约 10%,有 90% 的类星体基本不发出射电辐射。空间卫星的观测表明,相当多的类星体是强 X 射线源。1981 年,天文学家观测到3C48周围的暗云及其光谱，光谱显示其红移与3C48一致，这表示3C48存在于一个"寄主星系"之中，它只不过是这个寄主星系的亮核。哈勃空间望远镜观测到的类星体，大部分都已发现有寄主星系（见图6.28），其余的可能是尚未被观测到。因而类星体是活动星系的亮核的观点，现已被广泛接受。此外，以前曾认为类星体是宇宙中最遥远、最古老的天体，但随着越来越多高红移正常星系的发现，这种看法也逐渐被否定了。至今发现的正常星系的最大红移 z 已达13左右，超过了类星体的最大红移，这表明类星体或许并不是星系形成和演化中的必经一环。因此我们可以想象，在宇宙演化早期，当最早的一批星系形成时，其中有活动星系，也有正常星系。它们之间的主要区别只是在于星系核的活动程度，也就是星系核心的黑洞与周围物质相互作用的程度，而黑洞应当是在所有的星系核中普遍存在的。

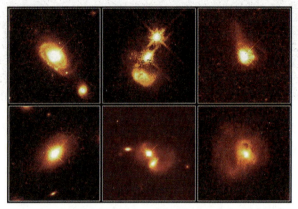

图6.28　哈勃空间望远镜拍摄的类星体及其寄主星系

最后，再补充一个关于活动星系核（AGN）的重要观测结果。大规模红移巡天（包括光学、X射线）的观测表明，包括类星体在内的AGN的（共动）空间数密度随时间（宇宙学红移）有明显演化，且在 $z \approx 2$ 时数密度达到极大（见图6.29）。这一观测事实对所有AGN形成与演化的理论模型都是很重要的。

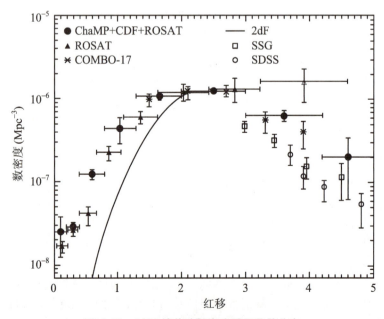

图6.29　AGN的共动数密度随红移的分布

5. LINERs

LINERs(Low Ionization Nuclear Emission-Line Regions)即低电离辐射线核区,它们是一些核光度非常低的星系,但其低电离辐射线(如 O I 和 N II 的禁线)相当强。它们的光谱与赛弗特 II 型星系的低光度端类似,一般认为它们代表了活动星系核现象的低能极限,即由于吸积物质供应不足而导致光度剧烈下降。但它们也可能起源于恒星形成活动,因为低电离辐射线在许多漩涡星系的高灵敏度观测中也被发现,此外在星暴星系和 H II 区也能见到。因此,LINERs 的本质还存在争议,有待进一步研究。

6.2.2 活动星系核(AGN)的统一模型

从上面的分析我们看到,赛弗特星系、BL Lac 天体、射电星系以及类星体等这些 AGN 有许多特征是共同的,主要表现在致密核区的剧烈活动以及释放出的巨大能量。它们之间也有一些不同之处,例如,有的有宽发射线,而有的却没有;此外在射电和 X 射线辐射强度上也各有区别。因此,自然就会想到:这些外观不同的天体,本质上是否相同?也就是说,它们是否可以用一个统一的模型来描述?现在已经有了这样的模型,称为 AGN 的统一模型(见图 6.30)。

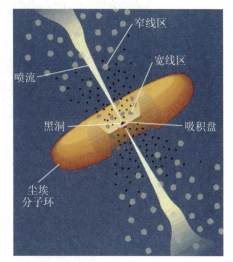

图 6.30　AGN 的统一模型

1. AGN 统一模型的要点

① 星系核中心有一个超大质量的黑洞,质量范围为 $10^5 M_\odot - 10^9 M_\odot$。

② 黑洞吸积盘延展到 $10R_s - 1\,000R_s$,式中 R_s 为黑洞的施瓦西半径。吸积盘发出 X 射线、远紫外、紫外、光学等波段的辐射。

③ 黑洞附近有一个宽线区(BLR,即宽发射线区),由稠密的气体云团构成,云中电子密度达 $n_e \simeq 10^9 - 10^{10}$ cm^{-3}。宽线区分布在黑洞附近 0.1—1 pc 的范围,并以 $v_{BLR} \leqslant 10^4$ km/s 的速度环绕黑洞运动。

④ 比宽线区再远一些有一个窄线区(NLR,即窄发射线区),气体团内电子密度 $n_e \leqslant 10^5$ cm^{-3},分布范围达几个秒差距,围绕黑洞的运动速度 $v_{NLR} \simeq 10^2 - 10^3$ km/s。不仅发射窄的允许谱线,而且发射窄的禁线。

⑤ 吸积盘外面有一个由尘埃和分子构成的环状体(torus),环形平面与吸积盘平面相平行,内半径约 1 pc,外半径 50—100 pc。环状体发出红外到毫米波辐射(参见图 6.31 和图 6.32)。

⑥ 喷流:尺度范围为 $0.1 - 10^6$ pc,发出很强的同步加速辐射,频谱几乎覆盖所有波段。

按照这个统一模型,所有 AGN 的结构都是类似的,只是由于观测者的视线与吸积盘取向之间的角度不同,才显示出不同的辐射特征。例如,如果视线方向大致与吸积盘平面(因而也与尘埃环的平面)平行,则由于视线方向尘埃环的强烈吸收,观测者观测到的主要是强的射电辐射,且向两边喷射的喷流形状最为明显,因而活动星系核就呈现出射电星系的特征。如果视线方向与吸积盘平面近乎垂直,则致密核区就容易被观测到,活动星系核就呈现出类星体的特征。从其他适当角度亦可以呈现赛弗特星系或 BL Lac 天体的特征。当然,中心黑洞的质量和物质吸积率的大小,以及吸积盘的厚薄、结构和磁场强度等对结果的影响也是非常重要的。总之,这一模型具有原则上的重要意义,但它的有效性还在不断接受观测检验。

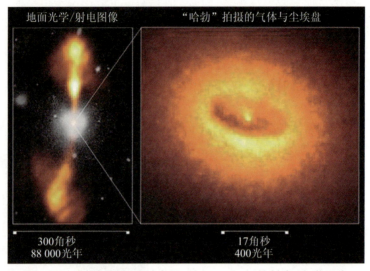

图 6.31　巨椭圆星系(射电星系)NGC 4261 的射电/光学图像
(左图中显示的射电瓣延伸至大约 60 kpc。右图为哈勃空间望远镜拍摄,显示的尘埃环直径大约为 100 pc,环中心的光点应当就是黑洞之所在)

图 6.32　椭圆星系 NGC 7052 中心的尘埃环

2. AGN 的中心引擎——黑洞

我们在前面讨论过,核反应最多只能提供 0.7% 的能量转换率。而活动星系核则要求高得多的能量转换率,大约比核反应还要高几十倍。什么能源能提供如此高的能量转换率呢?人们自然就想到黑洞。因此在 AGN 的统一模型中,黑洞起到中心引擎的作用,为 AGN 的辐射提供强大的能量输出。我们来估计一下黑洞辐射的能量转换效率。一个质量为 m 的粒子,从远方下落到质量为 M 的黑洞的施瓦西半径 $R_s = 2GM/c^2$ 附近时,所能辐射的最大能量等于转化的引力势能,即

$$E_{\max} = \frac{GMm}{R_s} = \frac{GMm}{2GM/c^2} = \frac{mc^2}{2} \tag{6.25}$$

显然,能够转化为辐射的能量高达粒子静能的一半,即 $E_{\max}/(mc^2)=1/2$,这大大高于核反应。因而,辐射的最大功率即最大光度就取决于黑洞的吸积率 dm/dt,即

$$L_{\max} = \frac{1}{2}\frac{dm}{dt}c^2 \qquad (6.26)$$

例如,当吸积率为 $dm/dt=1M_\odot/$年时,不难算出 $L_{\max}=3\times 10^{46}$ erg/s,它几乎相当于太阳光度的 10^{13} 倍!

当然,事实上的能量转化率并没有这么大。因为如果粒子是直线落下来的,则大部分能量将被黑洞所吸收,能发出的辐射将很有限。为了最大限度获取辐射能量,必须让下落的粒子沿近乎圆形的螺旋轨道围绕黑洞缓慢下落。在这种情况下大约可以有 40% 的静能转化为辐射能。计算表明,为了使射电星系产生观测到的光度,要求黑洞的质量至少要达到 $10^7 M_\odot$。

中心黑洞的质量,可以采用恒星动力学或气体动力学测量方法得到。目前的研究结果表明,中心黑洞的质量 M 与周围恒星的速度弥散 σ_* 之间有下列关系(参见图 6.33):

$$M \propto \sigma_*^4 \qquad (6.27)$$

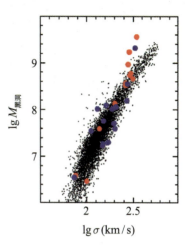

图 6.33 AGN 中心黑洞的质量与核区恒星或宽线区速度弥散的关系

这一关系表明,黑洞的质量与寄主星系的质量密切相关。AGN 中心黑洞是否/怎样与其寄主星系共同演化,仍是当前的前沿热点问题。

3. 喷流的产生和维持

从中心天体向两边高速喷出的喷流是非常壮观的天象。例如图 6.23 显示的天鹅座 A 的喷流,长度达 $50h^{-1}$ kpc。图 6.34 显示的活动星系 M 87 的喷流,进入射电瓣之前的长度达 1.5 kpc,喷流中明显可见一连串的亮结点;观测还发现,在与它对称的空间位置上还有一条很微弱的反向喷流。喷流的产生和维持机制引起了天体物理学家的极大兴趣。喷流是高度定向的,最长可达 10^6 pc,有些喷流的速度甚至接近光速。很早就有人提出,喷流之所以定向,是由于两种作用相互"较力"的结果:一方面是黑洞的吸积,使黑洞周围形成稠密的气体层,它阻挡物质从黑洞表面附近向外运动;另一方面,黑洞的强磁场使带电粒子沿磁力线方向加速,它们试图冲破周围稠密气体层的束缚而向外运动。这两种作用"较力"的结果,最终使带电粒子(主要是电子)冲破稠密气体的薄弱处,形成"喷嘴"而向外喷射。喷射的物质中不仅有电子,而且有周围电离气体的粒子。由于黑洞磁场的两个磁极处磁场强度最强,所以带电粒子最可能从这两处冲开缺口,形成喷嘴向外喷射。现在认为,这可能是厚吸积盘情况下喷流形成的原因。但对于薄的吸积盘,喷流可能就是带电粒子直接沿磁力线向外高速运动。另一个问题是,在一些射电星系中只观测到单个喷流,但射电瓣总是有两个。这一情况可能的解释是,背离观测者的喷流发出的光束集中在它的前方,因此我们看不到,这称为射束(beaming)效应。

关于喷流维持的机制,目前也没有完全一致的看法。相对论性电子因为发出同步辐射将很快失去能量。按理论计算的估计,喷流中的相对论性电子最多只能维持 1 万年的辐射。但射电星系 3C236 的喷流长约百万光年,这表明电子在旅途中一定还有某种能量补充(加速)机制。有人认为是激波引起的磁场挤压效应,也有人认为是辐射压加速电子。总之,关

于喷流的形成和维持机制目前还没有定论,还有许多问题需要深入探讨。

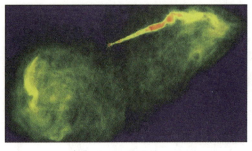

(a) X 射线像

(b) 光学像

图 6.34 活动星系 M 87 的喷流

4．喷流的视超光速运动

观测发现,一些 AGN 喷流的运动速度超过了光速。例如图 6.35a 所示的类星体 3C345 和图 6.35b 所示的射电星系 M 87 的喷流都是如此,后者的运动速度竟达到光速的 5 倍以上。这看来严重违背了狭义相对论的基本原理,因而引起了学术界的强烈关注。这种超光速的运动究竟是实质性的,或仅仅是表观上的? 实际上,我们对喷流速度的测量并不是直接的,因为喷流中一般观测不到谱线,故无法用谱线的频移来测定运动速度。实际的做法是,由喷流(或某一天体)在天空移动的角位移速度,再乘以喷流(AGN)到观测者的距离,就得出喷流横向的线速度,即

$$v = \frac{d\theta}{dt}D \tag{6.28}$$

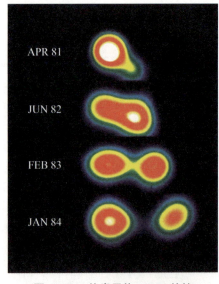

图 6.35a 从类星体 3C345 的核
(图左)中出射的喷流(图右)

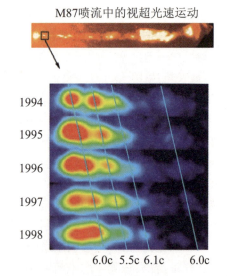

图 6.35b 射电星系 M 87
喷流的运动

式中,$d\theta/dt$ 表示角位移的时间变化率,D 是 AGN 到我们的距离。仔细的研究指出,其实这里有一个狭义相对论的效应,利用它就可以解释看到的超光速运动现象。如图 6.36 所示,设有一个天体从 O 点出发,移动到相距 r 的 P 点。天体的真实速度为 v,运动方向与视

线的夹角为 θ。我们取视线为 x 方向，横向为 y 方向，观察到的天体是沿 y 方向运动，也就是天体在天空的投影位置发生变化。因为

$$x = r\cos\theta, \quad y = r\sin\theta \tag{6.29}$$

天体移动距离 r 所需时间 $t = r/v$。光线从 P 点到达观测者的时间，比从 O 点到达观测者的时间要少 x/c，因此，观测者看到的天体从 O 移动到 P 的"视"时间为

$$\begin{aligned} t_{\text{app}} &= t - x/c \\ &= \frac{r}{v} - \frac{r}{c}\cos\theta = \frac{r}{v}(1 - \beta\cos\theta) \end{aligned} \tag{6.30}$$

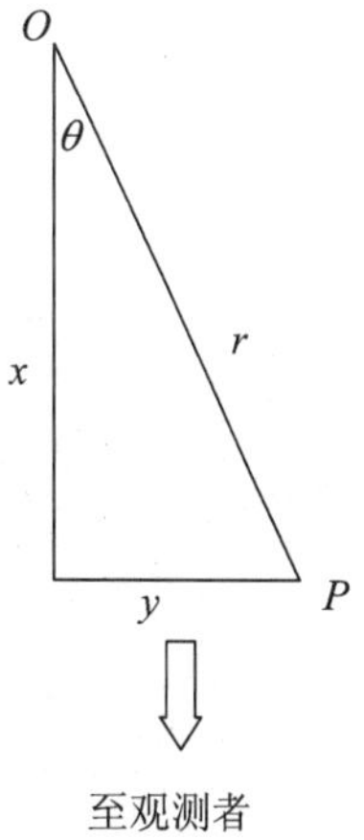

式中，$\beta \equiv v/c$。于是，观测者看到的天体的"视"速度（横向表观速度）是

$$\begin{aligned} v_{\text{app}} &= \frac{y}{t_{\text{app}}} = \frac{r\sin\theta}{(r/v)(1 - \beta\cos\theta)} \\ &= \frac{v\sin\theta}{1 - \beta\cos\theta} \end{aligned} \tag{6.31}$$

图 6.36 视超光速运动的狭义相对论解释

当 $v \ll c$ 时，$\beta \to 0$，因而 $v_{\text{app}} \simeq v\sin\theta$，这是我们熟悉的结果。但是如果 $v \to c$，则可能会有 $v_{\text{app}} > v$，甚至会有 $v_{\text{app}} > c$。为看到这一点，我们来求当 v 给定时，相应于 v_{app} 最大值的夹角 θ。这不难从 (6.31) 式的求导得出，结果是

$$\cos\theta = \beta, \quad \sin\theta = \sqrt{1 - \beta^2} \tag{6.32}$$

把这一结果代回 (6.31) 式，就得到 v_{app} 的最大值为

$$\left(\frac{v_{\text{app}}}{v}\right)_{\text{max}} = \frac{1}{(1 - \beta^2)^{1/2}} \tag{6.33}$$

显然，当 $v \to c$ 且 $\theta \to 0$ 时，即天体运动速度接近光速，且运动方向与视线方向的夹角非常小时，就可以得到非常大的 v_{app}，其值可能大大超过光速。但在这种情况下，天体的真实运动速度 v 并没有超过光速，因而也就没有违背狭义相对论。总之，这种超光速运动只是一种表观现象，我们把这一现象称为**视超光速运动**。目前所有观测到的超光速运动现象（例如喷流），实质上都是视超光速运动。

6.3 星系团和超星系团

6.3.1 星系的大尺度成团结构

星系聚集成团的现象在天空中很普遍。从小范围讲，星系常以双重星系、三重星系及多重星系出现。双星系中有时会发现有互扰星系以及并合星系。约有半数的明亮星系构成双重或多重星系，这些多重结构又可进一步构成小的星系群。例如，大、小麦哲伦云是双重星系（大麦哲伦云距离我们 17 万光年，小麦哲伦云距离我们 20 万光年，它们之间相距 5 万光年），它们与银河系构成三重星系（大、小麦哲伦云中都含有大量星际气体，在银河系的引力

作用下，一部分气体伸向银河系，形成"气体桥"），并进而与御夫星系等近距星系形成多重星系。这个系统又与以 M 31 为中心的另一个多重星系构成**本星系群**的两个星系集中区。本星系群是尺度大约为 3 Mpc 的一个空间范围，已知成员星系至少 80 个，其中有两个大型漩涡星系（银河系与 M 31），一个中型 S 星系（M 33），其余都是矮椭圆星系和不规则星系。

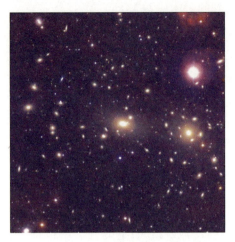

图 6.37　后发座星系团（包括 1 万个以上的星系，其中亮星系超过 1 000 个）

星系群的成员数一般在 100 个以下。比星系群更大的成团结构是**星系团**，它包括成百上千个星系，多的可达上万个。一般来说，星系的尺度量级为 10 kpc，多重星系为 100 kpc，星系团为 1 Mpc。星系团的质量可以用类似前面椭圆星系的方法，即通过位力定理求出。结果表明，星系团的质量范围是 $10^{13} M_\odot - 10^{15} M_\odot$，但几何尺度相差并不是很大。它们的形状各有不同，有的结构紧致，有的相当松散。例如，离我们最近（约 19 Mpc）的室女座（Virgo）星系团，成员可能有约 2 000 个，是一个外形不规则的星系团。而离银河系约 99 Mpc 的后发座（Coma）星系团（见图 6.37），包含星系总数估计在 10 000 个以上，则显出中央非常密集的形状，中央 1.5° 范围亮星系数超过 800 个，其中有两个超巨型星系，即同为巨椭圆星系的 NGC 4889 和 NGC 4874。观测结果表明，至少有 85% 的星系是处在群或团这样的成团结构之中；而且，在星系团里的星系约有 80% 是椭圆星系，而不在星系团中的星系（即所谓场星系）约有 80% 是漩涡星系。近年来的空间观测发现，许多星系团中弥漫着很强的 X 射线辐射，表明有大量热气体存在，其质量超出星系团成员星系总和的数倍到一个数量级（参见 6.3.3 小节）。

比星系团更高一级的成团结构称为**超星系团**。例如，本星系群和室女团、大熊星系团以及其他至少 100 个较小的群或团组成了**本超星系团**（见图 6.38a 和图 6.38b），它是一个巨大的、呈扁平状的星系集群，中心在室女团附近，尺度约为 33 Mpc。本星系群位于该超星系团的边缘附近，估计银河系绕本超星系团中心公转的周期为 1 000 亿年。近年人们发现，本超星系团只是一个更巨大的结构拉尼亚凯亚（Laniakea）超星系团的一翼，后者包括约 10 万个星系，尺度约 160 Mpc，质量达 $10^{17} M_\odot$。已知最大的超星系团甚至绵延 400 Mpc（King Ghidorah 超星系团）。超星系团成员之间的引力作用，要比星系团内星系之间的引力作用弱得多，说明在这样大的尺度上，引力成团的趋势明显减弱。

超星系团的存在，表明宇宙空间的物质分布在大约 100 Mpc 的尺度内是不均匀的。除了超星系团外，还发现宇宙中存在一些区域，其中的星系特别少，这称为**空洞**或**巨洞**。空洞内的星系密度只有平均值的几分之一或更低。人们已发现一个尺度近 1 000 Mpc 的巨大空洞，其中仅有 11 万个星系。而在另外一个离银河系约 100 Mpc 的地方，有一个横向跨距很大、呈片状的星系密集区，长约 170 Mpc，宽约 60 Mpc，厚度大约 5 Mpc，其中的星系密度是平均密度的 5 倍左右，总质量为银河系的几十万倍，这种大尺度结构称为宇宙"长城"（见图 6.39a 和图 6.39b）。目前已发现的最大的宇宙"长城"长达 3 000 Mpc（存在争议）。

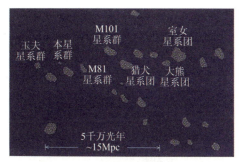

图 6.38a 本超星系团的主要成员

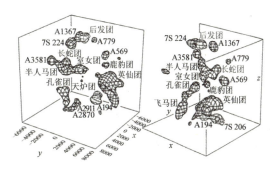

图 6.38b 本星系群附近 $80h^{-1}$ Mpc 范围内星系团的分布

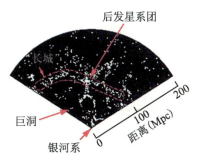

图 6.39a 宇宙在一个扇形"切片"中显示的空洞和"长城"结构

图 6.39b 更细致的图像

超星系团之上是否还有更高的成团结构？经过大量的观测分析，人们发现超星系团之间不再有成团的倾向，而是趋于均匀分布。也就是说，我们的宇宙在大于上千个 Mpc 的尺度上，就可以看作是均匀、各向同性的了。目前把我们观测所及的宇宙部分称为总星系，总星系的典型尺度为 100 亿光年。

6.3.2 星系的大尺度本动速度

由于星系的分布在大约 100 Mpc 的尺度上呈现不均匀性，因此在这一尺度上，每个星系所受到的周围星系或星系团的平均引力作用就不会完全抵消。这样，除了与宇宙膨胀同步的运动（即所谓**哈勃流**）外，每个星系都还有自己的**本动速度**，即由于周围引力大小的涨落而产生的附加速度，或对哈勃流的偏离速度。本质上说，本动速度的起因是周围物质密度的涨落，其中不仅有恒星等发光物质的贡献，也包括不发光的暗物质的贡献，实际上后者的作用更为重要。因而，对本动速度的测量可以提供宇宙物质特别是宇宙暗物质分布的重要信息。

对星系大尺度本动速度的系统研究开始于 1976 年卢宾（V. Rubin）等人的测量工作。他们用全天分布的 96 个漩涡星系样本，得到太阳相对于上述样本星系平均背景的运动速度约为 600 km/s，方向为 $\alpha\approx30°,\delta\approx50°$（$\alpha,\delta$ 分别代表天球坐标的赤经、赤纬）。而宇宙微波背景辐射（Cosmic Microwave Background radiation，简称 CMB）的偶极各向异性表明，太阳相对于 CMB 的运动速度约为 370 km/s，方向为 $\alpha=168°,\delta=-7°$。由这两个速度差可以算出这些样本星系相对于 CMB 的运动速度大约为 600 km/s，即它们所分布的区域（尺度大约为 85 Mpc，其中包含几千个星系）正以大约 600 km/s 的速度相对于哈勃流漂移。这样大的本动速度是远远超出当时人们所预期的。利用太阳相对于 CMB 的运动速度，扣除掉太阳相对于银河系、银河系相对于本星系群中心的速度，现在得到的本星系群相对于 CMB 的本动速度是 620 km/s，向着长蛇座方向。

当然，星系本动速度的测量不是一件容易的事情。必须用**与红移无关**的方法测定星系的距离，从而得到它的哈勃速度；再用红移所表征的实际速度减去哈勃速度，才得到本动速度。现在已经有了一些较为可靠的、与红移无关的测定星系距离的方法，例如我们前面讨论过的，利用漩涡星系的自转速率与星系光度之间的突利-费舍尔关系，即把自转速率作为星系本身光度的一种指示，再由光度和视星等的关系求出距离；或利用椭圆星系的光度与速度弥散 σ 之间的法博-杰克森关系（即 $L \propto \sigma^4$ 或 $D_n - \sigma$ 关系），来确定星系的绝对光度，从而得出距离；等等。自 20 世纪 80 年代以来，人们采用多种不同的方法，在不同的尺度上进行了大量的测量工作，为研究星系大尺度本动速度积累了丰富的观测数据。

在此基础上，由观测到的星系大尺度本动速度场就可以求出物质密度扰动场的分布，即实现密度扰动场的重构。我们在此不详述细节，简单说来就是，把本动速度场 v 表示为某个标量场 ψ 的梯度

$$v = -\nabla\psi \tag{6.34}$$

式中，ψ 称为**速度势**。再由相关的流体力学方法可以得到速度势所满足的泊松方程

$$\nabla^2 \psi = H f a^2 \delta \tag{6.35}$$

式中，H, f, a 等是与空间坐标无关的宇宙学参数。因此，只要知道了速度势函数的空间分布，就可以根据 (6.35) 式得出密度扰动场 δ 的分布，即完成密度扰动场的重构（见图 6.40a）。这一方法被称为 POTENT 方法。结果表明，在几十个 Mpc 的范围内，所有的星系都受到一个质量巨大的**巨吸引子**（great attractor）的引力吸引，从而朝着它的方向运动。这个巨吸引子的中心位于长蛇座和半人马座之间的方向，距离我们为 47－79 Mpc（见图 6.40b），总质量达约 $10^{16} M_\odot$。但针对那个区域的 X 射线巡天表明，那里的总质量最多不超过巨吸引子质量理论值的 10% 左右，巨吸引子对银河系产生的引力效应可能主要来自更远处的"沙普利吸引子"。总之，关于这个巨吸引子的本质以及它是如何形成的，至今仍然是一个谜。

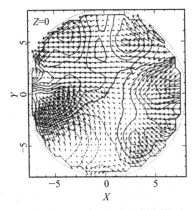

图 6.40a 用 POTENT 方法得到的本超星系团平面上的速度-密度分布（矢量场表示本动速度场，等高线代表密度分布）

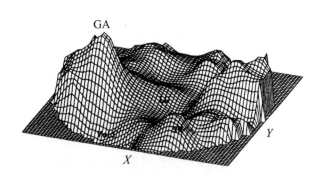

图 6.40b 由本动速度场重构的物质密度分布（图中 GA 代表巨吸引子。银河系位于图的中央）

6.3.3 星系团的 X 射线辐射

自 1977 年高能天文台（HEAO）系列计划的 X 射线卫星陆续发射后，就观测到许多星系团发出的 X 射线辐射（参见图 6.41a 和图 6.41b）。这些 X 射线观测加上光学观测的结果表明，星系团内包含大量的星系际介质。星系际介质的成分可以分成两种，一种是弥漫的、不规则分布的恒星，另一种是热的、大致均匀分布的星系际气体，这些气体占据了星系之间的广大空间，并充满整个星系团的引力势阱。X 射线的光度范围达 10^{36}—10^{38} W，或 10^{43}—10^{45} erg/s，且对于许多富星系团来说，X 射线比光学波段更亮。据估计，室女星系团的核心包含大约 $5\times10^{13} M_\odot$ 的 X 射线辐射气体，后发星系团的核心包含大约 $3\times10^{13} M_\odot$，这些气体的质量超过相应区域恒星质量的数倍。现在发现，X 射线发自热气体的轫致辐射，且 X 射线谱显示，气体的成分多为高电离的离子，如 Fe XXV 和 Fe XXVI，以及硅、氖离子。这表明，这些气体经历了星系中恒星的核合成过程。但问题随之而来：它们是如何从星系里面逃逸到星系际空间中去的呢？可能的解释是，在星系团形成的过程中，星系的碰撞与并合会经常发生（见 6.4 节）。星系的碰撞与并合可能会使相当部分气体离开星系而进入星系际空间，也可能由于碰撞与并合而产生大量的星暴[即形成星暴星系，参见图 6.9 及图 6.44(d)]，重元素气体由此形成并被抛射到星系际空间。活动星系核的喷流向星系际热气体注入高温等离子体，可能对维持热气体的高温起到了重要作用。

 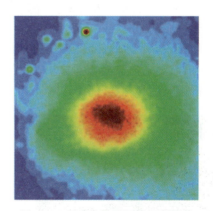

图 6.41a　后发星系团的光学像　　图 6.41b　后发星系团的 X 射线像

6.4　星系的形成与演化

6.4.1　单个星系的形成与演化概况

星系的形成与宇宙早期的密度扰动演化有密切关系。目前流行的看法是，在宇宙大爆炸的过程中，极早期就产生了原初物质密度涨落。这些原初密度涨落由于引力不稳定性而不断加强,从而使原来弥散的星系介质(原始星云)凝聚、收缩而成为原星系,再进一步演化为星系。关于宇宙早期密度扰动的演化我们将在第7章中再仔细讨论。这里只简要介绍一下有关星系形态演化的一些主要看法。

20世纪二三十年代时曾认为,星系的形态序列即哈勃序列就是演化序列。当时有两种不同的看法,一种看法认为,原来球对称的原星系通过自转而逐渐变扁,再形成旋臂,然后旋臂慢慢变松并消失,也就是先形成椭圆星系,再变为漩涡星系,最后演化为不规则星系。另一种看法则认为,原星系形成时是形态不规则的,后来由于转动而获得轴对称性以及旋臂结构,变成漩涡星系,但最终旋臂消失而成为椭圆星系。然而现在我们知道,除非星系之间发生碰撞和并合,不同星系类型之间一般是不会彼此转化的。

对于孤立星系的形成和演化,大致的可能过程如下:目前较为公认的看法是,原始星云在收缩过程中,出现第一代恒星。在原星系的中心区,收缩快、密度高,恒星形成率也高。由于中心区的剧烈弛豫过程,形成漩涡星系的星系核或椭圆星系的整体。如果星系有整体自转,则离心力将阻止赤道面(银道面)上的进一步收缩,并造成不同的扁度。气体的随机运动和恒星的辐射加热过程使得部分气体未成为星胚,并由于碰撞作用而沉向赤道面,最终形成漩涡星系(见图6.42a和图6.42b)。漩涡星系的第一代恒星诞生率较低,所以有部分气体保留了下来。计算表明,不同的初始密度和初始速度的弥散度,可以形成核球和星系盘之间大小比例不同的星系,这就可以大致解释Sa,Sb,Sc 3种次型。椭圆星系由于原始星云密度大,速度弥散度也较大,恒星形成率一开始就非常高,气体几乎全部用来形成恒星。而不规则星系的恒星诞生率比漩涡星系还低,故至今有更多气体遗留下来。观测发现,在规则星系团中,物质密度、速度弥散都大,成员中椭圆星系多。而不规则星系团中,密度较小,椭圆星系较少。在富星系团中,成员以椭圆星系为主,漩涡星系很少,其中心区域则完全观测不到漩涡星系。漩涡星系主要是场星系(即非成团的孤立星系)或是疏散星系群的成员,这反映出那里的密度和速度弥散度都比较低。

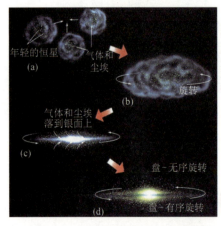
图 6.42a 漩涡星系形成的图解

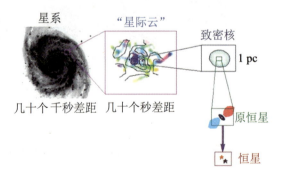
图 6.42b 漩涡星系中恒星的形成

对于单个星系来说,星系形态从形成之初就已基本定型,除非因邻近的伴星系的潮汐作用等因素造成物质"桥""尾"或剥去星系外围物质,或是星系之间的直接碰撞,星系结构一般无大变化。然而,如上文提到的,星系间的相互作用于并合,很可能在星系形成和演化进程中发挥着关键作用。

6.4.2 星系的相互作用与并合

长期以来人们一直认为,星系的演化以单个星系为主,星系之间的相互作用不是很重要。但近三十多年来,许多观测事实的发现已使这种看法发生了根本性的改变。例如综合口径射电望远镜阵(VLA)发现,大约50%的漩涡星系(包括银河系在内)的星系盘有翘曲现象,这表明它们与邻近星系之间有引力(潮汐力)相互作用。此外,超过一半的椭圆星系包含有不止一个分立的恒星壳层,还有些星系甚至显示核心处有两个大质量黑洞存在(参见图 6.43a 和图 6.43b),这些显然都是星系并合的迹象。哈勃空间望远镜更是直接拍摄到一批星系碰撞或并合的图片(见图 6.44),此外还有 3 个星系的碰撞甚至星系团之间的碰撞(见图 6.45a 和图 6.45b)。

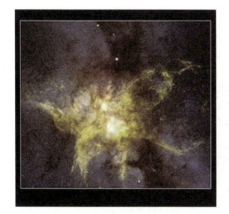

图 6.43a 哈勃空间望远镜在光学波段拍摄的"蝴蝶状"星系 NGC 6240

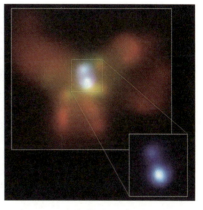

图 6.43b 钱德拉 X 射线空间天文台拍摄的同一星系照片,显示其核心区域可能存在两个黑洞

(a) NGC 2163 和 NGC 2207

(b) NGC 3370 与其矮伴星系

图 6.44 哈勃望空间远镜拍到的星系碰撞图片

(c) NGC 1410 与 NGC 1409（图中两星系间物质交流的漏斗形"管道"清晰可见）

(d) 天线星系：NGC 4038 和 NGC 4039（两个星系的碰撞产生大量星暴）

(e) "车轮"星系（A0035-335）与"入侵者"（目前还不清楚右边的两个小星系谁是"入侵者"）

图 6.44(续)

 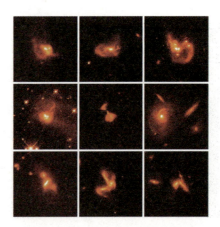

图 6.45a　3 个星系的碰撞　　图 6.45b　哈勃空间望远镜在红外波段拍摄到的星系碰撞

按照现在的看法，宇宙结构的形成过程是所谓"自下而上"（bottom-up）的模式（见第 7 章），即先形成较小尺度的结构，然后通过它们之间的聚集及并合，而逐渐形成尺度越来越大的结构（亦称为**等级式成团**模式）。显然在这样的模式下，不仅星系团的形成一般要晚于星系的形成,而且星系本身的形成也可能要经历一个并合阶段,例如大的星系可能就是由较小的星系碰撞、并合而成的。我们知道,星系之间的潮汐力作用会使双方的自转变慢,就像地球与月球的潮汐力使两者的自转都慢下来一样。星系自转变慢就会显著改变漩涡星系的结构,而两个星系最后由于引力而走到一起,更会使双方的恒星、气体物质相互交融,这样最终并合而成一个大的椭圆星系。图 6.46 就显示了这样一个计算机数值模拟的结果,两个漩涡星系经历大约 18 亿年的时间,最终并合而成为一个椭圆星系。目前认为,像这样的过程在实际的宇宙中并不罕见,大质量的椭圆星系很可能都是由较小的漩涡星系并合而成的。

要补充说明的是,星系的碰撞,并不意味着恒星与恒星之间发生刚体那样的碰撞。恒星之间发生直接碰撞的概率极低,完全可以忽略。但星系碰撞的过程会使恒星的运动速度慢下来,这就是星系动力学中的所谓**动力学阻尼**,这里我们就不进一步讨论了。重要的是,双方都携带有大量星际气体,在星系碰撞的过程中,这些气体碰到一起,将触发大量的新恒星形成和强烈的星暴。这对于解释星暴星系的产生,以及前面提到过的星系团内的重元素气体的大量存在,是非常有意义的。

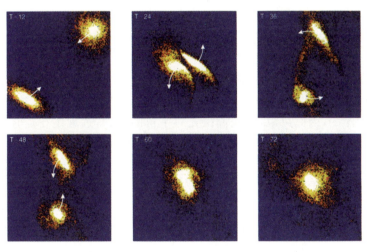

图 6.46 两个漩涡星系并合成一个椭圆星系的计算机数值模拟结果,整个过程经历约 18 亿年(图上标注的时间单位是 1 T = 2 500 万年)

随着近年大量星系巡天数据的积累,人们在观测中发现,星系在颜色分布上呈现双峰(bimodality),蓝星系(多为晚型星系)和红星系(多为早型星系)自然而然地分为两个阵营。基于这类大数据统计研究,近年来的主流看法倾向于认为,所有星系形成之初应基本为蓝色盘(晚型)星系,而随着蓝星系彼此间的不断并合,而向着红(早型)星系演化,这一框架被称为所谓"标准范式(standard paradigm)"。然而,星系形成演化相关问题高度复杂,始终是天体物理学活跃的前沿领域,大量开放问题仍有待解决。

第7章 宇宙学简介

7.1 人类宇宙观的进化

  天文学是人类祖先在游牧和农耕时,由于确定季节的需要而诞生的。远古人类在观测天象变化的同时,就开始了对宇宙的思考和认识。宇宙的壮丽使他们赞叹与折服,而宇宙的神秘又使他们恐惧和崇拜,于是就有了种种神话和宗教的出现。

  世界各民族都有自己最初关于宇宙结构的看法,以及关于宇宙开创的神话。在我国,远在战国时期的尸佼,就给宇宙下了一个定义:

    四方上下曰宇,往古来今为宙。

  "四方上下"即空间,"往古来今"即时间,也就是说,宇宙即是时空。这个定义在今天看来仍然是十分科学的,因此可以说,我们祖先对宇宙的理解,远远走在当时世界的最前列。我国古代关于宇宙结构主要有三派学说,即"盖天说""浑天说"和"宣夜说"。"盖天说"认为大地是平坦的,天像一把大伞覆盖着大地。"敕勒川,阴山下,天似穹庐,笼盖四野。天苍苍,野茫茫,风吹草低见牛羊。"对于生活在茫茫草原的牧民来说,很容易从直观上得到"天似穹庐"的感觉,"盖天说"也许就是这样产生的。"浑天说"认为天地具有蛋状结构,地在中心,天在周围,其代表人物是东汉著名的科学家兼文学家张衡。他在《浑仪注》中说:

    浑天如鸡子。天体圆如弹丸,地如鸡子中黄,孤居于内,天大而地小。天表里有水,天之包地,犹壳之裹黄。天地各乘气而立,载水而浮……天转如车毂之运也,周旋无端,其形浑浑,故曰浑天。

  与"浑天说"几乎同时发展起来的"宣夜说"则认为,宇宙是无限的,日月星辰皆悬浮在无限的虚空之中。《晋书·天文志》记载:

    宣夜之……先师相传云,天了无质,仰而瞻之,高远无极,眼瞀精绝,故苍苍然也。譬之旁望远道之黄山而皆青,俯察千仞之深谷而黝黑,夫青非真色,而黑非有体也。日月众星,自然浮生虚空之中,其行其止,皆需气焉。是以七曜或逝或往,或顺或逆,伏见无常,进退不同,由乎无所根系,故各异也。

  "宣夜说"的内容今天看起来也很精彩:它否定了固态的有形有质的"天球"(如女娲补天的"天",以及古希腊亚里士多德-托勒密体系的缀附着恒星的天球,甚至哥白尼学说中仍然保留的作为宇宙范围的硬壳)。天色苍茫,是因为它"高远无极",犹如远山色青、深谷色黑。青和黑都只是表象,并不是真的有一个有形体、有颜色的天壳。这样,天的界限被打破了,在无限的空间中,漂浮着日月星辰,它们依靠"气"的作用,各自按不同的规律运动。

关于宇宙的诞生和演化,我国古代文献的论述更是丰富多彩。例如《老子》中说:

> 天下万物生于有,有生于无。

这和现代宇宙学关于宇宙起源于真空的说法不谋而合。三国时期徐整的《三五历记》中关于盘古的故事说:

> 天地混沌如鸡子,盘古生其中。万八千岁,天地开辟。阳清为天,阴浊为地,盘古在其中,一日九变。神于天,圣于地。天日高一丈,地日厚一丈,盘古日长一丈。如此万八千岁,天数极高,地数极深,盘古极长……故天去地九万里。

这立即使我们联想到现代宇宙学中膨胀宇宙的图像。当然,古人的这些说法并不是建立在科学实证基础上的,当时也完全没有科学实证的条件,故只是猜测或神话传说。但也应当看到,在这些充满智慧和灵感的猜测或神话中,蕴涵了深刻的启示和哲理:宇宙并不是生来如此、万古不变的,它也会经历一个从创生到成长的演化过程,这一点与现代科学宇宙观是十分相近的。

图 7.1a 河南登封古观象台遗址

图 7.1b 南京紫金山天文台陈列的浑仪(1437 年仿制)

与古代中国类似,巴比伦、埃及、印度等古代文明发源地都有它们自己的关于宇宙起源的神话。古代西方,在爱琴海区域(包括希腊半岛、爱琴海中各岛屿),以及小亚细亚半岛西部海岸地带,诞生了古典的希腊文明,也产生了大量与宇宙有关的传说和神话。例如,公元前 8 世纪的古希腊诗人希肖特的长诗《神谱》中,就叙述了天上诸神的谱系,以及关于宇宙创生的神话。诗中有一段描述天地形成的过程,大意是说,在不知年代的远古,一张巨大无比的张开的大嘴首先出现了,这就是混沌初开。接着出现的是宽博胸膛的大地,再接下来出现的是爱神爱丽丝。从这张大嘴里生出阴间和黑夜,它们由爱而结合,黑夜怀胎,产生明亮的天空和白昼。大地诞生出有星星的天穹,天穹笼罩着大地,使大地永不动摇。大地又生出高山和狂怒的大海,山上居住着喜爱山林的半神半人的女神们。

古希腊的哲学家们相信宇宙本身包裹着一个球形外壳,地球居中。建造地心说体系最主要的 3 位人物,就是柏拉图(Plato)、亚里士多德(Aristotle)和托勒密(Plolemaeus)。实际上,在柏拉图之前,毕达哥拉斯(Pythagoras)就已经有了天体做圆周运动的思想。毕达哥拉斯在他的几何中认为,一切立体图形中最美好的是球形,一切平面图形中最美好的是圆形,而整个宇宙是一个和谐体系(Cosmos)的代表物。柏拉图认为,各种天体都是神灵,神灵美好的心使得它们做有规律的运动,它们分别在以地球为中心的同心球壳内运转(见图 7.2a)。亚里士多德在《天论》一书中说:

从历代相传的说法看来,亘古以来,最外层的天整个或部分都无变化……天的形态必须是球形的。地球不用说是不动的,它的地位不在别处,只在宇宙的中心。

亚里士多德认为,天上的东西是无生无灭、永恒不变、无限美好的,而地上的东西在自由运动时是直线行进的,重的垂直向下运动,轻的垂直向上运动。天体由"以太"组成,它们既不重又不轻,因此不做直线运动,而是循一定轨道做圆周运动。托勒密(公元2世纪)在古希腊天文学家喜帕恰(Hipparchus)斯观测结果的基础上,自己又做了大量观测,写出了古代欧洲最详尽、最完整的天文学巨著——《大系统论》。在这本书中,他用一套复杂的本轮-均轮系统来解释日、月、行星的运动,成为古代欧洲的标准宇宙模型。到了中世纪,托勒密的宇宙体系更成为宗教神学的理论支柱,此时的宇宙学已沦入经院神学的深渊。

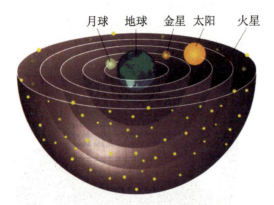 

图 7.2a 古希腊人的宇宙结构图(部分)　　图 7.2b 欧洲中世纪的宇宙观

1543年,哥白尼(N. Kopernik)的不朽巨著《天体运行论》的书稿在搁置了36年之后,在他临终之时得以出版问世,这是自然科学从神学中解放出来的宣言书。紧接着,意大利哲学家布鲁诺(G. Bruno)提出宇宙是无限的,时间和空间都是无穷尽的。开普勒把他的老师第谷和他自己的大量天文观测记录加以整理、计算,得到了著名的行星运动的开普勒三定律。他发现行星的运动轨道并非圆形,而是椭圆形,太阳位于椭圆的一个焦点上。这样,从柏拉图、亚里士多德以来被认为最完美、最神圣的圆运动,就彻底结束了它的神话。虽然开普勒并不了解支配天体运动的根本原因所在,只是用"宇宙和谐的韵律"来解释观测到的天体运行规律,但他的工作为牛顿引力理论的发现奠定了坚实的观测基础。牛顿在开普勒和伽利略的大量观测和实验基础上,开创了经典力学。他的引力理论开辟了以力学方法研究宇宙的途径,从此天文学和宇宙学彻底摆脱了宗教神学的羁绊。自亚里士多德以来,就宇宙物质的运动规律而言,总是以月亮为界分成天界和世俗两个截然不同的世界,现在牛顿的力学体系把这两者完全统一起来了。

牛顿以后,天文学的研究步入了科学的发展阶段,人们对宇宙结构和宇宙演化的看法也已主要基于科学规律的思考。18世纪,德国古典哲学的创始人之一康德创立了天体起源的星云说。他在《宇宙发展史概论》一书中写道:

我假定我们太阳系的星球——一切行星和彗星——物质,在太初时都分解为基本微粒并充满整个宇宙空间,现在这些已成形的星体就在这空间中运转……密度较大而分散的一类微粒,凭借引力从它周围的天空区域,把密度较小的物质聚集起来。但它们自己又与所聚集的物质一起,聚集到密度更大质点所在的地方。而所有这一些又以同样方式聚集到质点密度更为巨大的地方,并如此一直继续下去,直到形成诸团块天体。

这些话使我们想到现代宇宙学的天体逐级成团(即等级式成团)的模型。康德并提出"广大无边的宇宙"中有"数量无限的世界和星系",即"宇宙岛"。他的这些思想尽管由于当时观测条件的限制不能加以验证,但可以看出,这时人们的宇宙观已经是建立在科学知识的基础上了,尽管许多看法仍然属于猜测与推理,但与中世纪的神学已毫无共同之处。康德之后,法国天文学家和数学家拉普拉斯也提出了与康德类似的星云说,这实际上是天体演化学的开端。

18世纪70年代开始,英国天文学家威廉·赫歇尔用他亲手制造的大型望远镜观察恒星世界,一生中共观测了11万多颗恒星。他的儿子约翰·赫歇尔接着把恒星的观测扩展到南半球,共观测了约70万颗恒星。通过这些大量的观测,赫歇尔父子首次发现了银河系的盘状结构,使人们对宇宙的认识远远超出了太阳系的范围。19世纪天体光谱学的发展,对宇宙理论的进步更是起到巨大的推动作用。例如1864年,英国天文学家哈根斯分析了26种元素的光谱和若干恒星光谱之后得出结论说,构成恒星的物质至少部分地和我们的太阳系相同。通过恒星光谱的研究证明宇宙间物质的同一性,这在宇宙学上是一步巨大的跨越。

综上所述,从古代到19世纪末,人类对宇宙的认识经历了从直觉到科学验证的发展历程,积累了大量的观测资料。但是,人们对于宇宙大尺度(或整体)结构的认识,还是停留在静态、不变的观念上,以至于爱因斯坦1917年得到了宇宙的动态解之后,为了与传统的静态宇宙观相一致,不得不人为加上一项宇宙学常数项,以抵消引力的作用。人们的传统观念是如此根深蒂固,爱因斯坦的论文发表之后很长时间,响应者寥寥无几,即使是爱因斯坦的追随者,也是把主要兴趣放在求解方程的数学方面,而不是深入探讨它的宇宙学含义。直到哈勃1929年发现了河外星系普遍的谱线红移,才使得人们回过头来仔细分析爱因斯坦宇宙解的含义,同时出现了许多探讨红移机制的理论,形成了现代宇宙学的第一个活跃期。再例如宇宙热大爆炸理论,它的命运也不见得更佳。自伽莫夫(G. Gamow)等1948年首先提出热大爆炸理论,并预言存在温度为5 K的宇宙微波背景辐射以来,在将近20年的时间内,他们的理论几乎被所有的同行忘记了。直到1965年发现了宇宙微波背景辐射,热大爆炸理论才重新被人们提起,现代宇宙学从此掀开了一个新的篇章。

7.2 宇宙的有限与无限

如果把宇宙作为一个整体来看待,人们自然会认为,宇宙在空间和时间上都应当是无限的。这是因为,如果答案不是如此,则立即会陷入无法解决的矛盾之中。例如,如果空间是有限的,则有限即意味着有边界,有边界即有内有外,这就要回答宇宙外面有什么这个问题。而本来宇宙就意味着无所不包,这样就出现了矛盾。又如,如果时间是有限的,即宇宙在时间上有开端,则也要面临时间开端之前宇宙是什么样的问题,这同样会带来矛盾。因此,在牛顿创立了经典力学之后,人们普遍接受了这样的看法,即受牛顿力学规律支配的宇宙,在时间和空间上都是无限的。空间的无限意味着,在上下、左右、前后这些方向上,都可以一直延伸到无穷远。时间的无限意味着,宇宙没有诞生,也没有死亡,时间可以无限地延续到将来,也可以无限地倒推回到过去。

但是,问题随之而来:如果空间是无限的,那么宇宙中的物质将如何分布?答案只有两个:均匀分布或不均匀分布。牛顿认为是后者,即宇宙物质(星体)只分布在某个中心的周围,从这个中心向外,星体的密度要逐渐减小,直到最后,在遥远的地方变为空虚的空间。之所以这样的原因是,如果物质在宇宙中均匀分布,设其密度为 ρ,则半径为 R 的球体(质量 $M=4\pi\rho R^3/3$)在其边缘处的引力势为

$$\phi = \frac{GM}{R} = \frac{4\pi\rho}{3}R^2 \tag{7.1}$$

显然当 $R\to\infty$ 时 $\phi\to\infty$,同时 ϕ 的导数(相应于引力)也趋于无穷大,而这在物理上是不允许的。

牛顿的这一结论与后来(1826 年)德国天文学家奥伯斯(H. Olbers,亦有译为奥尔伯斯)的另一个推断是一致的,这个推断被称为**奥伯斯佯谬**。它的意思是,如果宇宙在空间上是无限的,且均匀地布满恒星,恒星的密度总体来说也保持不变,则在这些恒星的照耀下,地球上的夜空背景应当无限亮。奥伯斯的论证很简单(见图 7.3)。设每颗恒星的光度为 L_*,恒星的空间数密度为 n_*,由于每颗恒星在地球上的照度反比于距离 r 的平方,则容易看出,全空间所有恒星的照度应当是下面的积分:

$$E = \int_0^\infty \frac{L_* n_*}{4\pi r^2} 4\pi r^2 \mathrm{d}r \to \infty \tag{7.2}$$

即使考虑星际尘埃的消光效应,以及可能的恒星前后遮挡效应,夜空也应和布满亮星一样亮,其亮度可比满月。但事实上并非如此,因此星体在宇宙空间中均匀、无限分布的假设就遇到了严重问题。

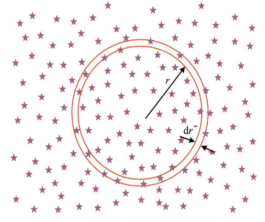

(a) 累积的星光应当亮如白昼　　　　　(b) 全空间恒星照度的计算简图

图 7.3　奥伯斯佯谬

但是,如果真如牛顿所认为的那样星体分布是不均匀的,则我们居住的宇宙部分应当成为宇宙的中心。但这样的体系是不稳定的,它将由于引力而坍缩。而如果宇宙无中心,似乎必须均匀;又由于无边界,似乎应当无限;而均匀无限又必然引出上述佯谬。所以,从牛顿理论和无限宇宙两点出发,并没有自洽的模型。因此,要么修改牛顿理论,要么放弃经典的空间(以及时间)概念,或者两者都要修改。

总之,一个均匀、无限、静态的宇宙显然会产生矛盾。现代宇宙学认为,上述无限与有限的矛盾出在时空上,即传统观念上的空间实际上是一个三维平直的欧几里得空间,因而有限

必须有界。但实际上可以找到有限而无界的几何结构,即弯曲的时空。第一个提出这种结构的是黎曼(G. Riemann),爱因斯坦首先把它运用于宇宙学。此外,正如哈勃 1929 年发现的那样,宇宙并不是静态的,这意味着空间也不是静态的。还有,现代宇宙学认为,宇宙有一个创生,因而时间也有一个开端。我们下面会看到,时空概念的这些变革将极大地改变我们观测到的宇宙图像,而且,只要满足上述时空概念变革之一,就不会产生奥伯斯佯谬。

7.2.1 空间弯曲的观测效应

1. 空间内禀量的测量

实际上,早在黎曼之前,高斯就最先怀疑我们生存的空间是不是平直的。他提出了一种方法,用空间的内禀量来测量该空间是否弯曲。以二维空间为例[如图 7.4(a)],如果空间是平直的(即平面),则任何一个三角形的内角和一定是 180°。而如果空间是弯曲的且具有正(负)曲率(例如球面或马鞍面),则内角和将大于(小于)180°。这样,空间内任一三角形的内角和作为一个内禀量,就可以用来测量空间弯曲的程度。要指出的是,这样的测量是由位于该空间之内的观测者完成的。爱因斯坦曾这样比喻道,设想在二维空间(曲面)中有一种聪明的扁平生物,对它们来说,该曲面之外不存在任何其他东西,它们所看到的"宇宙",就是曲面上的一切,光线也只能沿曲面传播。在此宇宙中,扁平生物测量一个任意三角形的内角和,并根据所测得的内角和与 180°的比较,即可得知该"宇宙"是平直的还是弯曲的,甚至包括曲率的正负与大小。以正曲率宇宙(球面)为例,当扁平生物在两点之间画一条直线的时候,它们将得到一条曲线[见图 7.4(a)中部图],我们"三维生物"把这条曲线叫作大圆,它是球面上两点之间最短的连线。同时,根据扁平生物的测量结果,这个宇宙具有一个有限的体积(即球面面积),因此它们断言,它们所生活的宇宙是有限的,但却是无边的。显然,对于这样一个宇宙,不会出现奥伯斯佯谬。

还可以利用一个圆的周长与半径之比,来测量空间的弯曲程度。仍以两维空间为例[如图 7.4(b)所示的球面],以 P 点为圆心,取半径(相当于一段大圆的弧长)为 a,在球面上画一个圆,其周长为

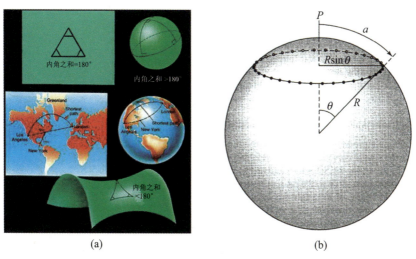

图 7.4 弯曲空间的几何

$$C = 2\pi R \sin\theta = 2\pi R \sin\frac{a}{R} = 2\pi a \left(1 - \frac{a^2}{6R^2} + \cdots\right) \quad (7.3)$$

式中，R 是球面的曲率半径，它只有在三维空间中才可以直接测量。由此可见，只有当 $R \to \infty$（相应于二维平直空间，即平面）时，才会有 $C = 2\pi a$。因此，位于球面上的聪明的扁平生物，根据测量到的 $C/2\pi a$ 值与 1 的偏离，就可以得知它们所在的宇宙的空间弯曲程度。同时，球面生物在测量中还会发现一个有趣的现象：一个圆的圆周长起先随着半径 a 的增大而增大，当 $a = \pi R/2$ 时，圆周长达到最大［参见(7.3)式］。此后，当半径继续增大时，圆周长反而逐渐减小，当 $a = \pi R$ 时圆周长 $C = 0$。但在整个测量过程中，圆的面积总是逐渐增加的，直到圆的面积等于整个"宇宙"的大小（即球面面积）为止。

2. 星系的角直径

空间弯曲的另一个有趣的结果，是遥远天体（如星系）的角直径与距离的关系。当空间为平直时，越远的星系，它的张角即角直径也越小［见图 7.5(a)］。当空间弯曲时，情况就并非如此了。如图 7.5(b)所示的正曲率空间（球面），当星系位于观测者所在的半球时，距离越远角直径越小；而当星系远在另一个半球时，离观测者越远的星系，其角直径反而越大。

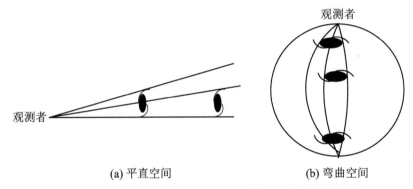

(a) 平直空间　　　　　　(b) 弯曲空间

图 7.5　平直空间与弯曲空间中观测到的星系角直径的比较

3. 星系的计数

空间弯曲对星系的计数结果也会有直接影响。设星系均匀分布，数密度为 n。对于平直空间，半径 a 以内的星系数为［见图 7.6(a)］

$$N(a) = \pi a^2 n, \quad \frac{dN(a)}{da} = 2\pi a n \quad (7.4)$$

而当空间为二维球面时［见图 7.6(b)］，有

$$N(a) = 2\pi R^2 \left(1 - \cos\frac{a}{R}\right) n = \pi(h^2 + b^2) n = \pi l^2 n < \pi a^2 n$$

$$\frac{dN(a)}{da} = 2\pi R \sin\left(\frac{a}{R}\right) \cdot n \quad (7.5)$$

7.2.2　空间膨胀的观测效应——哈勃关系

我们再来看一下空间膨胀会产生怎样的观测效应。以二维球面为例，但现在空间膨胀，即球面半径 R 随时间变化。如图 7.7(a)所示，A, B 两点静止于球面上，$\overset{\frown}{AB} = R\alpha$。设 R 随时间的变化率为 $\dot{R}$，则经过一个时间间隔 Δt 后，球面的半径变为

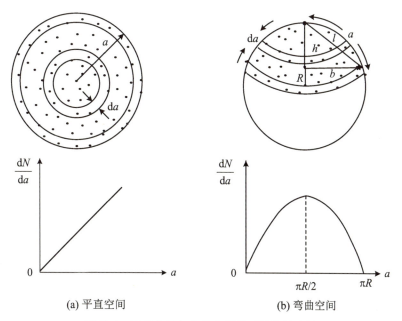

(a) 平直空间　　　　　　　　　(b) 弯曲空间

图 7.6　平直空间与弯曲空间星系计数的比较

$$R' = R + \dot{R}\Delta t, \quad \widehat{A'B'} = R'\alpha \tag{7.6}$$

球面上的观测者并不知道球面在膨胀，但 A 点的观测者可以看到 B 点离他远去，退行速度是：

$$v = \frac{\widehat{A'B'} - \widehat{AB}}{\Delta t} = \frac{(R + \dot{R}\Delta t)\alpha - R\alpha}{\Delta t}$$

$$= \dot{R}\alpha = \left(\frac{\dot{R}}{R}\right)R\alpha = \left(\frac{\dot{R}}{R}\right)d \tag{7.7}$$

此处 $d \equiv R\alpha = \widehat{AB}$。因而在 A 点的观测者看来，在同一时刻，以 A 点为中心、d 相同处的所有天体退行速度一样，并且天体越远（d 越大），退行速度 v 也越大，这就是**哈勃关系**，它展现了一幅宇宙膨胀的图像[图 7.7(b)]。但要注意的是，这样的膨胀图像并不表示宇宙以 A 点为中心，如果观测者不是位于 A 点而是位于 B 点，他看到的图像将与图 7.7(b)完全相同。也就是说，无论观测者位于球面宇宙的何处，宇宙膨胀的图像都是一样的，宇宙中并不存在唯一的膨胀中心。把上述球面宇宙的结果推广到三维空间亦是如此，虽然三维弯曲空间很难直观想象，但哈勃关系的结论完全相同。当 R 很大时，弯曲空间趋近平直空间，此时只要空间一直是膨胀的，亦有此效应。

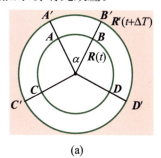
(a)

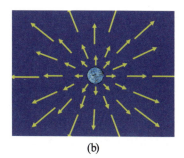
(b)

图 7.7　膨胀的二维球面

我们下面会谈到,宇宙膨胀直接导致星系的**宇宙学红移**,因而哈勃关系也可以表述为星系的**红移-距离关系**。定性地讲,由于星系的退行,观测者接收到的光子波长,会因为多普勒效应而向长波方向移动,即波长变长,这就是红移。距离越远的星系,退行速度越大,所发出的光子的红移也越大。光子的波长变长意味着频率变小,而光子的能量正比于频率,因而越远处发出的光子,到达观测者时的能量也越小。当距离增加到红移为无限大时,光子的能量为 0,也就是说光子就接收不到了。这就使得采用(7.2)式计算地球上的照度时,恒星(星系)的光度不能再看作常量,而是随距离的增加而减小,到一定距离上光度变为 0。因此,(7.2)式最后的积分结果一定是一个有限的值,而不会趋于无穷大,从而避免了奥伯斯佯谬。

7.2.3 时间有限的观测效应——视界

宇宙的有限与无限问题也包括时间。大爆炸宇宙模型认为,宇宙是由真空的量子过程而创生的,因此宇宙的年龄是有限的。我们下面会进一步讨论这个问题。这里只指出,如果时间有开端,由于光速的有限性,则无论宇宙的空间大小是否为有限,观测者所能看到的宇宙大小总是有限的,这一大小通常称为**宇宙学视界**。视界的有限性就使得(7.2)式的积分不能对无限空间进行,这样,即使没有空间的弯曲和膨胀,也不会出现奥伯斯佯谬。

7.3 宇宙学的基本观测事实

任何一门自然科学理论的建立,都必须依据大量的实验或观测事实。宇宙学也是这样。在它由神话传说逐步演变为科学的漫长历程中,正是不断积累的大量观测事实,使人们的传统宇宙观不断发生变革,才发展为今天的现代宇宙学理论。因此,在具体讨论宇宙学理论模型之前,我们先把建立宇宙学模型所必须依据的基本观测事实归纳一下。

7.3.1 大尺度上星系的分布

星系是宇宙大尺度结构的基本组元。因此,大规模的星系巡天对于了解宇宙结构是一项重要的基础性工作。最早的星系巡天开始于 20 世纪初,至 1932 年得到第一本巡天星系表,包含全天亮于 13 等的 1 250 个星系。此后,星系巡天工作不断扩大和深入,但真正获得大规模进展还是自 20 世纪 60—70 年代开始。当时南北半球各有一台 1.2 m 口径的施密特望远镜进行大规模的光学巡天观测,其观测到的最暗星等已达 $22^m - 23^m$。施密特望远镜不仅视场大,一次可观测多个星系,而且可以配置物端棱镜拍摄光谱,从而获取星系距离的信息。与此同时,射电巡天也迅速发展,比较著名的有英国剑桥大学和美国国家射电天文台(NRAO)的甚大阵巡天观测,发现的河外射电源数目超过百万。除地面观测外,空间卫星的观测也大大延伸了人们的视野,并把巡天扩大到更多波段。例如,红外天文卫星 IRAS 观测了几十万个红外源,伦琴卫星(ROSAT)对 X 射线源的巡天观测以及 COS-B 卫星和 CGRO 卫星对 γ 射线源的巡天观测,也都获得了大量的高能射线源的观测数据。

巡天观测可以有不同的方式。如果获知了星系距离的信息,则哈勃空间望远镜的深空观测可以看作一维巡天,即它对靠近大熊星座的一个很小的视场所做的大纵深观测,拍摄到的最暗星等达 30^m(参见图 7.9a 和图 7.9b)。还有一种巡天方式是对天空上的一个狭窄长条区域做深度观测,相当于在天空做大纵深的扇形切片观测,例如英-澳天文台(Anglo-Australian Observatory)的 2dF(2°视场望远镜)红移巡天(结果见图 7.8b)以及哈佛-斯米索尼亚的 CfA 红移巡天(1.5×100°)。更大规模的三维巡天是对大面积的天空做深度观测,最典型的例子是美国的 SDSS 望远镜。它用一台 2.5 m 口径的大视场望远镜(见图 1.24),包括光度和光谱测量,采用多光纤技术,一次可以测量 600 个天体,测光星等达 23^m-25^m,光谱星等达 18.5^m。我国建造的郭守敬望远镜(见图 1.25a)也属于三维巡天,但光纤数目多达 4 000 根,望远镜的有效口径为 4 m,各方面的技术指标都超过了 SDSS 望远镜。

大规模星系巡天的结果给我们勾画出了一幅宇宙大尺度结构的图像。在 100 Mpc 左右的尺度上,我们看到超星系团的存在(参见图 7.8a),这表明宇宙空间的物质分布至少在 100 Mpc 的尺度内是不均匀的。除了超星系团外,还发现宇宙中存在一些星系特别少区域,即巨洞;而在另外一些地方,存在个别密度很大的星系密集区,例如离银河系约 100 Mpc 的宇宙"长城"。当尺度再增大时,例如达到几百 Mpc 以上,我们就发现星系趋于均匀分布,因而在这样大的尺度上,我们的宇宙就可以看作均匀、各向同性的了。图 7.8b 和图 7.8c 所显示的,就是这样一个结果。

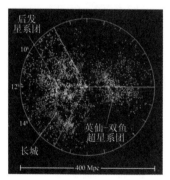

图 7.8a 银河系周围 400 Mpc 范围内星系的分布(图中包括约 4 500 个亮星系)

图 7.8b 2dF(2°视场望远镜)观测的天空两个对角方向上的星系分布(星系数目达 22.1 万多个,最大红移为 0.3)

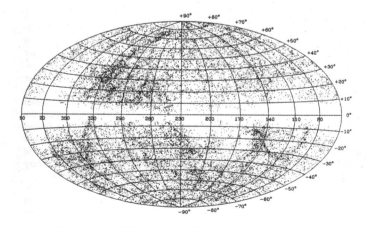

图 7.8c 用银道坐标绘出的亮星系在全天空的分布

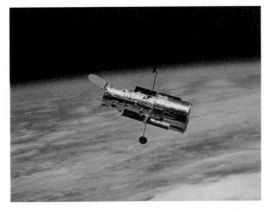

图 7.9a 1997 年 2 月第二次维修后的哈勃空间望远镜

图 7.9b 哈勃空间望远镜在大熊星座附近所做的深空探测

7.3.2 星系距离与红移之间的哈勃关系

河外星系的谱线红移实际上早在 1910—1920 年就被发现了,而且同一星系整个光谱上各种特征谱线都一致地红移。到 1929 年,哈勃测量了(参见图 7.10a 和图 7.10b)一批河外星系的距离后,发现星系的谱线红移与其距离之间大致是成比例的(参见图 7.10c),即对于距离为 d 的星系,谱线红移为

$$z \equiv \frac{\lambda - \lambda_0}{\lambda_0} = \frac{1}{c} H_0 d \tag{7.8}$$

式中,λ_0 和 λ 分别表示谱线的固有波长和观测到的波长,H_0 称为哈勃常数。利用多普勒频移与光源速度之间的关系,可以把红移 z 换算成星系的退行速度 v,即

$$z = \left(\frac{c+v}{c-v}\right)^{1/2} - 1 \tag{7.9}$$

当 $v \ll c$ 时有 $z \approx v/c$,故(7.8)式给出

$$v = H_0 d \tag{7.10}$$

图 7.10a 爱因斯坦和哈勃 1930 年在威尔逊山天文台

图 7.10b 哈勃在观测

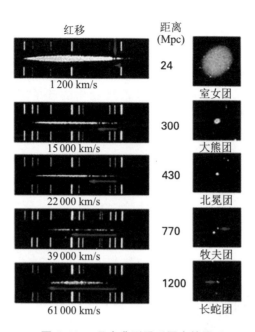

图 7.10c 几个典型星系团中的星系退行速度-距离关系

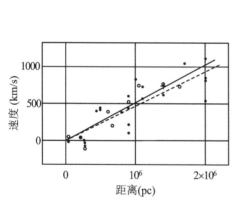

图 7.10d 1929 年的哈勃得到的结果

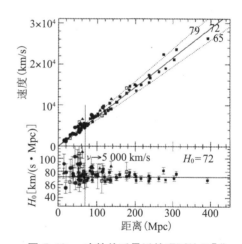

图 7.10e 哈勃关系最近的观测结果[曲线上的数字表示哈勃常数的数值大小，以 km/(s·Mpc)为单位]

这显然正是与前面(7.7)式一致的膨胀宇宙的结果。现在习惯上把哈勃常数表示为

$$H_0 = 100h \text{ km}/(s \cdot \text{Mpc}) \tag{7.11}$$

式中，h 是一无量纲的常数。哈勃最早的结果，就是用星系距离-退行速度的关系来表示的（见图 7.10d），但当时测到的星系最大距离只有约 2 Mpc，红移也在 0.003 以下。而现代的结果（见图 7.10e）在距离上已大大超过了这个范围。

除了用距离-红移表示外，哈勃关系还可以用视星等-红移来表示。我们知道，天体的视星等、绝对星等与距离之间满足[参见(2.5)式]

$$m = 5\lg d + M - 5 \tag{7.12}$$

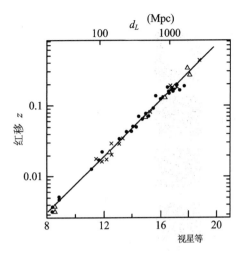

图 7.11 用视星等-红移表示的哈勃关系

如果认为所有样本星系的绝对星等大致相同,即 M 可以看作是常数,又由(7.8)式有 $d = cz/H_0$,则视星等-红移的关系为

$$5 \lg z = m + 常数 \qquad (7.13)$$

图 7.11 给出的就是用视星等-红移表示的哈勃关系。注意前面 $v \ll c$ 的条件,故(7.8)式以及(7.13)式只对红移很小时($z \ll 1$)成立。当 z 较大时,宇宙曲率等宇宙学参数的影响不可忽略,视星等-红移以及距离-红移之间的关系就变得比较复杂。

显然,准确的哈勃关系依赖于哈勃常数的准确测定,而哈勃常数测定的关键在于,必须利用与红移无关的方法,精密测量出一批星系的距离。历史上,哈勃常数的值曾经几度修正,例如,1929 年哈勃本人首次给出的值是 $H_0 = 500$[以 km/(s·Mpc)为单位来表示],1936 年考虑到星际消光的影响后,他把这一数值改为 526。20 世纪 50－60 年代,根据造父变星的分类和大量星系红移的数据分析,德国天文学家巴德(W. Baade)和美国天文学家桑德奇分别给出的数值是 $H_0 = 260$ 和 $H_0 = 98 \pm 15$。进入 70 年代后,H_0 的测定方法更加多样化和系统化,但两个在国际上都有重要影响的研究小组却长期持有不同的结论:一组以桑德奇为首,认为 $H_0 = 50$;而另一组以法国天文学家德·沃库勒(G. de Vaucouleurs)为首,坚持认为 $H_0 = 100$。这一争论一直持续到哈勃空间望远镜升空,对造父变星进行了大量的精密观测之后。目前,综合 WMAP 卫星和 Planck 卫星以及其他方法的最新观测数据,得出的哈勃常数值是

$$H_0 = (67.7 \pm 0.8) \text{ km/(s·Mpc)} \quad 或 \quad h = 0.677 \pm 0.008 \qquad (7.14)$$

7.3.3 宇宙微波背景辐射

美国天体物理学家伽莫夫(见图 7.12a)是现代热大爆炸宇宙学说的奠基人。早在 1946 年,他根据哈勃发现的宇宙膨胀的观测结果猜想,如果把时间倒推回去,则宇宙一定经历过一个温度和密度都极高的演化阶段。他计算出宇宙年龄在不到 200 s 的时候,温度应高达 10 亿 K,这样的高温足以导致核反应很快发生。1948 年,他的学生阿尔弗(R. Alpher)、核物理学家贝特(H. Bethe)和他本人共同发表了一篇论文,提出宇宙中绝大部分氢元素就是由这些核反应产生的。由于他们 3 个人姓名的谐音,这篇论文后来被称为 $\alpha\beta\gamma$ 理论。同年,阿尔弗和赫尔曼(R. Herman)对这个问题做了更严格的分析,指出早期宇宙应该是充满辐射的,这一辐射的遗迹至今还可以作为宇宙微波背景而被探测到,相应的温度大约为 5 K。但由于传统观念的原因,伽莫夫等人的工作在当时并没有引起人们的重视,稳恒态宇宙学的创始人霍伊尔(F. Hoyle)甚至曾把他们的理论戏称为"大爆炸",实际上是对这一理论的嘲笑。直到多年以后,当这一理论最终取得了成功时,所有涉及宇宙创生的模型都被正式称为**大爆炸宇宙学模型**。

上述情况一直持续到 1964 年。1964 年 5 月,贝尔电话实验室(AT & T Bell Laboratories)

的两位工程师彭齐亚斯(A. Penzias)和威尔逊(R. Wilson)(见图 7.12b)在美国新泽西州的一个偏远小镇上,把一台号角型天线(见图 7.13a)指向天空,以研究来自天空的无线电噪声。他们这台天线是为卫星通信而设计的,具有良好的抗干扰性能,能把来自地面的噪声减少在 0.3 K 以下。

图 7.12a 热大爆炸宇宙模型的创始者伽莫夫

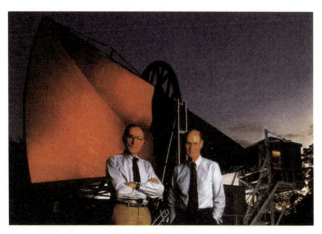

图 7.12b 1965 年首次发现宇宙微波背景辐射的彭齐亚斯和威尔逊

当他们开始测量来自天空的噪声时,发现扣除了大气吸收和天线本身的影响后,还有一个 3.5 K 的微波噪声相当显著。在认真检查了天线的每一个接缝,甚至清除了天线内的一个鸽子窝后,噪声依旧存在。持续一年的观测表明,这种噪声与天线在天空的指向无关,也与地球的周日运动、太阳运动无关。当时彭齐亚斯和威尔逊并不知道伽莫夫等人的工作。他们先是在 4 080 MHz,即 7.35 cm 波长上测量,后来又在 75 cm 到 0.3 cm 的波段上进行了一系列的测量。当波长大于 100 cm 时,由于银河系本身有强的超高频辐射,掩盖了来自银河系外的辐射,故不能进行测量。在小于 3 cm 的波段,只有在 0.9 cm 到 0.3 cm 几个窄小的大气窗口上,才能接收到来自地球之外的辐射。波长比 0.3 cm 更短时,只有到大气层外进行测量了。他们在不同波长处测量的结果,尽管数据点有限,但还是表明这种来历不明的辐射具有黑体辐射的特征,相应的温度为 3.5 K。

几乎与此同时,普林斯顿大学的迪克(R. Dicke)等人正着手制造一台小型天线,来探测理论家们曾预言的残存的宇宙早期热辐射。对于一个 5 K 左右的黑体谱,其主要辐射应集中在微波波段。当迪克小组获知彭齐亚斯和威尔逊的发现后,立即前往访问。在观看了彭齐亚斯和威尔逊的天线设备并与他们一起讨论了测量结果以后,迪克小组便断言,这就是他们所致力寻找的宇宙微波背景辐射。于是,双方商定同时在《天体物理杂志》上发表自己的简讯。迪克小组文章的题目是"宇宙黑体辐射"。彭齐亚斯和威尔逊文章的题目是《在 4 080 MHz 上额外的天线温度测量》,他们在文中宣称:

> 有效的天顶噪声温度的测量,得出一个比预期高约 3.5 K 的值。在我们观察的限度以内,这个多余的温度是各向同性的、非偏振的,并且没有季节的变化。

上述两篇简讯发表以后,立即引起了极大的反响。人们期待进一步验证,天线的多余温度是否真正源于宇宙太空背景。这其中最重要的是,热平衡辐射应当是各向同性的,而且不同频率辐射的能量密度分布应遵从普朗克定律。各向同性已经被彭齐亚斯和威尔逊的观测证实了,因此这一多余温度相应的辐射是否能在不同波长上符合普朗克定律,就成为确认该辐射是否是宇宙学起源的关键。

许多天文学家使用地面和空间的各种探测设备,在各个波段对该辐射做了细致和高精度的测量。1965 年,迪克小组的罗尔(P. Roll)和威尔金森(D. Wilkinson)完成了在 3.2 cm 波长上的测量,结果是(3.0±0.5) K。不久,豪威尔(T. Howell)和谢克沙夫特(J. Shakeshaft)在 20.7 cm 上测得(2.8±0.6) K,随后彭齐亚斯和威尔逊在 21.1 cm 上测得(3.2±1) K。从 3 K 黑体辐射的能谱来看,辐射强度的高峰应在 0.1 cm 附近,但这一波长处在远红外范围,大气对它的吸收很强烈。于是康奈尔大学的火箭小组和麻省理工学院的气球小组分别进行了观测,并于 1972 年证实,远红外区域的背景辐射具有 3 K 的黑体辐射谱性质。1975 年,伯克利加州大学伍迪(D. Woody)领导的气球小组确定,从 0.25 cm 到 0.06 cm 波段的背景辐射,也处于 2.99 K 黑体温度的分布曲线范围内。至此,所有的观测数据都已经肯定,背景辐射来自宇宙,并具有大约 3 K 温度的黑体谱。这就最后确认了 3 K 宇宙背景辐射的存在,从而使大爆炸宇宙学得到了决定性的观测支持。因为彭齐亚斯和威尔逊的发现大大推动了宇宙学的进展,他们荣获了 1978 年的诺贝尔物理学奖。宇宙微波背景辐射(CMB)的发现,是继哈勃发现星系整体退行后,观测宇宙学取得的第二个巨大成就。

鉴于宇宙背景辐射的极端重要性,NASA 决定发射专用卫星对它进行持续研究。1989 年 11 月 18 日,COBE 卫星(见图 1.30a)发射升空,其研究团队(包括各种技术支持人员)约有 1 000 人,领导者是约翰·马瑟(J. Mather)和乔治·斯穆特(G. Smoot)。COBE 卫星主要有 3 个组成部分:① 远红外绝对分光测量仪,能以 10^{-3} 的精度测量宇宙背景辐射的黑体谱谱形;② 较差微波辐射计,能以 10^{-6} 的精度测量微波背景辐射的各向异性;③ 弥漫红外背景实验仪,能探测 1—3 μm 波段的弥漫红外背景,可以对来自早期宇宙的弥漫红外光(宇宙第一代恒星、星系发出的辐射)进行极高灵敏度的搜寻。发射后的第二年即 1990 年,COBE 卫星就得到了宇宙微波背景辐射十分理想的黑体辐射谱形(见图 7.15d),它与普朗克的黑体辐射定律高度符合,相应的温度是

$$T = (2.736 \pm 0.016) \text{ K} \tag{7.15}$$

图 7.13a 彭齐亚斯和威尔逊 1965 年所使用的号角状接收天线

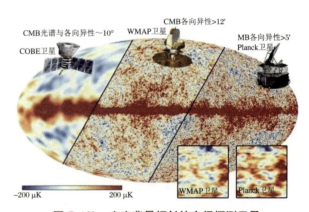

图 7.13b 宇宙背景辐射的空间探测卫星

1992 年,COBE 卫星又测出了宇宙微波背景辐射的各向异性以及温度涨落的空间分布。各向异性中的偶极各向异性(见图 7.14)是由于地球的空间运动所引起,即地球相对于弥漫全宇宙的背景辐射运动。在地球上看来,运动前方的背景辐射温度会略高一些,而背向地球运

动方向的辐射温度会略低一些,这也就是我们熟知的多普勒频移。由偶极各向异性得出,太阳相对于宇宙背景辐射的运动速度约为 370 km/s,方向为 $\alpha \approx 168°$, $\delta \approx -7°$。扣除掉偶极各向异性后,全空间的背景辐射温度涨落(见图 7.15 a)幅度很小,仅为

$$\frac{\Delta T}{T} \simeq 10^{-5} \tag{7.16}$$

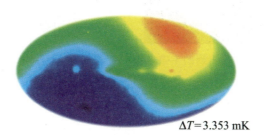

$\Delta T = 3.353$ mK

图 7.14　COBE 卫星测到的宇宙微波
背景辐射的偶极各向异性

这表明宇宙背景辐射是高度各向同性的。另一方面,微小的温度涨落正是宇宙极早期微小的密度涨落的反映。今天的宇宙结构,就是由这些微小的密度涨落演化而来的,可以说,它们是宇宙物质积聚成恒星和星系的"种子"。正如后来诺贝尔奖评委会提供的介绍材料中所说的那样:

> 如果没有这样的涨落,那么今天的宇宙很可能完全不是现在这个样子,宇宙中的所有物质也许始终像淤泥一样均匀分布。

因此,通过背景辐射温度涨落的测量,可以回溯宇宙"婴儿时代"的场景,并深入了解宇宙中恒星和星系的形成过程。

总之,COBE 卫星实现了对宇宙微波背景辐射的精确测量。它发现了背景辐射严格的黑体谱形式,从而确认了宇宙早期是一个热宇宙,为宇宙起源的大爆炸理论提供了最有力的支持。背景辐射的高度各向同性表示,宇宙中物质的分布是高度各向同性的,这与上面星系大尺度分布均匀各向同性的结果一起,就为标准宇宙学模型的主要框架——宇宙均匀各向同性——提供了最关键的观测证据。同时,COBE 卫星关于背景辐射微小各向异性的测量结果,对早期宇宙密度扰动的研究也是一个巨大的推动。正是由于这些成就,COBE 团队的领导者马瑟和斯穆特荣获了 2006 年诺贝尔物理学奖。诺贝尔奖评委会的公报说,他们的工作使宇宙学进入了"精确研究"的时代。霍金也对此评论说,COBE 团队的研究成果堪称 20 世纪人类最重要的科学成就之一。涉及宇宙微波背景辐射的工作两次获得诺贝尔奖,可见微波背景辐射对现代宇宙学的重要性。

在 COBE 卫星成功的基础上,WMAP(见图 1.30b)卫星也于 2001 年 6 月 30 日升入太空,对宇宙微波背景辐射进行更精确的观测,它给出的宇宙背景辐射温度的结果是

$$T = (2.725 \pm 0.002) \text{ K} \tag{7.17}$$

这一结果至今仍在被学术界采用。2009 年 5 月 14 日,欧洲的 Planck 卫星(见图 1.30c)也发射升空,进一步提高了宇宙背景辐射的测量精确度。图 7.15b 和图 7.15c 显示的是 WMAP 卫星和 Planck 卫星的巡天测量结果。与图 7.15a 所示 COBE 卫星的结果相比较,我们看到 WMAP 卫星和 Planck 卫星的分辨率比 COBE 卫星有了显著的提高。

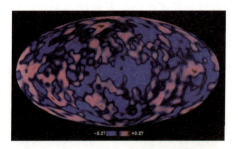

图 7.15a COBE 卫星探测到的宇宙微波背景辐射的温度涨落

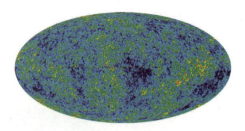

图 7.15b WMAP 卫星探测到的宇宙微波背景辐射的温度涨落

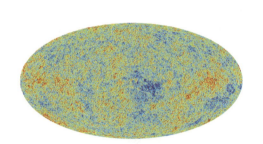

图 7.15c Planck 卫星探测到的宇宙微波背景辐射的温度涨落

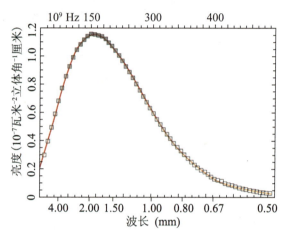

图 7.15d COBE 卫星探测到的宇宙微波背景辐射谱形

7.3.4 元素丰度

天然的化学元素有 90 多种，但它们在自然界中的含量相差悬殊。有的元素十分丰富，有的却极其稀少。地学界很早就开始测量地球上各种元素重量（质量）的百分比，这就是元素的丰度。天体物理学也同样关注元素的丰度，一方面是为了了解宇宙中化学成分的总体构成，另一方面则是为了探究化学元素本身的起源。现在我们知道，元素的丰度与恒星、星系乃至整个宇宙的演化历史有关，因此，通过对目前宇宙元素丰度的观测，我们就可以更深入地了解宇宙中各种天体包括宇宙自身的演化历史。

初看上去，我们的地球只位于浩瀚宇宙中的小小一隅，从这里去研究整个宇宙的化学组成是无法做到的。但是，尽管存在实际上的巨大困难，科学工作者还是通过许多办法，积累了关于宇宙中元素丰度的大量数据。第一，我们可以从地球开始，分析地壳、海洋和大气的化学组成，并考虑到一部分物质会散失到空间中去，以及各种元素在地球内部可能的重新分布，就可以计算出地球在形成时各种元素的比例。第二，天外飞来的陨石，应该是远古时代的遗物，它们所经历的化学变化要比地球物质小一些，可以更真实地反映宇宙化学成分的情况。第三，宇航员从月球上、空间飞行器从其他行星上带回来的岩石样品或地质分析资料，也是重要的实物证据。第四，对于太阳系以外的天体以及星云，可以通过光谱中的元素谱线

（包括射电谱线以及分子谱线）及其强度，相当准确地了解天体表面的化学成分，然后再结合理论模型得到天体内部的元素丰度。最后，来自宇宙深处的宇宙射线，可以给我们带来远至银河系以外的物质组成的信息。

综合所有这些资料，科学工作者发现，由不同途径得到的元素丰度结果大体相同，宇宙中不同地点的同类天体化学组成也很相近。例如，表 7.1 给出了一些典型星系中的氦丰度，显然它们的大小相差不多。总体来看（见图 7.16），宇宙中最丰富的元素是氢，它占宇宙原子总数的 93%，质量的 76%；其次是氦，大约占原子总数的 7% 和质量的 23%。仅这两种元素就占了宇宙原子总数的几乎 100%，质量的 99%。剩下微不足道的比例，就是从锂到铀的所有元素，而且最重的那些元素，按原子数目只有全部原子数目的亿分之一，按质量计也只有百万分之一。此外，一般说来，元素的丰度随着原子量的增加而下降。上述结果表明了，宇宙中各处的物质在元素组成方面有着统一性。由此看来，这些元素也应当有一个统一的起源和演化的模式。第 3 章中曾介绍过，到铁族为止的重元素，是由恒星内部的核反应产生的，而铁之后的重金属元素只能在超新星爆炸的过程中形成。我们下面将谈到，像氦、锂、铍、硼这些轻元素，它们的起源只能是宇宙早期的核合成。

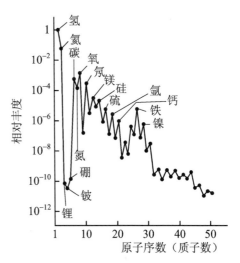

图 7.16 观测到的宇宙中元素丰度的相对分布

表 7.1 典型星系的氦丰度

星系名称	Y	星系名称	Y
银河系	0.29	NGC 4449	0.28
小麦云	0.25	NGC 5461	0.28
大麦云	0.29	NGC 5471	0.28
M33	0.34	NGC 7679	0.29
NGC 6822	0.27		

7.3.5 宇宙的年龄

宇宙年龄的估计与宇宙中各种天体的年龄测定密切相关，因为宇宙的年龄必定要大于最古老天体的年龄。我们在第 2 章中介绍过恒星和星团的年龄估计，其中球状星团的年龄估计用的是星团赫罗图（见图 2.22），根据图上转向点的位置，就可以得出星团年龄的大小。目前，宇宙中最古老的球状星团的年龄为 130 亿－170 亿年，这就给出宇宙年龄的下限。

除了星团赫罗图方法外，还可以利用放射性同位素方法。如果能够证明一切化学元素的年龄是有限的，则它们的年龄上限就是天体年龄的上限，也就是宇宙年龄的下限。化学元素曾在很长时间里被看作物质的基元，是永恒不变的。例如，直到 1907 年，尽管放射性衰变的证据已有很多,当时最有名望的一些物理学家(例如开尔文)仍然坚持认为,化学元素是不会有演化的。1908年,卢瑟福(E. Rutheford)发表了放射性衰变理论,并计算出铀的转化周期为10亿年以后,元素演化的观点才被科学界广泛接受。

放射性衰变的规律发现后,卢瑟福很快意识到,可以用元素的衰变作为测量时间的一种"钟"。今天的同位素年代学就是这样产生的。例如,^{14}C被广泛应用于考古学,是因为它的半衰期为5570年,与人类文明史的时间长度差不多,故可以用来有效地鉴定各种古物的年代。但宇宙的年龄有100亿年的量级,^{14}C的半衰期就远远不够了,因此必须寻找半衰期为几十亿、上百亿年的元素才行。具有这样长半衰期的放射性元素之一就是铀。现在知道,铀有两种同位素,即^{235}U和^{238}U,半衰期分别为7亿年和45亿年。因为^{235}U的半衰期比^{238}U短,所以^{235}U比^{238}U更快地衰变掉,这就造成现在地球上的铀中,主要成分是^{238}U,而^{235}U的含量很少,不到^{238}U的百分之一,准确地说是7.25×10^{-3}。值得注意的是,这个比值对于地球、月球上的岩石采样,以及对于天外飞来的陨石采样都是一样的,这说明太阳系的天体有共同的形成时刻。根据$^{235}U/^{238}U$的值并结合铅的丰度(铅是铀的衰变产物)推算出,地球的年龄是46亿年,这也被认为是太阳系的年龄。

但是,46亿年只代表太阳系中岩石的年龄,并不是铀本身的年龄,因为太阳系自己不会产生出铀元素。由此推测,太阳系诞生之前,在太阳系将形成的位置附近,一定曾发生过超新星爆发,使得该处的星际气体中含有了重元素,这些气体就是后来形成太阳系的原始材料。我们地球上现在开采出来的铀,就是那时超新星爆发的遗物,它们的年龄肯定比太阳系的年龄还要大。超新星爆发时所产生的重元素丰度,是可以计算出来的。例如,那时的$^{235}U/^{238}U \simeq 1.65$,再结合今天的观测值$^{235}U/^{238}U = 7.25 \times 10^{-3}$,就可以马上算出,铀生成的时间大约在66亿年以前。

除了把$^{235}U/^{238}U$作为宇宙考古的"化石"外,还可以采用$^{232}Th/^{238}U$,$^{187}Re/^{187}Os$等其他放射性同位素丰度比来做类似的分析和推算。为了使测量结果具有代表性,大都选用陨石或从月球上取来的样品。所有这些结果表明,太阳系大约形成于46亿年以前,而形成太阳系中重元素的那些超新星爆发,是在距今50亿—110亿年前发生的,而且其中至少有一次是在太阳系诞生之前的1亿年前发生的。所以,我们银河系的寿命至少已有110亿年之久,这个年龄估计与球状星团的年龄估计是一致的。这样看来,我们有理由认为,宇宙中所有的化学元素都是在200亿年之内产生的,因而我们宇宙的年龄也应当在200亿年以内。

白矮星的年龄也可以用来估计宇宙年龄的大小。白矮星内部的核燃料已经耗尽,内部结构不再发生变化,也就没有新的能量产生。它发出辐射靠的是自身热能的消耗,因此星体的温度和光度将逐渐降低,即白矮星将逐渐变冷变暗。光度和温度的下降速率是可以根据理论模型计算出来的,例如,对质量为M的白矮星,光度随时间的变化为

$$L \propto Mt^{-7/5} \tag{7.18}$$

因此白矮星的光度函数应有一个锐截止,即年龄超过一定限度时光度急剧下降,这个结果在银河系银盘部分的恒星中已经观测到了。由这一观测结果给出白矮星的年龄为9.7 ± 1.3 Gyr(1 Gyr $= 10^9$年$=10$亿年)。但宇宙的年龄肯定要比白矮星长,因为白矮星形成之前,恒星还要经历演化,而且该恒星也是在宇宙诞生很久之后才形成的。综合这几方面的考虑,由白矮星的观测结果推算出来的宇宙年龄在15 ± 2 Gyr,即130亿—170亿年。

最后,由哈勃常数的观测值也可以大致估计宇宙的年龄。假设对任何给定的星系,由(7.10)式给出的退行速度v保持不变,把这样一个星系的运动倒推回去,回到会聚点(出发

点)的时间是

$$t \approx d/v = H_0^{-1} \tag{7.19}$$

这一时间可以代表宇宙的年龄,称为**哈勃年龄**。由哈勃常数目前的观测值求得,哈勃年龄是

$$t_H \equiv H_0^{-1} \simeq 9.78 h^{-1} \text{ Gyr} \Rightarrow H_0^{-1} \simeq 14.4 \text{ Gyr} \quad (h \simeq 0.68) \tag{7.20}$$

这与上述几方面的估计结果是一致的。但实际的宇宙年龄并不简单地就是哈勃年龄,这里面主要有两个原因(我们将在后面再仔细讨论):一是哈勃常数本身并不真的是"常数",而是随时间变化的,星系过去的退行速度要比现在大,这就使得宇宙年龄变得比哈勃年龄小;二是近年来发现,宇宙在加速膨胀,这将使宇宙年龄变得比不加速膨胀时大。这两方面的影响加起来,最后得到的宇宙年龄大约和(7.20)式给出的哈勃年龄相近。

7.3.6　正反物质粒子数之比

按照狄拉克在 20 世纪 30 年代的看法,宇宙应当是正、反物质对称的。他认为,地球和太阳系中,电子和质子在数量上占优势,而有些星球的情况可能会反过来,它们主要由正电子和反质子组成。在整个宇宙中,可能每种星体各占一半。但这两类星体有着完全相同的光谱,用现有的天文学方法,无法辨别这两类星体。狄拉克的上述看法是基于自然界严格对称的考虑。但自从李政道等 1957 年发现弱相互作用中宇称不守恒(即微观粒子过程的空间反演对称性被破坏了,致使中微子只有左旋而没有右旋,反中微子只有右旋而没有左旋)以来,已陆续发现许多对称性被破坏的情况。例如,弱相互作用中的电荷宇称(即 C 宇称)、奇异数等都不守恒,粲夸克在通过弱作用衰变时,粲量子数也不守恒。20 世纪 70 年代开始兴起的大统一理论(Grand Unified Theories,简称 GUT),甚至认为强作用的色荷可以变为弱作用的色荷,使重子(质子、中子和超子)可以变为介子或轻子,这样连重子数也都不守恒了。当然,大统一理论到现在还没有得到公认,因为还有一些关键性问题没有得到解决,例如它还不能把引力也纳入其中,且无法给出有关宇宙暗物质粒子的合理预测。

无论如何,现在人们对于严格对称的看法已经有了很大改变,与严格对称相比,人们更相信"对称中有破缺"才可能是自然界中发生的真实情况。因此,正反物质今天的不对称也就可以理解了,我们将在下面讨论宇宙的热历史时再来谈到这个问题。事实上,人们已经做过许多观测,来确定宇宙中的反物质到底有多少。这其中主要的根据是,如果宇宙中存在大量的反物质,则当这些反物质粒子与通常的(正)物质粒子相遇时,就会湮灭而产生高能辐射。例如,即使是质量最小的正负电子遇到一起,它们湮灭后也会产生 511 keV 的光子,位于 γ 射线波段。其他质量更大的正反粒子湮灭后,会产生能量更大的 γ 光子。如果宇宙中的正反物质真如狄拉克设想的那样是对称的,则在正物质区域和反物质区域的交界处(这样的交界区域应当有很多),会产生大规模的 γ 射线辐射。这样,通过广泛搜寻宇宙 γ 射线辐射,就可以大致估计反物质存在的多少。但至今为止,对宇宙射线的观测表明,整个太阳系中的反物质含量不会超过普通物质的万分之一;对星系团的观测表明,反物质的含量不会超过物质含量的百万分之一。对更大尺度的宇宙空间的观测,结论也大都相似,即反物质的含量非常之少,也就是说反粒子的数量非常之少。对于占宇宙可见物质总量绝大部分的重子来说,如果用 $n_{\bar{B}}$ 和 n_B 分别来表示反重子和重子的数密度,上述结论可以简单地表示为

$$n_{\bar{B}}/n_B \ll 1 \tag{7.21}$$

7.3.7 光子数与重子数之比

宇宙中数量最多的光子是宇宙背景辐射光子。因为背景辐射是黑体辐射,所以我们很容易计算出它的光子数密度。根据辐射热力学,黑体辐射的能量密度是

$$\rho_r = a_r T^4 \tag{7.22}$$

式中,$a_r = 8\pi^5 k^4/(15c^3 h^3) = 7.57 \times 10^{-15}$ erg/(cm³·K⁴)是辐射密度常数。代入宇宙背景辐射的温度 $T \simeq 2.725$ K,则有

$$\rho_r \simeq 4.17 \times 10^{-13} \text{ erg/cm}^3 \simeq 4.64 \times 10^{-34} \text{g/cm}^3 \tag{7.23}$$

对于温度为 T 的黑体辐射,光子的平均能量为 kT,当 $T \approx 2.7$ K 时 $kT \approx 3.7 \times 10^{-16}$ erg。这样,宇宙背景辐射的平均光子数密度就是

$$n_r \approx \frac{\rho_r}{KT} \approx 10^3 \text{ /cm}^3 \tag{7.24}$$

另一方面,WMAP卫星最近的观测结果表明(见图7.17),按能量计算,重子物质大约只占宇宙总能量的4%,折合成质量后的密度是

$$\rho_B \approx 4.2 \times 10^{-31} \text{ g/cm}^3 \tag{7.25}$$

按每个重子平均质量为 2×10^{-24} g(即大约等于质子的质量)计算,重子的平均数密度 $n_B \approx 2 \times 10^{-7}/\text{cm}^3$,因此最后在数量级上有

$$\frac{n_r}{n_B} \approx 10^9 \tag{7.26}$$

这的确是一个天文数字。这样大的比例是无法用普通情况下的粒子过程和核反应过程来解释的,只能从早期宇宙中寻找答案。

在第6章中已谈到,除了重子之外,我们的宇宙中还存在大量不发光(即不参与电磁作用)的粒子,即暗物质粒子。暗物质的质量密度比重子物质的质量密度要大很多。据WMAP卫星最近的观测结果(参见图7.17),目前宇宙中总的物质(即光子以外的所有粒子,

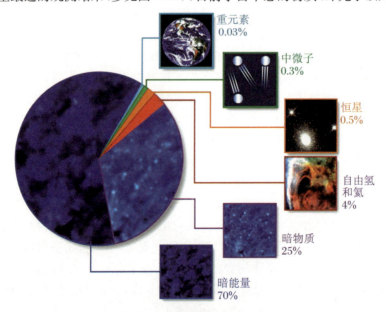

图 7.17 宇宙物质(能量)的组成

或近似地,重子与暗物质粒子加起来)质量密度为
$$\rho_{\mathrm{m}} \simeq 2.6 \times 10^{-30} \mathrm{~g/cm^3} \tag{7.27}$$
与(7.25)式相比较,可见重子物质的质量只占宇宙总物质质量的大约16%。

最后,在本节即将结束时,有必要再重提一下奥伯斯佯谬带来的启示。我们在7.2节的开始就谈到了奥伯斯佯谬,并由此引发了对不同时空观的讨论。因此,除了上述几个方面的观测事实外,我们还不能忘记这样一个人所共知的观测事实:晴朗无月的夜晚,除了闪烁的群星外,天空的背景是黑的。

7.4 几何宇宙学

7.4.1 宇宙学原理

由星系分布的大尺度均匀性和微波背景辐射的各向同性,我们可以猜想,宇宙中所有天体的分布总体上是均匀、各向同性的。这实际上是爱因斯坦最早创立现代宇宙学理论时提出的一个假设,现在被称为**宇宙学原理**:

宇宙在大尺度上是均匀且各向同性的。

因此,我们可以把宇宙看作密度到处都相同的流体,而星系或星系团就是组成这种流体的质点或质元,这种流体只会静止,或者各向同性地膨胀或收缩。用另外的话来说,宇宙学原理也可以表述为:

宇宙中不同地点、同一时刻看到的宇宙图像相同;不同地点看到的宇宙演化图景也相同。

这就是说,宇宙中没有任何一个地点是特殊的,所有的地点都是平等(平权)的。爱因斯坦当时解释说,之所以采用这样一个观点,是由于无法找到被考察区域的空间边界条件,只好用这一"近似的假定"来代替边界条件的作用。爱因斯坦的考虑当然是对的,因为我们的确不知道,今天所看到的宇宙之外是什么。但现在人们更倾向于认为,宇宙学原理不仅仅是一种权宜的无奈选择,而是我们周围均匀各向同性的宇宙向其他未知区域的自然扩展和延伸。这样的看法实际上包含着人类的一种美好理念,就像开普勒曾把行星运动看作宇宙和谐的韵律一样,我们的宇宙是一个和谐的宇宙,而均匀各向同性就是宇宙和谐的一个基本特征。

7.4.2 三维常曲率空间与罗伯森-沃克度规

下面我们就开始来构建宇宙学模型。根据宇宙学原理和空间可能弯曲的考虑,我们希望构建一个三维的常曲率(即空间各点处具有同样的曲率)空间。为简单直观起见,我们先来看一个二维的常曲率空间,这样的空间实际就是一个二维球面,它的半径为 r,面积

为 $4\pi r^2$,曲率为 $1/r^2$。在球极坐标下,球面上的一段线元的长度(球面上两点之间的距离)是

$$dl^2 = r^2 d\theta^2 + r^2 \sin^2\theta d\varphi^2 \tag{7.28}$$

现在让我们来想象一个**三维常曲率球面**。这样一个曲面上的两点距离为

$$dl^2 = f(r)dr^2 + r^2 d\theta^2 + r^2 \sin^2\theta d\varphi^2 \tag{7.29}$$

式中,$f(r)$ 表示空间弯曲的程度。显然当 $f(r)=1$ 时,空间就是平直的,而 $f(r)\neq 1$ 表示空间弯曲。如 $r=$ 常数,即 $dr=0$,三维球面就回归到二维球面。

高斯曾给出一个求曲率的公式,按照这个公式,对于(7.29)式所示的三维常曲率球面,空间曲率等于

$$K = \frac{df(r)}{dr} \frac{1}{2f^2(r)r} \tag{7.30}$$

此式可以化为

$$\frac{d}{dr}\left[\frac{1}{f(r)}\right] = -2Kr \tag{7.31}$$

积分给出

$$\frac{1}{f(r)} = C - Kr^2 \tag{7.32}$$

这一关系应对一切 K 成立,于是由平直空间的 $K=0, f=1$,得出 $C=1$,最后得到

$$f(r) = \frac{1}{1-Kr^2} \tag{7.33}$$

现在我们把上述三维球面放到四维时空中。宇宙学原理要求,在同一时刻 t,宇宙各处的空间曲率应相同。当然,空间曲率可以随时间 t 做整体变化,因而可写为 $K(t)$,这里的 t 称为**宇宙学时间**。这样(7.29)式就变为

$$dl^2 = \frac{dr^2}{1-K(t)r^2} + r^2 d\theta^2 + r^2 \sin^2\theta d\varphi^2 \tag{7.34}$$

因为 $K(t)$ 是一个随时间变化的量,我们可以定义

$$K(t) \equiv \frac{k}{R^2(t)}, \quad k \begin{cases} +1 & \text{(正曲率空间或闭合空间)} \\ 0 & \text{(平直空间)} \\ -1 & \text{(负曲率空间或开放空间)} \end{cases} \tag{7.35}$$

再定义 $\xi = r/R(t)$(注意 R 具有长度量纲,故 ξ 是一个无量纲量),则(7.34)式化为

$$dl^2 = R^2(t)\left(\frac{d\xi^2}{1-k\xi^2} + \xi^2 d\theta^2 + \xi^2 \sin^2\theta d\varphi^2\right) \tag{7.36}$$

式中,$R(t)$ 称为**宇宙尺度因子**,ξ,θ,φ 称为**共动坐标**。"共动"的意思是,它们就像二维球面上的经纬线那样,随球面一起膨胀或收缩(见图 7.18)。这里要注意,当球面膨胀或收缩时,相对于球面静止的观测者或质点,其共动坐标是不变的,但**固有坐标**(或**物理坐标**)r 在变[因为 $r=R(t)\xi$]。共动坐标取好之后,再在每一个坐标点处放置一只钟记录宇宙学时间,并根据宇宙学原理,各处的钟走时(即宇宙学时间)是相同的。对一个静止于共动坐标系的观测者来说,其**世界线**是 ξ,θ,φ 为常值的线。在这样的坐标系下,时空中两点之间的**时空间隔**现在写为

$$ds^2 = c^2 dt^2 - R^2(t)\left(\frac{d\xi^2}{1-k\xi^2} + \xi^2 d\theta^2 + \xi^2 \sin^2\theta d\varphi^2\right) \tag{7.37}$$

图 7.18 膨胀的二维宇宙及其共动坐标

显然,对于静止(R 不随时间变)且平直($k=0$)的宇宙,时空间隔就回到我们熟悉的狭义相对论形式,即 $ds^2 = c^2dt^2 - dr^2 - r^2d\theta^2 - r^2\sin^2\theta d\varphi^2$。习惯上,仍把(7.37)式中的 ξ 写为 r,即

$$ds^2 = c^2dt^2 - R^2(t)\left(\frac{dr^2}{1-kr^2} + r^2d\theta^2 + r^2\sin^2\theta d\varphi^2\right) \tag{7.38}$$

这样,现在 r 是无量纲的共动坐标,而固有坐标是 $R(t)r$。注意对于 $k=0$ 的平直宇宙和 $k=-1$ 的开放宇宙,r 的变化范围没有限制;而对于 $k=+1$ 的闭合宇宙,r 的变化范围是从 0→1,这意味着空间的大小是有限的。(7.38)式给出的时空度规称为**罗伯森-沃克度规**(Robertson-Walker Metric,简称为 **R-W 度规**)。在广义相对论中,度规是一个张量,由 (7.38)式可以立即得出该张量的相关分量,但这里我们就不详细讨论了。如果在 t 时刻有两个星系,一个星系位于$(r=0,\theta,\varphi)$,另一个星系位于(r,θ,φ),即它们之间的**共动距离**是 r,则按照(7.38)式,此时它们之间的**固有(物理)距离**是

$$D = R(t)\int_0^r \frac{dr}{\sqrt{1-kr^2}} = \begin{cases} R(t)\arcsin r & (k=1) \\ R(t)r & (k=0) \\ R(t)\text{arsinh}\, r & (k=-1) \end{cases} \tag{7.39}$$

这里注意,因为 D 是指 t 时刻的距离,故在使用(7.38)式时取了 $dt=0$。这两个星系之间的相对固有速度,就是固有距离对时间的导数,即

$$v = \frac{dD}{dt} = \dot{R}(t)\int_0^r \frac{dr}{\sqrt{1-kr^2}} = \frac{\dot{R}}{R} \cdot D \tag{7.40}$$

按照习惯,字母上的圆点符号表示对时间的导数。把 $H \equiv \dot{R}(t)/R(t)$ 定义为哈勃常数,我们就得到(7.10)式所示的哈勃关系,并由此可见,哈勃常数是一个随时间变化的量。而且,$H>0$ 表示宇宙膨胀,$H<0$ 表示宇宙收缩。

7.4.3 宇宙学红移

现在我们可以来计算宇宙学红移了。设有一个星系位于共动坐标 $r=r_e$ 处,并在 t_e 时刻发射一个光子,该光子于 t_0 时刻(即现在)被位于原点处($r=0$)的观测者接收到(见图 7.19)。问:光子波长应有怎样的变化?波长变长即宇宙学红移;反之则为蓝移。根据时空间隔(7.38)式,注意到光子的传播总满足 $ds=0$,且此时光子是沿径向传播的(θ,φ 保持不变),因而有

$$ds^2 = 0 = c^2 dt^2 - \frac{R^2(t) dr^2}{1 - kr^2} \tag{7.41}$$

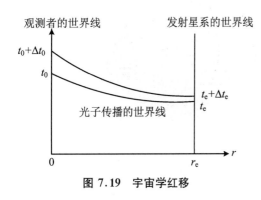

图 7.19 宇宙学红移

我们把光看作波，发射时的波长为 λ_e，波的周期为 Δt_e，且 $\lambda_e = c\Delta t_e$；接收时相应地变为 $\lambda_0, \Delta t_0$，且 $\lambda_0 = c\Delta t_0$。这样，沿图 7.19 所示的光传播的世界线，波的开头相应于(7.41)式的积分

$$c \int_{t_e}^{t_0} \frac{dt}{R(t)} = \int_0^{r_e} \frac{dr}{\sqrt{1 - kr^2}} \tag{7.42}$$

波的结束相应于积分

$$c \int_{t_e + \Delta t_e}^{t_0 + \Delta t_0} \frac{dt}{R(t)} = \int_0^{r_e} \frac{dr}{\sqrt{1 - kr^2}} \tag{7.43}$$

此两式给出

$$\int_{t_e + \Delta t_e}^{t_0 + \Delta t_0} \frac{dt}{R(t)} = \int_{t_e}^{t_0} \frac{dt}{R(t)} \Rightarrow \int_{t_e}^{t_e + \Delta t_e} \frac{dt}{R(t)} = \int_{t_0}^{t_0 + \Delta t_0} \frac{dt}{R(t)} \tag{7.44}$$

当 Δt_e 和 Δt_0 都远小于使 $R(t)$ 发生明显变化的时间尺度时，上式等号两边被积函数中的 R 都可以近似看作不变，即分别等于 $R(t_e)$ 和 $R(t_0)$，因此得到

$$\frac{\Delta t_e}{R(t_e)} = \frac{\Delta t_0}{R(t_0)} \Rightarrow \frac{\Delta t_0}{\Delta t_e} = \frac{R(t_0)}{R(t_e)} \tag{7.45}$$

而 $\Delta t_0 = \lambda_0/c, \Delta t_e = \lambda_e/c$ [注意此处 λ_0 指的是接收到的波长，与前面(7.8)式的定义不同]，上式化为

$$\frac{\lambda_0}{\lambda_e} = \frac{R(t_0)}{R(t_e)} \tag{7.46}$$

于是，观测者接收到的光子的宇宙学红移，亦即星系的宇宙学红移为

$$z \equiv \frac{\lambda_0 - \lambda_e}{\lambda_e} = \frac{R(t_0)}{R(t_e)} - 1 \tag{7.47}$$

显然当宇宙膨胀时有 $z > 0$，收缩时有 $z < 0$，对静态宇宙总有 $z = 0$。对于膨胀的宇宙，星系发光时刻越早，相应的 $R(t_e)$ 就越小，观测到的宇宙学红移也就越大。如果光子是在大爆炸时刻发出的，此时有 $R(t_e = 0) = 0$，故 $z = \infty$，即观测到的光子能量变为 0，这就产生了视界。

7.4.4 宇宙学视界

在膨胀宇宙中，如果光源位于这样远的位置，使得观测者接收到的光子波长红移为无穷大（此时光子能量为 0，实际上也等于接收不到光子），则光源所在位置就是视界。为了与黑洞的视界相区别，这里的视界称为**宇宙学视界**(cosmological horizon)。显然，宇宙学视界是以观测者为中心、视界到观测者的距离为半径的一个球面。由(7.47)式看到，宇宙学视界相应的是 $t = 0, R = 0$ 的大爆炸点，即所谓原初火球。如果宇宙没有大爆炸起源，即没有 $R = 0$ 的时刻，就不会有视界。另一方面，如果宇宙是静态的，R 不随时间而变，则由(7.47)式看出，无论星系的距离有多远，宇宙学红移总是为 0，也不存在视界。

现在我们来求视界的大小，即视界到观测者的距离。我们只讨论膨胀宇宙的情况，因为这是观测到的现实宇宙。膨胀宇宙一定有 $R = 0$ 的时刻（此时刻 $t = 0$），因此一定存在宇宙

学视界。仍根据光子的传播方程(7.41)式,即

$$c^2 \mathrm{d}t^2 = \frac{R^2(t)\mathrm{d}r^2}{1-kr^2} \tag{7.48}$$

设视界所在处的共动坐标为 r_h,则光子于 $t=0$ 时从视界出发,在时刻 t 到达观测者的过程,应满足(7.48)式分离变量后的积分等式

$$c\int_0^t \frac{\mathrm{d}t'}{R(t')} = \int_0^{r_h} \frac{\mathrm{d}r}{\sqrt{1-kr^2}} \tag{7.49}$$

按照(7.39)式给出的求固有距离的公式,t 时刻的视界大小应等于共动距离 r_h 相应的固有距离,即

$$D_h(t) = R(t)\int_0^{r_h} \frac{\mathrm{d}r}{\sqrt{1-kr^2}} \tag{7.50}$$

利用(7.49)式,这就给出

$$D_h(t) = cR(t)\int_0^t \frac{\mathrm{d}t'}{R(t')} \tag{7.51}$$

由此式可见,视界大小随时间变化的规律取决于 $R(t)$ 的具体形式。例如,如果 $R(t)$ 具有幂律形式,即 $R(t) \propto t^n$(以后会看到,实际的宇宙的确如此,且有 $0<n<1$),则由(7.51)式得到

$$D_h(t) = cR(t)\int_0^t \frac{\mathrm{d}t'}{R(t')} = ct^n\int_0^t \frac{\mathrm{d}t'}{t'^n} = \frac{1}{1-n}ct \tag{7.52}$$

此结果表明,视界的大小在随时间 t 增长,即我们看到的宇宙范围是在不断扩大的。由(7.49)式,t 增长也意味着 r_h 一定增长,即视界的共动距离也在增加,因而视界的共动坐标位置并不是保持不变的。另一方面,人们为简单起见常说,视界的大小就是 ct,也就是光在宇宙年龄的时间内跑过的距离。但(7.52)式的结果表明,实际的视界大小并不严格等于 ct,而是还要乘以一个因子 $1/(1-n)$。这是宇宙膨胀所引起的。试想如果宇宙不膨胀,则 R 不随时间而变,这相应于幂指数 $n=0$,只有在这种情况下,(7.52)式给出 $D_h = ct$。一般情况下 $0<n<1$,因而有 $D_h > ct$。

由(7.40)式所示的固有(退行)速度与固有距离之间的哈勃关系 $v = HD$,如果距离足够大,使得该处退行速度 $v = c$,则此距离称为**哈勃距离**,记为 L_H,且

$$L_H(t) = \frac{c}{H(t)} = \frac{cR(t)}{\dot{R}(t)} \tag{7.53}$$

显然 L_H 也是会随时间变化的。对于现在时刻,$t = t_0$,哈勃距离为

$$L_H = \frac{c}{H_0} \sim 3\,000\,h^{-1}\,\mathrm{Mpc} \tag{7.54}$$

这给出了目前可见宇宙的近似大小。

这里我们解释一下常常会引起疑惑的两个问题。第一个问题是,如果星系的距离大于哈勃距离,即 $D > L_H$,那么就会有 $v > c$,即星系的退行速度超过光速,这可能会发生吗?第二个问题是,如果星系的退行速度超过了光速,我们还能看到它吗?

第一个问题的回答是肯定的:星系退行的速度可以超过光速。因为"运动速度不能超过光速"是狭义相对论的结果,而狭义相对论讨论的是平直且静态空间中的运动,并且速度指的是一个物体相对于某个惯性参照系的运动速度。而我们现在的情况下,空间是动态(膨胀)的,还可能是弯曲的。以图 7.7(a)所示的膨胀二维空间(球面)为例,A,B 两点相对于球

面并没有运动，两个点的共动坐标位置都没有发生变化，它们之间的相对运动并不是由于两个点的运动所引起的，而是空间(球面)膨胀的结果。如果两点之间的距离足够远，当然可能会有 $v>c$。但这并不违背狭义相对论，因为在膨胀球面上并不存在一个大范围的、把 A 和 B 两点都包括在内的惯性参考系。

第二个问题的回答也是肯定的：即使星系的退行速度超过光速，我们仍然可能看到它。当然不一定是现在看到，可能是将来某个时刻看到。答案之所以和一般想象的不同，本质上还是由于对时空的理解。这个问题的提出者考虑的是，星系退行速度 $v>c$，方向背离我们而去；而星系发出的光的速度是 c，方向朝向我们。这两个速度叠加，结果显然还是一个离我们而去的速度，所以光信号永远到达不了观测者。这样的考虑中有两个错误：一是运用了伽利略速度合成，而伽利略速度合成是牛顿力学的结果，对于光是不适用的。这一点读者在学习狭义相对论时应该注意到了，涉及光的速度合成一定要用洛伦兹变换。二是没有考虑空间的膨胀，仍然考虑的是平直静态的时空。

针对第二个问题，我们先来计算一下，膨胀宇宙的视界大小与哈勃距离之比。当 $R(t) \propto t^n$ ($0<n<1$) 时，视界大小由(7.52)式给出，哈勃距离由(7.53)式给出，且有 $\dot{R}/R = n/t$，这样得到两者之比为

$$\frac{D_h}{L_H} = \frac{n}{1-n} \tag{7.55}$$

由此可见，当 $n = \frac{1}{2}$ 时 $D_h = L_H$，当 $\frac{1}{2} < n < 1$ 时 $D_h > L_H$。这表明，我们看到的宇宙(视界以内)，可以包括膨胀速度等于甚至大于光速的部分。

我们再来计算一下视界膨胀的速度。由(7.51)式，视界膨胀的速度是

$$\frac{dD_h}{dt} = c\dot{R}(t)\int_0^t \frac{dt'}{R(t')} + cR(t)\frac{d}{dt}\int_0^t \frac{dt'}{R(t')} = \frac{\dot{R}(t)}{R(t)}cR(t)\int_0^t \frac{dt'}{R(t')} + c$$

$$= \frac{\dot{R}(t)}{R(t)}D_h + c = H(t)D_h + c \tag{7.56}$$

式中，$H(t)D_h$ 表示现在位于视界处的星系的退行速度。(7.56)式表明，视界膨胀的速度比位于视界处的星系退行速度多出一个光速。因而这一结果意味着，当视界膨胀时，越来越多的星系不断进入我们宇宙的可见部分。

以上所介绍的视界也称为**粒子视界**(partical horizon)，它代表观测者能够看到的过去($t \to 0$)所发生事件的最大空间距离，亦即该观测者看到的宇宙大小。除此之外，宇宙学视界中还有另一类视界，它代表观测者能够看到的将来($t \to \infty$)所发生事件的最大空间距离，这类视界称为**事件视界**(event horizon)，其大小为[对照(7.51)式]

$$D_h^*(t) = cR(t)\int_t^\infty \frac{dt'}{R(t')}$$

显然，如果是上面所谈到的 $R(t) \propto t^n$ ($0<n<1$) 的情况，则当 $t \to \infty$ 时 $D_h^* \to \infty$，此时不存在事件视界。但如果宇宙尺度因子按指数方式增长，例如宇宙学常数不为0，即暗能量存在的情况下(参见7.8.4小节)，宇宙进入加速膨胀的阶段，此时有 $R(t) \propto \exp(Ht)$，其中 H 为常量，则容易得出

$$D_h^*(t) = cR(t)\int_t^\infty \frac{dt'}{R(t')} = \frac{c}{H}$$

这表明事件视界趋于一个常量 c/H，其大小相当于哈勃距离。这也就是说，我们在宇宙转入

指数膨胀之前能看到的许多星系,将在宇宙加速膨胀的过程中逐渐移出视界之外,其发出的光信号波长被红移到无限大,从而变得不可见。

7.4.5 牛顿宇宙学

通常会认为,膨胀宇宙的解只有用广义相对论才能得出。但事实上,我们用牛顿理论加宇宙学原理,同样也可以得到膨胀的宇宙模型。设宇宙中的物质如均匀分布的流体并忽略压力,则按照牛顿力学,可以得到下列熟悉的基本方程组[参见(3.6)至(3.8)式]:

连续性方程:
$$\frac{\partial \rho}{\partial t} + \boldsymbol{\nabla} \cdot (\rho \boldsymbol{v}) = 0 \tag{7.57}$$

动力学方程:
$$\frac{\partial \boldsymbol{v}}{\partial t} + \boldsymbol{v} \cdot \boldsymbol{\nabla} \boldsymbol{v} = - \boldsymbol{\nabla} \Phi \tag{7.58}$$

泊松方程:
$$\boldsymbol{\nabla}^2 \Phi = 4\pi \rho G \tag{7.59}$$

设观测者位于图 7.20 中的 O 点。从 O 点看来,O' 点和 P 点的位置矢量分别为 r 和 a,且这两点的运动速度分别为 $v(r,t), v(a,t)$。另一方面,从 O' 点看 P 点的速度是

$$v'(a-r,t) = v(a,t) - v(r,t) \tag{7.60}$$

这实际上就是伽利略速度合成。但根据宇宙学原理,宇宙中不同地点的观测者,在同一时刻看到的宇宙图像应相同,这样 P 对 O' 的速度应等于图 7.20 中 P' 点对 O 点的速度,即

$$v'(a-r,t) = v(a-r,t) \tag{7.61}$$

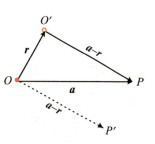

图 7.20 牛顿宇宙的图解

因此(7.60)式变为

$$v(a-r,t) = v(a,t) - v(r,t) \tag{7.62}$$

这一等式必须对所有的 r, a 成立,所以 v 应当是 r 的线性函数:

$$v(r,t) = H(t)r \tag{7.63}$$

式中,$H(t)$ 是一个只与时间有关而与位置无关的常数。(7.63)式等号右边无附加的常数项,这是由于速度各向同性的要求。显然,当 t 一定且 $H>0$ 时,(7.63)式给出的正是哈勃关系[见图 7.7(b)],$H(t)$ 也正是哈勃常数。所以,只根据牛顿理论和宇宙学原理,我们就得出了宇宙膨胀的结果。实际上,$H=0$ 和 $H<0$ 的解也满足等式(7.62),这样得到的解代表静态宇宙或收缩的宇宙。但静态宇宙是不稳定的,一个小扰动就会使宇宙越来越偏离静态平衡。因此,一个只有引力作用的均匀各向同性宇宙,要么整体收缩,要么整体膨胀。

利用(7.63)式,并把 $H(t)$ 表示为 $H(t) = \dot{R}(t)/R(t)$,我们就可以进一步研究宇宙尺度因子 $R(t)$ 满足的动力学方程。将(7.63)式代入连续性方程(7.57)式,得到

$$\frac{\partial \rho}{\partial t} + \boldsymbol{\nabla} \cdot \left(\rho \frac{\dot{R}}{R} r\right) = 0 \quad \Rightarrow \quad \frac{\partial \rho}{\partial t} + 3 \frac{\dot{R}}{R} \rho = 0 \tag{7.64}$$

此即

$$\frac{\mathrm{d}}{\mathrm{d}t}(\rho R^3) = 0 \quad \Rightarrow \quad \rho R^3 = 常量 \tag{7.65}$$

如果设 t_0 为现在时刻,t 为任意时刻,则上式表明

$$\rho(t) = \frac{R^3(t_0)}{R^3(t)} \rho(t_0) \tag{7.66}$$

容易验证,泊松方程(7.59)式有解

$$\Phi = \frac{2\pi G}{3}\rho r^2 \tag{7.67}$$

将这一解代入动力学方程(7.58)式,得到

$$\frac{\partial}{\partial t}\left(\frac{\dot R r}{R}\right) + \left(\frac{\dot R}{R}r\right)\mathbf{V}\cdot\left(\frac{\dot R}{R}r\right) = -\frac{2\pi G}{3}\rho\cdot 2r \tag{7.68}$$

简单计算后给出

$$\left(\frac{\ddot R}{R} + \frac{4\pi G}{3}\rho\right)r = 0 \tag{7.69}$$

因为 r 是任意给定的矢量,故等号左边的括号必须始终为 0,即

$$\ddot R = -\frac{4\pi G}{3}\rho R = -\frac{4\pi G R^3(t_0)\rho(t_0)}{3R^2(t)} \tag{7.70}$$

其中用到(7.66)式。把(7.70)式两边乘 $\dot R$ 并积分,结果得到

$$\frac{1}{2}\dot R^2 = \frac{4\pi G R^3(t_0)\rho(t_0)}{3R(t)} + C' \tag{7.71}$$

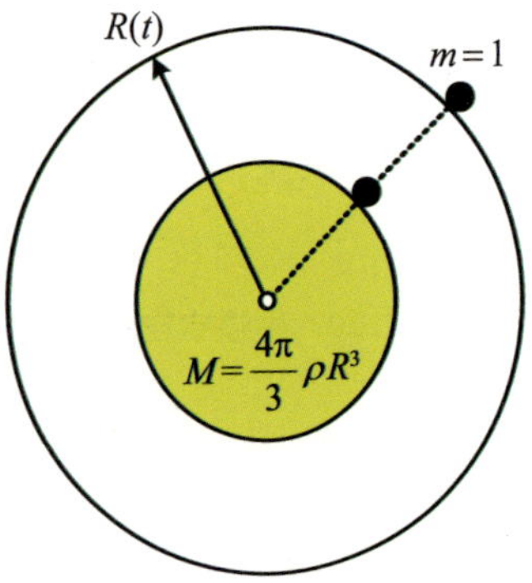

这个结果相当于图 7.21 所示的情况,即一个半径为 $R(t)$ 的三维球在膨胀,对于静止在球面上的一个单位质量($m = 1$)的质点,其动能加引力势能守恒

$$\frac{1}{2}\dot R^2 - \frac{GM}{R} = -\frac{1}{2}kc^2 \tag{7.72}$$

这里

$$M = \frac{4\pi}{3}\rho(t_0)R^3(t_0) \tag{7.73}$$

图 7.21 膨胀的球表面上,单位质量的质点的动能与势能之和守恒

相当于球面内包含的球体质量,是一个不变量;$-kc^2/2$ 相当于(7.71)式中的积分常数 C'。在广义相对论中可以证明,这里的 k 就是 R-W 度规[见(7.38)式]中的 k,它表示空间的曲率。显然,如果 $k \leqslant 0$,宇宙就是开放的或平直的,R 可以无限膨胀;如果 $k > 0$,宇宙则是闭合的,R 不能无限膨胀,膨胀到一定限度后将开始坍缩。这就是 $R(t)$ 的动力学性质。这里我们看到,宇宙的几何性质与动力学性质联系在一起了。

最后我们再强调,用牛顿理论得到的上述结果,与广义相对论得到的结果基本相同,这其中的原因归于宇宙学原理。宇宙学原理告诉我们,宇宙各个局部的运动状态都是一样的,因此我们可以在一个足够小的局部范围内来研究宇宙膨胀的动力学。在小范围内,星体的相对运动速度小于光速 c,故可以应用牛顿力学。而对大尺度的问题,如高红移天体的红移、距离、光度等,牛顿理论就不再适用了,必须用广义相对论来处理。

7.4.6 宇宙减速因子 q_0

由上面的能量方程(7.72)式,取临界情况即 $k = 0$,得到

$$\frac{1}{2}\dot R^2 = \frac{4\pi G R^3(t_0)\rho(t_0)}{3R(t)} \tag{7.74}$$

再由前面(7.70)式，

$$\ddot{R} = -\frac{4\pi G R^3(t_0)\rho(t_0)}{3R^2(t)} \tag{7.75}$$

以上两式相除得

$$\frac{-\ddot{R}}{\frac{1}{2}\dot{R}^2} = \frac{1}{R(t)} \quad \Rightarrow \quad -\frac{\ddot{R}R}{\dot{R}^2} = \frac{1}{2} \tag{7.76}$$

定义**宇宙减速因子**

$$q(t) \equiv -\frac{\ddot{R}R}{\dot{R}^2} \tag{7.77}$$

表示宇宙膨胀时的"减速度"大小，则(7.76)式给出 $q(t) = 1/2$，这相应于 $k=0$ 即平直宇宙的情况。如果 $k>0$，由(7.72)式及(7.75)式有

$$\frac{1}{2}\dot{R}^2 < \frac{4\pi G R^3(t_0)\rho(t_0)}{3R(t)} \tag{7.78}$$

$$\frac{-\ddot{R}}{\frac{1}{2}\dot{R}^2} > \frac{1}{R(t)} \quad \Rightarrow \quad q(t) > \frac{1}{2} \tag{7.79}$$

类似地，可以得到

$$k<0 \quad \Rightarrow \quad q(t) < \frac{1}{2} \tag{7.80}$$

至此为止，我们已经有了两个重要的宇宙学参数：哈勃常数 $H(t)$ 和宇宙减速因子 $q(t)$，它们的目前值（$t=t_0$ 的值）分别记为 H_0 和 q_0：

$$H_0 \equiv \frac{\dot{R}(t_0)}{R(t_0)} = 100h \text{ km/(s·Mpc)}, \quad h \simeq 0.68 \quad \text{（哈勃常数）} \tag{7.81}$$

$$q_0 \equiv -\frac{\ddot{R}(t_0)R(t_0)}{\dot{R}^2(t_0)} \quad \text{（宇宙减速因子）} \tag{7.82}$$

要指出的是，H_0 和 q_0 都是可观测量。H_0 的测定前面已经讨论过，下面来谈一下 q_0 的测定。由(7.75)式得 $\ddot{R}(t_0) = -4\pi G\rho(t_0)R(t_0)/3$，再由哈勃常数的定义有 $\dot{R}^2(t_0) = H_0^2 R^2(t_0)$，因此可以把(7.82)式定义的 q_0 化为

$$q_0 = \frac{4\pi G\rho(t_0)}{3H_0^2} = \frac{1}{2}\left(\frac{\rho_0}{\rho_c}\right) \tag{7.83}$$

式中，$\rho_0 = \rho(t_0)$，ρ_c 称为**宇宙临界密度**，它的值是

$$\rho_c \equiv \frac{3H_0^2}{8\pi G} \simeq 1.9 \times 10^{-29} h^2 \text{ g/cm}^3 \tag{7.84}$$

可见除了引力常数 G 外，ρ_c 只与 H_0 有关。故(7.83)式表明，只要得到 ρ_0 及 H_0 的观测值，q_0 的大小也就确定了。

再由能量方程(7.72)式，有

$$\frac{1}{2}kc^2 = \frac{4\pi G\rho_0 R^2(t_0)}{3} - \frac{1}{2}\dot{R}^2(t_0)$$

$$\Rightarrow \quad k = \frac{2R^2(t_0)}{c^2}\left[\frac{4\pi G}{3}\rho_0 - \frac{1}{2}H_0^2\right] = \frac{2R^2(t_0)}{c^2}\left[q_0 H_0^2 - \frac{1}{2}H_0^2\right]$$

$$= \frac{2R^2(t_0)H_0^2}{c^2}\left(q_0 - \frac{1}{2}\right) \tag{7.85}$$

此式把 k 与 q_0 联系起来了。因为 k 描述的是宇宙的拓扑性质,宇宙诞生后 k 就保持不变,因此此式表明,尽管 $q(t)$ 可能是随时间变化的,但它大于、等于或小于 1/2 的结果不会变。例如,如果宇宙一诞生就是平直的,即 $k=0$,则无论宇宙此后如何演化,始终都有 $q(t)=1/2$。最后要强调的是,上面对 q_0 的讨论是针对宇宙学常数为 0 的特殊情况。一般情况下的结果见 7.5 节。

7.5 标准宇宙学模型

7.5.1 弗里德曼方程

从前面的讨论可以看到,在 R-W 度规下,膨胀宇宙的动力学性质取决于 $R(t)$ 的时间演化。但 $R(t)$ 的准确求解必须利用广义相对论,因为牛顿理论不适用于对宇宙大尺度结构的描述。这里我们不讨论广义相对论的严格处理方法,只介绍它的主要结果,并把它的结果与牛顿宇宙学的结果进行对比。

在 R-W 度规下,从广义相对论的爱因斯坦场方程出发,可以得到 $R(t)$ 的动力学方程为(取光速 $c=1$)

$$\frac{\ddot{R}}{R} = -\frac{4}{3}\pi G(\rho + 3p) + \frac{\Lambda}{3} \tag{7.86}$$

式中,ρ,p 分别是宇宙物质的能量(质量)密度和压力,Λ 称为**宇宙学常数**。Λ 这个常数就是爱因斯坦 1917 年求解 $R(t)$ 时,为了避免宇宙的坍缩或膨胀而人为地加上去的一个常数。当时他认为,如果没有这个常数,则(7.86)式表明 $\ddot{R}<0$,即宇宙空间整体加速度不为 0,宇宙就会成为动态的,而这和传统的静态宇宙相矛盾。从动力学的角度看,(7.86)式等号右边第一项(负号项)代表引力作用,为了平衡引力,爱因斯坦加上了一个正号项即宇宙学常数项。由此看来,宇宙学常数的物理意义应该是,它代表了宇宙间的某种斥力,而这种斥力就联系到我们下面要谈到的宇宙暗能量。

把(7.86)式与(7.70)式相比较,可以看出广义相对论的结果比牛顿力学只多出了两项:一项是压力 p,它表示在广义相对论中,压力也像能量(质量)那样可以成为引力的源;另一项就是宇宙学常数 Λ,但这一项并不是广义相对论所必然带来的,实际上,牛顿理论也可以人为加上这一项。因此看来,只有压力项是广义相对论带来的实质性改进。但这一改进对宇宙演化是至关重要的:压力 p 的出现使我们可以有物态方程,从而描述宇宙物质的真实状态。否则就像牛顿宇宙学那样,压力始终被忽略,宇宙物质只能永远如冷的零压粒子("尘埃");这样的宇宙没有热辐射主导的阶段,也就不会发生我们以后将看到的宇宙早期热历史中丰富多样的物理过程。

我们继续对(7.86)式的讨论。在体积 V 内,宇宙物质的总能量 $U=\rho V$。由热力学第一

定律,绝热膨胀中,当 V 变化时,$\mathrm{d}U$ 等于压力做功的负值:

$$\mathrm{d}U = -p\mathrm{d}V = \rho\mathrm{d}V + V\mathrm{d}\rho \tag{7.87}$$

后一个等式实际上就是 $U = \rho V$ 的全微分。由(7.87)式中第二个等式得出

$$\mathrm{d}\rho = -(\rho + p)\frac{\mathrm{d}V}{V} \Rightarrow \dot{\rho} = -(\rho + p)\frac{\dot{V}}{V} \tag{7.88}$$

式中,点符号代表对时间的导数,如我们以前约定的那样。因为三维空间的体积 $V \propto R^3$,故(7.88)式变成

$$\dot{\rho} = -3(\rho + p)\frac{\dot{R}}{R} \tag{7.89}$$

利用这一等式,(7.86)式可以化为

$$\begin{aligned}\ddot{R} &= -\frac{4}{3}\pi G[3(\rho + p) - 2\rho]R + \frac{\Lambda}{3}R \\ &= \frac{4\pi G}{3} \cdot \frac{\dot{\rho}}{\dot{R}}R^2 + \frac{8\pi G}{3}\rho R + \frac{\Lambda}{3}R\end{aligned} \tag{7.90}$$

两边分别乘以 $\dot{R}$,得到

$$\dot{R}\ddot{R} = \frac{4\pi G}{3}\dot{\rho}R^2 + \frac{8\pi G}{3}\rho R\dot{R} + \frac{\Lambda}{3}R\dot{R} = \frac{4\pi G}{3}\frac{\mathrm{d}}{\mathrm{d}t}(\rho R^2) + \frac{\Lambda}{3}R\dot{R} \tag{7.91}$$

积分后给出

$$\frac{1}{2}\dot{R}^2 = \frac{4\pi G}{3}\rho R^2 + \frac{\Lambda}{6}R^2 - \frac{1}{2}k \tag{7.92}$$

即

$$H^2 \equiv \left(\frac{\dot{R}}{R}\right)^2 = \frac{8\pi G}{3}\rho + \frac{\Lambda}{3} - \frac{k}{R^2} \tag{7.93}$$

这一方程称为**弗里德曼**(A. Friedmann)**方程**。广义相对论的严格证明给出,k 就是前面定义过的宇宙曲率,即 $k = 0, \pm 1$。通常把基于宇宙学原理和爱因斯坦场方程的宇宙学模型称**为标准宇宙学模型**,因而,弗里德曼方程就是标准宇宙学模型的基本方程。

(7.93)式对一切宇宙时刻成立,故对现在时刻 $t = t_0$ 也成立,即

$$H_0^2 = \frac{8\pi G}{3}\rho_0 + \frac{\Lambda}{3} - \frac{k}{R_0^2} \tag{7.94}$$

它可以改写成

$$1 = \frac{8\pi G}{3H_0^2}\rho_0 + \frac{\Lambda}{3H_0^2} - \frac{k}{H_0^2 R_0^2} \tag{7.95}$$

或

$$1 = \frac{\rho_0}{\rho_c} + \frac{\Lambda}{3H_0^2} - \frac{k}{H_0^2 R_0^2} \tag{7.96}$$

式中,$\rho_c = 3H_0^2/(8\pi G)$ 为宇宙临界密度[见(7.84)式]。由此,我们得到了一个重要的关系式

$$1 = \Omega_m + \Omega_\Lambda + \Omega_k \tag{7.97}$$

其中几个 Ω 的定义分别是

$$\Omega_m = \frac{\rho_0}{\rho_c} = \frac{8\pi G\rho_0}{3H_0^2} \quad \text{(宇宙密度参数)} \tag{7.98}$$

$$\Omega_\Lambda = \frac{\Lambda}{3H_0^2} \qquad \text{(宇宙学常数参数)} \qquad (7.99)$$

$$\Omega_k = -\frac{k}{H_0^2 R_0^2} \qquad \text{(宇宙曲率参数)} \qquad (7.100)$$

对于 $\Lambda=0$ 的宇宙,可以分为以下几种情况(见图 7.22a):

$$\begin{aligned}
\Omega_m &> 1 \Rightarrow \Omega_k < 0 \Rightarrow k = +1 \quad \text{(闭合宇宙——膨胀后坍缩)} \\
\Omega_m &< 1 \Rightarrow \Omega_k > 0 \Rightarrow k = -1 \quad \text{(开放宇宙——永远膨胀)} \\
\Omega_m &= 1 \Rightarrow \Omega_k = 0 \Rightarrow k = 0 \quad \text{(平直宇宙——永远膨胀)}
\end{aligned} \qquad (7.101)$$

其中平直宇宙的情况,通常称为**爱因斯坦-德西特**(Einstein-de Sitter)**模型**。

现在人们更关注 $k=0$ 但 $\Lambda \neq 0$ 的情况。最近的观测结果表明,我们的宇宙在加速膨胀,且上述宇宙学参数目前的观测值分别是

$$\begin{aligned}
\Omega_m &= 0.31 \pm 0.01 \\
\Omega_\Lambda &= 0.69 \pm 0.01 \\
\Omega_k &= 0
\end{aligned} \qquad (7.102)$$

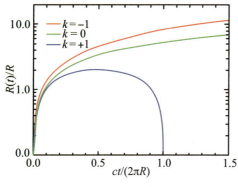

图 7.22a $\Lambda=0$ 时,平直、开放、闭合宇宙中 $R(t)$ 的演化

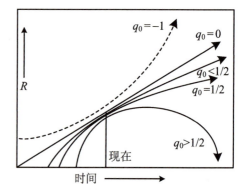

图 7.22b 包括 $\Lambda \neq 0$ 在内的一般情况下,不同 q_0 值时 $R(t)$ 的演化

我们注意到,Ω_Λ 和 Ω_m 在方程(7.97)式中的地位是平等的,因此 Ω_Λ 代表宇宙学常数 Λ 对能量的贡献。而(7.102)式的结果意味着,宇宙现在的能量,是由宇宙学常数所主导的(参见 7.8.4 小节),而通常的物质粒子(包括辐射)的能量,只占宇宙总能量的一小部分。回忆一下,宇宙学常数当初只不过是爱因斯坦为了得到一个静态宇宙学解而人为地加上去的一个数学常数。现在,这一数学常数却有了深刻的物理意义:它表示在宇宙中占统治地位的能量!但这一能量的本质现在还不清楚,这就是目前全世界的宇宙学家和物理学家正在努力探索的**宇宙暗能量**问题。我们将在 7.8.4 小节再来讨论它。

当 $\Lambda \neq 0$ 时,由(7.82)式定义的减速因子 q_0 可以表示为

$$\begin{aligned}
q_0 &\equiv -\frac{\ddot{R}(t_0) R(t_0)}{\dot{R}^2(t_0)} = -\frac{4\pi G \rho_0 - \Lambda}{3\dot{R}^2(t_0)/R^2(t_0)} \\
&= \frac{4\pi G \rho_0}{3H_0^2} - \frac{\Lambda}{3H_0^2} = \frac{1}{2}\Omega_m - \Omega_\Lambda
\end{aligned} \qquad (7.103)$$

其中利用了(7.86)式并忽略了宇宙目前时刻辐射压力的贡献(即取 $p=0$)。由此可见,如果取 $\Omega_m=0.31, \Omega_\Lambda=0.69, \Omega_k=0$,则 $q_0 \simeq -0.5$。减速因子为负即表示加速,因此,我们的宇宙现在是在加速膨胀的。图 7.22b 显示包括 $\Lambda \neq 0$ 在内的一般情况下,不同 q_0 值时

$R(t)$ 随时间的演化趋势。

7.5.2 宇宙的年龄

7.3 节中我们介绍了对宇宙年龄的观测结果。现在我们来计算一下,各种理论模型给出的宇宙年龄是多少,以与观测结果相比较。

$R=0$ 的时刻相应于 $t=0$,是时空奇点,也是宇宙年龄的开始。下面我们先讨论最简单的情形,即 $\Lambda=0, k=0$ 的爱因斯坦-德西特宇宙,因为可以得到简单的解析结果。此时根据弗里德曼方程(7.93)式,并取 $\Lambda=0, k=0$,有

$$\dot{R}^2 = \frac{8\pi G}{3}\rho R^2 \tag{7.104}$$

此外,设决定宇宙年龄的主要部分是以物质粒子为主导的,则任一固有体积($V \propto R^3$)内所包含的物质质量(能量)可以看成不变,即

$$\rho(t)R^3(t) = \rho(t_0)R^3(t_0) \tag{7.105}$$

则(7.104)式化为

$$\dot{R}^2 = \frac{8\pi G}{3} \cdot \frac{\rho_0 R_0^3}{R} = \frac{H_0^2 R_0^3}{R} \tag{7.106}$$

式中,$R_0 \equiv R(t_0)$,并且用到 $H_0^2 = 8\pi G \rho_0/3$[见(7.94)式]。此式即

$$\dot{R} = H_0 R_0^{3/2} R^{-1/2} \Rightarrow R^{1/2}dR = H_0 R_0^{3/2}dt \tag{7.107}$$

积分此式,并取 $t=0$ 时 $R=0$,得

$$t = \frac{2}{3H_0}\left(\frac{R}{R_0}\right)^{3/2} \tag{7.108}$$

因此,宇宙目前($R=R_0$)的年龄是

$$t_0 = \frac{2}{3H_0} = 6.5h^{-1} \text{ Gyr} \tag{7.109}$$

可以看到,这一结果只有前面(7.20)式给出的哈勃年龄的 2/3,且当

$$h \approx 0.7 \Rightarrow t_0 \approx 9.3 \text{ Gyr} \tag{7.110}$$

即宇宙年龄还不到 100 亿年。这显然与我们前面讨论过的各种观测结果相矛盾。这也就是 20 世纪末发现宇宙加速膨胀之前,宇宙学曾面临严重危机的主要原因。

宇宙加速膨胀即表明宇宙学常数 $\Lambda \neq 0$。下面的分析将表明,$\Lambda \neq 0$ 将使 t_0 的理论值增大,从而能与宇宙年龄的观测结果相符。我们还是从弗里德曼方程(7.93)式开始,即

$$\left(\frac{\dot{R}}{R}\right)^2 = \frac{8\pi G}{3}\rho + \frac{\Lambda}{3} - \frac{k}{R^2} \tag{7.111}$$

在宇宙学的研究中,除了 $R(t)$ 外,也常用归一化的无量纲变量 $a(t) \equiv R(t)/R_0$ 来表示宇宙尺度因子,其中 $R_0 \equiv R(t_0)$,并显然有 $a(t_0) \equiv 1$。在这样的变换下,(7.111)式现在写为

$$\left(\frac{\dot{a}}{a}\right)^2 = \frac{8\pi G}{3}\rho + \frac{\Lambda}{3} - \frac{k}{a^2 R_0^2} \Rightarrow \dot{a}^2 = \frac{8\pi G}{3}\rho a^2 + \frac{\Lambda a^2}{3} - \frac{k}{R_0^2} \tag{7.112}$$

注意到(7.105)式现在变成 $\rho(t)a^3(t) = \rho_0$,且(7.98)式给出 $8\pi G \rho_0/3 = H_0^2 \Omega_m$,再利用(7.99)、(7.100)式定义的 Ω_Λ 和 Ω_k,(7.112)式化为

$$\dot{a}^2 = H_0^2\left(\frac{\Omega_m}{a} + \Omega_\Lambda a^2 + \Omega_k\right) = H_0^2\left[\frac{\Omega_m}{a} + \Omega_\Lambda a^2 + (1 - \Omega_m - \Omega_\Lambda)\right]$$

$$= H_0^2\left[1 + \Omega_m\left(\frac{1}{a} - 1\right) + \Omega_\Lambda(a^2 - 1)\right] \tag{7.113}$$

其中用到恒等式(7.97)。在上面的推导中，我们仍然假设宇宙年龄的绝大部分时期，宇宙能量由物质粒子所主导。以后将会看到，这一假设是合理的。

宇宙学时间 t 也常用宇宙学红移 z 来表示，因为它们之间是一一对应的。由宇宙学红移的定义(7.47)式有

$$z = \frac{R(t_0)}{R(t)} - 1 = \frac{1}{a(t)} - 1 \tag{7.114}$$

或

$$1 + z = \frac{1}{a(t)} \tag{7.115}$$

此式对时间求导得到

$$\frac{\mathrm{d}a}{\mathrm{d}t} = -\frac{1}{(1+z)^2} \cdot \frac{\mathrm{d}z}{\mathrm{d}t} \Rightarrow \mathrm{d}t = -\frac{\mathrm{d}z}{\dot{a}(1+z)^2} \tag{7.116}$$

再利用(7.113)式及(7.115)式，可以得到

$$\mathrm{d}t = -\frac{\mathrm{d}z}{H_0(1+z)^2\sqrt{1 + \Omega_m\left(\frac{1}{a} - 1\right) + \Omega_\Lambda(a^2 - 1)}}$$

$$= -\frac{\mathrm{d}z}{H_0(1+z)\sqrt{(1+z)^2(1+\Omega_m z) - z(2+z)\Omega_\Lambda}} \tag{7.117}$$

方程两边分别积分得到

$$t_0 - t = \frac{1}{H_0}\int_0^z \frac{\mathrm{d}z}{(1+z)\sqrt{(1+z)^2(1+\Omega_m z) - z(2+z)\Omega_\Lambda}} \tag{7.118}$$

等号右边的积分很复杂，一般情况下只能通过数值计算方法才能求得结果。利用(7.103)式定义的 q_0，当 $z<1$ 时，(7.118)式可以近似表示为

$$t_0 - t = \frac{z}{H_0} - \left(1 + \frac{1}{2}q_0\right)\frac{z^2}{H_0} + \cdots \tag{7.119}$$

$t - t_0$ 通常称为**回溯时间**(lookback time)，它表示从宇宙现在的时刻 t_0 倒退回到红移 z 时所经历的时间(见图 7.23)。显然，$z = \infty$ 时相应于 $t = 0$，此时回溯时间就等于宇宙的年龄 t_0。图 7.24 给出了不同参数下宇宙年龄的计算结果。从图中可以看到，在 $\Omega_k = 0$ 的平直宇宙情况下，宇宙学常数不为 0 时的宇宙年龄要比 $\Lambda = 0$ 时长，这正是我们所希望的。

在很小(百分之几)的误差内，t_0 可用下面的近似式来表示

$$t_0 \simeq \frac{2}{3H_0}(0.7\Omega_m + 0.3 - 0.3\Omega_\Lambda)^{-0.3} \tag{7.120}$$

或

$$t_0 \simeq \frac{2}{3\Omega_\Lambda^{1/2}H_0}\ln\left(\frac{1 + \Omega_\Lambda^{1/2}}{\Omega_m^{1/2}}\right) \quad (\text{对于 } \Omega_k = 0 \text{ 且 } \Omega_\Lambda \neq 0) \tag{7.121}$$

例如，如果取 $\Omega_m \simeq 0.3$，$\Omega_\Lambda \simeq 0.7$，并取 $h \simeq 0.7$，则(7.120)式给出 $t_0 \simeq 9.4h^{-1}$ Gyr $\simeq 13.4$ Gyr。这一结果与观测的要求是相符的。

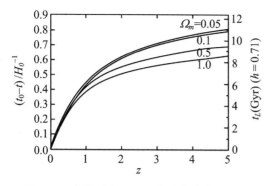

图 7.23 回溯时间 $t-t_0$ 作为宇宙学红移 z 的函数(宇宙取为 $k=0$ 的平直宇宙,曲线上所标的数字为 Ω_m 的值)

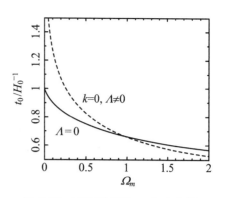

图 7.24 宇宙的年龄 t_0 与宇宙学参数 Ω_m 及 Λ 的关系

7.6 物理宇宙学——具有物质和辐射的宇宙

几何宇宙学自 1917 年就开始发展了,而物理宇宙学只是在 1965 年发现宇宙微波背景辐射以后,才有了巨大的发展。物理宇宙学研究的是,在 7.5 节讨论的时空几何条件下,宇宙物质的演化和宇宙结构的形成过程,以及这些过程可直接观测到的物理效应。

宇宙中目前物质粒子的总密度 $\rho_{m0} \simeq 2.6 \times 10^{-30}$ g/cm³(其中包括发光的重子,即构成原子核的质子和中子,其密度 $\rho_{B0} \approx 4 \times 10^{-31}$ g/cm³;其余为不发光的暗物质粒子),除物质粒子外,还有宇宙背景辐射光子,其密度 $\rho_{r0} \approx 4 \times 10^{-34}$ g/cm³。有了这些基本的观测数据,我们就可以推测宇宙的演化过程。

宇宙的膨胀可以看成是绝热的。一个绝热膨胀系统,满足热力学第一定律

$$dE + pdV = 0 \tag{7.122}$$

其中

$$E = Mc^2 = (\rho_m + \rho_r)Vc^2 = \rho Vc^2 \tag{7.123}$$

式中,ρ_m 和 ρ_r 分别表示物质密度和辐射密度,$\rho = \rho_m + \rho_r$。由于 $V \propto R^3(t)$,以上两式给出

$$\frac{d}{dt}(\rho R^3) + \frac{p}{c^2} \cdot \frac{d}{dt}(R^3) = 0 \tag{7.124}$$

我们把物质粒子看成是非相对论性的,即它们的压力可以忽略,则方程中的压力 p 仅为辐射的贡献。当宇宙是以物质为主时,$\rho \simeq \rho_m$,$p \simeq 0$,我们得到

$$\frac{d}{dt}(\rho_m R^3) = 0 \tag{7.125}$$

这与前面牛顿理论的结果(7.65)式一致。如果宇宙是以辐射为主($\rho_r \gg \rho_m$),此时有

$$p_r = \frac{1}{3}\rho_r c^2 \tag{7.126}$$

于是(7.124)式成为

$$\frac{d}{dt}(\rho_r R^3) + \frac{1}{3}\rho_r \frac{d}{dt}(R^3) = 0 \tag{7.127}$$

此即

$$\dot{\rho}_r R^3 + 3\rho_r R^2 \dot{R} + \rho_r R^2 \dot{R} = 0 \Rightarrow \frac{1}{R}\frac{d}{dt}(\rho_r R^4) = 0 \tag{7.128}$$

这表明

$$\rho_r(t) = \rho_{r0}\left[\frac{R(t_0)}{R(t)}\right]^4 \tag{7.129}$$

当物质与辐射两者都有时，如果物质是非相对论性的，则其对压力无贡献，总压力 $p = p_r$ (取 $c=1$)，此时(7.124)式可写为

$$\frac{d}{dt}(\rho_m R^3) + \frac{d}{dt}(\rho_r R^3) + \frac{1}{3}\rho_r \frac{d}{dt}(R^3) = 0$$

$$\Rightarrow \frac{d}{dt}(\rho_m R^3) + \frac{1}{R}\frac{d}{dt}(\rho_r R^4) = 0 \tag{7.130}$$

如果我们认为物质严格守恒，即物质与辐射之间不互相转化，则应分别有

$$\frac{d}{dt}(\rho_m R^3) = 0, \quad \frac{1}{R}\frac{d}{dt}(\rho_r R^4) = 0 \tag{7.131}$$

即

$$\rho_m = \rho_{m0}(R_0/R)^3, \quad \rho_r = \rho_{r0}(R_0/R)^4 \tag{7.132}$$

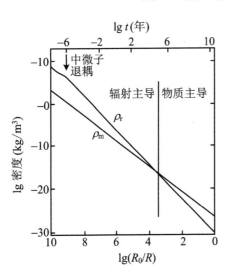

图 7.25 物质密度与辐射密度随时间的演化

显然，由于 $\rho_r \propto R^{-4}$ 而 $\rho_m \propto R^{-3}$，当时间倒退回去即 R 越变越小时，ρ_r 比 ρ_m 更快地增长。因而，如果回溯到宇宙的早期，即 $R \ll R_0$ 时，辐射的作用就会越来越重要。目前辐射与物质的能量密度之比为 $\rho_{r0}/\rho_{m0} \approx 1.5 \times 10^{-4}$，但在宇宙早期的某一时刻 t_{eq}，必然有辐射与物质的能量密度相等(见图7.25)，即 $\rho_r(t_{eq}) = \rho_m(t_{eq})$，此时的宇宙尺度因子为

$$R(t_{eq}) = \frac{\rho_{r0}}{\rho_{m0}} R(t_0) \tag{7.133}$$

从上面的分析看到，当 $t<t_{eq}$ 时有 $\rho_r > \rho_m$，宇宙以辐射为主；当 $t>t_{eq}$ 时有 $\rho_r < \rho_m$，宇宙以物质为主。另一方面，如果辐射是黑体辐射，$\rho_r \propto T^4$，则根据(7.132)式必然有

$$T \propto R(t)^{-1} \tag{7.134}$$

因而宇宙早期($R \ll R_0$)的温度很高，是热宇宙。从辐射为主过渡到物质为主以后，宇宙就逐渐变为冷宇宙。我们来估计一下 $\rho_r = \rho_m$ 时的温度。容易看到，此时有

$$\frac{\rho_{r0}}{\rho_{m0}} = \frac{R(t_{eq})}{R(t_0)} = \frac{T_0}{T_{eq}} \approx 1.5 \times 10^{-4} \tag{7.135}$$

如果取 $T_0 \simeq 2.7$ K，则

$$T_{eq} = \left(\frac{\rho_{m0}}{\rho_{r0}}\right)T_0 \approx 1.8 \times 10^4 \text{ K} \tag{7.136}$$

再来看具有物质和辐射的宇宙中，$R(t)$ 如何随时间演化。(7.111)式现在是

$$\left(\frac{\dot{R}}{R}\right)^2 = \frac{8\pi G}{3}(\rho_r + \rho_m) + \frac{\Lambda}{3} - \frac{k}{R^2} \tag{7.137}$$

为简单起见，我们只讨论 $\Lambda=0, k=0$ 的爱因斯坦–德西特宇宙，此时有

$$\left(\frac{\dot R}{R}\right)^2 = \frac{8\pi G}{3}\left[\rho_{r0}\left(\frac{R_0}{R}\right)^4 + \rho_{m0}\left(\frac{R_0}{R}\right)^3\right] \tag{7.138}$$

仍把 $R(t)$ 化为归一化的宇宙尺度因子 $a(t) \equiv R(t)/R_0$，(7.138)式变成

$$\left(\frac{\dot a}{a}\right)^2 = \frac{8\pi G}{3}\rho_{m0}\left[\frac{\rho_{r0}}{\rho_{m0}}a^{-4} + a^{-3}\right] \tag{7.139}$$

或者

$$\left(\frac{\dot a}{a}\right)^2 = \frac{8\pi G\rho_0}{3}(a_{eq}\,a^{-4} + a^{-3}) \tag{7.140}$$

这里我们取 $\rho_0 \equiv \rho_{m0} + \rho_{r0} \simeq \rho_{m0}$，且 $a_{eq} = \rho_{r0}/\rho_{m0}$。利用

$$\frac{8\pi G\rho_0}{3} = H_0^2 \tag{7.141}$$

(7.140)式化为

$$\frac{a\,\mathrm{d}a}{(a_{eq}+a)^{1/2}} = H_0\,\mathrm{d}t \tag{7.142}$$

积分结果给出

$$t_{eq} = H_0^{-1}\int_0^{a_{eq}}\frac{a\,\mathrm{d}a}{(a_{eq}+a)^{1/2}} \approx 0.39 H_0^{-1} a_{eq}^{3/2} \tag{7.143}$$

取 $H_0^{-1} \approx 13.9\,\mathrm{Gyr}$，就得到 $t_{eq} \approx 10^4$ 年即宇宙诞生后大约只经过1万年，就从以辐射为主转变到以物质为主。这一时间与现在宇宙的年龄相比，的确是微不足道的。因此我们可以说，宇宙演化至今，绝大部分时间是以物质为主的。

根据(7.142)式，我们还可以求得宇宙尺度因子 $a(t)$[或 $R(t)$]随时间变化的规律（见图7.26）。例如，当辐射为主时（$a \ll a_{eq}$），(7.142)式近似给出

$$a\,\mathrm{d}a \propto \mathrm{d}t \;\Rightarrow\; a^2 \propto t \;\Rightarrow\; a \propto t^{1/2} \quad\text{（辐射为主）} \tag{7.144}$$

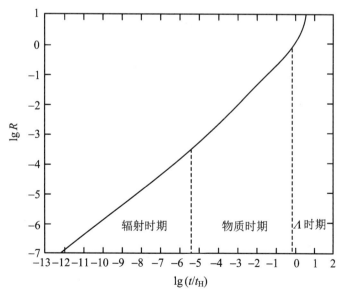

图 7.26　宇宙尺度因子随时间的演化

而当物质为主时($a \gg a_{eq}$),(7.142)式近似给出

$$a^{1/2} da \propto dt \Rightarrow a^{3/2} \propto t \Rightarrow a \propto t^{2/3} \quad (物质为主) \tag{7.145}$$

由图7.26还可见,从不久前开始,$a(t)$随时间做指数函数膨胀。这是由于(7.137)式中的Λ实际不为0的结果,我们将在7.8.4小节中讨论这一情况。

作为本节的小结,我们这里再强调两点。一是上述这些分析,根据的是宇宙中光子和物质粒子的能量密度观测结果。因此,虽然观测到的光子(微波背景辐射)能量密度很小,但其宇宙学意义却是巨大的。没有宇宙微波背景辐射的观测结果,就不会有热大爆炸宇宙模型。二是实际上,我们以上所谈的"辐射"中还应当包括其他相对论性的粒子,例如静质量为0的中微子。相对论性粒子的能量密度随$R(t)$[或$a(t)$]的变化规律和光子是相同的($\propto R^{-4}$),因此在宇宙演化的早期,它们也对宇宙的能量密度有重要的贡献。特别是中微子,它们的数量和光子大致相同。虽然它们与其他粒子(包括光子)退耦的时间很早(见7.7节),但退耦后中微子仍然保持原来的能量分布(费米分布),只是温度比光子的温度略低(约为光子温度的1/1.4),其温度$T \propto R^{-1}$,变化规律与光子相同。这样,在计算t_{eq},T_{eq}以及a_{eq}时,中微子的能量密度也应当考虑在内。大致说来,考虑了相对论性粒子的贡献之后,上面分析中的"辐射"能量密度应当增加一倍,即$\rho_{r0} \approx 8 \times 10^{-34} \text{g/cm}^3$。因此,(7.136)式给出的$T_{eq}$应降低一半左右,$T_{eq} \approx 9\,000 \text{ K}$;(7.135)式给出的$R_{eq}$(以及$a_{eq}$)应增加一倍,$a_{eq} = \rho_{r0}/\rho_{m0} \approx 3 \times 10^{-4}$;而(7.143)式给出的$t_{eq}$现在应为$t_{eq} \approx 2^{3/2} \times 10^4$ 年 $\approx 3 \times 10^4$ 年。

7.7 宇宙演化简史

7.7.1 时空创生

按照标准宇宙学模型,宇宙起源于一百多亿年前的一次大爆炸。大爆炸之前,没有物质,没有时间,也没有空间,只有真空——但这并不是哲学上真正一无所有的虚空,而是物理上充满了量子涨落的"沸腾的真空",它蕴涵着巨大的潜能。我们可以从量子力学的不确定关系出发,来分析一下真空量子涨落给出的时间尺度和能量尺度,这也就是宇宙诞生时相应的时间和能量尺度。按照不确定关系,时间的涨落与能量的涨落之间满足

$$\Delta t \Delta E \approx tE \approx \frac{\hbar}{2} = \frac{h}{4\pi} \tag{7.146}$$

式中,h为普朗克常量。另一方面,$E \simeq kT$,且宇宙诞生后,应满足(7.144)式,即$a \propto t^{1/2}$,以及$a \propto 1/T$。严格计算给出T和t之间的关系是

$$T = \left(\frac{3c^2}{32\pi G a_r}\right)^{1/4} \frac{1}{\sqrt{t}} \tag{7.147}$$

式中,a_r即为(7.22)式所示的辐射密度常数。这样,(7.146)式化为

$$tE \approx t \cdot kT \approx t \cdot k\left(\frac{3c^2}{32\pi G a_r}\right)^{1/4} \frac{1}{\sqrt{t}} \approx \frac{h}{4\pi} \tag{7.148}$$

最后一个关系式给出

$$t \approx \frac{h^2}{16\pi^2 k^2 \left(\frac{3c^2}{32\pi G a_r}\right)^{1/2}} = \pi \left(\frac{hG}{45c^5}\right)^{1/2} \simeq 6 \times 10^{-44} \text{ s} \tag{7.149}$$

通常把这一时间尺度称为**普朗克时间** t_{pl}，并把其值取为

$$t_{pl} = \sqrt{\frac{\hbar G}{c^5}} \simeq 10^{-43} \text{ s} \tag{7.150}$$

其中 $\hbar \equiv h/2\pi$。与普朗克时间相应的能量定义为**普朗克能量** E_{pl}，有

$$E_{pl} = \frac{\hbar}{t_{pl}} = \sqrt{\frac{\hbar c^5}{G}} \simeq 10^{19} \text{ GeV} \tag{7.151}$$

与此能量相应的质量称为**普朗克质量** M_{pl}，有

$$M_{pl} = E_{pl}/c^2 = \sqrt{\frac{\hbar c}{G}} \simeq 2 \times 10^{-5} \text{ g} \tag{7.152}$$

另一方面，普朗克时间 t_{pl} 乘以光速就得到**普朗克长度** l_{pl}，即

$$l_{pl} = ct_{pl} = \sqrt{\frac{hG}{c^3}} \simeq 10^{-33} \text{ cm} \tag{7.153}$$

普朗克时间和普朗克长度的物理意义是，它们分别代表经典连续时空中所能测量的最小时间和空间间隔。小于普朗克时间和普朗克长度，时间和空间就变得不连续，也就是量子化了。有意义的是，上述普朗克时间、长度及能量的表示式，都是 $\hbar$，G 和 c 这几个基本物理常数的某种组合。$\hbar$ 代表量子效应，G 代表引力作用，c 代表相对论效应。因此，我们宇宙的诞生，可以看成这几种基本物理效应和作用的综合结果。

总之，宇宙大爆炸即是一次 $t \to 0$，$E \to \infty$ 的巨大真空潜能的释放。由相对论的质能关系 $E = mc^2$，释放出来的能量可以转化为物质粒子。从这个意义上说，大爆炸就是一次规模无比巨大的、"无中生有"的真空潜能转变为物质粒子（物理宇宙）的过程。大爆炸之后，时空创生了，物质创生了，宇宙也就创生了。在此之前，宇宙处于时空的量子混沌状态，不存在经典意义下的连续时间和空间，也不存在任何因果联系。只是在普朗克时间之后，时空才具有我们熟悉的连续的形式，并且具有了确定的拓扑结构——闭合的、开放的或平直的，单连通的或者多连通的。更重要的是，时空的拓扑结构自宇宙创生之后不会再变化，这就是大爆炸宇宙的最早的历史遗迹。最后还要指出，虽然常常把大爆炸描述为原初的"爆炸"，但它与通常的爆炸有一个关键性的区别——它的向外运动是某种初始条件的结果，而不是由向外的压力所造成的。

7.7.2 宇宙热历史概述

这一小节我们对宇宙演化的热历史做一个概述，主要介绍自大爆炸之后直到现在，宇宙演化各阶段发生的主要物理过程（参见图 7.27a）。接下来的几小节，将分别对几个重要阶段做进一步的讨论。宇宙的演化过程可以用 t，ρ，T，R 等不同参数来描述，但其中最好的参数是温度 T，因为它可以直接测量，同时，kT 给出了粒子热运动能量的典型值。随着宇宙的（绝热）膨胀，温度以及能量密度都逐渐降低。对应于不同的能量密度，宇宙依次进入粒子物理、核物理、原子物理等不同物理学领域的演化阶段。

总的说来，当宇宙的温度足够高，使得 $kT > m_a c^2$，其中 m_a 代表某种粒子的质量，则粒

子 α 与对应的反粒子 $\bar{\alpha}$，以及辐射 γ 之间处于热平衡状态：

$$\alpha + \bar{\alpha} \Leftrightarrow \gamma + \gamma \tag{7.154}$$

当温度的下降使得 $kT < m_\alpha c^2$，上述平衡就被打破了，主要发生的是湮灭反应。这样，如果宇宙中的正、反粒子严格对称，湮灭的结果将会使宇宙中所有的粒子消失，只剩下光子。如果的确是这种情况，则星系、恒星、地球，包括我们人类在内，都将不复存在。但事实并非如此，这说明宇宙中的正反物质之间并不是严格对称的，而是存在着微小的不对称，即对称破缺。显然，只要正粒子比反粒子多出 10^{-9}，当绝大多数正反粒子湮灭之后，就会有极少量的正粒子残留下来，演化为我们今天所看到的形态万千的宇宙天体，并且给出观测到的光子数与重子数之比，即 $n_r/n_B \sim 10^9$。这样，宇宙极早期正反物质之间的微小对称破缺，就可以同时解释正反物质粒子极大的不对称，以及巨大的光子数与重子数之比这两个观测事实。但如前所述，这一对称破缺产生的原因现在还不清楚，包括大统一理论在内的各种理论，至今也还没能对此给出令人满意的解释。

(1) $T \sim 10^{32}$ K（$kT \approx E_{pl} \simeq 10^{19}$ GeV，普朗克时期） 这一时期相应于时空创生，称为**普朗克时期**。这个时期诞生了连续的时间和空间，也诞生了物质，且 4 种基本相互作用即引力、电磁力、弱作用及强作用力是完全统一的。但是至今没有任何理论可以对这种统一性给出正确描述。

(2) $T \sim 10^{28}$ K（$E \approx 10^{15}$ GeV，大统一时期） 这一时期称为**大统一时期**（grand unification epoch），此时引力已与其他相互作用分离，而电磁力、弱和强核力仍统一为电核力（electronuclear force）。此时期产生正反物质的不对称性，导致今天宇宙中的正物质远远多于反物质。但其中的具体机制仍不明确。

(3) 10^{14} K $\leqslant T \leqslant 10^{27}$ K（10 GeV $\leqslant E \leqslant 10^{14}$ GeV，夸克时期） 大爆炸后的 10^{-33}—10^{-6} s 期间，宇宙的温度非常高，所有的夸克都处于自由状态，这一时期称为夸克时期。根据大统一理论的基本粒子标准模型，此时宇宙中共有 62 种基本粒子（参见图 7.27b），其中包括：

夸克 36 种——即六"味"（上、下、奇、粲、底、顶，能量由小到大）、三"色"（红绿蓝，"色"代表自由度）及正反，共计 $6 \times 3 \times 2 = 36$ 种；

轻子 12 种——电子 e^-，μ 子和 τ 子，以及与这三者相应的中微子 ν_{e^-}，ν_μ 和 ν_τ；同时，这 6 种轻子都有各自的反粒子；

规范玻色子（规范传播子）14 种——即 8 种传播强相互作用（夸克相互作用）的胶子（Gluon），3 种传播弱相互作用的玻色子 $W^\pm$ 及 Z^0，传播引力相互作用的引力子（Graviton）、传播电磁相互作用的光子（Photon）、希格斯玻色子（Higgs Boson）。它们与夸克、轻子之间的相互关系如图 7.27c 所示。其中，希格斯玻色子是整个理论的关键：希格斯玻色子是宇宙希格斯场的量子化激发结果，它通过自相互作用而获得质量；希格斯玻色子能够利用某种对称性自发破缺机制来赋予其他基本粒子质量，这一机制被称为希格斯机制。2012 年 7 月，欧洲核子研究中心（European Organization for Nuclear Research，简称 CERN）正式宣布发现了希格斯玻色子（当时称为"上帝粒子"），希格斯机制的最早提出者彼得·希格斯（Peter Higgs）也因此获得了 2013 年的诺贝尔物理学奖。当然，希格斯玻色子的发现，并不意味着大统一理论的最终完成。例如，引力还不能被自然地纳入到这一理论之中；此外，宇宙暗物质到底属何种粒子，至今仍无确切答案。

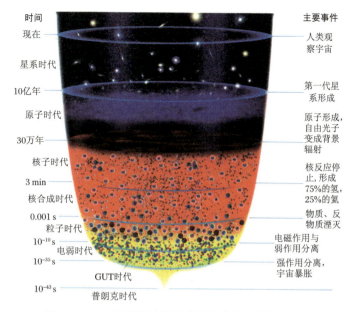

图 7.27a 宇宙演化的主要阶段及其发生的物理过程

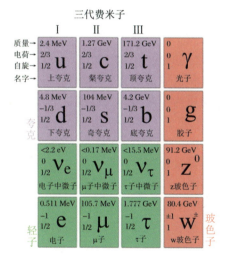

图 7.27b 基本粒子图谱

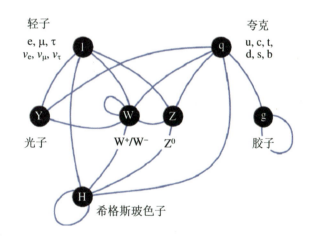

图 7.27c 基本粒子关系图

(4) 10^{12} K$<T<10^{14}$ K(100 MeV$<E<$10 GeV,强子时期) 在夸克时期,宇宙中充满了炽热的夸克-胶子等离子体,还含有大量的光子和轻子。高能粒子的相互碰撞可以形成强子(即介子和重子),同时也存在相应的逆反应。夸克时期大约在宇宙年龄 10^{-6} s 时结束,这时粒子的平均能量已低于强子的束缚能,使得所有自由夸克被约束在强子内部,从而开始了**强子时期**。强子(Hadron)是所有参与强相互作用的粒子的总称,可以分为重子(Baryon)和介子(Meson)两大类。重子包括组成原子核的核子(质子和中子)以及超子(Hyperon,例如 Δ、Λ、Σ、Ξ 和 Ω 超子,超子一般比核子重,而且寿命非常短),它们由 3 个夸克或 3 个反夸克组成,故自旋总是半整数,也就是说重子是费米子。介子有许多种,高空宇宙射线与地球空气相互作用时会产生介子。介子由一个夸克和一个反夸克组成,故它们的自旋是整数,即介子是玻色子。在强子时期,宇宙中的光子、轻子、介子、重子以及它们的反粒子处于热平衡

状态,其中介子与核子之间的强相互作用使得这个时期的物态方程非常复杂。当宇宙年龄大约为 0.001 s 时,强子时期结束。我们知道,核子(质子、中子)的质量大约为 1 000 MeV,而 1 MeV≈10^{10} K。因而当宇宙温度降到 10^{12} K(此时能量约为 100 MeV,相应的宇宙年龄 t≈0.001 s),此前曾大量存在的正反质子和中子绝大部分已经湮灭,辐射与核子能量密度分别为 ρ_r～10^{14} g/cm³,ρ_B～10^5 g/cm³。宇宙中此时主要包含着光子 γ、$\mu^{\pm}$ 介子、正负电子 $e^{\pm}$、正反中微子 ν-$\bar{\nu}$,以及极少的核子(由数目相等的质子和中子组成)。所有这些粒子都处于热平衡之中。

(5) 10^{10} K<T<10^{12} K (1 MeV<E<100 MeV,轻子时期)　在温度降到 10^{12} K 以下时,μ^+ 和 μ^- 开始湮灭。当 T≈1.3×10^{11} K,几乎所有的 μ 介子都消失了。同时,中微子开始与其他粒子退耦,成为自由粒子,但仍保持费米分布,其温度 $T\propto R^{-1}$。此时相对论性粒子还有 γ,$e^{\pm}$ 以及少量核子。这一时期称为**轻子时期**,它大约从宇宙年龄 10^{-3} s 持续到 10 s。

(6) T≤5×10^9 K　当温度降到 5×10^9 K(相应于电子的静能 0.5 MeV)以下(t≈40 s),正负电子对 $e^{\pm}$ 开始湮灭,宇宙中余下的主要成分只有处于自由膨胀中的光子、中微子和反中微子。由于湮灭使得光子温度升高,光子的温度变为中微子温度的 1.4 倍,并在此后始终保持这一比值。

(7) T≈10^9 K(t≈200 s,早期核合成时期)　此时中子很快与质子一起聚变成较重的核,即完成宇宙轻元素的合成。宇宙的主要成分现在是 H,^{4}He 以及微量的 ^{2}D 和 ^{3}He 等轻元素组成的电离气体。这一时期称为**早期核合成时期**。

(8) T≈3 000 K(复合时期)　在 10^3 K<T<10^5 K 之间的某个温度(即 T_{eq}),光子、中微子和反中微子等相对论性粒子的能量密度,下降到以氢和氦原子核为主的非相对论性物质的能量密度以下,从而宇宙由以辐射为主时期进入以物质为主时期。当温度进一步降低到 T≈3 000 K 时,绝大部分氢核与自由电子复合成中性氢原子。这时物质与辐射退耦,宇宙变得透明。而在此以前(T>3 000 K),由于辐射与自由电子之间的强烈耦合,宇宙是不透明的。辐射与物质脱耦之后,即形成弥漫于整个宇宙中的背景辐射。这一时期称为**复合时期**,作为这一时期历史遗迹的,就是宇宙微波背景辐射(CMB)。

(9) T≤100 K(宇宙结构形成时期)　物质粒子与辐射退耦之后,由于引力作用而彼此聚集成团。这种成团过程不断发展,形成越来越大的原始星云。大致在宇宙温度降到 T≤100 K 时(相应于红移 z=30—20),宇宙中的第一代天体就开始形成。其后,便开始了星系、恒星、行星包括生命形成的漫长历程。

7.7.3　轻元素核合成

宇宙中氢和氦是最丰富的元素。按质量计算,氢的丰度约为 3/4,氦的丰度约为 1/4,其他元素的丰度加在一起也只有 1% 左右。地球上的氦很少,氦元素最早是通过太阳日珥光谱发现的,后来才在地球大气中找到。氦最引人注目的特点是,在不同类型的天体上,氦丰度 Y 大致相同,都在 0.25—0.30 之间。

早在 20 世纪 30 年代末,核物理学家就提出了热核聚变理论,即 4 个氢原子核能够通过聚变反应生成氦原子核:

$$4\,^1\mathrm{H}\longrightarrow\,^4\mathrm{He} \tag{7.155}$$

这是最早的元素生成理论,当时是为了解释太阳和恒星的能源问题而提出的。但是计算表明,宇宙中所有恒星产生的氦,加起来也只有观测到的氦丰度的 1/10,因此,恒星内部的热核聚变不足以解释为什么宇宙中有如此丰富的氦。只有大爆炸宇宙学可以对这个问题给出满意的答案,就像伽莫夫等人 1948 年提出的 $\alpha\beta\gamma$ 理论曾预言过的那样。

按照大爆炸宇宙学理论,当宇宙的温度降到 $T\approx 10^{10}$ K,能量 $kT\approx 1$ MeV 时(此时宇宙的年龄 $t\approx 1$ s),宇宙间还有许多正负电子以及少量的中子和质子。中子和质子可以通过与正负电子之间的弱相互作用过程而相互转换:

$$\begin{cases} \text{n} + \text{e}^+ \rightleftarrows \text{p} + \bar{\nu}_\text{e} \\ \text{p} + \text{e}^- \rightleftarrows \text{n} + \nu_\text{e} \end{cases} \tag{7.156}$$

式中,ν_e,$\bar{\nu}_\text{e}$ 代表电子型中微子及其反粒子,这些过程使中子数与质子数之比达到热平衡。但由于中子与质子的静质量之差 $m_\text{n} - m_\text{p} \simeq 1.3$ MeV/c²,因此热平衡时中子数密度 n_n 与质子数密度 n_p 并不相等,两者之比由玻尔兹曼公式给出

$$\frac{n_\text{n}}{n_\text{p}} \approx \exp\left[-\frac{(m_\text{n} - m_\text{p})c^2}{kT}\right] \tag{7.157}$$

显然热平衡时的中子数略少于质子数。当宇宙进一步膨胀,温度低于 10^{10} K 以后,正负电子大量湮灭,致使中子和质子之间不再相互转换,它们的数密度之比也不再随着温度变化,而是大致"冻结"在一个比例上,即

$$\frac{n_\text{n}}{n_\text{p}} \approx \frac{1}{6} \tag{7.158}$$

当温度进一步下降到 $T\approx 10^9$ K,中子和质子开始形成氘(^{2}H,或 D)以及其他某些轻元素,最终形成稳定的氦。其中的主要反应是

$$\begin{cases} \text{p} + \text{n} \longrightarrow {}^2\text{H} + \gamma \\ {}^2\text{H} + {}^2\text{H} \longrightarrow {}^3\text{H} + \text{p} \\ {}^2\text{H} + {}^2\text{H} \longrightarrow {}^3\text{He} + \text{n} \\ {}^3\text{H} + {}^2\text{H} \longrightarrow {}^4\text{He} + \text{n} \\ {}^3\text{He} + {}^2\text{H} \longrightarrow {}^4\text{He} + \text{p} \end{cases} \tag{7.159}$$

上述一系列反应中氘核的生成是关键。氘核的结合能很小,只有 2.23 MeV,所以只有当 T 降到 10^9 K 之后,氘核才能存在。在此温度之上,氘核即使形成也会立即被高能光子离解成中子和质子。一旦氘核形成,后继反应会很快进行,把所有的中子都结合到氦核中去,从而迅速形成大量的氦。

我们来计算一下这样生成的氦丰度 Y 以及余下的氢丰度 X(其他元素的丰度都很小,暂且忽略)。实际上氢丰度很好算,因为所有的中子都被结合到氦核中,而且氦核中的质子数与中子数是相等的,故单位体积内,氦核以外的自由质子(氢核)数是 $n_\text{p} - n_\text{n}$,这里的 n_p 和 n_n 之比如(7.158)式所示。氢丰度的定义是单位体积内氢的质量与总质量之比,显然应该等于(这里我们忽略中子与质子质量的微小差别)

$$X = \frac{n_\text{p} - n_\text{n}}{n_\text{p} + n_\text{n}} \tag{7.160}$$

这样,氦丰度就是

$$Y = 1 - X = 1 - \frac{n_\text{p} - n_\text{n}}{n_\text{p} + n_\text{n}} = \frac{2n_\text{n}}{n_\text{p} + n_\text{n}} = \frac{2\beta}{1 + \beta} \approx 0.29 \tag{7.161}$$

式中，$\beta \equiv n_n/n_p \approx 1/6$。

但实际上，还有一个重要的因素要考虑，即自由中子是不稳定的，它会自发衰变成质子

$$n \longrightarrow p + e^- + \bar{\nu}_e \tag{7.162}$$

其半衰期大约是 10 min。中子的衰变使得 β 的值并不完全冻结，而是越来越小。从中子和质子失去热平衡到核合成进行，中间大约经历 100 s，这样一个时间长度同中子的半衰期相比不能忽略。因此，在这期间就会有一部分中子衰变成质子，从而使 β 从大约 1/6 下降到大约 1/7。把 $\beta \approx 1/7$ 代入氦丰度的计算式(7.161)，就得到

$$Y \approx 0.25 \tag{7.163}$$

这个理论值完全符合观测的要求。氦丰度值是大爆炸宇宙理论给出的最重要的预言之一，而其他任何宇宙学理论都给不出这样一个与观测相符的氦丰度预言。这也就是大爆炸宇宙论今天能被广泛接受的根本原因之一。

伽莫夫等人当时认为，当 ^{4}He 生成之后，会进一步通过一连串的中子俘获以及电子衰变过程，产生出宇宙中的所有元素。但是，自然界中不存在原子量 $A=5$ 和 $A=8$ 的稳定元素，使得这一想法遇到了严重困难。例如，在实验中我们可以用中子去轰击 ^{4}He 从而产生 ^{5}He，但 ^{5}He 即刻衰变，又变回到 ^{4}He。与此类似，我们可以瞬时产生原子量为 8 的 Be 同位素，但它也立即裂变为两个 ^{4}He 核。因此，如果中子俘获是制造元素的唯一过程，则从氢开始，制造过程到氦就会完结。

事实上，以氦为基础进一步生成的元素主要是 ^{7}Li 而不是更重的原子核。生成 ^{7}Li 的方式有

$$^4\text{He} + {}^3\text{H} \longrightarrow {}^7\text{Li} + \gamma \tag{7.164}$$

以及

$$\begin{cases} ^4\text{He} + {}^3\text{He} \longrightarrow {}^7\text{Be} + \gamma \\ ^7\text{Be} + e^- \longrightarrow {}^7\text{Li} + \nu_e \end{cases} \tag{7.165}$$

而产生的部分 ^{7}Li 会与质子反应又回到 ^{4}He：

$$^7\text{Li} + p \longrightarrow {}^4\text{He} + {}^4\text{He} \tag{7.166}$$

因此净效果是生成了极少量的 ^{7}Li，其丰度也与目前的观测结果相符。但由于 ^{7}Li 的丰度实在太低，不会引起进一步的核聚变。当宇宙的温度继续下降，粒子的动能不足以克服原子核间的库仑势垒，热核反应就停止了。图 7.28 给出宇宙早期轻元素生成的有关核反应过程。图 7.29 显示，宇宙早期核合成过程中，各种轻元素的丰度随时间的演化。

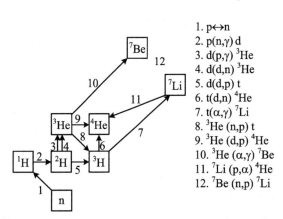

图 7.28 宇宙早期的核反应过程

1. p↔n
2. p(n,γ)d
3. d(p,γ) ^{3}He
4. d(d,n) ^{3}He
5. d(d,p) t
6. t(d,n) ^{4}He
7. t(α,γ) ^{7}Li
8. ^{3}He (n,p)
9. ^{3}He (d,p) ^{4}He
10. ^{3}He (α,γ) ^{7}Be
11. ^{7}Li (p,α) ^{4}He
12. ^{7}Be (n,p) ^{7}Li

综上所述，宇宙早期的核合成，主要发生在大爆炸之后约 200 s（大约 3 min）的时间内，核合成的主要产物是 ^{4}He，同时伴随少量的 ^{3}He，^{3}H，^{2}H，^{7}Li 和 ^{7}Be。宇宙中其他更重的元素不是在早期宇宙核合成阶段产生的，它们的生成完全依赖于宇宙演化晚期，即恒星内部的核反应以及超新星爆发。

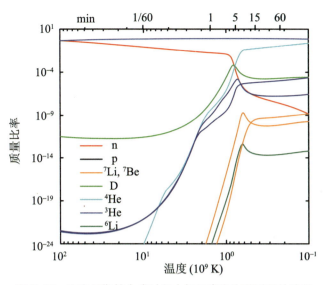

图 7.29 宇宙早期核合成过程中轻元素丰度随时间的演化

最后还要指出,上述由标准宇宙学模型计算出来的轻元素丰度,与宇宙中总的重子密度 ρ_B 是密切相关的。如图 7.30,其中横坐标表示重子密度,纵坐标为相应的重子密度下所产生的各元素的丰度。从图中看到,^{4}He 的稳定性使它的丰度受 ρ_B 的影响较小,但 ^{2}H(D)的丰度则随 ρ_B 的上升而急剧下降。这是因为 ^{2}H 的活性太大,重子密度高反而为它提供了更多的反应机会从而消失。^{3}He 对于重子密度的依赖性也不大。但 ^{7}Li 这样的较重元素在重子密度较高时就会较多地生成,因为高密度提供了更多的反应机会。特别要强调的是,以上各种轻元素丰度与重子密度之间的依赖关系,为我们提供了确定宇宙中重子密度的一种方法。如图 7.30 所示,图中竖直的带状区域表示,观测到的轻元素丰度允许重子密度变化的范围。有意义的是,这个允许范围可以同时满足 ^{4}He,^{2}H,^{3}He 和 ^{7}Li 的观测结果,而这些元素的观测丰度都是通过不同途经、各自独立地得到的。更令人惊讶的是,重子密度的这一结果与其他方法,例如 WMAP 卫星对宇宙微波背景辐射的分析得到的结果(7.25)式完全一致。宇宙早期核合成的理论结果与观测结果这样高度相符,是天体物理学中非常罕见的。这更加有力地表明了大爆炸宇宙理论的正确性,因为任何其他的理论,在解释轻元素丰度这一点上都完全无能为力。

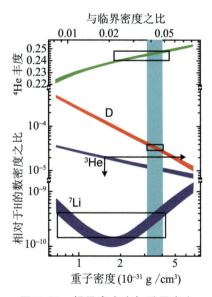

图 7.30 轻元素丰度与重子密度的关系(图中方框和箭头表示观测结果的允许范围)

7.7.4 宇宙背景辐射

早期核合成完成之后经过 1 万 -3 万年,宇宙就由辐射为主而进入物质为主的阶段,此时的（重子）物质处于电离状态，是由电子、质子、原子核以及光子等混合而成的等离子体。在强大的辐射压力的驱散下，宇宙中各种物质粒子均匀地分布在空间里，呈现高度均匀各向同性的状态。由于辐射与物质之间的耦合较强，二者之间达到热平衡，可以用一个统一的温度来标志，而且热平衡状态下的辐射具有黑体谱。

大爆炸之后大约经过 30 万年，宇宙的温度下降到 3 000 K 左右。此时差不多所有的自由电子都已经被结合到中性原子之中，辐射与物质之间不再有耦合，这就是复合时期。在此时期之前辐射与自由电子的强烈作用（即汤姆孙散射）使物质不透明，而此时期之后宇宙物质就变得透明了。

复合时期自由电子的数目急剧减少，也就是以氢为主的重子物质的电离率急剧下降。对光子而言，它与电子发生散射的概率也迅速降低（此时背景辐射光子与中性原子的散射截面非常小，可以认为没有相互作用）。复合过程中电离率随温度的变化可以具体计算出来，但这一计算十分繁复，我们就不仔细介绍了。根据这一电离率随温度的变化，还可以进一步计算背景辐射光子与自由电子发生**最后一次散射**（见图 7.31a）的概率。实际上，辐射与物质退耦的时刻，也就是绝大多数背景光子与自由电子发生最后一次散射的时刻。自那时以后，光子就开始在宇宙空间中自由传播。图 7.31b 画出了背景光子与自由电子发生最后一次散射的概率随宇宙学红移的分布。从图中可见，概率最大处相应的红移 $z_{LS} \approx 1\,060$，且半峰全宽（即峰高一半处的宽度）为 $\Delta z_{LS} \approx 200$。这就是说，如图 7.31c 所示，如果观测者位于图的中央，则他看到的最后散射光子，大多数来源于半径 $z \approx 1\,060$ 的一个球面（称为**最后散射面**）附近，实际上不同方向的光子来源有远有近，故更确切地说，这些光子来自一个红移厚度为 $\Delta z \approx 200$ 的球层，称为**最后散射层**。我们现在所接收到的宇宙微波背景辐射光子，就是从最后散射层中的不同位置出发，而到达地球的。

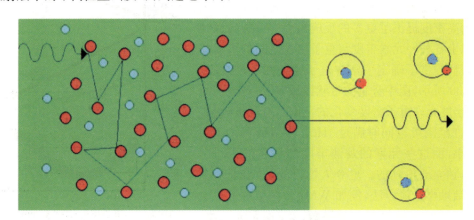

图 7.31a　背景光子的最后一次散射

这里还要解释一下复合过程发生时的宇宙温度。我们知道，氢的电离能是 13.6 eV，相应的温度大约是 1.6×10^5 K。由此引发一个问题：为什么复合的温度只有约 3 000 K（最后散射面的位置 $z = 1\,060$ K 相应的温度），而不是更高？这个问题的回答其实也很简单：因为背景辐射是黑体辐射，虽然 3 000 K 的黑体发出的光子平均能量不高，但黑体辐射的能谱中总有一条"高能尾巴"，其光子的能量足以使氢电离。同时，背景辐射光子的数目是重子数目的 10^9 倍，所以尽管是"尾巴"，但其中电离光子的数目也是巨大的。这就使得宇宙温度降到 3 000－4 000 K 时，还有大量的氢处于电离状态。

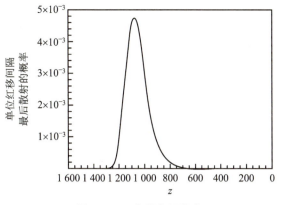

图 7.31b 背景光子发生
最后一次散射的概率

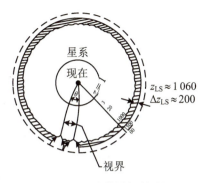

图 7.31c 宇宙背景辐射的最后
散射面和最后散射层

前面谈到,COBE 卫星、WMAP 卫星和 Planck 卫星观测到的宇宙微波背景辐射是高度各向同性的。但高度各向同性并不意味着没有一点起伏或涨落。事实上,不同方向观测到的背景辐射温度有

$$\Delta T/T \approx 10^{-5} \tag{7.167}$$

的涨落。这一很小的涨落有两个方面的重要意义:一方面,因为它很小,故有力地支持了宇宙学原理关于宇宙各向同性的假设;另一方面,这一涨落反映了宇宙物质密度分布中存在微小的不均匀性,这种微小不均匀性是原初宇宙遗留下来的,并且是形成我们今天观察到的各种天体结构(例如星系)所必需的"种子"。试想,一个 100% 绝对均匀的物质分布如何能够演化出各种结构?当 COBE 卫星最初测到 $\Delta T/T \leqslant 10^{-4}$ 的上限时,就有人担忧,如果进一步的测量得到的下限太小,则宇宙过分均匀的结果,会使宇宙结构形成的理论遇到严重困难。幸好,经过反复测量特别是 WMAP 卫星和 Planck 卫星的进一步确认,我们现在有了一个 $\Delta T/T \approx 10^{-5}$ 的肯定结果。有了这样一个原初涨落或扰动,宇宙结构的形成就不存在根本性的困难了。

对宇宙微波背景辐射温度涨落的分析比较复杂,这是因为,观测到的微小各向异性是在天球球面上分布的,故必须对温度涨落作球谐函数展开,即

$$\frac{\delta T(\theta,\phi)}{T} = \sum_{l=1}^{\infty} \sum_{m=-l}^{l} a_{l,m} Y_m^l(\theta,\phi) \tag{7.168}$$

式中,系数 $a_{l,m}$ 的值是通过对全天背景辐射温度涨落的测量而得出的。$l=1$ 的项相应于偶极各向异性或偶极矩,它的起因是地球相对于宇宙背景辐射的运动(见图 7.14)。这实际上是一种局域效应,可以单独处理,因此在对背景温度各向异性的讨论中可以略去。$l \geqslant 2$ 的项表示多极各向异性(或多极矩),它们所反映的是内禀的涨落,即由于宇宙物质空间分布的(微小)不均匀,而引起的背景辐射温度分布的不均匀。$l=2$ 表示四极矩,$l>2$ 表示 $2l$ 极矩。显然,较大的 l 相应于较小的 θ 角内的温度涨落。根据球谐函数 Y_{lm} 的零点分布特征,可以估计出 l 与分辨角之间的关系为

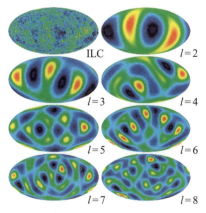

图 7.32 宇宙微波背景辐射内禀
温度涨落的全天分布(左上图)及
$l=2-8$ 的多极各向异性

$\theta \sim 180°/l$。图 7.32 表示 $l=2-8$ 的多极矩,图中左上角的图即为所有 $l \geqslant 2$ 求和的结果。

通常把温度涨落的平均值随 l 的分布称为**温度功率谱**(见图 7.33)。温度功率谱中的第一个峰($l \sim 200$)称为**多普勒峰**,它的产生是由于最后散射面上的速度扰动,从而引起所谓重子声学振荡。第一个峰以后,随着 l 的增加,谱的形状就变得比较复杂了,出现了若干个小的峰,称为**声峰**。但总体的趋势是,在 l 越来越大时,峰的高度迅速衰减。计算表明,多普勒峰以及其他声峰的位置和相对幅度不仅与重子和暗物质的比例有关,而且与基本宇宙学参数密切相关。例如,第一个峰的位置直接关系到宇宙的总体曲率 k,如果宇宙的曲率(拓扑性质)发生改变,多普勒峰相应的 l 值也会变化。在平直宇宙中,多普勒峰出现在 $l \sim 200$ 处,正如图 7.33 所示,因而表明我们的宇宙是平直的,即 $k=0$。如果宇宙具有正曲率,该峰将移向较小的 l;如果宇宙具有负曲率,则该峰将向较大的 l 方向移动。正是通过 COBE 卫星、WMAP 卫星和 Planck 卫星对温度功率谱的准确测定,我们才得到了一系列基本宇宙学参数的可靠观测值,例如(7.102)式所示的结果。在这个意义上的确可以说,以 COBE 卫星、WMAP 卫星和 Planck 卫星为代表的宇宙微波背景辐射的精密测量,已经使我们完成了对"历史上有没有过大爆炸"的探索,进而步入了"精确宇宙学"研究的时代。

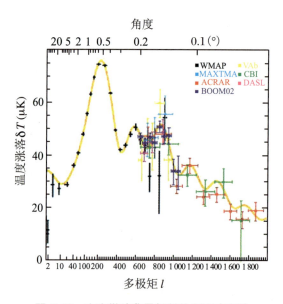

图 7.33 宇宙微波背景辐射的温度功率谱

7.7.5 星系和宇宙大尺度结构的形成

宇宙大尺度结构的基本组元是星系。星系的形成是物质与辐射退耦之后发生的最重要的事件,也是离我们最近、内容极其丰富多样的天体物理过程。

星系是由宇宙极早期产生的微小密度扰动(涨落),经过引力凝聚作用逐渐发展而成的。从 7.6 节我们知道,宇宙微波背景辐射温度涨落的观测结果是 $\delta T/T \sim 10^{-5}$,这表明复合结束之时(即 $z \sim 1000$ 时),物质中也具有 $\delta\rho/\rho \sim 10^{-5}$ 的密度涨落。辐射与物质退耦以后,物质中的密度扰动不再被辐射压力所驱散,从而开始在引力的作用下增长。当密度扰动增长到 $\delta\rho/\rho \sim 1$ 时,就进入非线性增长阶段,然后发生坍缩而形成第一代天体。目前的观测结果表明，许多星系和类星体是在 $1 \leqslant z \leqslant 6$ 期间形成的，在 $6 < z < 10$ 期间的星系或类星体数目非常稀少，而 $z > 10$ 的天体目前还没有观测到。很多人认为，最早的天体（例如所谓的**星族 III 天体**）可能形成于 $z = 20 - 30$，但目前还没有直接的观测证据表明这一点。现在常把 $10 < z < 1\,000$ 的时期称为宇宙的"**黑暗时代**"[Dark Ages，见图 7.34(a)]，因为此期间除了弥漫于太空的宇宙背景辐射外，没有任何发光的天体被观测到。我们对这一时期宇宙中究竟发生了什么，实际上几乎是一无所知。

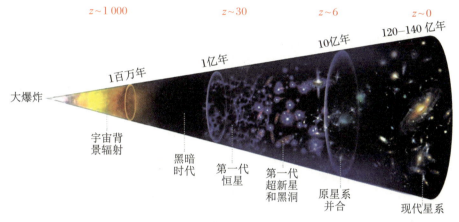

(a) 从极早期宇宙开始

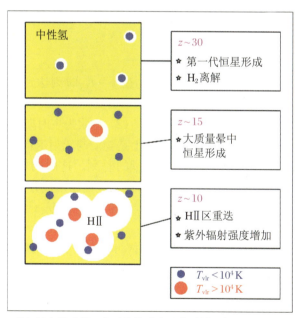

(b) 复合以后第一代天体的形成及其对周围介质的再电离

图 7.34 星系形成的主要阶段

星系和宇宙大尺度结构的形成过程很复杂，其中包括气体冷却、坍缩、恒星形成、气体再加热和再电离[参见图 7.34(b)]等过程，还要考虑周围环境的能量反馈、磁场、角动量交换等一系列复杂因素。除此之外，占宇宙物质总量大部分的暗物质的本质到现在也还不很清楚，只能做某些假设。由于这些方面的原因，大容量、高速度的计算机数值模拟现已成为理论研究越来越重要的手段。另一方面，从地面到太空，各个波段的观测已经延伸到宇宙越来越大的纵深,为研究提供了丰富的观测数据。正是近年来计算机数值处理能力的大幅提高和观测技术手段的巨大进步,使得星系和宇宙大尺度结构的研究现在进入了黄金时期。

1. 星系形成的金斯质量

下面我们先来讨论星系形成的基本条件。虽然一个具体形态的星系形成过程非常复杂,但我们这里只关注这一过程的基本条件和整体性质,故其基本原理与恒星形成的情况非常相似,都是基于金斯引力不稳定性理论。如在第4章对恒星的演化开始部分所述,只有当气体云的质量 $M>M_J$ 时,才会出现引力不稳定性,气体云才能坍缩从而进一步演化成为星系或恒星。

在具有辐射和物质的宇宙中,总质量密度 $\rho = \rho_m + \rho_r$,式中 ρ_m 和 ρ_r 分别表示物质密度和辐射密度。物质成分的金斯质量为[参见(3.19)式]

$$M_J = \frac{4\pi}{3}\rho_m \left(\frac{\lambda_J}{2}\right)^3 = \frac{1}{6}\pi\rho_m\lambda_J^3 \qquad (7.169)$$

式中,λ_J 为金斯波长[参见(3.18)式]

$$\lambda_J \simeq v_s \left(\frac{\pi}{G\rho}\right)^{1/2} \qquad (v_s \text{ 为声速}) \qquad (7.170)$$

下面我们对宇宙不同演化时期的金斯质量作一分析。

(1) 辐射为主时期($t<t_{eq}$)。这一时期物质与辐射强烈耦合,$p = \rho_r c^2/3$,故声速

$$v_s = \frac{dp}{d\rho_r} = \frac{c}{\sqrt{3}} \qquad (7.171)$$

是一个常量。由于 $\rho \propto a^{-4}$(总质量密度由辐射主导),故(7.170)式给出 $\lambda_J \propto a^2$;又有 $\rho_m \propto a^{-3}$,因而(7.169)式给出

$$M_J \propto a^3 \qquad (7.172)$$

M_J 在 $t = t_{eq}$ 时刻达到的值大约为 $10^{16} M_\odot$(如图7.35)。

(2) 物质为主时期($t>t_{rec}$)。这里指的实际上是物质与辐射退耦之后的时期,t_{rec} 即表示退耦的时刻。这时的辐射密度和压力均可忽略,声速就是物质成分中的声速,即

$$v_s = \left(\frac{\partial p_m}{\partial \rho_m}\right)_s^{1/2} = \left(\frac{\gamma k_B T}{m_p}\right)^{1/2} \qquad (7.173)$$

式中,m_p 为质子的质量,对理想气体 $\gamma = 5/3$。宇宙膨胀时,气体体积 $V \propto a^3$,故有 $T \propto a^{-3(\gamma-1)} \propto a^{-2}$,于是有 $v_s \propto a^{-1}$;又有 $\rho_m \propto a^{-3}$,因而 $\lambda_J \propto a^{1/2}$。这样就得到

$$M_J \propto a^{-3/2} \qquad (7.174)$$

由图7.35可见,这一阶段的金斯质量比以辐射为主时期小很多,且随着宇宙的膨胀而递减。

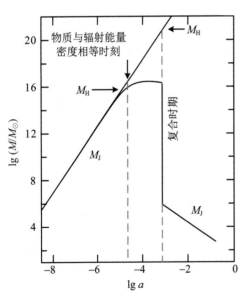

图7.35 金斯质量随宇宙尺度因子的演化(图中 M_H 表示视界质量)

(3) $t_{eq}<t<t_{rec}$ 的时期。这一时期虽然物质成分已开始占主导,但由于辐射与物质之间仍通过汤姆孙散射而耦合,故辐射的作用不能忽略。这样就使计算变得比较复杂,我们这里

只给出最后的结果,此时期的金斯质量为

$$M_{\mathrm{J}} \propto \rho_{\mathrm{m}} \lambda_{\mathrm{J}}^3 \approx 常量 \tag{7.175}$$

如图7.35所示,这一时期相应的金斯质量曲线是平的,即近似保持为常量,不随宇宙的膨胀而变化。

从上面的分析可以看到,复合(物质与辐射退耦)前后的金斯质量有一个很大的落差,复合之前有 $M_{\mathrm{J}} \sim 10^{16} M_\odot$,复合之后是 $M_{\mathrm{J}} \sim 10^6 M_\odot$。这表明,只有在复合之后,物质之中才能形成星系质量以及更小质量的天体。

2. 宇宙原初密度扰动

我们再来讨论宇宙大尺度结构的形成。宇宙大尺度结构通常指的是尺度大于 100 Mpc 的结构,前面已经谈到,在这样大的尺度上宇宙可以看作均匀各向同性的。但这只表示在比超星系团更大的尺度上,宇宙整体的一种平均性质。实际上,在超星系团以下普遍有不均匀的结构,例如星系团和星系团中的星系。对于大尺度结构而言,星系只是一个基本组元或元素,它们的具体大小和形态就显得不重要了。

现在普遍认为,宇宙目前的结构是由极早期很小的密度扰动发展而成的。密度扰动的"种子"或原初密度扰动被认为是宇宙暴胀(见7.8节)阶段的结果。原初扰动是一种随机扰动,扰动幅度在空间中的分布是三维高斯分布,且扰动的功率谱是一种幂律谱。历史上对随机场统计性质的研究,最先始于"二战"期间对通信设备电噪声的分析,这是一个一维的问题。到了20世

图 7.36 一个二维高斯扰动场

纪50年代,这一分析方法被推广到二维情况,用于研究在和缓的风力作用下海面的起伏形状(参见图7.36)。从那以后,对更高维情况的研究进展缓慢,主要原因是数学上的处理非常复杂。直到1981年才给出关于 n 维随机场几何的严格数学表述,高维随机场(包括三维随机场)的研究才得到广泛的推广应用。

在引力和宇宙膨胀的共同作用下,初始很小的密度扰动被不断增强。密度扰动先是线性增长,后来变为非线性增长,再逐步演化为我们今天所看到的各种形态的宇宙结构。因此,密度扰动的发展应当从宇宙暴胀结束后开始,一直持续至今。

3. 密度扰动的线性增长

线性演化阶段[即相对密度扰动 $\delta(t) \equiv \delta\rho/\rho \ll 1$]包括全部辐射为主时期,以及直到复合之后很长时间的物质为主时期。用宇宙学红移来表示,这一阶段大致可以持续到 z 为 70-60 或者更晚一点的时间。由于辐射(以及某些其他相对论性粒子例如中微子)是相对论性的,所以密度扰动的演化方程应当用广义相对论来表述。此时不仅要考虑物质和辐射本身的扰动,还要考虑时空度规的扰动。但这样的处理已超出本书讨论的范围,这里我们只介绍一些主要的结果。

在辐射为主时期,密度扰动随时间增长的规律是

$$\delta \propto a^2 \propto t \tag{7.176}$$

而在物质为主阶段,线性增长的规律是

$$\delta \propto a \propto t^{2/3} \tag{7.177}$$

图7.37给出了一个典型尺度的密度扰动演化的数值结果,其中包含重子、辐射以及暗

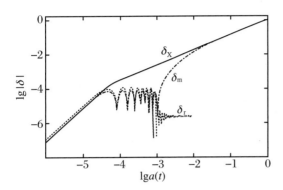

图 7.37 线性增长阶段密度扰动的演化
(δ_m，δ_r，δ_X 分别代表重子、辐射和暗物质中的密度扰动)

物质等不同成分。由图可见，在辐射为主的演化早期，各成分的扰动增长是同步的。到了辐射与物质密度大致相等的时期即 $t \sim t_{eq}$ 前后，辐射与重子的扰动表现为振荡而停止增长，这种情况一直持续到复合结束。此后辐射与物质脱耦而成为残余辐射(背景辐射)，重子的扰动则由于冷暗物质扰动的影响而得到恢复，并且很快与冷暗物质的扰动同步。在整个演化过程中，冷暗物质的扰动基本上一直保持增长，不出现震荡。计算表明，不同质量尺度的扰动演化结果定性地相似，但重子与辐射开始振荡的时间会因质量大小的不同而不同。例如，小质量的扰动开始振荡的时间较早，而大质量扰动则较晚。这就使得不同质量尺度的扰动，演化到最后的振幅大小有所不同，最终使原来的初始扰动谱的形状发生了改变。

在线性演化阶段，主要物理作用是引力、压力(包括辐射压力和气体压力)和暗物质粒子的自由流动(亦即随机热运动)。引力使扰动得到增强，压力却阻止扰动的增长(这一点与引力坍缩时的情况相同)。而无碰撞的暗物质粒子，其自由流动可以使所经之处的密度扰动被衰减。除此之外，光子的阻尼作用也会使得重子成分中的扰动大大减弱甚至消失。上述这些作用综合到一起，在不同尺度上对扰动的增长会产生不同的影响。

4. "自上而下"和"自下而上"的成团模式

宇宙中暗物质的质量比重子物质要多出很多，因此在密度扰动演化过程中，暗物质起着重要的作用，它决定了宇宙成团结构形成的模式。按照暗物质粒子热运动速度从大到小，一般把暗物质分为热、温、冷等 3 种类型。如果暗物质是"热"的，例如有质量的中微子，因其速度弥散很大，可以把很大尺度上的密度扰动平滑掉。这样，宇宙中首先形成的将是 $10^{13} M_\odot$—$10^{15} M_\odot$ 的成团结构，这相当于星系团和超星系团。也就是说，热暗物质(hot dark matter，简称 HDM)主导的宇宙中，先形成的是星系团乃至超星系团这样大的结构，再由大的结构逐渐分裂瓦解，最后形成星系这样的小的结构。这种成团模式被称为"自上而下"(top-down)。但 COBE 卫星和 WMAP 卫星对宇宙背景辐射的观测结果，已经完全否定了这种可能性，它们的观测结果支持的是"冷"暗物质(cold dark matter，简称 CDM)模型(实际上是冷暗物质加不为 0 的宇宙学常数，即所谓 ΛCDM 模型)。按照这一模型，冷暗物质粒子由于速度弥散很小，故有利于小尺度结构先形成。特别是，在复合结束时刻，小尺度上的重子密度扰动被光子的辐射阻尼衰减掉了，但冷暗物质中的小尺度扰动不受光子阻尼的影响，一直保持增长。这样，当重子与辐射脱耦之后，会在冷暗物质扰动的影响下，恢复小尺度上的扰动增长(如图 7.37)，从而形成小尺度的结构。小尺度结构形成之后，再由于引力凝聚作用，逐渐形成尺度越来越大的结构。也就是说，冷暗物质主导的宇宙中，先形成星系这样的小尺度结构，再逐级形成星系团、超星系团等更大尺度的结构。这种逐级成团的模式称为"自下而上"(bottom-up)，它得到了包括 COBE 卫星和 WMAP 卫星等许多观测结果的有力支持。

5. 球对称坍缩模型——暗晕模型

当密度扰动达到 $\delta \sim 1$，就进入非线性增长阶段。非线性增长的计算非常复杂，现在主要利用计算机数值模拟来完成。但作为一个简单的解析近似,球对称坍缩模型可以得到与数值模拟相近的结果,因而在研究扰动的非线性演化时常被作为一种基本模型。下面我们就简要介绍一下这个模型。这个模型里的暗物质是冷暗物质,由暗物质坍缩而形成的团块称为**暗物质晕**,所以这一模型实际讨论的是暗物质晕(简称**暗晕**)的形成。暗晕形成以后,重子物质被暗晕的引力所吸积,在晕中逐渐沉积下来并进一步演化为星系。

目前的看法是,并不是所有的扰动峰处都能形成星系,而只有在密度扰动场中的一些局域极大处,当密度扰动峰的高度达到一定的阈值时(见图7.38),才有可能通过非线性演化而坍缩形成星系等天体。这种情况称为星系的**偏置**(bias)形成。这一情况的发生可能是因为,重子物质最有可能掉入引力势阱较深的暗物质晕中,而引力势阱的深浅与密度扰动峰的高度是直接相关的。

假设在复合结束后的某一时刻 t_i,在膨胀宇宙背景中有一个球对称的扰动区域(见图7.39),其中的密度为 $\rho_p(t_i)$,周围未受扰动区域的密度为 $\rho(t_i)$,因而初始密度涨落 $\delta_i \equiv [\rho_p(t_i) - \rho(t_i)]/\rho(t_i)$。设 $0 < \delta_i \ll 1$,且扰动区域中心处的初始本动速度为0。这样的模型称为球对称坍缩模型,可以把它看成膨胀宇宙背景中的一个正曲率小"宇宙",其"尺度因子" $a(t)$ 满足的方程与弗里德曼宇宙模型类似[参见(7.112)式,这里可取宇宙学常数 $\Lambda = 0$ 且辐射的贡献可以忽略]:

$$\left(\frac{\dot{a}}{a_i}\right)^2 = H_i^2 \left[\Omega_p(t_i) \frac{a_i}{a} + 1 - \Omega_p(t_i) \right] \tag{7.178}$$

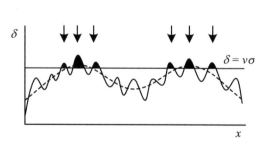

图 7.38 星系通常在一定高度以上的密度扰动峰处形成

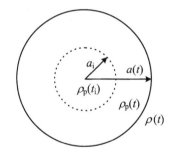

图 7.39 球形扰动区域,相当于一个闭合的小"宇宙"

式中,$a_i = a(t_i)$,H_i 为 t_i 时刻的 Hubble 常数,Ω_p 为扰动区域的密度参数,定义为

$$\Omega_p(t_i) = \frac{\rho_p(t_i)}{\rho_c(t_i)} = \frac{\rho(t_i)}{\rho_c(t_i)}(1 + \delta_i) = \Omega_i(1 + \delta_i) \tag{7.179}$$

式中,$\rho_c(t_i)$ 为 t_i 时刻的宇宙临界密度,$\Omega_i = \rho(t_i)/\rho_c(t_i)$。注意到(7.178)式方括号中最后两项的意义是 $1 - \Omega_p = \Omega_k$,即代表坍缩区域的空间曲率。方程(7.178)式的解具有标准形式(如图7.40)

$$a(\theta) = A(1 - \cos\theta) \tag{7.180}$$
$$t(\theta) = B(\theta - \sin\theta) \tag{7.181}$$

其中常数 A, B 的值如下:

$$A = \frac{a_i \Omega_p(t_i)}{2[\Omega_p(t_i) - 1]}, \quad B = \frac{\Omega_p(t_i)}{2H_i[\Omega_p(t_i) - 1]^{3/2}} \tag{7.182}$$

由上面的结果可得,a 的最大值为

$$a_{\max} = 2A = \frac{a_i \Omega_p(t_i)}{\Omega_p(t_i) - 1} \tag{7.183}$$

其相应的时刻为

$$t_{\max} = \pi B = \frac{\pi \Omega_p(t_i)}{2H_i[\Omega_p(t_i) - 1]^{3/2}} \tag{7.184}$$

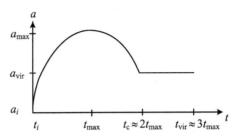

图 7.40 扰动区域的尺度因子 $a(t)$ 随时间的演化

当 a 达到最大值之后,扰动区域就开始坍缩。解(7.180)式和(7.181)式可以看到,如果忽略压力,则坍缩持续到时间约为 $2t_{\max}$ 时,中心密度就会达到无穷大。但事实上,当中心密度变得很高时,压力就不能忽略,而且此时如果有一点偏离球对称,则很容易出现激波和显著的能量耗散,使得坍缩物质的动能转化为热能,即随机热运动能量。这样,扰动区域就会很快达到位力平衡,坍缩也就实际上停止了。另一条可能的途径是,在坍缩过程中,众多的粒子团块在引力势梯度的影响下,很快达到动力学平衡。这一过程即所谓**剧烈弛豫**(violent relaxation)过程。对于冷暗物质粒子,更可能发生的是后一种情况。总之,球对称坍缩最后的普遍结果是,不是坍缩到密度无穷大的奇点,而是形成一个体积有限的、满足位力平衡条件的自引力束缚系统。数值模拟结果给出这一时间过程为 $t_{\mathrm{vir}} \simeq 3t_{\max}$。通过计算机数值模拟的研究,暗晕中的物质密度分布可以用下式近似表示(称为 NFW 密度轮廓):

$$\rho(r) = \frac{\rho_0}{(r/a)(1 + r/a)^2} \tag{7.185}$$

式中,ρ_0 和 a 为常量,对不同的暗晕有不同的值。显然,当 $r \gg a$ 时 $\rho(r) \propto 1/r^3$,而在暗晕的中心附近,即 $r \ll a$ 时,$\rho(r) \propto 1/r$。

基于球对称坍缩模型,还可以进一步从密度扰动的随机统计性质(高斯型分布)出发,得出坍缩天体的数目随质量的分布及其时间演化。这一结果就是普雷斯-谢克特(Press-Schechter)**质量函数**,或简称 P-S 质量函数。图 7.41 给出的,就是 P-S 质量函数的一个计算实例,其中有关宇宙学参数取为 $\Omega_m = 0.3, \Omega_\Lambda = 0.7, h = 0.7$。图中横轴表示的是宇宙学红移 z,纵轴表示的是质量大于 M 的天体的共动数密度作为红移 z 的函数 $N(>M, z)$,曲线上标的数字为 $\lg(M/M_\odot)$。由图 7.41 可见,当红移较大时,小质量的暗晕数目比大质量的暗晕数目多出许多;而当红移越来越小(相应于宇宙时刻越来越晚)时,大质量的暗晕数显著增加。这一成团模式显然是等级式成团,或"自下而上"模式。

6. 计算机 N 体数值模拟

密度扰动的非线性演化中,实际发生的物理作用非常复杂,使得演化过程的细节不可能用解析方法严格描述。近些年来随着计算机技术的飞速发展,硬件和软件环境获得极大的改善,因此人们越来越多地采用计算机 N 体数值模拟的方法,对数目巨大的点粒子过程直

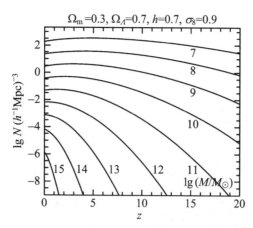

图 7.41 ΛCDM 宇宙中,质量大于 M 的天体的共动数密度作为红移 z 的函数 $N(>M,z)$(有关宇宙学参数为 $\Omega_\mathrm{m}=0.3, \Omega_\Lambda=0.7, h=0.7$)

接进行数值模拟,以期与观测结果相比较。

N 体数值模拟的基本思想是,取一个体积足够大的立方体"盒子"(box)代表我们要研究的宇宙部分。盒子中包含 N 个粒子(天体),它们之间发生引力相互作用。由于模拟的是宇宙大尺度结构的演化,这个盒子的体积需要取得足够大,以使它所包含的宇宙区域整体上是均匀各向同性的;同时,盒子中所包含的粒子数要越多越好,这就需要使用大容量高速度的计算机以及更好的计算方法(例如并行算法)。目前 N 体数值模拟的粒子数已经达到 2 万亿个以上。

N 体数值模拟实际上是把连续的宇宙密度场用离散的粒子集合来代表。每一粒子的运动方程取决于其他所有粒子的引力共同作用。求出每一粒子在一个很小的时间增量内的位移及速度变化之后,再重新计算引力场的分布,并依此计算下一个时间增量所有粒子运动状态的改变。这样一步一步计算下去,就可以得出所有粒子的最终位置,它们代表最后形成的宇宙结构。这样的计算方法被称为**粒子-粒子(PP)方法**。

对于 N 个粒子组成的系统,为计算每个粒子的加速度,需要求出其他 $N-1$ 个粒子的牛顿引力之和;对所有 N 个粒子,这就需要对每一步时间增量进行 $N(N-1)/2$ 次计算,也就是说,所需 CPU 时间大约正比于 N^2。因而当粒子数目 N 很大时,计算效率将急剧下降。为了解决这一问题,人们提出了一些改进的计算方案,例如**粒子-网格方法**(particle-mesh,即 PM)。这一方法的要点是,把粒子分配到规则划分的网格之中以得到密度分布,然后通过解泊松方程求出引力势。

PM 方法的主要缺欠在于求解引力时的分辨率不是很高,这是因为网格的空间尺度有限所致。为了提高空间分辨率,现在常用所谓的**粒子-粒子 + 粒子-网格方法**(PP + PM → P^3M),即把 PP 方法和 PM 方法结合起来,在短距离上用 PP 方法,而在长距离上用 PM 方法。这样做既提高了空间分辨率,又比单一的 PP 方法大量节省了 CPU 时间。当需要了解成团结构内部更多的细节时,人们常用 P^3M 方法;而如果只是进行宇宙结构的大尺度分析,PM 方法也就足够了。图 7.42 至 7.44 给出的是宇宙大尺度结构形成的一些数值模拟示例。

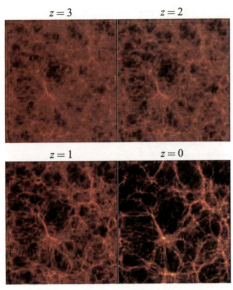

图 7.42 计算机数值模拟给出的宇宙大尺度结构形成过程(计算时间为从 $z=3$ 到 $z=0$)

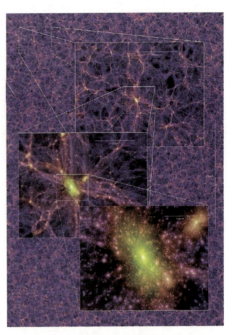

图 7.43 计算机数值模拟给出的宇宙大尺度结构形成的图像[模拟中用到 100 亿个粒子,结果包含 2 亿个星系。此图显示的是 $z=0$ 时,一个厚度为 $15h^{-1}$ Mpc 的切片中逐级放大的结构。被放大最大的部分(图中最下方)代表一个富星系团]

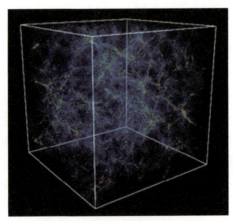

图 7.44 计算机数值模拟给出的宇宙大尺度结构的三维图像

实际的宇宙结构形成过程中,除了引力以外,气体压力等因素的影响也很重要。但要描述诸如气体压力(以及磁场、激波、湍流等)这样的物理量,一般需要应用流体力学方法来求解,且无法得出解析形式的解。因此在实际应用中,流体动力学方程数值解法的研究就显得十分必要了。近年来,这方面的研究也获得了很大的进展。

7.8 几个重要的前沿课题

以上我们概要介绍了宇宙学的标准模型即大爆炸宇宙学说。这一学说的主要理论预言,例如宇宙微波背景黑体辐射和氦元素丰度等,都已被观测所证实,从而使得大爆炸宇宙论在今天已被人们广泛接受。但是,这并不是说这一理论已十分完善了。目前仍然有不少重要问题,甚至是严重的挑战,有待我们继续努力探索。下面扼要介绍几个主要的前沿课题。

7.8.1 宇宙的暴胀

我们先从标准宇宙学模型遇到的两个严重问题,即两个疑难开始。第一个疑难和宇宙的曲率有关。根据爱因斯坦广义相对论得到的宇宙动力学方程,有一个重要参数,即宇宙的曲率 k。如果这一曲率是正的,宇宙就是闭合的、有限的。如果曲率是 0 或者是负的,宇宙就是平直的或者开放的,且在这两种情况下宇宙都是无限的。根据标准大爆炸宇宙模型,在极早期由于物质密度极高,故曲率效应不明显。但随着宇宙膨胀、物质密度的下降,时至今日,应该有足够的观测证据,使我们对宇宙的曲率做出正确的判断。也就是说,宇宙的有限或无限,今天应该在观测上看到明显区别。我们就此来分析一下。

弗里德曼方程(7.93)式可以改写为(这里先不考虑宇宙学常数,故设 $\Lambda=0$)

$$1 = \frac{8\pi G}{3H^2}\rho - \frac{k}{H^2 R^2} \tag{7.186}$$

式中,k 的取值可以是 $0, \pm 1$。按照(7.98)式的方式定义宇宙密度参数

$$\Omega \equiv \frac{\rho}{\rho_c} = \frac{8\pi G\rho}{3H^2} \tag{7.187}$$

(7.186)式化为

$$1 = \Omega - \frac{k\Omega}{8\pi G\rho R^2/3} \quad \Rightarrow \quad 1 - \frac{1}{\Omega} = \frac{k}{8\pi G\rho R^2/3} \tag{7.188}$$

辐射为主时期时 $\rho \propto R^{-4}$,物质为主时期时 $\rho \propto R^{-3}$,故上式给出

$$\left|1 - \frac{1}{\Omega}\right| \propto |k| \times \begin{cases} R^2 & \text{(辐射为主)} \\ R & \text{(物质为主)} \end{cases} \tag{7.189}$$

因此,无论 k 的取值如何,当 $R \to 0$ 时都会有 $\Omega \to 1$。这说明宇宙极早期,曲率的作用不明显,即使 $k \neq 0$,宇宙也表现为平直($\Omega \to 1$ 即意味着时空趋近平直)。但是,当宇宙膨胀使得 R 变得很大时,曲率的作用就应当表现出来,即由(7.189)式,当 R 很大时应当看到 Ω 与 1 有明显偏离。我们现在来计算一下,从宇宙诞生的时刻(即普朗克时间)直到今天,R 增大了多少倍。普朗克时间是 $t_{pl} \approx 10^{-43}$ s,现在宇宙的年龄是 $t_0 \approx 10^{10}$ 年 $\approx 10^{17}$ s,中间由辐射为主到物质为主的转变时刻为 $t_{eq} \approx 10^4$ 年 $\approx 10^{11}$ s。注意到辐射为主时期 $R(t) \propto t^{1/2}$[见(7.144)式],物质为主时期 $R(t) \propto t^{2/3}$[见(7.145)式],由这些数据可以计算出,从普朗克时间到现在,R 的变化是

$$\frac{R(t_0)}{R(t_{pl})} = \frac{R(t_{eq})}{R(t_{pl})} \frac{R(t_0)}{R(t_{eq})} \approx \left(\frac{10^{11}}{10^{-43}}\right)^{1/2} \times \left(\frac{10^{17}}{10^{11}}\right)^{2/3} \approx 10^{31} \tag{7.190}$$

但要计算(7.189)式所示的 $|1-1/\Omega|$，还要注意到，两个时期应分别正比于 R^2 和 R。这样从 t_{pl} 到 t_0，$|1-1/\Omega|$ 的总变化将是

$$\left|1-\frac{1}{\Omega}\right|_{t_0} \bigg/ \left|1-\frac{1}{\Omega}\right|_{t_{pl}} \approx \left(\frac{R(t_{eq})}{R(t_{pl})}\right)^2 \frac{R(t_0)}{R(t_{eq})} \approx \left(\frac{10^{11}}{10^{-43}}\right) \times \left(\frac{10^{17}}{10^{11}}\right)^{2/3} \approx 10^{58} \tag{7.191}$$

既然 $|1-1/\Omega|$ 有这样大的变化，就很难理解，为什么时至今日，各种观测结果仍倾向于 $\Omega_0 \sim 1$。换句话说，如果今天的 $|1-1/\Omega_0| \sim 1$，则普朗克时刻应有

$$\left|1-\frac{1}{\Omega}\right| \approx 10^{-58} \quad \Rightarrow \quad \Omega \approx 1 \pm 10^{-58} \tag{7.192}$$

从概率的角度看，这也是很难理解的：原初大爆炸时宇宙的密度 ρ 和哈勃常数 H，应当是两个相互独立的随机变量，而由这两个随机变量给出的组合变量 Ω[见(7.187)式]，却如此精密地等于1，与1的偏离只是在小数点后第58位！这样的巧合是不可思议的。$\Omega_0 \sim 1$ 即意味着宇宙从开始到现在都是平直的，这就是标准宇宙学模型遇到的**平性疑难**。

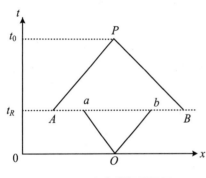

图 7.45　宇宙学视界图解

另一个问题来自观测到的宇宙微波背景辐射的高度均匀与各向同性。在7.3节中已经谈到，当我们朝四面八方看去时，各个方向背景辐射的温度涨落都只有约 10^{-5}。实际上，这用标准宇宙学模型是无法解释的。我们用图7.45表示的宇宙时空图，对此做一个简要分析。图中纵轴表示宇宙时间，横轴表示宇宙空间，并取光速 $c=1$。为简单起见，我们只画了一维空间，且图中 P 点代表观测者今天的时空位置。今天我们接收到的背景辐射，是在最后散射面所对应的 t_R 时刻，从空间不同方向发射的。我们今天能观测到的最后散射面的空间范围，即相当于 A,B 两点之间的距离，它的大小是[参见(7.51)式，但积分限有所改变]

$$\overline{AB} = R(t_0)\int_{t_R}^{t_0} \frac{dt}{R(t)} \approx 3t_0 \tag{7.193}$$

式中用到物质为主时 $R(t) \propto t^{2/3}$。这一结果表明，$\overline{AB}$ 的大小和今天的宇宙视界的大小基本相同。宇宙微波背景辐射的高度均匀与各向同性，说明距离很远的 A,B 两点之间一定存在因果联系，结果造成这两点之间，各处的温度涨落幅度大致相同。这也就表明，我们今天看到的全部宇宙，历史上曾经处于同一个有因果联系的区域。

我们再来计算一下，从宇宙创生 $t=0$ 到 t_R 时刻，因果联系(即光信号)到底能传播多远。这相当于今天看到的 t_R 时刻的视界大小，也就是 t_R 时刻的视界膨胀到今天的大小，即图7.45中 $\overline{ab}$ 的长度

$$l = \overline{ab} = R(t_0)\int_0^{t_R} \frac{dt}{R(t)} \tag{7.194}$$

从 $t=0$ 到 t_R 可认为是辐射为主，因而有 $R(t) \propto t^{1/2}$，故

$$l \approx \frac{R(t_0)}{R(t_R)} t_R \tag{7.195}$$

另一方面，t_R 时刻发射的光子到观测者所经过的距离 d 近似是 $d \approx t_0 - t_R \approx \overline{AB}$（因 $t_R \ll t_0$），故我们今天所看到的 t_R 时刻的视界在空间所张的角度 θ 是（亦参见图 7.31c）

$$\theta \simeq \frac{l}{d} = \frac{\overline{ab}}{\overline{AB}} \approx \frac{R(t_0)}{R(t_R)} \frac{t_R}{t_0} \tag{7.196}$$

因为从 t_R 到 t_0 是物质为主，$R(t) \propto t^{2/3}$，再利用 $1 + z = R(t_0)/R(t)$，上式给出

$$\theta \approx \left(\frac{R(t_R)}{R(t_0)}\right)^{1/2} = \left(\frac{1}{1 + z_R}\right)^{1/2} \tag{7.197}$$

式中，z_R 是 t_R 时刻相应的宇宙学红移，$z_R \approx 1\,000$。这样，我们得到这一张角为

$$\theta \approx 1/\sqrt{1\,000} \approx 2° \tag{7.198}$$

这就是说，宇宙背景辐射中有因果联系的区域，今天在天空中的张角应只有大约 $2°$。超过这一角度的两点之间，例如南天和北天隔地球相对的两点之间，温度涨落的幅度不会有任何因果关系，它们可以相差任意大小。但观测的结果不是这样的，而是全天空背景辐射的高度均匀与各向同性。这就是标准宇宙学模型遇到的**视界疑难**，或称**平滑性疑难**。

为了解决上述"平性"和"视界"两大疑难，20 世纪 80 年代初，古斯（A. Guth）和林德（A. Linde）等提出了所谓的"暴胀"（Inflation）宇宙学模型。这一模型的关键在于真空的对称性自发破缺。按照这一理论，真空可以用一个标量 ϕ 场[希格斯（Higgs）场]来描述，真空自由能密度 $F(\phi, T)$ 是 ϕ 和温度 T 的函数，此函数的极小值对应的状态称为真空态。当宇宙介质的温度高于某一临界温度 T_c 时，自由能密度当 $\phi = 0$ 时为极小[见图 7.46(a)]，此时真空态是物理真空，而且是对称真空。在温度降到接近 T_c 时，自由能 F 开始在 $\phi \neq 0$ 处出现新的极小[见图 7.46(b)]，但相对于 $\phi = 0$ 的真空，它们的自由能还是较高的，因而是亚稳的假真空。当 $T = T_c$ 时[见图 7.46(c)]，真假真空具有相同的自由能，即若干真空态发生了简并，这是真空即将发生相变前的临界状态。当温度降到低于 T_c 时[见图 7.46(d)]，此时 $\phi = 0$ 处的极小已不再是物理真空而成为亚稳的假真空，物理真空现在位于 $\phi \neq 0$ 处，且已不再具有 ϕ 场原有的对称性，成为对称破缺真空。因此我们看到，当宇宙介质从 $T > T_c$ 降温到 $T < T_c$，真空态要发生一次突变，这就是对称性自发破缺所引起的真空相变。

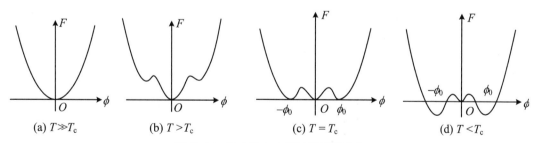

图 7.46 真空的自由能随温度的变化

临界真空态的能量密度 $\rho_{vac} \approx T_c^4$。弱电统一的真空相变对应的温度大约是 10^2 GeV，而大统一理论的真空相变对应的温度大约是 10^{15} GeV。

当宇宙膨胀使温度降到略低于 T_c 时，应当发生真空态从 $\phi = 0$ 到 $\phi = \phi_0$（或 $\phi = -\phi_0$）的跃迁。但由于这两者之间隔着势垒，跃迁不能立刻发生。宇宙此时继续膨胀，温度继续降低，使得尚未发生相变的 ϕ 场进入过冷态。这时真空的能量密度仍保持为 $\rho_{vac} \approx T_c^4$，而辐射和粒子气体的温度却按 $\rho_r \approx T^4$ 的规律下降。因此宇宙总能量密度以真空的能量密度为主，辐射及粒子的贡献变得次要了。当相变在某个显著低于 T_c 的温度上发生时，$\phi = \pm \phi_0$ 的物

理真空的能量密度,已远低于 $\phi=0$ 的假真空的能量密度。这两种真空能量之差将作为相变时的潜热放出,使得宇宙在真空相变后被重新加热。此时新的物理真空的能量又远小于宇宙介质的能量了,宇宙又恢复了以辐射和粒子为主的"正常"状态。

再讨论一下宇宙的膨胀,即 $R(t)$ 的变化情况。在相变发生前,$T \gg T_c$,$\rho_r \gg \rho_{vac}$,R 按照辐射为主时的规律 $R \propto T^{-1} \propto t^{1/2}$ 膨胀。当 $T \leqslant T_c$,宇宙处于相变前的过冷态,此时 $\rho_{vac} \approx T_c^4 \gg \rho_r$,即真空能量为主导,因而(7.111)式给出的 $R(t)$ 的演化方程现在是(忽略宇宙学常数项及宇宙曲率项)

$$\left(\frac{\dot{R}}{R}\right)^2 = \frac{8\pi G}{3} T_c^4 \tag{7.199}$$

令

$$H \equiv \left(\frac{8\pi G}{3} T_c^4\right)^{1/2} \tag{7.200}$$

则(7.199)式的解为

$$R(t) \propto e^{Ht} \tag{7.201}$$

这表明宇宙按指数规律膨胀!如果取大统一相变的 $T_c \approx 10^{15}$ GeV,可以得出 $H \approx 10^{35}$ s^{-1}。宇宙在 $t \approx 10^{-35}$ s 时进入过冷态($T \leqslant T_c$)。若相变延迟到 $t \approx 10^{-33}$ s 发生,则此阶段宇宙将膨胀 $e^{100} \approx 10^{43}$ 倍!这就是所谓的"暴胀"。

相变完成后,宇宙介质由 $\phi = \phi_0$ 或 $\phi = -\phi_0$ 的对称破缺真空和高温辐射气体所构成。这时又重新有 $\rho_r \gg \rho_{vac}$,故宇宙又开始按 $R \propto T^{-1} \propto t^{1/2}$ 的规律正常膨胀。

宇宙在极短暂的时间内膨胀大约 10^{43} 倍,这就使得前述两个疑难问题可以同时得到解决。例如,视界(因果联系的区域)的大小近似正比于宇宙时 t,从现在起倒退回普朗克时间,视界从今天大约 10^{10} 光年缩小到 10^{-43} 光秒,两者相比为约 10^{60} 倍;而空间区域的大小正比于 $R(t)$,若不考虑暴胀,从现在倒退到普朗克时间,目前观测到的空间区域将缩小约 10^{31} 倍[见(7.190)式],这样,视界的大小会远小于空间尺度,故而产生"视界"疑难。但若考虑到暴胀,时间反演后空间区域的大小将在原来 10^{31} 倍的基础上再缩小 10^{43} 倍,总的结果是缩小 10^{74} 倍,因而空间的尺度将远远小于视界的尺度(见图7.47a)。这就使得我们今天看到的全部宇宙,完全可以在宇宙暴胀前处于同一个有因果联系的区域,这样就解决了"视界"问题。另一方面,R 的暴胀可以比作宇宙曲率半径的急剧膨胀。例如一个二维球面,当曲率半径变得非常巨大的时候,球面就可以看成平面,弯曲的空间就可以看成平直的空间。这样也就同时解决了"平性"问题。

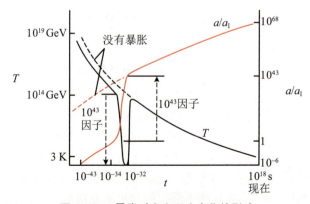

图 7.47a 暴胀对宇宙尺度变化的影响

宇宙暴胀之后，真空的相变释放潜能，使宇宙重新被加热，同时相变过程中还会产生微小的不均匀性，从而引起物质密度涨落。这种微小的原初密度涨落，是演化出今天观测到的宇宙结构所必需的"种子"。暴胀理论所预言的初始扰动的谱型，是所谓的 H-Z(Harrison-Zel'dovich)谱，它的特点是，不同(质量)尺度的扰动进入视界时，扰动的大小与尺度无关。这与 WMAP 卫星观测到的宇宙微波背景辐射的结果是一致的。

尽管暴胀宇宙模型成功地解决了前述的宇宙平性以及视界疑难，但暴胀的机制是否果真如此，例如希格斯场的物理本质，目前还没有完全搞清楚。另一方面，暴胀模型是否是唯一的模型，这也是有疑问的。这就是说，暴胀模型的提出是为了解决"平性"和"视界"这两个疑难，但如果还有另外的模型也可以解决这两个疑难，那我们就无法对这两种模型进行取舍。在这样的情况下，只能考虑哪一种模型能解决更多的问题且更为简单。例如，暴胀模型自然地给出了原初密度扰动的 H-Z 谱，而目前还没有其他模型能在解决两个疑难的同时，给出原初密度扰动的 H-Z 谱。因此，暴胀模型目前在宇宙学中的地位还是无可替代的。更深入的研究表明，通过宇宙微波背景辐射(CMB)偏振的观测，就有可能对暴胀模型作最终判定。根据宇宙学扰动的规范理论，宇宙极早期的各种扰动都会使背景辐射产生偏振。偏振具有两种不同的模式，通常称为电场型(E 型)和磁场型(B 型)偏振模式(见图 7.47b)。在

图 7.47b 偏振光的两种模式

对称性上，E 型是偶宇称的，B 型是奇宇称的。研究指出，标量扰动(例如温度、密度扰动)仅能给出 E 型偏振；B 型偏振由张量扰动(例如能量-动量张量中的各向异性惯量或引力波)产生，而原初的 B 型偏振只能产生于宇宙暴胀时期的引力波。因此，对 CMB 磁场型(B 型)偏振功率谱的观测，被认为是探测宇宙极早期引力波辐射的最有效的方法，也是对宇宙暴胀理论的一个关键性检验。这意味着，如果我们在 CMB 中观测到了 B 型偏振(但这一信号极其微弱，故观测难度极大)，则其起源一定是宇宙极早期暴胀时期的张量扰动，亦即暴胀所产生的引力波。这是暴胀理论之外的其他理论无法给出的结果，这样就最终使暴胀理论得到实证。令人欣喜的是，2017 年 1 月，世界海拔最高的引力波观测站在西藏阿里地区破土动工。该项目全称为"阿里原初引力波探测实验(AliCPT)"计划，包括阿里 1 号和阿里 2 号两部分。阿里 1 号是建在海拔 5 250 m 的一台原初引力波望远镜，可得到高精度的北天区原初引力波 B 型偏振数据。阿里 2 号是在海拔 6 000 m 以上建设的望远镜阵列，可进一步拓展观测频段，提高观测精度。西藏阿里地区处在喜马拉雅山脉这一世界屋脊之上，大气晴朗干燥，观测条件绝佳。阿里观测站建成后，可首次实现北半球的地面原初引力波观测，并将与南极极点观测站、智利阿塔卡玛沙漠观测站一起，构成国际原初引力波探测的三大基地，为探测宇宙暴胀的遗迹做出中国人的贡献。总之，对宇宙暴胀机制的进一步深入研究，不单是宇宙学家关注的问题，也是粒子物理和理论物理学家强烈感兴趣和关注的问题。人们期望，对宇宙暴胀机制的彻底了解，不仅可以使我们对极早期宇宙所发生的物理过程有正确的认识，同时还可以把理论物理学希望实现的最终目标，即自然界基本相互作用的统一，再向前推进一

步。因为宇宙暴胀阶段所对应的,就是粒子物理的大统一理论阶段。

7.8.2 宇宙中的暗物质

第6章中已经谈到,已有许多证据表明宇宙中暗物质的存在,例如漩涡星系平展延伸的转动曲线,各种星系远大于1的质光比等。近些年来又发现星系团中广泛存在引力透镜现象(见图7.48,更多的讨论见7.8.3小节)。这些观测表明,星系和星系团的质量中,相当大的部分来源于不发光的暗物质。

就其本质来说,暗物质可以分为两大类:重子暗物质和非重子暗物质。重子参与电磁作用,本身是可以发光的,但在某些情况下缺乏发光的条件,就变成了重子暗物质。例如不发光的行星,死亡了的恒星如温度极低的白矮星、黑矮星,以及没有引起核聚变的暗弱褐矮星等。但 WMAP 卫星的观测结果表明,在整个宇宙暗物质中,重子暗物质的比率很小,宇宙暗物质主要是非重子暗物质(参见图7.17)。这一结果与根据宇宙轻元素丰度观测得到的宇宙重子密度(见图7.30)完全一致。

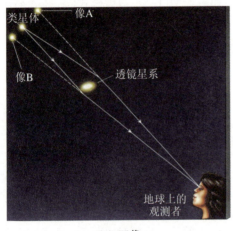

(a) 双像

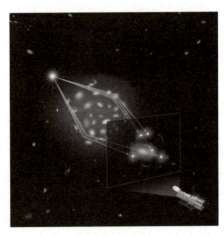

(b) 多重像

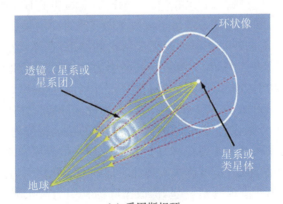

(c) 爱因斯坦环

图 7.48　引力透镜的形成

非重子暗物质粒子不参与电磁相互作用因而不会发光,它们被称为 WIMPs(Weakly Interacting Massive Particles),即有质量弱作用粒子。它们之间,以及它们与其他种类的粒子之间,只有引力作用和弱相互作用。目前我们还不知道暗物质粒子到底是什么粒子,只能猜测有一些可能的候选者(见表 7.2),其中热、温、冷等物理性质表明的是,它们在退耦时随机运动速度的大小。例如,弱相互作用的退耦温度 $T_d \sim 10^{11}$ K,相应的动能约为 10 MeV。如果粒子的静质量 $mc^2 > kT_d$,则它们在退耦时具有质量大、速度慢的特点,因而称为冷暗物质(CDM)。而对于 $mc^2 < kT_d$ 的粒子,它们的质量小,在退耦时的热运动速度仍接近光速,因而被称为热暗物质(HDM)。介于冷、热之间的称为温暗物质(Warm Dark Matter,简称 WDM),它们各方面的物理性质像是冷热两种暗物质的折中。

表 7.2 一些可能的非重子暗物质粒子候选者

粒 子	近似质量	物理性质
轴子	10^{-5} eV	冷暗物质
原初中微子	0.06 — 0.12 eV	热暗物质
光微子	keV	热暗物质
右手中微子	500 eV	温暗物质
引力微子	keV	温暗物质
重中微子	GeV	冷暗物质
磁单极	10^{16} GeV	冷暗物质
超对称弦子	10^{19} GeV	冷暗物质

再谈一下中微子。中微子问题是目前粒子物理、核物理、天体物理与宇宙学的一个热门交叉研究领域。宇宙中的中微子数目和光子大致相同,数量十分巨大。因其不参与电磁相互作用,且是目前唯一被实验确认存在的此类弱作用粒子,故人们一直把中微子作为宇宙暗物质粒子的主要候选者,但对其静质量的大小却长期没有定论。在 3.6.4 小节中我们曾谈到,目前国际学术界正在积极准备进行中微子"质量顺序"的测量工作。实际上,为了探测中微子的静止质量,几十年来人们曾经想过许多办法,例如通过 β 衰变测定中微子的能量和动量,再由能量和动量求出它的质量。但反冲核的能量太小且测不准,致使得到的中微子质量的误差太大。因此到了 20 世纪 50 年代,这一方法就不再被采用了。后来又采用测量 β 能谱的办法,但得到的结果只是一个上限,始终不能排除静止质量 $m_\nu = 0$ 的结论。地面实验举步维艰,人们又把目光投向宇宙太空。如果某个遥远的天体发射一批 $m_\nu \neq 0$ 的中微子,则中微子的运动速度必然与能量有关:由狭义相对论(取 $c = 1$)有 $E = m_\nu / \sqrt{1 - v^2}$,故能量大的速度快,先到达地球;能量小的速度慢,因而晚些时间到达。如果能够测出不同能量的中微子到达地球的时间分布,中微子的静质量就马上可以求出了。似乎是天遂人愿,1987 年 2 月 23 日,位于南半球的几个天文台宣布,他们观测到了超新星 SN 1987A 的爆发。听到这个消息,几个有大型中微子探测装置的实验室立即查阅数据记录磁带。日本神冈、美国 IMB 和苏联巴克珊的实验室都发现,记录到了这次超新星爆发所发射的中微子,数目分别为 11 个、8 个和 5 个,均来自大麦哲伦云的方向,且中微子到达的时间比光学爆发要早 3 个小时。虽然这次探测由于中微子总数太少,对于解决中微子质量问题没有起到很大作用,但它的意义还是重大的。这是人类第一次接收到来自河外的中微子信息,从而把我们观察宇宙的粒子窗口延伸到十几万光年远的深处,打开了中微子天文学新的一页。近年来中微子振

荡的实验结果表明，中微子静质量的下限为 0.06 eV；另一方面，Planck 卫星研究团队 2018 年的综合观测结果给出，中微子静质量的上限大约是 0.12 eV（95%置信度）。这样，人类"从地到天"实验观测的总结果表明，中微子的确具有不为 0 的静质量，这一质量目前的取值范围约为 $0.06\,\text{eV} < \sum m_\nu < 0.12\,\text{eV}$。相信在全球的中微子"质量测序"工作完成之后，我们就可以得到非常准确的质量数据。总之，中微子应属于热暗物质，且所有中微子对宇宙密度参数的贡献大约只有 $\Omega_\nu < 0.003$。

以上主要介绍了非重子类暗物质粒子即 WIMP 粒子，这是目前学术界比较普遍认可的暗物质粒子类型。也有人认为，宇宙中可能存在非 WIMP 类的暗物质粒子，且在暗物质中所占比重更大，但这一看法尚待实验观测证实。

我们在 7.7 节中谈到，不同类型的暗物质主导时，宇宙结构的形成会有不同的模式。热暗物质主导时的模式是"自上而下"，即先形成大尺度的结构（星系团或超星系团），再逐级碎裂成小的结构（如星系）。而冷暗物质主导时的模式是"自下而上"，即先形成星系这样的小尺度结构，再逐级并合而形成越来越大的结构。数值模拟的结果表明，在热暗物质为主的宇宙中，每一个大结构的初始引力收缩都表现出很强的各向异性，通常都有一个优先的坍缩方向。其结果是，初始的团块被压扁，成为相当薄的"薄饼"，然后碎裂成较小的天体。在"薄饼"之间是大的空洞。虽然一些这样的空洞已经在真实宇宙中被观测到，但数值模拟结果给出的大尺度结构倾向于过度发展，空洞与"薄饼"之间的对比过大。

冷暗物质为主的宇宙遇到的问题正好相反：大尺度结构与观测相比显得不够，数值模拟的结果过于均匀。为解释这一差异所提出的一个看法是：我们看到的星系并没有完全示踪宇宙中真实的质量分布，即光没有完全示踪质量。例如，观测到的宇宙空洞中，也许充满了相对均匀分布的暗弱星系，但它们在观测中没有显现。这样，宇宙中的物质分布也许比望远镜中显示的要均匀得多。这也就是说，我们看到的宇宙结构也许只代表了亮星系的分布，而这些亮星系只存在于密度扰动的高峰之处（参见图 7.38）。这一看法就是前面曾提到过的"偏置"的星系形成。但是，可能导致偏置形成的天体物理机制现在还不是很清楚。把偏置考虑进去，数值模拟所给出的结果，就与我们在实际宇宙中看到的图像符合得非常好。因此，冷暗物质加偏置（且宇宙学常数不为 0）的模型现在被认为是最成功的模型。

总之，近四五十年来，宇宙暗物质的研究已经成为粒子物理、天体物理和宇宙学的学科交叉热点。彻底解开暗物质之谜，对确定宇宙演化模式有重大意义，也对我们了解自然界的基本物质组成有根本的意义。

7.8.3 引力透镜

遥远光源发出的光线，经过一个大质量天体附近时会由于引力而发生偏折。光线偏折的结果可能使观测者看到光源的多重像，还可能使光源的视轮廓及视亮度发生变化，这一现象就称为**引力透镜**（见图 7.48）。产生引力透镜作用的天体称为透镜天体。透镜天体可以是恒星，也可以是星系或星系团，还可能是宇宙中的暗物质团块或暗晕。

众所周知的光线偏折的例子，是星光掠过太阳表面时引起的偏折。爱因斯坦在创立广义相对论时就曾预言，从太阳表面附近经过的光线，会由于太阳的引力而弯曲，从而使光源（恒星）的像产生移动。如图 7.49 所示的是二维简单情况，即光线始终位于光源、透镜天体以及观测者所在的平面内。设透镜天体是球对称的，质量为 M，观测者位于 z 轴方向，光线也沿 z 轴方向入射，且碰撞参数为 b（见图 7.49）。对于这样一个球对称的引力场，爱因斯坦给出的光线偏折角 α 的公式是（取 $c = 1$）

$$\alpha \simeq \frac{4GM}{b} \qquad (7.202)$$

由此不难计算出，当星光掠过太阳表面时，偏折角应为 $\alpha \simeq 4GM_\odot/R_\odot \simeq 1.75''$。由于太阳光十分强烈，要验证这一预言，只能利用日全食的时机。具体做法是，把日全食时拍摄到的太阳周围星场的照片，与大约半年前（或半年后）夜间拍摄的、同一星场的照片相比较，就可以测量出日全食时星光的偏折。1919 年爱丁顿领导了两个日食观测队，分别在巴西和几内亚的两个近海岛上观测了当年 5 月 29 日发生的日全食。这两个队的观测结果，与爱因斯坦的预言符合得很好，这也是爱因斯坦广义相对论获得的最有力的观测验证之一。

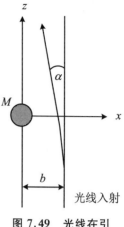

图 7.49 光线在引力场中的偏折

一般情况下，透镜天体的质量大小和质量分布可以是任意的，且光线轨迹是三维空间中的曲线，它可以绕过透镜天体，也可以从其中穿过。这样我们就可能看到光源的两个像或多重像［见图 7.48(a) 和 (b)］。如果一个点光源恰好位于光轴之上，则该点光源的像将是一个光环，即所谓**爱因斯坦环**［见图 7.48(c)］。对于银河系中一颗典型的恒星，$M \approx M_\odot$，距离 $\approx 10^4$ 光年，理论结果给出它所产生的爱因斯坦环的角直径大约是 2×10^{-3} 角秒，这是恒星所产生的引力透镜现象的特征角度。这一角度不仅给出了爱因斯坦环的大小，而且给出了两个像之间的典型角间距，以及像所允许的最大偏离。爱因斯坦环首先在射电波段被观测到，现已观测到多个（例如图 7.50c 和图 1.27g）。

下面我们把引力透镜的主要特征做一简要介绍：

① 根据引力透镜所产生的不同作用，可以分为强引力透镜、弱引力透镜和微引力透镜 3 种主要类型。**强引力透镜**是指，经过引力透镜后光源的单个像变为多重像，其中最早发现也是最著名的例子是 QSO 0957+561A 和 B（见图 7.50a）。这个光源有两个像，其间距为 $6''$，且两个像具有极为相似的光谱，它们的辐射流量之比在光学波段和射电波段都大致相同。此外 VLBI 的观测还发现，这两个像在射电波段的辐射特征多处吻合，但两个像之间有大约 540 天的时间延迟，这是由于两个像对应的光程不同。图 7.51 显示另一个类星体 QSO 0142+100 的双生子像的光谱，其中的时间延迟已被减掉。**弱引力透镜**是指，透镜的作用没有强到足以产生多重像，但可以引起像的几何形状的畸变。**微引力透镜**指的是，透镜星系中的恒星，自身运动而趋近背景光源发出的光线，使得光线穿过该星系形成像时呈现强度涨落。微引力透镜引起的强度涨落取决于恒星在透镜星系中的分布，它们的质量、速度以及光源发光盘的大小。跟踪观测强度的涨落，我们就可以提取影响强度的所有有关参数的信息。星系际空间的暗物质质量同样对引力透镜效应有贡献，而且，如果暗物质成团，它们也将引起强度的涨落。对于这样的星系际空间微引力透镜所产生的强度涨落的观测，将给我们提供暗物质的直接观测证据。微引力透镜的观测最初受到观测技术的限制，因为当时很难把引力透镜引起的光变与恒星的内禀光变区分开。但到 20 世纪 90 年代以后，观测技术的进步使

这一问题得以解决，其中最重要的是，引力透镜所造成的光变是与颜色（波长）无关的，而恒星的内禀光变却与颜色有关。现在已经有相当多的观测资料证实了微引力透镜现象的存在。例如在"双生子"类星体 QSO 0957+561A 和 B 中就发现了微引力透镜的事例，它的像 B 有强度涨落而像 A 却没有。当然在比较像的强度时，两个像之间的时间延迟必须考虑在内。

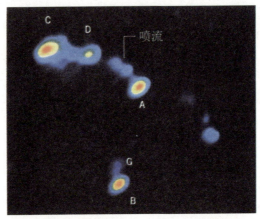

图 7.50a　类星体 QSO 0957+561 的双重像（图中的 A 和 B）

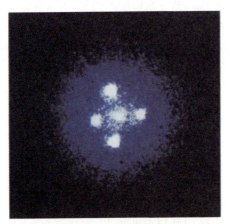

图 7.50b　哈勃空间望远镜拍摄的、被称为爱因斯坦十字的类星体 QSO 2237+031 的四重像，中间为透镜星系

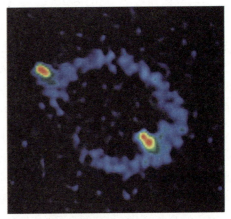

图 7.50c　致密射电源 MG 1131+0456 展现的爱因斯坦环

② 根据引力透镜天体的不同，我们看到的像也将具有不同的特点。如果可以将透镜天体看成质点（例如单个恒星），则它一般将产生两个像。而当透镜天体是星系或星系团时，就不能再将其看作质点，必须考虑它的质量分布。通常情况下，星系提供的观测引力透镜效应的机会要比单个恒星多得多。光线或者射电波经过星系外围时，将像光线经过单个恒星一样产生偏折。对于位于典型宇宙学距离的一个典型星系，$M \approx 10^{11} M_\odot$ 并且距离 $\approx 10^{10}$ 光年，偏折角度大约是 1 角秒，这样一个角度正好使射电望远镜能容易地观测到爱因斯坦环和多重像。而且，对星系透镜来说，成连线的概率比单个恒星透镜要高得多。利用目前对宇宙中星系密度的总体估计，可以预计，至少有 1/10 的星系与另一个背景星系足够好地连成一线，

从而产生后者的多重像。此外，星系透镜不仅使外部经过的光线产生偏折，而且使从内部经过的光线产生偏折。同时，因为星系中恒星之间的距离比恒星的直径要大得多，恒星对于光线的遮挡可以忽略不计，即星系对光线足够透明。因而，光线可能从星系外部或内部经由几条路径到达观测者，观测者将看到不同方向的像，即光源的多重像（例如图 7.50b）。如果光源不是点状的类星体，而是星系或有明显盘状延展的射电源，引力透镜会使源的形状和大小发生畸变。例如，一个盘状的光源将被畸变为一条或几条光弧；并且当连线处在特殊的情况下，光弧展开并且合并，形成爱因斯坦环。

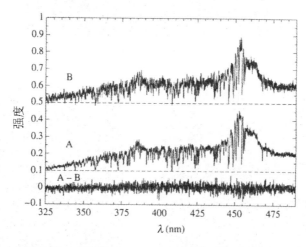

图 7.51　类星体 QSO 0142 + 100 的双生子像的光谱

③ 星系团的引力透镜作用。帕金斯基（B. Paczyński, 1987）最早指出，星系团 Cl 2244 和 A370 中所发现的巨型蓝色光弧（见图 7.52a、图 7.52b 和图 7.52c），是被星系团的引力透镜作用强烈变形和放大了的背景星系的像。这一解释后来得到证实，因为发现光弧的红移比星系团的红移要明显大得多。进一步研究表明，强引力透镜作用主要是由富星系团核心部分的星系所造成的，而星系团核心以外部分的星系主要产生弱引力透镜作用，特别是产生许多密集的小光弧（arclets，参见图 7.53 和图 1.29f）。这些小光弧是背景星系的畸变像，是由作为引力透镜的星系团而形成的。目前普遍认为，密集小光弧是星系际暗物质存在的直接观测证据。总之，强引力透镜（特别是巨型光弧）可以用来研究星系团核心部分的物质分布，而弱引力透镜可以用来研究星系团远离核心的区域乃至星系团晕的物质分布。特别是通过对小光弧的研究，可以重构出透镜星系团的二维质量分布图。通过分析畸变的大小与由星系团中心算起的径向距离之间的函数关系，就可能计算出星系团的质量。以上方法已经被实际应用于许多星系团，并且发现，用这一办法推断出的质量，要大于星系团中发光星系的质量总和，这表明星系团中必定有暗物质存在。一般认为，从引力透镜分析推断出的暗物质数量，与其他确定星系团质量的动力学方法得出的结果符合得很好。不过也有人认为，用引力透镜方法确定出来的星系团质量，可能比用位力方法得到的要大。如果是这样，则星系团中实际存在的暗物质质量，可能比动力学方法得出的还要多。当然这也可能是由于引力透镜方法中的系统误差还没有被完全消除，因此还需要进一步的研究改进。

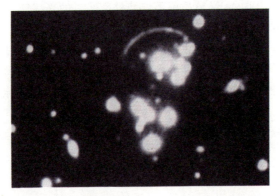

图 7.52a 星系团 Cl 2244-02 中的巨型光弧

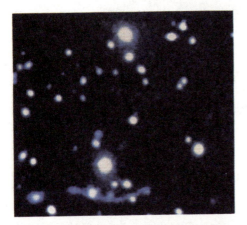

图 7.52b 星系团 Abell 370 中的巨型光弧

图 7.52c 星系团 Abell 370 的整体图像

图 7.53 星系团 Abell 2218 中的大量
引力透镜光弧,表明暗物质的存在

④ 引力透镜今天已成为研究星系、类星体和宇宙学的重要工具。在已经得到的结果之中,除了上述星系团中的暗质量分布外,重要的还有利用"双生子"光信号测量的时间延迟来确定哈勃常数,利用观测到的"双生子"亮度起伏估计类星体的大小以及宇宙学常数的测定等。光从"双生子"类星体到地球是沿着两条不同的路径传播的,因此光从这两个像到达地球的传播时间就有区别。例如,观测到的 QSO 0957+561(见图 7.50a)"双生子"像 A 和 B

之间的时间延迟大约是 540 天,且像 A 在像 B 之前。如果光线路径的几何形状由透镜星系质量分布的理论模型给出,则传播时间之差就确定了到透镜星系和到类星体的总的距离尺度,再结合红移的测量,就可以计算出哈勃常数。由"双生子"像的数据得到的哈勃常数的值在 35−90 km/(s·Mpc)之间。取值范围过大的原因,是由于透镜星系质量分布的不确定性。产生"双生子"像的引力透镜结构相当复杂,它的质量分布不能由像的形状完全确定。今后如能在其他类星体多重像中观测到时间延迟,而引力透镜结构又比较简单,则可以推断出哈勃常数更准确的值。除此以外,人们很早就了解到,发现类星体引力透镜事例的概率与给定红移处的宇宙学体积大小密切有关。例如相比于 $\Lambda=0,k=0$ 的爱因斯坦-德西特模型,$\Lambda\neq 0$ 的平直宇宙以及低密度的开放宇宙,都将产生出更多的引力透镜事例,且前者的作用还要更强一些。因此,对类星体引力透镜事例的观测统计研究,也是确定宇宙学基本参数的重要途径。

7.8.4 宇宙暗能量

以前谈到,Ⅰa 型超新星非常亮,且光度极大时的绝对星等相当确定($\simeq-19.3^m$),故被用作遥远距离测定的"标准烛光"(见图 7.54a 和图 7.54b)。20 世纪 90 年代中期,美国的两个超新星研究小组对一批高红移的Ⅰa 型超新星作了仔细测量。这两个小组一个是超新星宇宙学项目组(Supernova Cosmology Project,简称 SCP),另一个是高红移超新星搜寻组(High-Z Supernova Search Team)。他们测量了几十颗红移 $z>0.4$ 的Ⅰa 型超新星,其中有 6 颗 $z>1.25$,红移最大的是超新星 SN 1997ff,其红移 z 达到 1.7。结果发现,这些高红移超新星所示的红移-视星等关系,既不同于当时人们普遍认为的 $\Omega_m\simeq 1,\Omega_\Lambda=0$ 平直宇宙的关系,也不同于 $\Omega_m\simeq 0.3,\Omega_\Lambda=0$ 的开放宇宙的关系,而是表明,我们的宇宙应当有 $\Omega_m\simeq 0.3,\Omega_\Lambda\simeq 0.7$(见图 7.55)。这就是说,我们的宇宙是一个 $\Lambda\neq 0$ 的平直宇宙,而且现在宇宙在加速膨胀(见图 7.56)。正是由于发现了宇宙的加速膨胀,这两个超新星研究小组的 3 名天文学家索尔·佩尔马特(Saul Perlmutter)、布莱恩·施密特(Brian P. Schmidt)和亚当·里斯(Adam G. Riess)共同获得了 2011 年诺贝尔物理学奖。

图 7.54a　Ⅰa 型超新星(箭头所指)及其光变曲线

图 7.54b　高红移超新星搜寻组发现的超新星 SN 1994d(图左下方)

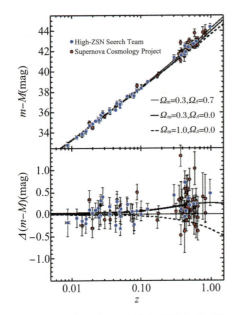

图 7.55 高红移Ⅰa型超新星的红移-视星等关系（下方的图表示，减去 $\Omega_m \simeq 0.3, \Omega_\Lambda = 0$ 理论曲线后的观测数据结果）

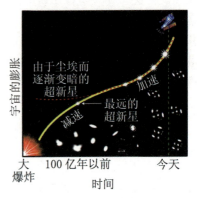

图 7.56 宇宙的减速膨胀和加速膨胀

下面我们再进一步分析 $\Lambda \neq 0$ 的物理意义。由 R 的动力学方程(7.111)(取 $k=0$)，有

$$\left(\frac{\dot{R}}{R}\right)^2 = \frac{8\pi G}{3}\rho + \frac{\Lambda}{3} \tag{7.203}$$

它可以写为

$$\left(\frac{\dot{R}}{R}\right)^2 = \frac{8\pi G}{3}(\rho + \rho_\Lambda) \tag{7.204}$$

式中，$\rho_\Lambda \equiv \Lambda/8\pi G$，它在方程中的地位与物质(能量)密度 ρ 相等同，显然也代表某种能量。因此，不等于 0 的宇宙学常数就和一种未知形式的能量联系起来了。$\Omega_\Lambda \approx 0.7$ 和 $\Omega_m \approx 0.3$ 意味着 $\rho_\Lambda/\rho \approx 7/3$，这表明现在的宇宙，总能量密度是由 ρ_Λ 主导的。因为 ρ 随宇宙的膨胀而减小但 ρ_Λ 总保持为恒量，所以一旦 $\rho \ll \rho_\Lambda$，(7.204)式即变为

$$\left(\frac{\dot{R}}{R}\right)^2 = \frac{8\pi G}{3}\rho_\Lambda = \frac{\Lambda}{3} \tag{7.205}$$

这一方程的解为

$$R(t) \propto \exp\left(\sqrt{\frac{\Lambda}{3}}t\right) \tag{7.206}$$

这与前面暴胀宇宙的解(7.201)式完全相似！这表明在 $\Lambda \neq 0$ 的情况下，宇宙演化的最终结果是加速膨胀。

图 7.57a 画出了在 Ω_m-Ω_Λ 平面上的高红移超新星、宇宙微波背景辐射以及星系团的观测结果，图中 3 条数据带的交会处即为 Ω_m, Ω_Λ 的最佳取值点。图 7.57b 显示的是 Ω_m-Ω_Λ 平面上宇宙年龄的计算结果。所有这些结果综合起来表明，$\Omega_m \simeq 0.3, \Omega_\Lambda \simeq 0.7$ 的平直宇宙模型在各个方面都能与观测相符合。图 7.58 显示了宇宙学常数不为 0 时宇宙演化的图像，读者可以把它与图 7.27a 做一对比。

2021 年 5 月，暗能量光谱巡天项目（Dark Energy Spectroscopic Instrument，简称 DESI）正式开始巡天观测。DESI 是一个由来自 13 个国家的 500 多名科学家参与的国际合作项目（我国也有科学家参与），它的主要目标是精密测定宇宙中星系的三维大尺度结构分布，从而揭示宇宙加速膨胀和暗能量的奥秘。这一项目采用大视场多光纤光谱采集技术制作了一台光谱仪，安装于美国亚利桑那州基特峰国家天文台的 4 m 马约尔望远镜上。DESI 光谱仪有 5 000 个光纤自动定位器，单次曝光可以得到 5 000 条光谱，每晚能够观测超过 10 万个星系。该项目计划在 5 年内获取超过 4 000 万个星系的光谱，由此构造出三维宇宙空间的大尺度物质分布。此外，DESI 还将观测超过 1 000 万颗恒星，用于探索银河系的结构和演化历史。DESI 运行两年来，已获取了 2 600 万个天体的光谱。2023 年 6 月，该项目向全球发布了首批科学数据，其中包括 120 万个河外星系和类星体以及 50 万颗银河系恒星的光谱。

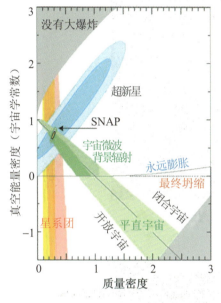

图 7.57a Ω_m-Ω_Λ 平面上的高红移超新星、宇宙微波背景辐射以及星系团的观测结果（3 条数据带的交汇处即为 Ω_m, Ω_Λ 的最佳取值点）

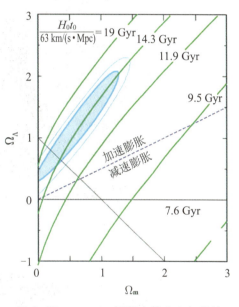

图 7.57b Ω_m-Ω_Λ 平面上的宇宙年龄的计算结果

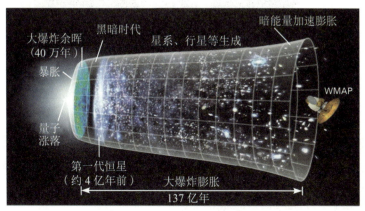

图 7.58 $\Lambda \neq 0$ 时宇宙的演化图像

另一个重大的暗物质和暗能量探索项目,是欧洲航天局(ESA)于 2023 年 7 月发射的欧几里得空间望远镜(Euclid Space Telescope,简称 Euclid,见图 7.59a)。欧几里得空间望远镜定位于距地球约 150 万 km 的日地 L_2 点,与韦伯空间望远镜携手执行任务。欧几里得空间望远镜的使命是通过观测 100 亿光年范围内的数十亿个星系,以创建迄今最大、最精确的宇宙三维图像。它将绘制出两种宇宙图谱:一种是利用引力透镜现象绘制出的宇宙暗物质分布图;另一种是复合时期重子声学振荡的遗迹——星系密度分布中的周期性涨落,这一星系图谱可以使我们更好地了解宇宙膨胀的历史,特别是其加速膨胀的过程,从而使我们能深入探究宇宙暗能量的属性。此外,为了使 Ω_Λ 的值测定得更加精确,NASA 计划于 2027 年发射罗曼空间望远镜(Nancy Grace Roman Space Telescope,见图 7.59b),它将探测成千上万颗遥远的 Ⅰa 型超新星,并开展针对弱引力透镜和重子声波振荡的巡天观测。

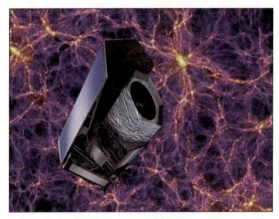

图 7.59a 欧几里得空间望远镜

图 7.59b 预计于 2027 年发射的罗曼空间望远镜,将测量成千上万颗遥远的 Ⅰa 型超新星

最后说到 ρ_Λ 的本质,它至今还是一个谜,所以被称为暗能量。有人认为,ρ_Λ 代表了真空能量,它在宇宙诞生时就已经具有了,只不过直到现在它的作用才显现出来。但根据量子理论估算出来的真空能量密度,比实际测到的暗能量密度要高 120 个数量级以上,这使得理论物理学家大惑不解。下面我们对此做一简要介绍。

首先来估计一下真空的能量密度。我们把量子力学的不确定关系简单地写为

$$\Delta x \Delta p \approx \hbar, \quad \Delta t \Delta E \approx \hbar \qquad (7.207)$$

按照狄拉克的观点,可以把真空看成正反虚粒子对不断产生和湮灭的场所,这些虚粒子从真空得到能量 ΔE,并在 Δt 的时间内湮灭掉。考虑一个虚粒子,它的质量 $m \approx \Delta E/c^2$,并封闭在一个尺度 $L \approx \Delta x$ 的盒子内。该粒子的寿命是

$$\Delta t \approx \hbar/\Delta E \approx \hbar/mc^2 \qquad (7.208)$$

粒子的速度 $v \approx \Delta p/m$,利用(7.207)式中的第一式可得

$$v \approx \frac{\hbar}{m\Delta x} \approx \frac{\hbar}{mL} \qquad (7.209)$$

因为粒子在 Δt 的时间内最远可移动距离 $v\Delta t$,我们设定 $L = v\Delta t$,这样粒子就不会跑出盒子以外。因而有

$$L = v\Delta t \approx \frac{\hbar}{mL}\frac{\hbar}{mc^2} \qquad (7.210)$$

L 的解是

$$L \approx \frac{\hbar}{mc} \qquad (7.211)$$

另一方面,真空的能量密度 $u_{真空}$ 必须能够在盒子内至少产生一对虚粒子,即 $u_{真空}$ 至少应为

$$u_{真空} \approx \frac{2mc^2}{L^3} \approx \frac{2m^4c^5}{\hbar^3} \qquad (7.212)$$

这对粒子中,每一粒子的最大质量可以取为普朗克质量 $m_{pl} = \sqrt{\hbar c/G}$[见(7.152)式],因此上式给出

$$u_{真空} \approx \frac{2m_{pl}^4 c^5}{\hbar^3} \approx \frac{2c^7}{\hbar G^2} \approx 10^{115} \text{ erg/cm}^3 \qquad (7.213)$$

这是一个比较粗略的估计,更细致的考虑所得到的结论是 $u_{真空} \approx 10^{111}$ erg/cm^3。而另一方面,由宇宙学常数给出的暗能量密度为

$$u_{暗能量} \equiv \rho_\Lambda c^2 = \rho_c \Omega_\Lambda c^2 \approx 6 \times 10^{-9} \text{ erg/cm}^3 \qquad (7.214)$$

式中,ρ_c 为(7.84)式所示的宇宙临界密度。如果 ρ_Λ 真的是真空能量,那么(7.213)和(7.214)两式的结果(即理论结果与观测结果)相差 120 个数量级以上,这意味着一个发生概率完全可以看作零的事件,却竟然变成了现实,这样的偶然性很难让人接受。同时,如果真空的能量密度真的如(7.213)式给出的那么大,则宇宙的膨胀将极其迅速,以致恒星和星系都来不及在引力的作用下生成。

为了降低真空的能量密度,已经提出了一些可能的机制。例如有些粒子物理学家认为,玻色子和费米子对真空能量密度的贡献是符号相反的,但两者不是百分之百完全抵消,而是残余极少量的能量密度,这就是今天观测到的宇宙暗能量。目前更多人的看法是,可以把真空的物态方程写为

$$p = w\rho c^2 \qquad (7.215)$$

式中,$w<0$,表示真空产生负压,从而推动宇宙加速膨胀。如果真空能量由 ρ_Λ 代表,则根据(7.89)式,若有不随时间变化的 ρ_Λ(即 $\dot\rho_\Lambda = 0$)则一定有 $w = -1$(此时 $p = -\rho_\Lambda c^2$)。如果 w 的值偏离 -1,则真空能量可以随时间演化。目前,关于 w 取值的讨论有很多,且不同的取值相应于不同的真空物理机制,例如标量场、规范场等等,但还没有一种理论得到广泛认可。还有人猜测,我们以往的经典真空概念很可能有根本性的错误。总之,看似虚无的真空中实际上蕴藏着许多奥秘,为了破解这些奥秘,人们还要付出巨大的努力。

7.8.5 宇宙学与物理世界的统一

在即将结束宇宙学这一章时,再回顾一下现代宇宙学的发展历程是有益的。我们知道,从爱因斯坦 1917 年的广义相对论宇宙学解算起,现代宇宙学理论的诞生已超过 90 年。但开始 50 年里的反应是沉寂的,人们并没有认真地看待这一学说,特别是有关宇宙大爆炸的学说。直到 20 世纪 60 年代中期,宇宙微波背景辐射被发现,广义相对论的宇宙学模型和热大爆炸理论才真正被人们所重视,现代宇宙学的研究也从此开始了一个新的阶段。宇宙背景辐射与物质的脱耦属于原子过程,相应的能量为 eV 量级。在此之前发生的一个重要事件是早期核合成,相应的能量增大到 MeV 量级。要进一步研究宇宙更早期的演化事件,例如暴胀和正反物质不对称起源,就要借助于粒子物理和大统一理论,其相应的能量需要达到 10^{15} GeV。至于宇宙诞生时的普朗克时期,目前可能的理论有超弦、超对称、超引力等,相应的能量高达 10^{19} GeV。表 7.3 列出了宇宙演化各主要历史时期的遗迹,以及与这些遗迹相对应的物理学研究领域。不难看出,随着人类的视野向宇宙深处不断延伸,观测到的宇宙时间越来越早、温度越来越高,相应的物理学的能量也随之越来越大。这一点充分说明了,现代宇宙学的发展是与物理学的发展紧密联系在一起的。

表 7.3 宇宙各主要历史时期的遗迹

宇宙的历史遗迹	时 间	能量尺度	对应的物理学
时空拓扑	10^{-43} s	10^{19} GeV	超弦、超对称、超引力?
粒子/反粒子不对称	10^{-36} s	10^{15} GeV	大统一理论、粒子物理
轻元素生成	3 min	MeV	核物理
微波背景辐射	30 万年	eV	原子物理
天体生成	约 10 亿年至现在		从牛顿力学到现代物理

关于宇宙学和物理学之间的关系,狄拉克曾在 1968 年在意大利第里亚斯特的一次讲演中说道:

> 有着太多推测的一个研究领域是宇宙学。事实根据凤毛麟角,但理论工作者就忙于构建各种各样的宇宙模型,他们所依据的只是自己喜欢的任何假设。所有这些模型可能都是错的。通常的看法是,自然规律总是现在这个样子,但对此并没有证明。自然规律可能在变,尤其是那些被看作自然常数的量,可能随宇宙时间而变化。这样的变化将完全打乱这些模型制造者的如意算盘。

狄拉克的这段话,可以反映当时的一些理论物理学家对宇宙学的态度。毕竟,当时宇宙微波背景辐射刚刚发现不久,而在此之前获得肯定的观测事实,只有星系退行的哈勃关系。虽然现在看来狄拉克对宇宙学工作者的批评是过重了,但从他的话里,我们可以体会到这位理论物理大师的信条,即宇宙学必须建立在科学正确的物理学规律之上;同时还可以看到,他实际上在担忧两件事:一是物理规律是否随时间、空间而变,是否可以外推到整个宇宙? 二是物理学常数是否真是不变的常数? 这两个问题都是非常深刻的,直到今天,我们都还不能说已经有了百分之百确信的答案。

物理规律的正确性一定要经过实验验证。原子物理、核物理以及粒子物理的许多规律，都已经经过了实验的验证。但应注意到，这些验证实验都是近几十年、最多百余年的时间内，在地球上完成的，因此严格地说，这些已知的物理规律只代表了宇宙中局域时空中的规律。当我们把这些规律用于宇宙学研究时，一方面是对大自然进行探索，看一看这些规律用到大范围的时空会有什么结果；另一方面，也是基于对宇宙学原理的信念：宇宙学原理告诉我们，宇宙中不同地点看到的宇宙图像相同，这实际上表明了，物理规律不应随宇宙地点而变，即局部宇宙中应包含了宇宙整体的信息。否则，如果宇宙各处的物理规律不尽相同，那么宇宙演化的最终结果就不可能是均匀各向同性的了。当然，本质上说来，宇宙学原理也只是一个假设，就像狭义相对论的相对性原理和光速不变原理实际上都只是假设一样。所幸的是，在我们今天所看到的范围内，还没有发现宇宙中任何一个地方，那里的物理规律和地球上的有所不同。

排除了随空间地点变化的可能性，物理规律是否可能随宇宙时间变化？这也正是狄拉克最为担心的一点。随时间变化包含两方面的含义：一是物理规律本身的形式（方程式或函数关系）随时间变化，即在不同阶段的宇宙时间内，物理规律的数学形式发生改变，例如某个时期万有引力（或库仑力）与距离平方成反比，而另一个时期变为与距离立方成反比，甚至变成其他类型的函数关系，等等。二是描述物理规律的数学方程形式不变，但其中的物理常数随宇宙时间而变化，正像狄拉克所说的那样。

我们熟悉的基本物理常数有真空中的光速 c，万有引力常数 G，普朗克常量 h（或 $\hbar$），电子的电荷 e 以及质量 m_e，玻尔兹曼常量 k 等。例如万有引力常数 G，其实早在 1937 年，狄拉克本人就曾怀疑 G 是否随时间而变，他认为有可能 $G \propto t^{-1}$。1961 年布朗斯（C. Brans）和迪克（R. Dicke）提出标量-张量引力理论，更是假设 G 是某个标量场的倒数，而这个标量场则是时间的函数。如果 G 真的是像狄拉克猜想的那样随时间逐渐变小，则有了几十亿年的长期积累，对于地球和星体的演化会产生可观的效应。例如，有研究指出，如果过去的 G 较大，则太阳的光度会大一个正比于 G^8 的因子，而地球的轨道半径 $r_\oplus$ 会小一个正比于 G^{-1} 的因子。地球上的温度正比于 $(L_\odot/r_\oplus^2)^{1/4}$，因此会增高一个正比于 $G^{2.5}$ 的因子。如果 $G \propto t^{-1}$，那么 10 亿年前地球表面的温度就会高于水的沸点，地球上的生命也将不存在了。此外，如果过去的 G 较大，恒星的引力收缩就会较快，这将使恒星的热核反应进行得更加迅速，从而使恒星的寿命变短。对于宇宙早期核合成，较大的 G 将使宇宙膨胀得较快，这样核合成开始时剩下的中子就较多，从而产生较多的氦，与观测到的氦丰度不符。再有，G 变大时引力增强，行星就靠近太阳，行星的公转周期就会变短；反之，G 变小时，公转周期就会变长。行星的公转周期有没有变化，可以同原子钟来进行比较，因为原子钟的走时与万有引力无关。利用雷达信号从水星和金星表面的反射并用原子钟测时，可以精确测定它们的绕日轨道周期，这样得到的 G 的变化率是

$$\left|\frac{\dot{G}}{G}\right| \leq 4 \times 10^{-10} / \text{年} \tag{7.216}$$

以上这些分析都表明，在宇宙过去的时间内，万有引力常数 G 看来不会有明显的变化。

对电子的电荷 e 和质量 m_e 也可做类似的分析。如果 e 随时间变化，就会对原子结构和原子核的性质产生影响，例如放射性同位素的半衰期会发生改变。计算表明，如果 e 的减小速率为 $5 \times 10^{-11}/$年，宇宙中的锇同位素（^{187}Os）就该几乎衰变光了，但至今地壳中仍有不少 ^{187}Os 存在。由 ^{187}Os 现在的丰度可以推断出，e 的相对年变化率应当小于 $10^{-13}/$年。同样，

如果电子的质量 m_e 发生变化,也会导致 ^{187}Os 的衰变速率加快。由此推断出,m_e 的相对变化率不应大于 4×10^{-13}/年。而由恒星演化的分析得到的结果是,m_e 的时间变化率小于 4×10^{-12}/年。

在原子物理中还有一个重要的基本物理常数,即精细结构常数 $\alpha\equiv e^2/(\hbar c)\simeq 1/137$。它是一个无量纲的常数,表示电磁作用的强弱程度,直接影响到原子或离子光谱线的细节,例如原子能级精细结构的能级间距。把遥远星体中某些原子或离子的光谱和地面上同种成分的光谱相比较,就可以测定 α 有没有变化。已经对一系列高红移天体的光谱做过这样的分析,例如从红移 $z=0.2$ 的射电星系氧离子光谱,$z=0.68$ 的中性氢原子射电 21 cm 谱线,直到 $z\simeq 3$ 的类星体硅离子光谱,$z\simeq 3.5$ 的类星体镍、铬、锌离子光谱等,都没有发现 α 随时间有明显的变化,其可能的时间变化率最多是 $\dot{\alpha}/\alpha\simeq 6\times 10^{-16}$/年。

20 世纪末开始,曾有过一场对光速 c 是否可变的激烈讨论。我们知道,光速不变是狭义相对论的基本原理(假设)之一。然而,爱因斯坦在表述这一原理时,实际上只是强调了不同的惯性参考系中,真空中的光速都是 c,他并没有说 c 不可以随宇宙时间而变。事实上,爱因斯坦本人在 1911 年就曾数次提到,c 也许会随时间而变。在 20 世纪 30 年代,光速可变曾被用来解释宇宙学红移的产生。20 世纪 90 年代末,理论物理学界曾提出过多种光速可变的理论,这其中有基于弯曲时空的量子场论,有的基于弦理论,有的认为不同能量的光子在真空中的速度不同,即光在真空中也会发生色散,等等。光速可变对宇宙学的一个直接好处是,如果宇宙极早期的光速远远大于现在的光速,则不需要深奥难懂的宇宙暴胀理论,就可以轻松解决"平性"和"视界"两大疑难,这无疑对宇宙学家具有巨大的吸引力。但遗憾的是,光速可变理论无法得出宇宙初始密度扰动的 H-Z 谱,而暴胀宇宙论却可以。另一方面,现代物理学中时间和空间的单位,都是用光来定义的,故恒定不变的光速不但是狭义相对论的支柱,也是现代物理学的支柱。光速 c 的变化,比其他物理常数的变化对物理学造成的震撼乃至破坏要大得多。

总之,直到目前为止,我们还没有真正发现,上面提到的诸多基本物理常数随时间有明显变化。也就是说,从宇宙诞生时刻起直到现在,这些常数的值就一直保持不变。于是,这就产生了另一个问题:为什么宇宙诞生时这些物理常数是像现在这样取值,而不是取其他值,例如比现在的值再大一点或小一点?这个问题是很难回答的。如上所述,如果这些常数(甚至只要其中之一)与现在的值有所不同,宇宙的演化就完全可能是另一个样子,而且也许就不会产生今天的地球和人类。有一个理论叫作**人择原理**(Anthropic Principle),它的意思是,只有这些物理常数像现在这样取值,才能演化出有智慧的生物,包括我们人类;如果这些常数的值不是这样,人类就不会存在,上面这个问题也就不会有人提出了。当然,这一理论是无法用实验来验证的。看来我们唯一能做的,就是庆幸我们宇宙中的所有物理常数正好是现在这样取值。

最后,再回到物理世界的统一问题上来。众所周知,物理学追求的目标是物理世界的统一,这其中包含两方面的含义:① 组成自然界万物的是少数几种基本粒子;② 支配万物运动的是统一的相互作用(力)。迄今为止,粒子物理的研究表明,基本粒子可以分为轻子和强子两大类:轻子包括电子、μ 子、τ 子,以及分别与之对应的 3 种中微子 ν_e、ν_μ 和 ν_τ,且每一种轻子都有对应的反粒子。带电的轻子参与弱作用和电磁作用,而不带电的轻子(如中微子)只参与弱作用。强子例如质子、中子和介子,它们除参与弱作用和电磁作用(假如带电)外,还参与强作用,且强作用力远远超过其他的作用力。轻子族的品种只有上述 6 种(每一种都包括正、反粒子),而强子族的品种却多达 800 余种,这暗示着强子内部还应当有更深层次的结构。按照现代标准模型,强子是由夸克构成的,夸克有 6 种不同的"味",每一味又分 3 种不同的"色"(这里的"味"和"色"只不过是趣味性的称呼),且每一种夸克都有对应的反夸克。因此,强子并不算是基本粒子。目前公认的基本粒子是:夸克和轻子,再加上在粒子间传递相互作用力的所谓规范粒子或中间玻色子,如传递电磁力的光子,传递弱作用力的 $W^{\pm}$ 和 Z^0 粒子,传递强作用力的胶子,以及传递引力的引力子等(参见图 7.27b)。至于夸克和轻子是否已是物质的终极本原,它们是否还具有更深一层的结构,现在还无法定论。目前,理论物理学家仍然在为这个问题的解答而冥思苦想。

再谈关于相互作用力的统一(见图 7.60)。我们知道,自然界的 4 种基本相互作用中,弱作用力和强作用力都是短程力,电磁力和引力是长程力。爱因斯坦在建立了相对论理论后,其后半生的精力几乎全部耗费在统一场论的研究上。他的目的是通过弯曲时空,把两个长程力即电磁力和引力统一起来,但最后他的一切努力都失败了。实际上,第一个实现统一的是弱作用力和电磁力,把它们统一起来的理论称为**弱电统一理论**(1967 年),它是一种有对称性自发破缺的规范场理论。这一理论认为,在能量高于大约 100 GeV 时,弱作用力与电磁力具有内部对称性,是同一种力,称为弱电力,且所有传递弱电力的媒介粒子的质量都为 0。当能量降低时,一种所谓希格斯机制的物理效应就把弱电内部的对称性破坏了。相应的效果是,某些传递作用力的媒介粒子(即 $W^{\pm}$ 和 Z^0 粒子)获得很大的质量,这使得它们传递的力变得很微弱,力程变得很短,从而成为弱作用力。而另一些媒介粒子的质量仍然保持为 0,它们就是传递电磁力的光子。显然,要验证弱电统一理论,实验所需的能量必须达到 100 GeV 以上。欧洲核子研究中心(CERN,见图 7.61a)的大型质子-反质子对撞机正好具有这样的能量(约 500 GeV)。1983 年,CERN 的实验发现了 $W^{\pm}$ 和 Z^0 粒子,从而最终肯定了弱电统一理论的正确性。

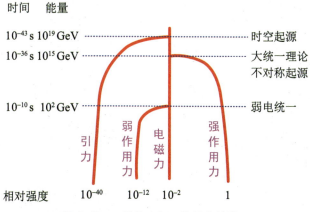

图 7.60 4 种基本相互作用力的统一

试图把弱电力和强作用力进一步统一起来的理论,称为**大统一理论**。这一理论在 20 世纪 70 年代获得很大发展,其中最简单而又具代表性的是 SU(5)大统一理论,它把强、弱、电磁作用统一为一种规范作用。这一理论预言了重子不守恒,将导致质子衰变,其寿命为 10^{29}—10^{31} 年。同时,该理论还预言了**磁单极子**的存在,并预言了它们的质量(约 10^{16} GeV)和磁荷的大小。大统一理论对于宇宙极早期的演化有重要的作用:它可以解释宇宙中正反物质不对称的起源;它与暴胀宇宙论结合起来,可以解释宇宙中巨大的光子数与重子数之比;同时,它还提供了一种可能的暗物质粒子的候选者,即磁单极子。但是,无论是质子衰变还是磁单极子,至今都还没有获得实验和观测的肯定。特别是磁单极子,到现在为止,一个都还没有被发现。因此,远不能说大统一理论已经获得成功。从图 7.60 看到,电磁力、弱作用力与强作用力之比,分别是 10^{-2} 和 10^{-12}。按照大统一理论,当能量达到 10^{15} GeV 时,这 3 种作用力将表现为无任何差别的同一种作用力,从而达到统一。这一能量正好相应于暴胀宇宙真空相变的能量。那么,我们的加速器的能量达到多大了呢?目前,地球上正在运行的最大粒子加速器,是 CERN 的大型强子对撞机(Large Hadron Collider,简称 LHC,参见图 7.61b),加速器直径 8.5 km,粒子束的最高能量达 6.8 TeV。但即使如此,加速器目前达到的能量尺度与大统一的能量尺度 10^{15} GeV 相比,还有着巨大的差距。

图 7.61a　欧洲核子研究中心加速器鸟瞰

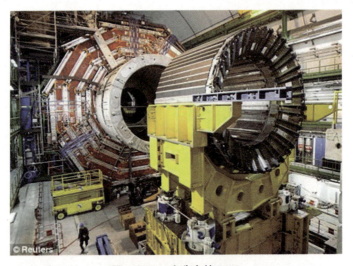

图 7.61b　建造中的 LHC

最终把引力也统一进来,实现 4 种基本相互作用的统一,是物理学追求的终极目标。尽管大统一理论还没有成功,但理论物理学家早已开始为此终极目标而努力。从 20 世纪 60 年代到 70 年代,人们就做了各种尝试,包括多维时空理论和超引力理论,但没有成功。其中的主要原因是,在"点"模型的量子场论框架里,凡涉及引力时,必定出现无穷多的发散项,使理论不可重正化，也不能自洽。由于没有一个与量子力学原理自洽的引力理论，就使得包括引力在内的统一理论的尝试总是无法继续下去。人们意识到，爱因斯坦的引力理论和量子力学似乎不相容，20世纪物理学的这两大支柱看来无法结合到一起。

20世纪60年代末开始出现的弦理论，使人们看到了解决问题的希望。如果用一维的伸展的弦来代替点状粒子结构，那么就可以避免理论中无穷大的出现。但这些理论需要高维数的空间，以便把费米子与玻色子用超对称性统一起来。70年代中期发展起来的**超弦理论**，解决了原来弦理论中的一些困难（例如超光速的"快子"），并把原有弦理论的26维时空降为10维。在超弦理论中，粒子是弦的激发态，粒子间的基本相互作用就是弦的分裂与接合。此外，弦理论中还包含了黎曼几何，因此在低能时，弦理论可以还原为熟知的广义相对论场方程。这样，超弦理论就统一了广义相对论和量子论，从而被人们认为是最有希望的"终极统一"理论。

但是，超弦理论还有一些重要的问题没有解决。其一是这个理论的时空维数。当时空维数大于4时，多余的维数会蜷缩成很小的球。但以这样的时空来描述核力时，理论的真实性就很难被接受。其二是关于这一理论的实验检验。要检验超弦理论的正确性，必须达到 10^{19} GeV 的能量，这相应于宇宙创生时的普朗克能量。只有在接近这一能量时，超弦理论和其他理论截然不同的性质才能显现出来。如前所述，这样高的能量在地球实验室中是永远达不到的。但当我们的目光投向浩渺的宇宙时，希望之光再次点燃。其实早在20世纪70年代中期，学者们就认识到，早期宇宙提供了地球实验室中无法实现的高能条件。宇宙本身就是一个天然实验室，有人把它戏称为"穷人的加速器"。在遥远的宇宙深处，我们可能发现大统一理论乃至超弦理论所需的极高能物理环境，以及那时相应的演化遗迹。这些遗迹就像考古发现一样，能够帮助我们理解当时的宇宙中发生的物理过程。

回顾过去50多年的历史，我们看到，在1975年以前，粒子物理学和宇宙学还被看作相互独立的研究领域，当时没有几个科学家会认为，一个领域内的发现能够推动另外一个领域的研究。而现在基于对物理世界统一性的认识和探索，粒子物理学和宇宙学日益紧密地走在一起了。越来越多的粒子物理学家加入了宇宙学的研究队伍，出现了称为"粒子宇宙学"的新研究领域。目前，这一领域的科学家们正在期待新一代项目带来的新成果，这些项目包括 CERN 的大型强子对撞机（LHC）、冰立方中微子天文台（IceCube）、暗能量光谱巡天（DESI）、欧几里得空间望远镜（Euclid）、平方千米阵列（SKA），以及阿里原初引力波探测实验（AliCPT）等。如果一切顺利的话，粒子物理学和宇宙学的研究又将大大向前推进一步。特别是粒子物理学，又将像30年前那样，呈现一片充满活力、振奋人心的景象。人们最终会从宇宙的纷繁复杂中发现，主宰宇宙的基本定律竟然是如此单纯、简洁和壮丽。正如爱因斯坦的一句名言：

> 宇宙中最不可以理解的是——宇宙是可以被理解的。

不管前面还有多少困难，人类正在朝着理解宇宙"终极奥秘"的方向前进。

参 考 文 献

[1] 胡中为. 普通天文学[M]. 南京:南京大学出版社,2003.

[2] 基钦. 天体物理方法[M]. 4版. 杨大卫,等译. 北京:科学出版社,2009.

[3] 库特纳. 天文学:物理新视野[M]. 萧耐园,胡方浩,译. 长沙:湖南科学技术出版社,2005.

[4] 李宗伟,肖兴华. 天体物理学[M]. 2版. 北京:高等教育出版社,2012.

[5] 刘学富. 基础天文学[M]. 北京:高等教育出版社,2004.

[6] 苏宜. 天文学新概论[M]. 5版. 北京:科学出版社,2019.

[7] 孙汉城. 中微子之谜[M]. 长沙:湖南教育出版社,1993.

[8] 孙锦,李守中. 分子天体物理学基础[M]. 北京:北京师范大学出版社,2004.

[9] 瓦尼安,鲁菲尼. 引力与时空[M]. 向守平,冯珑珑,译. 北京:科学出版社,2006.

[10] 吴国盛. 科学的历程[M]. 长沙:湖南科学技术出版社,2018.

[11] 俞允强. 热大爆炸宇宙学[M]. 北京:北京大学出版社,2001.

[12] 赵峥. 黑洞与弯曲的时空[M]. 太原:山西科学技术出版社,2005.

[13] 中国大百科全书:天文学[M]. 北京:中国大百科全书出版社,1980.

[14] 中国科学技术大学天体物理组. 西方宇宙理论评述[M]. 北京:科学出版社,1978.

[15] Caroll B W, Ostlie D A. An Introduction to Modern Astrophysics[M]. 2nd ed. San Francisco:Pearson Education,Inc. , 2007.

[16] Dodelson S, Schmidt F. Moden Cosmology[M]. 2nd ed. San Diego:Elsevier Inc. , 2021

[17] Harwit M. Astrophysical Concepts [M]. 4th ed. New York:Springer Science & Business Medis,2006.

[18] Lang K R. Astrophysical Formulae[M]. 3rd ed. Berlin Heidelberg:Springer,1999.

[19] Spark L S, Gallagher J S. Galaxies in the Universe:An Introduction[M]. Cambridge:Cambridge University Press, 2000.